计算机硬件技术基础

万晓冬　陈则王　孔德明　崔　江　编著

国防工業出版社

·北京·

内 容 简 介

本书以Intel微处理器为主要对象，系统地阐述了微型计算机的基本组成、工作原理、接口技术及硬件连接，把微型计算机系统软件技术和硬件技术有机地结合起来。全书共10章，主要内容包括计算机硬件基础、微处理器、指令系统、汇编语言程序设计、存储器、输入/输出接口、中断技术、计数器/定时器、并行和串行接口、总线技术、模拟通道接口、微型计算机总线及嵌入式系统简介。

本书是针对工科非计算机专业的“计算机硬件技术基础”课程的教学要求编写的，可作为工科非计算机专业大学本科生、研究生教材，也可作为应用软件人员或工程技术人员的参考教材。

图书在版编目(CIP)数据

计算机硬件技术基础/万晓冬等编著.—北京：国防工业出版社，2024.4重印

ISBN 978-7-118-11248-1

Ⅰ.①计… Ⅱ.①万… Ⅲ.①硬件-基本知识
Ⅳ.①TP33

中国版本图书馆CIP数据核字(2017)第042038号

※

国防工業出版社出版发行

(北京市海淀区紫竹院南路23号 邮政编码100048)

北京虎彩文化传播有限公司印刷

新华书店经售

*

开本 787×1092 1/16 **印张** 24 **字数** 565千字

2024年4月第1版第2次印刷 **印数** 3001—3600册 **定价** 48.00元

国防书店：(010)88540777 发行邮购：(010)88540776

发行传真：(010)88540755 发行业务：(010)88540717

前　言

“计算机硬件技术基础”是高等院校电类各专业必修的一门计算机硬件基础课程。本课程的主要任务是使学生学习和掌握计算机硬件基础知识、微处理器结构、基本工作原理、汇编语言程序设计及接口技术，使学生初步具备微型计算机系统硬件和软件应用开发的能力。

本书研究了非计算机专业本科生学习计算机基础课程的特点，内容由浅入深、知识面广、实用性强。本书在内容组织上既考虑了计算机硬件的基础知识，又充分考虑了计算机发展的新技术、新知识，以适应计算机技术的不断发展。本书的特点如下：

1. 强调基础性，注重实用性

本书作为非计算机专业本科生学习计算机硬件基础的教材，主要以培养学生学习和掌握微型计算机硬件知识及接口应用技术为目的，在内容设置上，重点以 Intel 80X86 微处理器为背景机，从理论和实践上系统、全面、深入地阐述了微型计算机的基本组成、工作原理、接口技术及汇编语言程序设计方法。

2. 跟踪新技术，保持先进性

计算机技术飞速发展，本书在强调计算机基础性、实用性的基础上，跟踪计算机发展的新技术、新知识和新应用；介绍了 Pentium、酷睿等处理器，USB 总线及 IEEE1394 等总线，以及后 PC 时代广泛应用的嵌入式系统。

3. 突出重点，层次分明

本书针对教学对象的特点进行内容的合理安排，由浅入深，循序渐进，有详有略，层次分明，重点描述基础的应用性较强的内容，简略介绍实际应用较少的内容。

4. 注重理论和实践相结合

本书注重使学生从理论上和实践上掌握微型计算机的基本原理、接口技术及硬件连线，以及汇编语言程序设计方法，初步具备微型计算机系统硬件、软件综合应用开发的能力，同时了解微处理器和总线前沿技术，初步建立嵌入式硬件和软件系统的概念以及嵌入式系统应用开发方法。

全书共分 10 章。第 1 章计算机硬件基础，介绍微型计算机的发展概况、微型计算机系统的基本结构、功能及基本工作原理，以及计算机运算基础。第 2 章微处理器，详细介绍了 8086 微处理器的结构、引脚功能和工作时序，以及 80X86 和 Pentium、酷睿等微处理器的结构、特点，介绍了现代微处理器的关键技术。第 3 章寻址方式与指令系统，详细介绍了各种寻址方式、8086 指令系统及 80X86/Pentium 的增强与扩充指令。第 4 章汇编语言程序设计，主要介绍了汇编语言程序结构、语句格式及伪指令语句，以及汇编程序设计方法。第 5 章存储器系统，介绍了存储器的分类、特点，重点讨论了存储器的容量扩展及与 CPU 的连接。第 6 章基本输入/输出接口技术，介绍了输入/输出的基本概念、简单 I/O 接口及传送控制方式。第 7 章中断技术，介绍了中断概念、分类、中断处理过程，详细介绍了8086中断系统、8259A中断控制器，给出了中断程序设计方法及实例。第8章可编程接口芯片及其应用，介绍了几种常用的可编程接口芯片的结构、工作原理及应用编程方法，包括可编程定时/计数器、可编程并行接口及应用、串行通信及串行接口以及模拟I/O接口及应用。第9章总线技术，介绍了总线概念，给出ISA总线、PCI总线的结构、特点及引脚定义，介绍了USB通用串行总线的特点、硬件和软件结构，最后介绍了高速串行总线IEEE1394、AGP总线和CAN总线。第10章嵌入式系统基础，介绍了嵌入式系统的基础知识、硬件系统、软件系统及应用开发方法。

本书是电气工程及其自动化品牌专业系列教材建设的成果。

本书由万晓冬担任主编，负责全书的组织和统稿。第1、2、9、10章由万晓冬编写；第6、8章由陈则王编写；第3、4章及附录由孔德明编写，第5、7章由崔江编写。陈鸿茂老师对全书进行了认真的审阅和指导，提出了许多宝贵意见，在此特表示衷心感谢。研究生高权、林娅、王保曾、付琳等同学参加了图表的绘制工作，在此一并表示感谢。

由于编者水平有限，书中难免存在错误和不足之处，恳望读者批评指正。

编　者

2017年01月

目　录

第1章

计算机硬件基础

计算机技术是20世纪发展最迅速、普及程度最高、应用最广泛的科学技术之一。尤其在20世纪70年代初期,微型计算机的出现为计算机的广泛应用开拓了极其广阔的前景。目前,计算机及其应用已经渗透到国民经济和社会生活的各个领域,有力地推动了社会信息化的发展,成为各个行业必不可少的基本工具。

本章主要介绍微型计算机的发展概况、系统组成、硬件结构、软件组成、工作过程、主要性能指标及运算基础等基础知识。

1.1 微型计算机的发展概况

1.1.1 微型计算机的发展历程

自从1946年世界上第一台电子数字计算机ENIAC(Electronic Numerical Integrator And Calculator)诞生后,半个多世纪以来,随着电子器件的不断更新换代,电子计算机已经历了电子管、晶体管、集成电路(IC)和大规模/超大规模集成电路(VLSI)四代的演变。自20世纪80年代中期起,开始了以模拟人的大脑神经网络功能为基础的第五代计算机的研究,它是一种更接近人的人工智能计算机。目前,第五代计算机仍处于研究、实验阶段,还没有推出应用产品。

第四代计算机的一个重要分支是以大规模、超大规模集成电路为基础发展起来的微处理器和微型计算机。微处理器(Microprocessor)是一种集成电路器件,将传统计算机的运算器和控制器集成在一块大规模集成电路芯片上作为中央处理器(CPU)。以微处理器为核心,再配上存储器、接口电路等芯片,就构成了微型计算机。

按照计算机CPU、字长和功能划分,微处理器经历了几个阶段的演变。

1. 第一阶段(1971—1973年)

这一阶段是4位和低档8位微处理器时代。典型产品是Intel 4004和Intel 8008微处理器以及由它们分别构成的MCS-4和MCS-8微型计算机。系统结构和指令系统均比较简单,主要用于家用电器和简单的控制场合。

其主要技术特点:处理器为4位或低档8位;芯片采用PMOS工艺,集成度低,每片2000个晶体管;运算功能较差,主要进行串行十进制运算;速度较慢,时钟频率为1MHz,平均指令执行时间为20μs;采用机器语言或简单的汇编语言编程。

2. 第二阶段(1973—1978年)

这一阶段是中高档8位微处理器时代。典型产品是Intel公司的Intel 8080/8085、Motorola公司的MC6800和Zilog公司的Z-80等微处理器以及各种8位单片机。这一时期推出的微型计算机,在系统结构上已经具有典型计算机的体系结构,指令系统较为完善,具有中断、DMA 等控制功能,广泛应用于信息处理、工业控制、汽车、智能仪器仪表和家用电器等领域。

其主要技术特点:微处理器为中高档 8 位;采用 NMOS 工艺,集成度达到每片 10000 个晶体管;运行速度加快,时钟频率为 2 ~ 4MHz,平均指令执行时间为 1 ~ 2μs;采用机器语言、汇编语言或高级语言,后期配有操作系统。

3. 第三阶段(1978—1983 年)

这一阶段是 16 位微处理器时代。典型产品是 Intel 公司的 8086/8088、Motorola 公司的 MC68000 和 Zilog 公司的 Z8000 等微处理器。它们都具有丰富的指令系统、多种寻址方式、多种数据处理形式,采用多级中断、有完善的操作系统。

其主要技术特点:处理器为 16 位;采用 HMOS 工艺,集成度为每片 29000 个晶体管;运算速度比第二阶段提高一个数量级,时钟频率为 5 ~ 10MHz,平均指令执行时间为 1μs;采用汇编语言、高级语言并配有软件系统。

4. 第四阶段(1983—1993 年)

这一阶段是 32 位微处理器时代。典型产品是 Intel 公司的 80386/80486、Motorola 公司的 MC68020/68040、Zilog 公司的 Z - 80000 等微处理器。它们具有 32 位数据总线和 32 位地址总线。

其主要技术特点:处理器为 32 位微处理器;采用 HMOS 和 CMOS 工艺,集成度高达每片 100 万个晶体管;运算速度再次提高,时钟频率为 16 ~ 50MHz,平均指令执行时间为 0. 125μs,使得微型计算机具有了小型机的性能;部分软件已用硬件实现。

5. 第五阶段(1993 年至今)

这一阶段是 64 位微处理器时代。典型产品是 Intel 公司的奔腾(Pentium)系列微处理器。从 1993 年开始,Intel 公司相继推出了 Pentium、Pentium Pro、Pentium MMX、Pentium Ⅱ、Pentium Ⅲ和 Pentium 4 等微处理器,成为市场主流。这些产品采用了多项先进技术,如 RISC 技术、超级流水线技术、超标量结构技术(每个时钟周期可启动并执行多条指令)、动态分支预测技术等。2001 年,Intel 公司推出了 64 位的 Itanium 微处理器,之后又推出双核和多核微处理器。

1.1.2 微型计算机的应用

微型计算机按其复杂程度的不同,可适用于各种行业,归纳起来主要有以下几个方面。

(1) 办公自动化:计算机、通信与自动化技术相结合的产物,也是当前最为广泛的一类应用。

(2) 生产自动化:包括计算机辅助设计(CAD)、计算机辅助制造(CAM)和计算机集成制造系统(CIMS)等,它们是计算机在现代生产领域特别是制造业的典型应用。

(3) 数据处理和管理:在很多应用领域,需要利用计算机对大量的数据进行处理和管理,包括数据的搜索、整理、存储、统计和分析等。

(4) 计算机仿真:使用仿真软件在计算机上进行必要的模拟,从而大大减少了投资,避免了风险。

(5) 人工智能:研究方向中最具代表性的两个领域是专家系统和机器人。

(6) 网络应用:利用通信设备和线路等与不同的计算机系统互连起来,并在网络软件支持下实现资源共享和信息传递。通常有局域网(LAN)、广域网(WAN)、城市网(CAN)和因特网

(Internet)。

(7) 远程教育:以现代化的信息技术为手段,以适合远程传输和交互式学习的教学资源为教材构成开放式教育网络。

1.2　微型计算机系统概述

1.2.1　微型计算机系统的组成

微型计算机系统的基本组成如图 1.1 所示,它由硬件和软件两大部分组成。硬件部分主要包括微型计算机和外围设备,软件部分包括系统软件、支撑软件和应用软件。

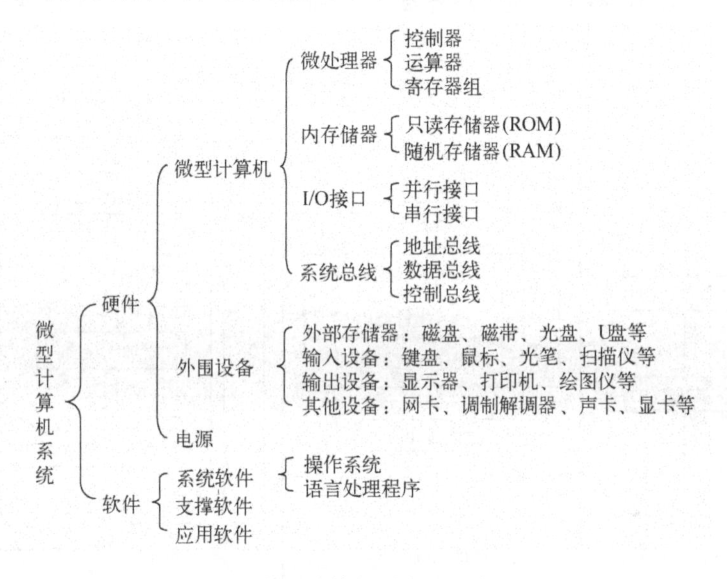

图 1.1　微型计算机系统的组成

微处理器、微型计算机和微型计算机系统,是从局部到全局的三个层次,它们是含义不同但又有密切关联的基本概念,要特别注意对它们的理解和区别。

1.2.2　微型计算机硬件系统结构

几十年来,虽然相继出现了各种结构形式的计算机,但究其本质,仍属于计算机的经典结构——冯·诺依曼体系结构。这种结构的特点是:

(1) 计算机由运算器、控制器、存储器、输入设备和输出设备组成。

(2) 数据和程序均以二进制代码形式存放在存储器中,存放位置由地址指定,地址码也为二进制形式。

(3) 编好的程序事先存入存储器中,在指令计数器控制下,自动执行程序。

微型计算机硬件由微处理器、存储器、I/O 接口及系统总线组成,如图 1.2 所示。微型机中的各组成部分之间通过系统总线联系在一起,这种系统结构称为总线结构。采用总线结构,可使微型计算机系统的结构比较简单,易于维护,并具有更大的灵活性和更好的可扩展性。

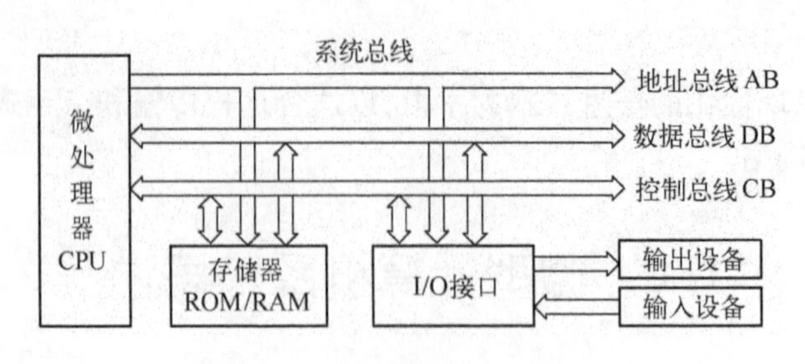

图1.2　微型计算机的系统结构

1. 微处理器(CPU)

微处理器是整个微型计算机的运算和指挥控制中心,负责统一管理和控制系统中各个部件协调地工作。微处理器主要包括运算器、控制器和寄存器组,图1.3为典型微处理器的基本结构。

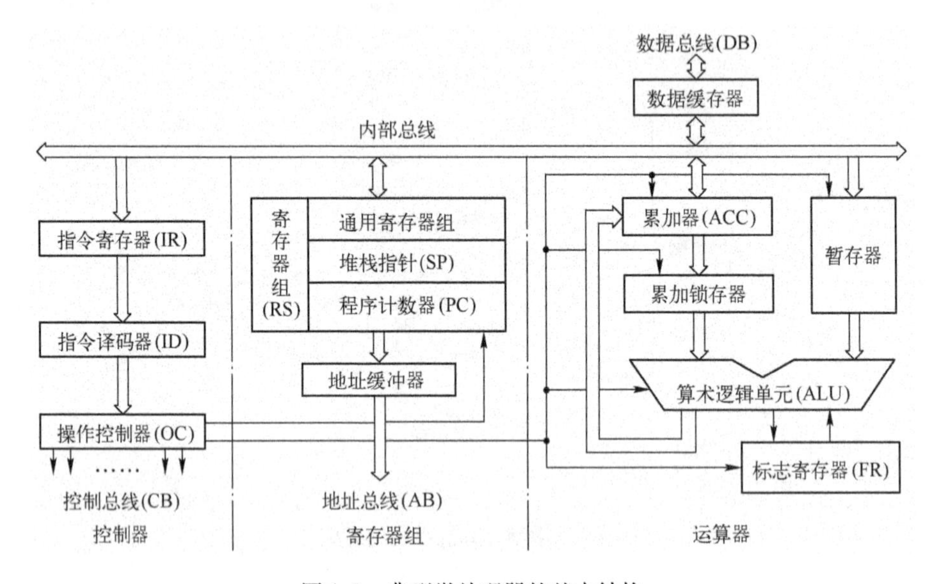

图1.3　典型微处理器的基本结构

1)运算器

运算器是对数据进行加工处理的部件,其核心是算术逻辑单元(Arithmetic Logic Unit,ALU)。在控制信号作用下完成各种算术和逻辑运算。累加器(ACCumulator,ACC)是通用寄存器中的一个,总是提供送入ALU的两个运算操作数之一,且运算后的结果又送回ACC。由于ACC与ALU的联系特别紧密,因而把ACC和ALU一起归入运算器中。暂存器用于暂存由总线传来的另一个操作数。运算后,结果的某些重要状态或特征,如是否溢出、是否为零、是否为负、是否有进位等,被记录在标志寄存器(Flags Register,FR)中,根据这些状态标志可控制CPU的运行。

2)控制器

控制器主要负责从存储器中取出指令并译码分析,协调控制各个部分有序工作。一般包括以下几个部件:

(1)指令寄存器(Instruction Register,IR):用来暂时存放从存储器中取出的指令。

(2) 指令译码器(Instruction Decoder,ID):负责对指令进行译码,通过译码产生完成指令功能的各种操作命令。

(3) 操作控制器(Operation Controller,OC):主要包括时钟脉冲发生器、控制矩阵、复位电路和启停电路等控制逻辑。根据指令要求,按一定的时序发出、接收各种信号,控制、协调整个系统完成所要求的操作。

3) 寄存器组 RS

寄存器(Registers)是微处理器的重要部件,其实质上是 CPU 内部的高速存储单元,用于暂存数据、指令等,它由触发器和一些控制电路组成。寄存器组可分为专用寄存器和通用寄存器。专用寄存器的作用是固定的,如图 1.3 中的堆栈指针、程序计数器、标志寄存器即为专用寄存器。通用寄存器可由程序员规定其用途,其数目及位数因微处理器而异,如 8086/8088CPU 中有 8 个 16 位通用寄存器,80386/80486 有 8 个 32 位通用寄存器等。有了这些寄存器,在需要重复使用某些操作数或中间结果时,就可将它们暂时存放在寄存器中,避免对存储器的频繁访问,从而缩短指令执行时间,加快 CPU 的运算处理速度,同时也给编程带来了方便。

(1) 堆栈和堆栈指针(Stack Pointer,SP)。在计算机中广泛使用堆栈作为数据的一种暂存结构。堆栈由栈区和堆栈指针构成。栈区是一组按先进后出(FILO)或后进先出(LIFO)方式工作的寄存器或存储单元,用于存放数据。

堆栈指针是用来指示栈顶地址的寄存器,其初值由程序员设定。在堆栈操作中,将数据存入栈区称为"压入"(PUSH);从栈区中取出数据称为"弹出"(POP)。无论是压入还是弹出,只能在栈顶进行。每当压入或是弹出一个堆栈元素,栈指针均会自动修改,以便自动跟踪栈顶位置。

(2) 程序计数器(Program Counter,PC)。程序计数器 PC 用于指示程序执行的顺序,它存放的是下一条要执行的指令地址码。PC 从程序第一条指令开始,每取出指令的 1B(通常微处理器的指令长度是不等的,有的只有 1B,有的是 2B 或更多字节),PC 的内容自动加 1,当取完一条指令的所有字节时,PC 中存放的是下一条指令的首地址。若要改变程序的正常执行顺序,就必须把新的目标地址装入 PC,这称为程序转移。因此,PC 是维持微处理器有序执行程序的关键性寄存器,是任何微处理器不可缺少的。

2. 内存储器

内存储器又称为内存或主存,是微型计算机的存储和记忆部件,用于存放程序和数据。微型机的内存都是采用半导体存储器。

1) 内存单元

无论是程序还是数据都是以二进制数形式存放在内存中。内存是由一个个内存单元组成的,每个单元存放 1B(8 位)的二进制信息,内存单元的总数称为内存容量。每个单元都有一个编号与之对应,称为地址(地址码),CPU 通过地址识别不同的内存单元,正确地对它们进行操作。注意,内存单元的地址和内存单元的内容是两个完全不同的概念。图 1.4 给出了内存单元的示意图。

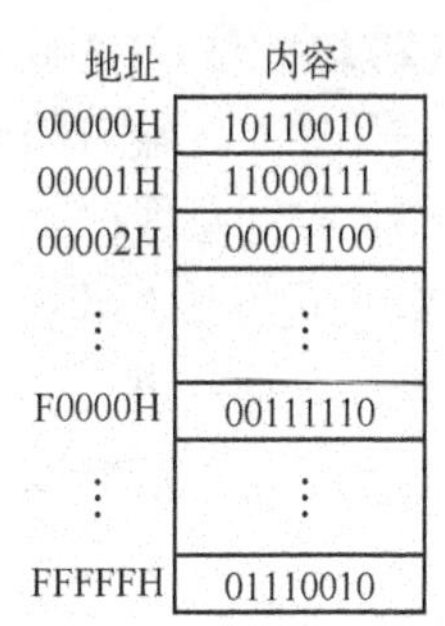

图 1.4　内存单元的示意图

2) 内存操作

CPU 对内存的操作有读、写两种。读操作是 CPU 将内存单元的内容取入 CPU 内部,而写操作是 CPU 将其内部信息传送到内存单元保存起来。显然,写操作的结果改变了被写单元的内容,而读操作则不改变被读单元中原有内容。

3）内存分类

按工作方式不同,内存可分为两大类:随机存取存储器(Random Access Memory,RAM)和只读存储器(Read Only Memory,ROM)。

RAM 可以被 CPU 随机地读和写,所以又称为读/写存储器。这种存储器用于存放用户装入的程序、数据及部分系统信息。当机器断电后,所存信息消失。

ROM 中的信息只能被 CPU 读取,而不能由 CPU 任意写入。机器断电后,信息并不丢失。所以,这种存储器主要用来存放固定程序,如监控程序、基本 I/O 程序等标准子程序,也用来存放各种常用数据和表格等。ROM 中的内容一般是由生产厂家或用户使用专用设备写入固化的。

3. 输入/输出(I/O)设备及接口

输入/输出设备(简称外设)是微型计算机与外界联系和沟通的桥梁,用户通过这些设备与计算机系统进行通信。常用输入设备有键盘、鼠标器、扫描仪等;常用输出设备有显示器、打印机、绘图仪等;磁带、磁盘、光盘既是输入设备,又是输出设备,实质为外存储器(或称辅助存储器)。

I/O 接口是微型计算机与 I/O 设备之间交换信息的通路。外设的种类繁多,结构、原理各异,有机械式、电子式、电磁式等。与 CPU 相比,I/O 设备的工作速度较低,处理的信息从数据格式到逻辑时序一般不可能直接兼容。因此,微型计算机与 I/O 设备间交换信息时,不能简单地直接相连,而必须有一个中间桥梁,这就是“接口电路”。通过该电路可完成信号变换、数据缓冲、与 CPU 联络等工作。这种 I/O 接口电路又称为 I/O 适配器(I/O Adaptor)。I/O 接口电路是微型计算机应用系统必不可少的重要组成部分。

4. 总线

微型计算机各功能部件之间通过系统总线连接。所谓“总线(BUS)”是传输信息的公共通道,用于微型计算机中所有各组成部分之间的信息传输。系统总线一般包括数据总线、地址总线和控制总线,如图 1.2 所示。

(1) 数据总线(Data Bus,DB):用来传输数据信息,CPU 既可通过 DB 从内存或输入设备接口电路读入数据,又可通过 DB 将内部数据送至内存或输出设备接口电路,该总线为双向总线。

(2)地址总线(Address Bus,AB):用于传送地址信息,CPU 在 AB 总线上输出将要访问的内存单元或 I/O 端口的地址,该总线为单向总线。

(3) 控制总线(Control Bus,CB):用来传送控制信号、时序信号和状态信息等。其中有的是 CPU 向内存和外设发出的信息,有的则是内存或外设向 CPU 发出的信息。可见,CB 中每一根线的方向是一定的、单向的,但作为一个整体则是双向的,所以在各种结构框图中,凡涉及控制总线 CB,均以双向线表示。

“总线结构”是微型计算机系统在体系结构上的一大特色,正是由于采用了这一结构,才使得微型计算机系统中各功能部件之间的相互关系变为各个部件面向总线的单一关系,微型计算机才具有了组装灵活、扩展方便的特点。

1.2.3 微型计算机软件组成

微型计算机系统的软件分为系统软件、支撑软件和应用软件。

1. 系统软件

系统软件是用来扩展计算机的功能、提高计算机的工作效率、方便用户使用计算机的软件。系统软件通常包括操作系统、监控程序、各种语言处理程序(如汇编程序、编译程序、解释程序等)、设备驱动程序等。

(1) 操作系统(Operating System,OS):是最基本、最核心的管理软件,主要负责对计算机系统的软、硬件资源进行合理的管理,为用户创造方便、有效和可靠的计算机工作环境。

操作系统也随着硬件的发展而不断发展。DOS 曾经是微型计算机最常用的操作系统之一,目前比较常用的操作系统主要有 Windows、UNIX、Linux、OS/2 等。有些操作系统专用于网络系统,如 NOVELL、Windows NT 等,称为网络操作系统。

(2) 各种语言处理程序:将由高级语言或汇编语言编写的源程序翻译成能被计算机直接理解的机器语言,如 BASIC 的解释程序、汇编语言的汇编程序和 C 语言的编译程序等。

2. 支撑软件

支撑软件是支持软件开发和运行的工具性软件,一般用来辅助和支持软件的开发及维护,如数据库管理软件、分析/设计/维护/管理工具等。

3. 应用软件

应用软件是为了解决用户实际问题而专门研制的软件。应用软件也可以逐步标准化、模块化,形成解决各种典型问题的应用程序的组合,称为软件包。

总之,计算机的硬件系统和软件系统是相辅相成的,共同构成了一个完整的微型计算机系统,缺一不可。

1.2.4 微型计算机的工作过程

微型计算机工作的过程本质上就是执行程序的过程。而程序是由若干条指令组成的,微型计算机逐条执行程序中的每条指令,就可完成一个程序的执行,从而完成一项特定的工作。

1. 指令的概念

指令是规定计算机执行特定操作的命令。CPU 就是根据指令来指挥和控制微型计算机各部分协调地动作,以完成规定的操作。指令通常包括操作码和操作数 2 部分。操作码指明要完成操作的性质,如加、减、乘、除、数据传送、移位等;操作数指明参加运算的数或存放数的地址。指令系统是计算机能执行的全部指令集合,它反映了计算机的基本功能。不同型号的计算机有不同的指令系统,从而形成各种型号计算机的特点和相互间的差异。

程序则是为解决某一问题而编写在一起的指令序列。目前,微型计算机系统中使用 3 种形式的程序:机器语言程序、汇编语言程序和高级语言程序。

2. 指令与程序的执行过程

微型计算机指令的执行过程可分为取指令和执行指令 2 个阶段。其主要任务如下。

(1) 取指令阶段:根据程序计数器 PC 中的值从存储器读出当前指令,送到指令寄存器 IR,然后 PC 自动加 1,指向下一条指令地址或本条指令的下一字节地址。

(2) 执行指令阶段:将 IR 中的指令操作码译码,产生相应的控制信号序列,执行指令规定的操作。

微型计算机程序的执行过程,实际上就是周而复始地完成这两个阶段操作的过程,直至遇到停机指令时才结束整个机器的运行,如图 1.5 所示。

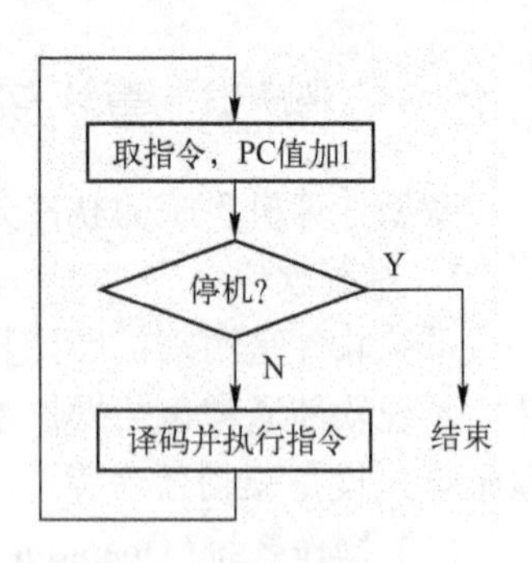

图 1.5　指令执行过程

下面以一个简单程序说明指令的执行过程。

假设要实现加法运算“5 +7”,其汇编程序如表 1.1 所示。整个程序一共 3 条指令,5B,存放在内存 1000H 开始的 5 个单元中,如图 1.6 所示。

表 1.1　“5 +7”的计算机汇编程序

指令名称	助记符号	机器码(二进制)	十六进制	功　能
立即数送累加器	MOV A,05	10110000 00000101	B0H 05H	把 05 送入累加器 A
加立即数	ADD A,07	00000100 00000111	04H 07H	07 与 A 中的内容相加并存入 A
暂停	HLT	11110100	F4H	停止所有操作

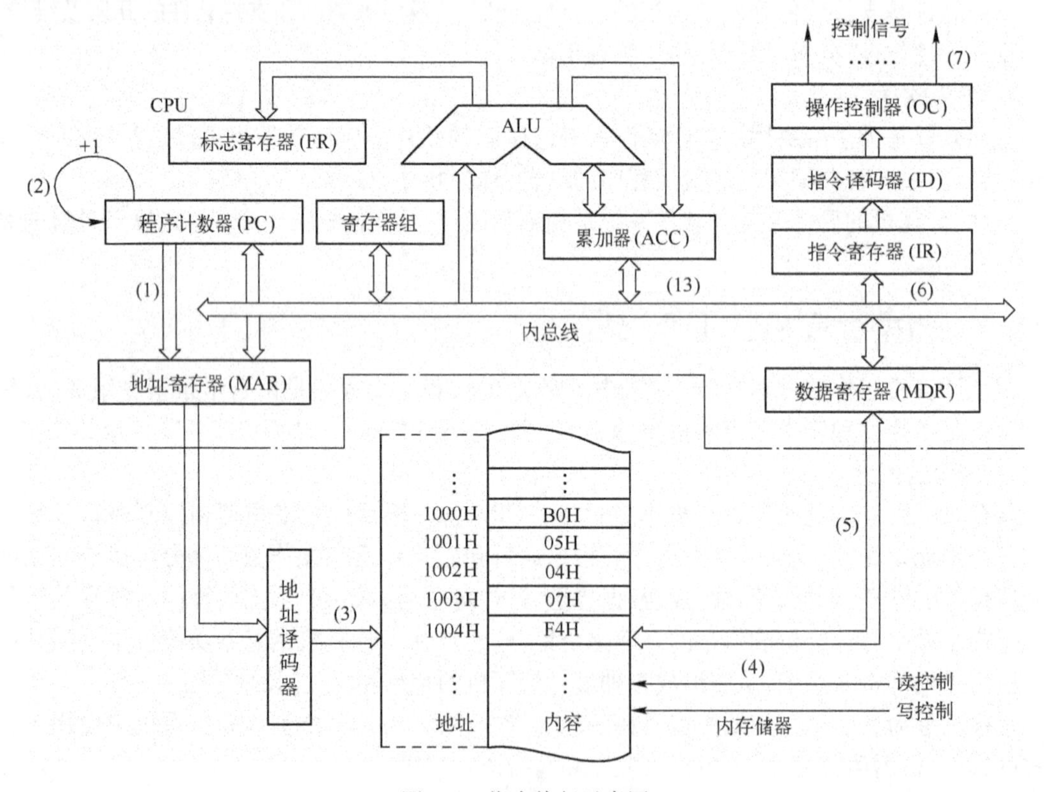

图 1.6　指令执行示意图

在执行本程序时,必须先给程序计数器 PC 赋予第一条指令的地址 1000H,然后进入第一条指令,具体操作步骤如下:

(1) 将 PC 内容 1000H 送地址寄存器 MAR。

(2) PC 值自动加 1,为取下一个字节机器码做准备。

(3) MAR 中内容经地址译码器译码,选中内存储器 1000H 单元。

(4) CPU 发“读”命令。

(5) 将 1000H 单元内容 B0H 读出,送至数据寄存器 MDR。

(6) 由于 B0H 是操作码,故将它从 MDR 中经内部总线送至指令寄存器 IR。

(7) 经指令译码器 ID 译码,由操作控制器 OC 发出相应于操作码的控制信号。

下面将要取操作数 05H,送至累加器 A。

(8) 将 PC 内容 1001H 送 MAR。

(9) PC 值自动加 1。

(10) MAR 中内容经地址译码器译码,选中 1001H 存储单元。

(11) CPU 发“读”命令。

(12) 将 1001 H 单元内容 05H 读至 MDR。

(13) 因 05H 是操作数,将它经内部总线送至操作码规定好的累加器 A。

至此,第一条指令“MOV A,05H”执行完毕。其余指令的执行过程类似,都是经过取指令、执行指令 2 个步骤,只不过不同的指令有不同的操作码,要执行的操作不同,执行的具体步骤也不完全相同。

以上是基于串行处理计算机来讨论指令与程序的执行过程。实际上,现在的计算机采用流水线技术,是一种同时进行若干操作的并行处理方式。

1.2.5 微型计算机系统的主要性能指标

评价一台微型计算机系统的性能优劣,需要从多方面综合考虑,通常包括以下几项指标。

1. 字长

字长是计算机内部一次可以处理的二进制数的位数。字长决定着其内部寄存器、ALU 和数据总线的位数,字长越长,一个字所能表示的数据精度就越高,在完成同样精度的运算时,数据处理的速度也越快。大多数微型计算机均支持变字长运算,即机内可实现半字长、全字长和双倍字长。计算机的字长已经由 8 位、16 位发展到现在的 32 位、64 位。

2. 运算速度

运算速度的高低是衡量计算机系统的一个重要性能指标。运算速度以每秒钟能执行的指令条数来表示。由于不同类型的指令执行时所需时间长度不同,因而有几种不同的衡量运算速度的方法。

1) 指令执行的平均速度

根据不同类型指令出现的频度,乘以不同的系数,求得统计平均值,即可得到平均运算速度,单位为 MIPS(Millions of Instruction Per Second,百万条指令/秒)。目前,高档微型计算机(如 486 以上档次)的运算速度已达 100 ~ 400MIPS。

2) CPU 的主频

主频是 CPU 的时钟频率,在很大程度上决定了计算机的运算速度,是 CPU 的关键指标,这也是人们在购买或组装微型计算机时按主频来选择 CPU 芯片的原因。目前的主频已达到 3.3GHz 以上。

3. 存储器容量

存储器容量是衡量计算机存储二进制信息量大小的一个重要指标。微型计算机中通常以字节(B,Byte)为单位表示存储容量。常用下列 KB ~ TB 为单位表示存储器容量:

2^{10} =1024B,简称 1KB(Kilobyte,千字节)

2^{20} =1024KB,简称 1MB(Megabyte,兆字节)

2^{30} =1024MB,简称 1GB(Gigabyte,吉字节)

2^{40} =1024GB,简称 1TB(Terabyte,太字节)

存储器容量包括内存容量和外存容量。内存容量又分最大容量和实际装机容量。最大容量由 CPU 的地址总线位数决定,如 16 位 8086CPU 的地址总线为 20 位,其最大内存容量为 1MB;Pentium 处理器的地址总线为 32 位,其最大内存容量为 4 GB。而装机容量则由所用软件环境决定,如现行 PC 系列机,采用 Windows XP,内存必须在 128 MB 以上。

外存容量是指硬盘、软盘、磁带和光盘等的容量,通常主要指硬盘容量,其大小应根据实际应用的需要来配置。

4. 外设扩展能力

主要指计算机系统配置各种外设的可能性和适应性。如一台计算机允许配接多少种外设,对计算机的功能有重大影响。在微型计算机系统中,打印机型号、显示屏幕分辨率、外存储器容量等都是外设配置中需要考虑的问题。

5. 软件配置情况

软件配置也是衡量微型计算机性能的主要指标,主要考查:操作系统是否功能强大,能否满足用户要求;常用的程序设计语言是否配备齐全;工具软件和应用软件是否丰富等。

1.3 微型计算机运算基础

1.3.1 计算机中数值数据的表示

1. 机器数和真值

在计算机中,无论数值还是数的符号,都只能用 0、1 来表示。通常以这个数的最高位作为符号位:"0"表示正数,"1"表示负数。这种在计算机中使用的、连同符号位一起数字化了的数,称为机器数,而把它所表示的实际值称为机器数的真值。图 1.7 给出了表示机器数及真值的示例。

可见,在机器数中,用 0、1 取代了真值的正、负号。

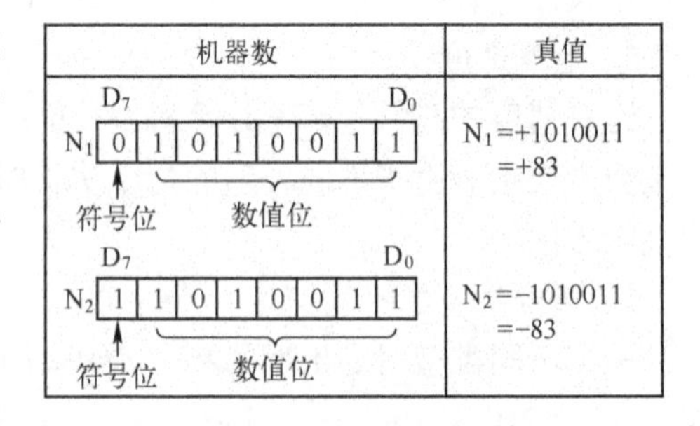

图 1.7 机器数及真值

2. 有符号数的机器数表示方法

机器数可以用不同的编码形式表示,对有符号数,机器数常用的表示方法有原码、反码和补码 3 种。

1）原码

正数的符号位用“0”表示，负数的符号位用“1”表示，其余数字位表示数值本身，这种表示法称为原码。设机器字长为 n，则数 X 的原码定义为

$$[X]_{原}=\begin{cases}X=0X_1X_2\cdots X_{n-1}, & X\geqslant 0\\ 2^{n-1}+|X|=1X_1X_2\cdots X_{n-1}, & X\leqslant 0\end{cases}$$

n 位原码表示数值的范围是 $-(2^{n-1}-1)\sim+(2^{n-1}-1)$。

【例1.1】 $X_1=69=+1000101$　　$[X_1]_{原}=01000101$

$X_2=-69=-1000101$　　$[X_2]_{原}=11000101$

在原码表示法中，根据定义，数0的原码有2种表示形式：

$[+0]_{原}=000\cdots0$

$[-0]_{原}=100\cdots0$

原码表示简单，与真值间转换方便。但用它做加减法运算时比较麻烦，因为在两原码数运算时，首先要判断它们的符号，然后再决定用加法还是用减法，致使机器的结构复杂或增加机器的运算时间。而且0有+0和-0两种表示方法。

2）反码

正数的反码与其原码相同；负数的反码是将其对应的正数按位（连同符号位）取反得到。反码的定义为

$$[X]_{反}=\begin{cases}0X_1X_2\cdots X_{n-1}, & X\geqslant 0\\ 1\overline{X}_1\overline{X}_2\cdots\overline{X}_{n-1}, & X\leqslant 0\end{cases}$$

或

$$[X]_{反}=\begin{cases}X, & X\geqslant 0\\ (2^n-1)-|X|, & X\leqslant 0\end{cases}$$

【例1.2】 $X_1=69=+1000101$　　$[X_1]_{反}=01000101$

$X_2=-69=-1000101$　　$[X_2]_{反}=10111010$

n 位反码表示数值的范围是 $-(2^{n-1}-1)\sim+(2^{n-1}-1)$。

数0的反码也有2种形式：

$[+0]_{反}=000\cdots0$（全0）

$[-0]_{反}=111\cdots1$（全1）

3）补码

在计算机运算过程中，数据的位数，即字长总是有限的，n 位计算机存放 n 位二进制代码，则 2^n 就是其模数。两数相加求和时，如果 n 位的最高位产生了进位，就会被丢掉，这正是在模的意义下相加的概念，相加时丢掉的进位即等于模。

为了使数字化后的符号位能作为数参加运算，并解决将减法运算转换为加法运算的问题，就产生了补码表示。

正数的补码表示与原码相同；负数的补码是将其原码除符号位外各位取反加1（最低位加1）。补码的定义为

$$[X]_{补}=\begin{cases}0X_1X_2\cdots X_{n-1}, & X\geqslant 0\\ 1\overline{X}_1\overline{X}_2\cdots\overline{X}_{n-1}+1, & X\leqslant 0\end{cases}$$

或

$$[X]_{补}=\begin{cases}X, & X\geqslant 0\\ 2^n+X=2^n-|X|, & X\leqslant 0(\bmod 2^n)\end{cases}$$

【例 1.3】 $X_1=69=+1000101$ $[X_1]_{补}=01000101$

$X_2=-69=-1000101$ $[X_2]_{补}=10111010+1=10111011$

求负数补码更简便的方法:将负数的原码符号位不变,数值位中最后的 1 后不变,1 前全反。

【例 1.4】 $[-4]_{原}=10000100$

$[-4]_{补}=11111100$

n 位补码表示数值的范围是 $-2^{n-1}\sim+(2^{n-1}-1)$。

数 0 的补码只有一种形式:

$[+0]_{补}=[-0]_{补}=000\cdots0$(全 0)

对于 8 位字长的二进制数,其表示无符号数及有符号数的原码、反码、补码的对应关系如表 1.2 所示。

表 1.2　8 位二进制数表示无符号数及有符号数的原码、反码、补码的对应关系

8 位二进制数	无符号数	有符号数		
		原码	反码	补码
00000000	0	+0	+0	+0
00000001	1	+1	+1	+1
…	…	…	…	…
01111111	127	+127	+127	+127
10000000	128	-0	-127	-128
…	…	…	…	…
11111110	254	-126	-1	-2
11111111	255	-127	-0	-1

综上所述,归纳如下:

(1) 原码、反码、补码的最高位都是表示符号位。符号位为 0,表示真值为正数,其余位为真值;符号位为 1,表示真值为负数,其余位除原码外不再是真值:对于反码,需按位取反才是真值;对于补码,则需按位取反加 1 才是真值。

(2) 对于正数,三种编码都是一样的,即 $[X]_{原}=[X]_{反}=[X]_{补}$;对于负数,三种编码互不相同,$[X]_{反}=[X]_{原}$的数值部分各位取反,符号位不变;$[X]_{补}=[X]_{反}+1$,$[[X]_{补}]_{补}=[X]_{原}$。

(3) 二进制位数相同的原码、反码、补码所能表示的数值范围不完全相同。以 8 位为例,原码和反码的真值范围为 $-127\sim+127$;补码的真值范围为 $-128\sim+127$。对 0 的表示也不尽相同,原码和反码有两种表示方法,补码只有一种表示方法。此外,有一个特殊的数 -128,其补码表示为 10000000,而原码和反码无法表示。

(4) 由于补码的加减法运算简单,减法运算可变为加法运算,可省掉减法器电路;而且它是符号位与数值位一起参加运算,运算后能自动获得正确结果。因此,目前各种微型计算机基本上都是以补码作为机器码,也称为补码机。

3. 定点数和浮点数的表示方法

在机器数中,小数点并不出现,它的位置是事先约定的:一种规定小数点的位置固定不变,这时的机器数称为"定点数";另一种规定小数点的位置可以浮动,这时的机器数称为"浮点数"。

1) 定点数

在计算机中,根据小数点固定的位置不同,定点数有定点(纯)整数和定点(纯)小数两种。

如果小数点固定在最低数值位的右边,称为定点整数;如果小数点固定在最高数值位的左边,称为定点小数。定点数的表示格式如图 1.8 所示。

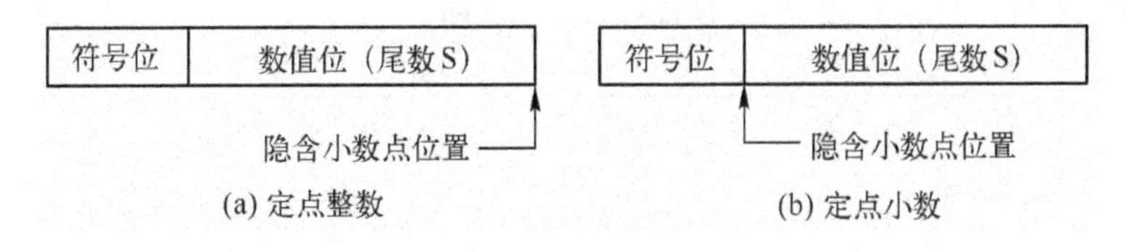

图 1.8　定点数表示

【例 1.5】 有如下两个 8 位二进制数:

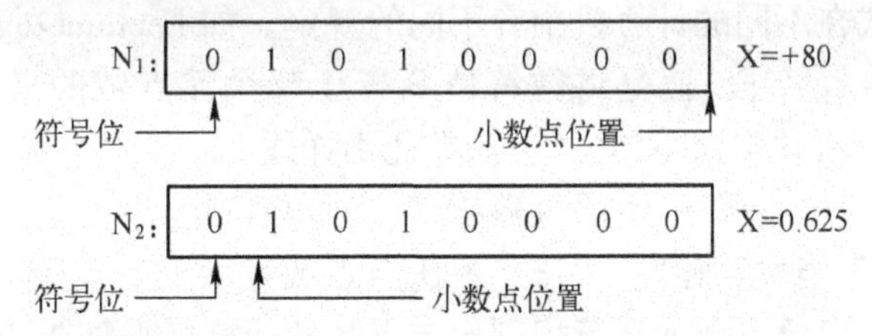

定点整数和定点小数在计算机中的表示形式没什么区别,但小数点完全靠事先约定而隐含在不同位置,因而它们的真值也不相同。

2) 浮点数

定点数表示的范围受位数 n 的大小限制,超出该范围的数(如很大的整数或很小的小数),就无法正确表示,而浮点表示法就可以解决这个问题。当然,如果要处理的数据既有整数又有小数部分,就更有必要采用浮点表示法。

对于一个二进制数 1101.01 可以写成如下不同的形式:

$$1101.01 = 2^4 \times 0.110101 = 2^3 \times 1.10101 = 2^{-2} \times 110101$$

通常,对于任意一个二进制数 N,都可表示成

$$N = 2^J \times S$$

式中:J 为数 N 的阶码,表示小数点的位置,阶码 J 由阶符(阶码的符号位)和阶码(阶码的数值位)组成。S 为数 N 的尾数,表示数 N 的有效数字,尾数 S 由尾符(尾数的符号位)和尾数(尾数的数值位)组成。J 值和 S 值都可正可负。

从上例可以看出,当用不同大小的阶码表示同一个数时,尾数中小数点的位置是不同的,即小数点的位置是浮动的。这种表示数的方法就是浮点表示法。

浮点数在计算机中表示的格式如图 1.9 所示。

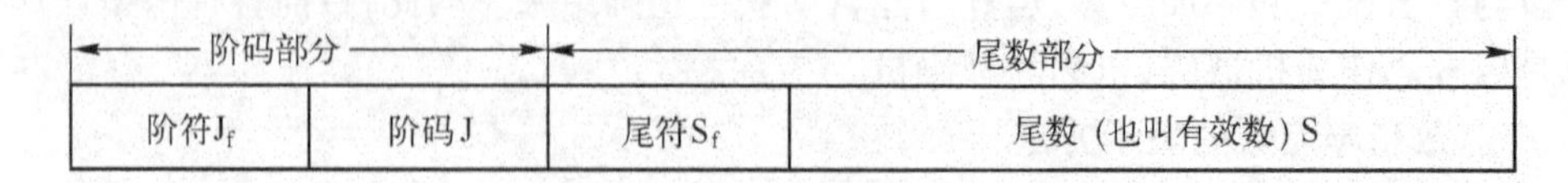

图 1.9　浮点数表示

为保证不损失有效数字，一般对尾数进行“规格化”处理，即通过调整阶码，使尾数的最高位为 1（也就是 $0.5 \leqslant S < 1$）。

一般来说，阶码用补码定点整数表示，尾数用补码定点规格化小数表示。

【例 1.6】　$N = (-0.09375)_{10} = (-0.00011)_2 = (-0.11) \times 2^{-11}$。

假设尾数用 8 位二进制表示，阶码用 4 位二进制表示，均含 1 位符号位，阶码和尾数都用补码表示。则数 N 在计算机中的表示形式如图 1.10 所示。

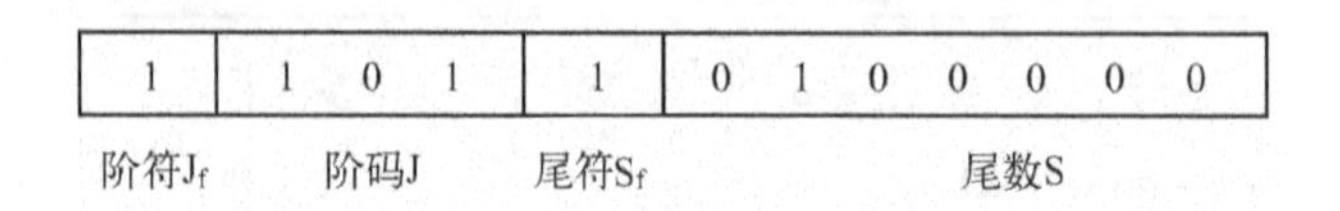

图 1.10　数 N 的浮点表示

也可表示成$(1.0100000) \times (10)^{1101}$。

浮点数的实际格式在不同的计算机中有不同的规定。如 Pentium 处理器的浮点数格式就不是按上述顺序存放 4 个字段，而是将数符位 S_f 置于整个浮点数的最高位（阶码部分的前面），且尾数和阶码部分有其与众不同的约定，在此不详述。

总之，当总位数不变的情况下，阶码位数越多，表示数的范围越大；但同时，尾数的位数减少，表示数的精度降低。当位数相同时，浮点数比定点数表示数的范围大，且在计算过程中能保持有效数字的位数。但浮点数的运算规则比定点数的运算规则复杂。

1.3.2　计算机中非数值数据的表示

计算机除了能够处理数值数据以外，还可以处理文字、话音、图像等非数值数据。非数值数据在计算机内部也必须以二进制的形式表示。

1. 二—十进制编码（BCD 码）

计算机中的数采用二进制形式表示，但人们常常习惯用十进制数来进行数据的输入和输出，BCD（Binary Coded Decimal）码就是专门用来解决用二进制数表示十进制数问题的编码。

BCD 码又称为“二—十进制编码”，最常用的是 8421 - BCD（简称 NBCD），它是用 4 位二进制数来表示 1 位十进制数，自左至右每一个二进制位对应的位权为 8、4、2、1。

由于 4 位二进制数从 0000 ~ 1111 共有 16 种状态，而十进制数 0 ~ 9 只取 0000 ~ 1001 的 10 种状态，其余 6 种状态闲置不用。十进制数 0 ~ 15 与 8421 - BCD 码的编码关系如表 1.3 所示。

表 1.3 8421—BCD 编码表

十进制数	8421—BCD 码	十进制数	8421—BCD 码
0	0000	8	1000
1	0001	9	1001
2	0010	10	0001 0000
3	0011	11	0001 0001
4	0100	12	0001 0010
5	0101	13	0001 0011
6	0110	14	0001 0100
7	0111	15	0001 0101

从表 1.3 可见,这种 BCD 码与十进制数对应的关系直观,转换也十分简单,只需将十进制数的各位数字用与其对应的一组 4 位二进制数代替即可。

【例 1.7】 完成十进制数与 BCD 码之间的转换:

$$(248)_{10}=(0010\ 0100\ 1000)_{BCD}$$

$$(0101\ 1001.0010\ 0110)_{BCD}=(59.26)_{10}$$

应注意 BCD 码与真正的纯二进制数是不同的,它貌似二进制,实为十进制。BCD 码的表示形式一般有两种:压缩 BCD 码和非压缩 BCD 码。

(1) 压缩 BCD 码。每位 BCD 码用 4 位二进制表示,1B(8 位二进制)表示 2 位 BCD 码。例如,十进制数 95,采用压缩 BCD 码表示为 10010101B。

(2) 非压缩 BCD 码。每位 BCD 码用 1B 表示,高 4 位总是 0000,低 4 位的 0000 ~ 1001 表示 0 ~ 9,例如 95 用非压缩 BCD 码表示,则需用 2B(16 位二进制):

00001001 | 00000101

2. 美国信息交换标准代码(ASCII 码)

人们在使用计算机时,通过键盘输入的程序、命令或数据,不再是一种纯数字(0 ~ 9),而多数为一个个英文字母、标点符号和某些特殊符号,它们统称为字符(Character)。而计算机只能处理二进制代码数字,这就需要用二进制 0 和 1 对各种字符进行编码,输入的字符由计算机自动完成转换,以二进制代码形式存入计算机。

目前在微型计算机中普遍采用的是美国国家信息交换标准代码,即 ASCII 码(American Standard Code for Information Interchange)。

ASCII 码是一种 8 位代码,一般最高位可用于奇偶校验,仅用 7 位对字符进行编码,可以表示 128 个字符,其中有 96 个可打印字符,称为“信息码”,包括字母、数字、标点符号等,如“ $ ”为 24H;另外 32 个为控制字符,如回车符“CR”为 0DH。ASCII 码字符表如表 1.4 所示。

表 1.4 ASCII 码字符表

低位 高位	0 0000	1 0001	2 0010	3 0011	4 0100	5 0101	6 0110	7 0111	8 1000	9 1001	A 1010	B 1011	C 1100	D 1101	E 1110	F 1111
0 0000	NUL	SOH	STX	ETX	EOT	ENQ	ACK	BEL	BS	HT	LF	VT	FF	CR	SO	SI
1 0001	DLE	DC1	DC2	DC3	DC4	NAK	SYN	ETB	CAN	EM	SUB	ESC	FS	GS	RS	US
2 0010	SP	!	”	#	$	%	&	’	(	)	*	+	,	-	.	/
3 0011	0	1	2	3	4	5	6	7	8	9	:	;	<	=	>	?
4 0100	@	A	B	C	D	E	F	G	H	I	J	K	L	M	N	O
5 0101	P	Q	R	S	T	U	V	W	X	Y	Z	[	\	]	↑	←
6 0110	、	a	b	c	d	e	f	g	h	i	j	k	l	m	n	o
7 0111	p	q	r	s	t	u	v	w	x	y	z	{	—	}	~	DEL

ASCII 码用 1B 中的 7 位对字符进行编码，最高位不参与编码，常用作奇/偶校验位，用以判别数码传送是否正确。

偶校验的含义是包括校验位在内的 8 位二进制码中 1 的个数为偶数，如字母 A 的 ASCII 码(1000001B)加偶校验时为 01000001B；而奇校验则是包括校验位在内，所有 1 的个数为奇数，因此，具有奇数校验位 A 的 ASCII 码则是 11000001B。

3. 汉字编码

ASCII 码是计算机用来处理英文字符的，如果想要计算机处理汉字信息，则要对汉字进行编码。目前，计算机中常用的汉字编码分为内码和外码。

外码(也称汉字输入码)指用于汉字输入方式的输入码，它位于人—机界面上，面向用户，其编码原则是简单易记、操作方便、有利于提高输入速度。常用的输入码有顺序码、音码、形码、音形码等，顺序码将汉字按一定顺序排好，然后逐个赋予一个号码作为该汉字的编码，如区位码；音码根据汉字的读音进行编码，如拼音码；形码根据汉字的字形进行编码，如五笔字形；音形码根据汉字的读音和字形进行编码，如双拼码。

内码是计算机内部存储、处理汉字使用的编码，目前主要使用《国家标准信息交换用汉字编码基本字符集》，代号 GB2312－80，又称国标码。国标码字符集共收录汉字和图形符号 7445 个，其中一级常用汉字 3755 个，二级非常用汉字和偏旁部首 3008 个，图形符号 682 个，国标码是所有汉字编码都应该遵循的标准。该标准规定每个汉字用 2B 编码，同时用每个字节的最高位来区分是汉字编码还是 ASCII 码。

1.3.3 计算机的运算

1. 补码运算及溢出判断

1）补码的加减法运算

补码的加减法运算规则是

$$[X+Y]_{补}=[X]_{补}+[Y]_{补}$$
$$[X-Y]_{补}=[X]_{补}+[-Y]_{补}$$

其中 X、Y 为正、负数均可。由此说明,无论加法还是减法运算,都可由补码的加法运算实现,运算结果(和或差)也以补码表示。若运算结果不产生溢出,且最高位(符号位)为0,则表示结果为正数;最高位为1,则结果为负数。

补码的加减法运算规则的正确性可根据补码定义予以证明:

$$
\begin{aligned}
[X \pm Y]_{补} &= 2^n + (X \pm Y) \qquad (\mathrm{mod}\ 2^n) \\
&= (2^n + X) + (2^n \pm Y) \\
&= [X]_{补} + [\pm Y]_{补}
\end{aligned}
$$

已知$[Y]_{补}$求$[-Y]_{补}$的方法是将$[Y]_{补}$连同符号位在内一起按位取反后末位加1(称为"求补"),即

$$[-Y]_{补} = \overline{[Y]_{补}} + 1$$

"求补"和"求补码"是两个不同的概念,前者是进行"变反加1"的运算过程,即求一个数的相反数的补码;而后者就是求一个数的补码。

【例1.8】 用补码进行下列运算:①(+18)+(−15);②(−56)−(−17)。

解:① X = +18,Y = −15,则

$[X]_{补} = 00010010$

$[Y]_{补} = 11110001$

故 $[X+Y]_{补} = [X]_{补} + [Y]_{补}$

$= 00000011$

$X + Y = 00000011 = +3$

```
      0 0 0 1 0 0 1 0[X]补          +18
  +)  1 1 1 1 0 0 0 1[Y]补      +)  -15
  ------------------------      --------
    1 0 0 0 0 0 0 1 1               + 3
    ↑ ↑
进位自 ┘ └── 符号位
然丢失
```

② X = −56,Y = −17,则

$[X]_{补} = 11001000$

$[Y]_{补} = 11101111$

$[-Y]_{补} = 00010001$

故 $[X-Y]_{补} = [X]_{补} + [-Y]_{补}$

$= 11011001$

$X - Y = [[X-Y]_{补}]_{补} = 10100111 = -39$

```
      1 1 0 0 1 0 0 0[X]补          -56
  +)  0 0 0 1 0 0 0 1[-Y]补     -)  -17
  ------------------------      --------
      1 1 0 1 1 0 0 1               -39
      ↑
      └── 符号位
```

从上述补码运算规则和例题可归纳如下:

(1) 符号位和数值位能一起参加运算,符号位产生的进位丢掉不管,从而简化了运算规则。

(2) 使减法运算转化为加法运算,从而省去了减法器。

(3) 采用补码运算后,结果还是补码,欲得到运算结果的真值,需要进行转换。

(4) 有符号数和无符号数的加法运算可用同一加法器电路完成,结果都是正确的。

例如,两个内存单元的内容分别为00010010和11001110,无论它们代表有符号数补码还是无符号数二进制码,只要不超出数的表示范围(以8位数为例,无符号数范围是0~255,有符号数范围是−128~+127),运算结果都是正确的。

机器运算	代表有符号数	代表无符号数
0 0 0 1 0 0 1 0	$[+18]_{补}$	18
+) 1 1 0 0 1 1 1 0	+) $[-50]_{补}$	+) 206
1 1 1 0 0 0 0 0	$[-32]_{补}$	224

(5) 补码运算规则成立的前提条件,就是运算结果不能超过补码所能表示的范围,否则运算结果不正确,产生“溢出”错误。

2) 溢出判断

为了保证运算结果的正确性,计算机必须能够判别出是否产生溢出,并做出相应处理。微型计算机中常用的溢出判断方法称为“双进位位”法,并常用“异或”电路来实现溢出判断。为此,引入2个符号:

C_s:最高位(符号位)产生的进位情况。$C_s=1$,有进位;$C_s=0$,无进位。

C_P:次高位(数值部分最高位)向符号位产生的进位情况。$C_P=1$,有进位;$C_P=0$,无进位。

用下式判断溢出:

$$OF = C_s \oplus C_p = \begin{cases} 1, & \text{有溢出} \\ 0, & \text{无溢出} \end{cases}$$

发生溢出时,$C_s\ C_P=01$ 为正溢出,通常出现在两个正数相加时;$C_s\ C_P=10$ 为负溢出,通常出现在两个负数相加时。

【例 1.9】 已知 X=01000000,Y=01000001,进行补码的加法运算。

$$\begin{array}{rll} [X]_{补}= & 0\,1\,0\,0\,0\,0\,0\,0 & (+64\text{的补码}) \\ +)\ [Y]_{补}= & 0\,1\,0\,0\,0\,0\,0\,1 & (+65\text{的补码}) \\ \hline [X]_{补}+[Y]_{补}= & 1\,0\,0\,0\,0\,0\,0\,1 & (-127\text{的补码}) \end{array}$$

$C_s=0 \quad C_p=1$

即

$$[X+Y]_{补}=10000001$$
$$X+Y=-1111111(-127)$$

由于 $OF=C_s \oplus C_P=0 \oplus 1=1$,故产生溢出,并且是正溢出。

两正数相加,其结果应为正数,但运算结果为负数,显然是错误的,其原因是和 +129 > +127,即超出了8位正数所能表示的最大值,所以产生了溢出错误。

【例 1.10】 已知 X=-1111111,Y=-0000010,进行补码的加法运算。

$$\begin{array}{rll} [X]_{补}= & 1\,0\,0\,0\,0\,0\,0\,1 & (-127\text{的补码}) \\ +)\ [Y]_{补}= & 1\,1\,1\,1\,1\,1\,1\,0 & (-2\text{的补码}) \\ \hline [X]_{补}+[Y]_{补}= & 1\ \ 0\,1\,1\,1\,1\,1\,1\,1 & (+127\text{的补码}) \end{array}$$

$C_s=1 \quad C_p=0$

即

$$[X+Y]_{补}=01111111 \quad (+127)$$

由于 $OF=C_s \oplus C_P=1 \oplus 0=1$,故产生溢出,并且是负溢出。

两负数相加,其结果应为负数,但和数 -129 超出了8位负数所能表示的最小值,所以产生了溢出错误。

2. BCD 码运算及其十进制调整

进行 BCD 码加法运算时,每组4位二进制码表示的十进制数之间应该遵循“逢十进一”的规则。但是,由于计算机总是将数作为二进制数来处理,即每4位之间总是按“逢16进一”来处理,所以当 BCD 码运算出现进位时,结果将出错。

例如，求 BCD 码的 7 +5。

```
       00000111
   +)  00000101
   ------------
       00001100
```

显然 1100(CH)为非法 BCD 码，结果是错误的，正确结果应为$(00010010)_{BCD}$。

为了得到正确的 BCD 码运算结果，必须对二进制运算结果进行调整，使之符合十进制运算的进位规则。这种调整称为十进制调整。

十进制调整的规则如下：

(1) 若两个 BCD 数相加结果大于9(即1001)，则应作加6(即0110)修正(和数大于9时，说明有进位，而4位二进制数相加只有结果超过15才会进位，所以要作加6修正)。

(2) 若两个 BCD 数相加结果在本位并不大于9，但产生了进位，这相当于十进制运算大于等于16，所以也应在本位作加6修正。

【例 1.11】　求 BCD 码 55 +47。

```
        0101 0101    55
    +)  0100 0111    47
    -------------------
        1001 1100         低4位结果大于9
    +)  0000 0110         需加6修正
    -------------------
        1010 0010         高4位结果大于9
    +)  0110 0000         需加6修正
    -------------------
      1 0000 0010   102
```

【例 1.12】　求 BCD 码 29 +38。

```
        0010 1001    29
    +)  0011 1000    38
    -------------------
        0110 0001         低4位有进位
    +)  0000 0110         需加6修正
    -------------------
        0110 0111    67
```

对于两个 BCD 码的减法运算，当有借位时，可采用类似的“减 6 修正”规则进行调整。实际上，现代计算机中都设有专门的十进制调整指令，利用它们，无论对加法或减法，甚至乘法和除法，机器都能按照规则自动进行调整，并不需要程序员自己去做判断和调整。

习　题　1

1.1　微型计算机发展至今，经过了哪些主要发展阶段？

1.2　微型计算机系统由哪几部分组成？微处理器、微型计算机和微型计算机系统的关系是什么？

1.3　微处理器由哪几部分组成？各部分的主要功能是什么？

1.4　典型微型计算机有哪几种总线？它们传送的是什么信息？

1.5　试用示意图说明内存单元的地址和内存单元的内容，二者有何联系和区别？

1.6　一般指令的执行由哪几段操作组成？各段操作的任务是什么？

1.7　微型计算机执行程序的基本操作过程是怎样的？

1.8 评价微型计算机系统的主要性能指标有哪些？试举例说明目前市场上主流微型计算机机型的性能参数。

1.9 什么叫机器数？什么叫真值？试说明有符号数和无符号数的机器数主要有哪些表示方法。

1.10 写出下列数表示的无符号数和有符号数的范围。

(1) 8 位二进制数；(2) 16 位二进制数。

1.11 写出下列十进制数的 8 位原码、反码和补码。

(1) +0； (2) +15； (3) +82； (4) +127；

(5) -0； (6) -45； (7) -127； (8) -128。

1.12 已知数的补码表示形式如下，分别求出数的原码与真值。

(1) $[X]_{补}=78H$； (2) $[Y]_{补}=87H$；

(3) $[Z]_{补}=FFFH$； (4) $[W]_{补}=800H$。

1.13 试将下列数表示成浮点的规格化数。设阶码（含阶符）为 4 位，尾数（含尾符）为 8 位。

(1) 68.31； (2) -0.40625。

1.14 试将下列各数转换成 BCD 码。

(1) $(51)_{10}$； (2) $(127)_{10}$；

(3) 01100011B； (4) 74H。

1.15 试写出下列字符的 ASCII 码：7，f，*，+，$，%。

1.16 已知 $X_1=+0010100$，$Y_1=+0100001$，$X_2=-0010100$，$Y_2=-0100001$，试计算下列各式（字长 8 位）。

(1) $[X_1+Y_1]_{补}$； (2) $[X_1-Y_1]_{补}$；

(3) $[X_2+Y_2]_{补}$； (4) $[X_2-Y_2]_{补}$；

(5) $[X_1+2Y_2]_{补}$； (6) $[X_2+Y_2/8]_{补}$。

1.17 已知 X=59，Y=-84，用补码完成下列计算，并判断有无溢出产生（设字长为 8 位）。

(1) X+Y； (2) X-Y；

(3) -X+Y； (4) -X-Y。

1.18 用 BCD 码计算：

(1) 37+25； (2) 57+65；

(3) 38+49； (4) 91+83。

第2章

微处理器

微处理器是用大规模或超大规模集成电路(LSI/VLSI)技术做成的半导体芯片,是微型计算机的核心,微型计算机中的各个部件都是在微处理器的统一控制和调度下工作,故常称为中央处理单元(Central Processing Unit,CPU)。

本章首先介绍Intel 8086微处理器的内部结构、寄存器结构、引脚功能及时序信号;然后从应用的角度介绍80486、Pentium微处理器的组成结构和工作方式;最后概述现代微处理器的特点以及采用的先进技术。

2.1 8086微处理器

Intel 8086是x86系列的第一代微处理器。它采用HMOS工艺制造,单一+5V电源,主频为5~10MHz。它是全16位微处理器,其内部和外部数据总线都是16位,地址总线20位,寻址空间为1MB。为了与当时已被广泛使用的8位外围接口芯片兼容,Intel公司还推出了一种准16位微处理器8088。8088的内部寄存器、运算器以及内部数据总线都是16位,只是其外部数据总线为8位。

2.1.1 8086 CPU的内部结构

8086微处理器内部结构如图2.1所示,它由2个独立的工作部件构成,即总线接口部件(Bus Interface Unit,BIU)和执行部件(Execution Unit,EU)。8086和8088两者的EU完全相同,而BIU略有不同,8086BIU中的指令队列为6B,“外部数据总线”为16位;而8088指令队列为4B,“外部数据总线”仅为8位。

1. 总线接口部件(BIU)

BIU负责对总线的操作,完成CPU与存储器或I/O设备之间的数据传送。取指令时,从存储器指定地址取出指令送入指令队列;执行指令时,根据执行部件EU命令对指定的存储器单元或I/O端口存取数据;计算并形成访问存储器的20位物理地址。

BIU包括4个16位段寄存器(CS、DS、SS、ES)、1个16位指令指针IP、6B指令队列(8088是4B)、完成与EU通信的内部寄存器、20位物理地址加法器∑及总线控制逻辑。其中,4个段寄存器分别用于存放代码段(CS)、数据段(DS)、堆栈段(SS)和附加段(ES)的段基址的高16位;指令指针IP用来存放下一条待预取指令在代码段中的偏移地址;指令队列是一组先进先出的寄存器组,用于存放预取的指令;地址加法器∑用于将段基址与偏移地址按一定的规则相加,形成系统所需的20位物理地址,并送到地址总线;总线控制逻辑电路用于产生所需的控制和状态信号。

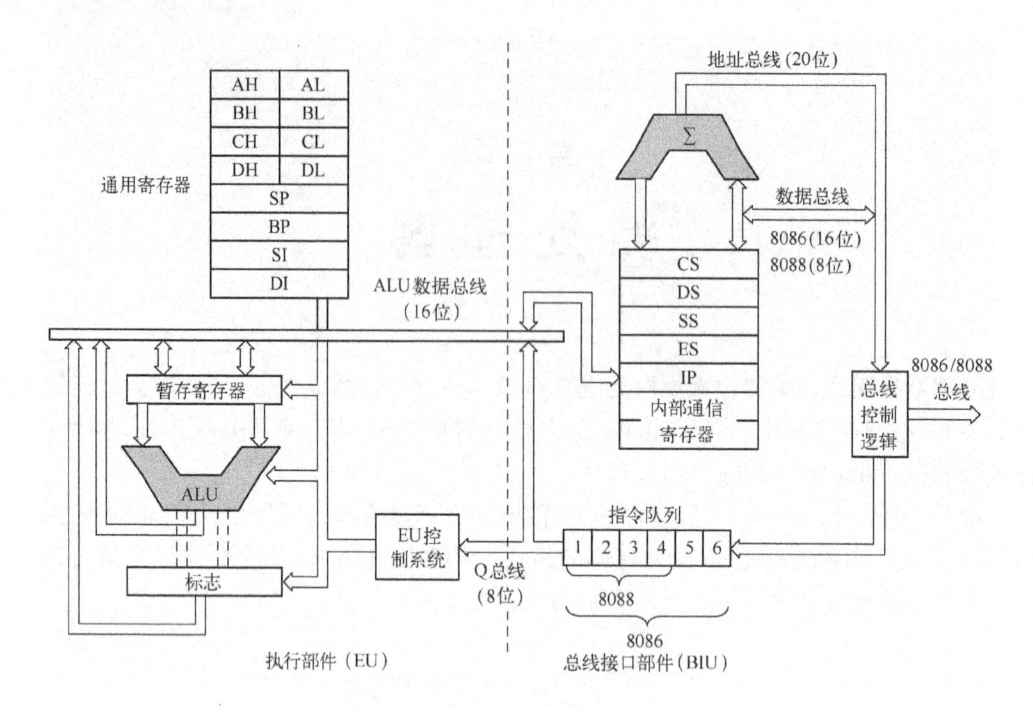

图 2.1 8086 微处理器功能结构框图

2. 执行部件(EU)

EU 负责执行指令。EU 从指令队列取出指令代码,将其译码,发出相应的控制信息。执行指令时若需要读/写操作数,则由 EU 向 BIU 发出请求,由 BIU 对存储器或 I/O 端口进行访问读/写操作数。操作数在算术逻辑单元 ALU 中进行运算,运算结果的特征状态保存在标志寄存器(Flag Register,FR)中,运算结果由 BIU 保存在存储器或 I/O 端口中。

EU 包括算术逻辑单元(ALU)、暂存器、标志寄存器(FR)、通用寄存器组和 EU 控制器。ALU 是 16 位的运算器,用于 8 位、16 位二进制算术和逻辑运算;暂存器用于暂存参加运算的数据;标志寄存器为 16 位,用来存放 CPU 运算结果的特征状态和某些控制标志位;通用寄存器组包括 4 个 16 位的数据寄存器 AX、BX、CX、DX,2 个 16 位指针寄存器 SP、BP,2 个变址寄存器 SI、DI;EU 控制电路负责从 BIU 的指令队列中取指令,并对指令译码,根据指令要求向 EU 内部各部件发出控制命令,以完成各条指令的功能。

16 位的 ALU 总线和 8 位队列总线用于 EU 内部以及 EU 与 BIU 之间的通信。执行单元中的各部件通过 16 位的 ALU 总线连接在一起,在内部实现快速数据传输。这个内部总线与 CPU 外接的总线之间是隔离的,致使两个总线可以同时工作而互不干扰。

3. BIU 和 EU 的重叠执行(指令流水线)

BIU 和 EU 的操作关系如下:

(1) BIU 中的指令队列有 2 个(8086)或 1 个(8088)以上字节为空时,BIU 自动执行一次取指令周期,将新指令送入队列,直至将指令队列填满,BIU 才进入空闲状态。

(2) EU 每执行完一条指令,从 BIU 指令队列的队首取指令。系统初始化时,指令队列为空,EU 需要等待 BIU 取指令。

(3) EU 从指令队列取得指令后,译码并执行指令。若该指令需要读取操作数或者存储操作结果,进行存储器或 I/O 访问,EU 便向 BIU 发出总线访问请求。

(4) 当BIU接到EU的总线请求,若BIU正忙(正在执行取指令的总线周期),必须等待执行完当前的总线周期,才能响应EU请求;若BIU空闲,则立即响应EU请求,进行总线操作。

(5) EU执行转移、调用或返回指令时,若下一条指令不在指令队列中,则队列中的指令被自动清除,BIU根据目标地址重新取出指令并填充指令队列。

从BIU和EU的操作过程不难看出，BIU和EU进行操作时是并行的。也就是说，EU从指令队列中取指令、执行指令和BIU从存储器中预取指令送入指令队列的工作可以重叠进行,从而形成两级“指令流水线”结构,如图2.2所示。

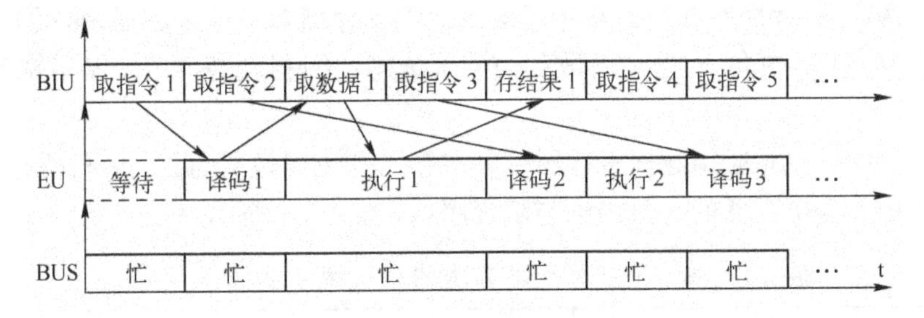

图2.2 取指令和执行指令的重叠过程

由于BIU和EU各自独立工作,EU执行的是BIU在前一时刻取出的指令,与此同时,BIU又取出EU在下一时刻需要执行的指令。所以,在大多数情况下,取指令所需的时间“消失”了(隐含在上一指令的执行时间之中),这种“流水线”技术的引入减少了CPU为取指令而必须等待的时间,提高了CPU的利用率,加快了整机的运行速度,降低了系统对存储器速度的要求。

2.1.2 8086的寄存器结构

8086 CPU内部有三组寄存器,即通用寄存器、段寄存器和控制寄存器,如图2.3所示。对程序员而言,掌握寄存器的结构和使用方法至关重要。

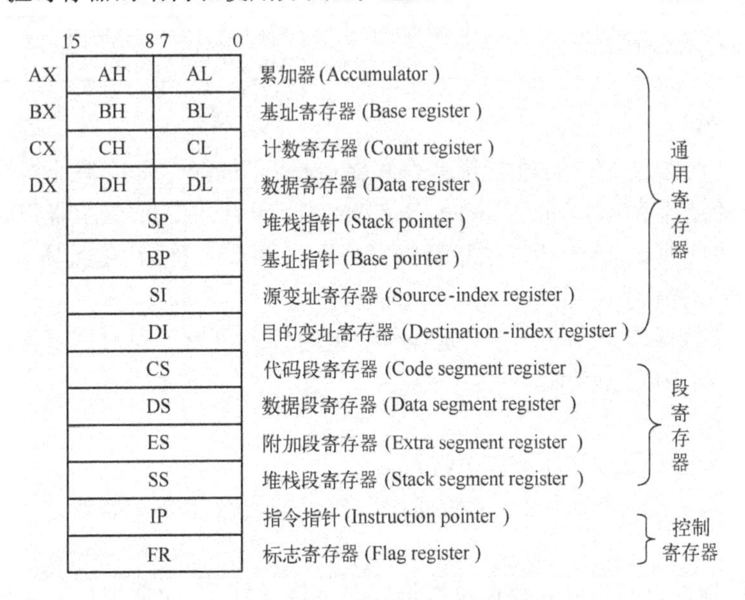

图2.3 8086CPU内部寄存器结构

1. 通用寄存器

8086 有 8 个 16 位通用寄存器,分为 2 组:4 个数据寄存器和 4 个地址寄存器。

1）数据寄存器

数据寄存器包括 AX、BX、CX 和 DX,一般用来存放数据或运算后的结果。这 4 个寄存器的每一个既可作为 16 位寄存器使用,又可作为 2 个独立的 8 位寄存器使用。因此,这 4 个 16 位寄存器可看成是 8 个独立的 8 位寄存器 AH、AL、BH、BL、CH、CL、DH、DL。它们分别由 16 位寄存器的高 8 位和低 8 位构成。

有了这些寄存器,程序在执行过程中不必频繁地到存储器中存取数据,缩短了指令的执行时间。一般来说,CPU 中包含的通用数据寄存器越多,编程就越灵活,程序执行的速度就越快。

在 8086 指令系统中,通用数据寄存器可参与算术和逻辑运算,此外它们还有各自特殊的用途。这些通用数据寄存器的一般用法与隐含用法,如表 2.1 所示。

表 2.1　8086 中通用寄存器的一般用法和隐含用法

寄存器	一般用法	隐含用法
AX	16 位累加器	字节乘时提供一个操作数并存放积的低位字;字节除时提供被除数的低位字并存放商;I/O 操作中存放 16 位输入/输出数据
AL	AX 的低 8 位	字节乘时提供一个操作数并存放积的低字节;字节除时提供被除数的低字节并存放商;BCD 码运算指令和 XLAT 指令中作累加器;字节 I/O 操作中存放 8 位输入/输出数据
AH	AX 的高 8 位	字节乘时提供一个操作数并存放积的高字节;字节除时提供被除数的高字节并存放余数;LAHF 指令中充当目的操作数
BX	基址寄存器,支持多种寻址,常用作地址寄存器	XLAT 指令中提供被查表格中源操作数的间接地址
CX	16 位计数器	串操作时用作串长计数器;循环操作中用作循环次数计数器
CL	8 位计数器	移位或循环移位时用作移位次数计数器
DX	16 位数据寄存器	在间接寻址的 I/O 指令中提供端口地址;字节乘时存放积的高位字;字节除时提供被除数高位字并存放余数

2）地址寄存器

EU 中设有 4 个地址寄存器:堆栈指针寄存器(Stack Pointer,SP)、基址指针寄存器(Base Pointer,BP)、源变址寄存器(Source Index Register,SI)和目的变址寄存器(Destination Index Register,DI),其中前面 2 个称为“地址指针寄存器”,后面 2 个称为“变址寄存器”,它们只能按 16 位寄存器进行操作。

SP、BP 用于堆栈操作,SI、DI 用于变址操作。但它们也可以用作数据寄存器。在 8086 指令系统中的应用,如表 2.2 所示。

需要特别指出:

(1) 8086 的堆栈及堆栈操作有以下特点:

① 双字节操作。即每次进、出栈的数据均为 2B。且高位字节对应高地址,低位字节对应低地址。

② 堆栈向低地址方向生成。数据每次进栈时堆栈指针 SP 向低地址方向移动(减 2);反之,数据出栈时,SP 向高地址方向移动(加 2)。

(2) BP、BX都称为基址指针,但两者用法不同。BP一般用于寻址堆栈段(段缺省);BX一般用于寻址数据段(段缺省),也可以寻址附加段(段跨越)。

表2.2 8086中地址寄存器的一般用法和隐含用法

寄存器	一般用法	隐含用法
SP	堆栈指针,与SS配合指示堆栈栈顶的位置	压栈、出栈操作中指示栈顶
BP	基址指针,在子程序调用时,常用于取堆栈中的参数	
SI	源变址寄存器	串操作时用作源变址寄存器,指示数据段(段默认)或其他段(段超越)中源操作数的偏移地址
DI	目的变址寄存器	串操作时用作目的变址寄存器,指示附加段(段默认)中目的操作数的偏移地址

2. 段寄存器

8086有20位地址总线,可以寻址1MB空间。为了管理1MB个存储单元,8086微处理器引入存储器分段管理机制,即定义4个独立的逻辑段,分别为代码段、数据段、堆栈段和附加数据段,将程序代码或数据分别放在这4个逻辑段中。每个段大小不固定,最多可达64K(2^{16})个存储单元。

4个段寄存器用于存放对应逻辑段的段起始地址,也称为段基地址。

(1) 代码段寄存器(Code Segment,CS):用来存放程序当前使用的代码段的起始地址。指令指针IP的内容作为段内的偏移地址,两者经20位地址加法器运算,形成下一条要读取的指令在存储器中的物理地址。

(2) 数据段寄存器(Data Segment,DS):用来存放程序当前使用的数据段的起始地址。除了涉及BP、SP和串操作时DI寄存器之外,所有数据访问都在数据段进行。

(3) 堆栈段寄存器(Stack Segment,SS):用来存放程序当前所使用的堆栈段的起始地址。堆栈是一种非常重要的数据结构,是按"先进后出(FILO)"原则组织的一个特殊存储区。堆栈指针SP始终指向当前堆栈之顶,每进行一次堆栈操作,SP内容自动修改。

(4) 附加数据段寄存器(Extra Segment,ES):用来存放程序当前所使用的附件数据段的起始地址。附加段是在进行字符串操作时作为目的存储区使用的一个附加数据段。

3. 控制寄存器

1) 指令指针(Instruction Pointer,IP)

IP是一个16位寄存器,用来存放预取指令在当前代码段中的偏移地址。当BIU从内存中取出指令的1B后,IP会自动加1,指向指令代码的下一个字节。程序没有直接访问IP的指令,但当执行转移指令、调用指令时,其内容可被修改。

2) 标志寄存器(Flags Register,FR)

FR也称为程序状态字(Program Status Word,PSW)寄存器,是一个16位的寄存器,但只使用了9位。其中6位为状态标志位(CF、PF、AF、ZF、SF、OF),3位为控制位(TF、IF、DF)。8086CPU标志寄存器各位的定义如图2.4所示。

FR中的状态标志位用来反映算术或逻辑运算的结果特征,根据操作结果自动将状态标志位置位(等于1)或复位(等于0),这些标志常用作条件转移类指令的测试条件,控制程序的执行流程;控制位用来控制CPU的操作,由程序设置或清除。这9个标志位的含义、特点及应用

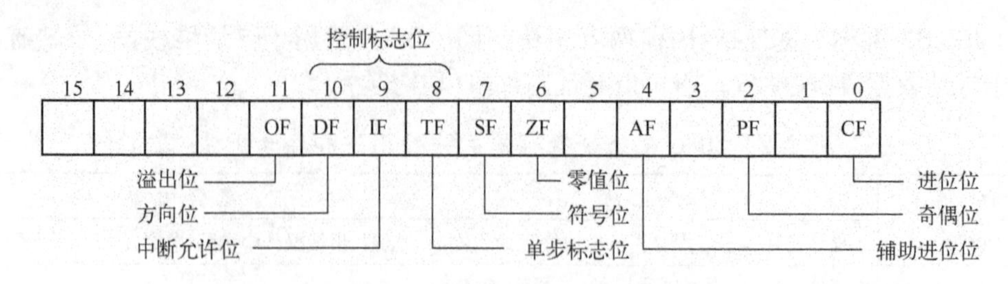

图 2.4　8086CPU 标志寄存器

场合如表 2.3 所示。

表 2.3　标志寄存器 FR 中标志位的含义、特点及应用场合

标志类别	标　志　位	含　　义	特　　点	应 用 场 合
状态标志	CF (Carry Flag)	进位标志位	CF=1 时,结果在最高位有进位(加法)或借位(减法); CF=0 时,则无进位或借位	用于加、减法运算,该标志常用来判断无符号数加、减法运算是否溢出;也可在移位类指令中使用,用它保存从最高位(左移时)或最低位(右移时)移出的代码(0 或 1)
	PF (Parity Flag)	奇偶标志位	PF=1 时,结果的低 8 位中有偶数个 1;PF=0 时,则结果的低 8 位中有奇数个 1	用于检查在数据传送过程中是否发生错误
	AF (Auxiliary Carry Flag)	辅助进位标志位	AF=1 时,结果的低 4 位产生进位或借位;AF=0 时,则无进位或借位	用于实现 BCD 码算术运算结果的调整
	ZF (Zero Flag)	零标志位	ZF=1 时,运算结果为零;ZF=0 时,则运算结果不为零	用于判断运算结果和进行控制转移
	SF (Sign Flag)	符号标志位	SF=1 时,运算结果为负数,即最高位为 1;SF=0 时,则运算结果为正数,即最高位为 0	用于判断运算结果和进行控制转移
	OF (Overflow Flag)	溢出标志位	OF=1 时,运算结果超出了带符号数所能表示的范围,产生了溢出; OF=0 时,则无溢出	用于判断运算结果的溢出情况,该标志常用于判断有符号数加、减法运算是否溢出
控制标志	TF (Trap Flag)	单步(跟踪)标志位	若 TF=1,则 CPU 处于单步工作方式,每执行完一条指令就自动产生一次内部中断;若 TF=0,则 CPU 正常执行程序	用于调试程序
	IF (Interrupt Enable Flag)	中断允许标志位	若 IF=1,允许 CPU 接受可屏蔽中断请求;若 IF=0,则禁止 CPU 接受可屏蔽中断请求	用于控制可屏蔽中断能否被系统响应
	DF (Direction Flag)	方向标志位	若 DF=1,串操作按减地址方式进行,即从高地址开始,每操作一次地址自动递减 1(或减 2);若 DF=0,则串操作按增地址方式进行,即从低地址开始,每操作一次地址自动递增 1(或增 2)	用于控制字符串操作指令的步进方向

【例 2.1】 计算 5439H +456AH,试分析对 FR 的影响。

解:

```
          0101 0100  0011 1001
       +) 0100 0101  0110 1010
    ---------------------------
          1001 1001  1010 0011
```

$C_s=0$　$C_p=1$　　　　AF=1

SF:由于运算结果最高位为 1,所以 SF =1。

ZF:由于运算结果本身不为 0,ZF =0。

AF:由于第 3 位向第 4 位产生了进位,AF =1。

PF:由于低 8 位中 1 的个数为偶数(4 个 1),PF =1。

CF:由于最高位没有产生进位,CF =0。

OF:由于最高位没有产生进位 $C_s=0$,次高位向最高位产生了进位 $C_P=1$,故 OF =1。

一般情况下,有

$$OF = C_s \oplus C_P = \begin{cases} 0\cdots\text{无溢出} \\ 1\cdots\text{有溢出} \end{cases}$$

需要指出,OF 用来表示有符号数运算的溢出,而 CF 则用来表示无符号数运算的溢出(CF =1 溢出,反之则不溢出)。

2.1.3 8086 的存储器组织

1. 存储器的内部结构及访问方法

8086 有 20 根地址线,可直接寻址的存储空间为 1MB(2^{20}B)。每个存储单元都有唯一的 20 位存储器地址与之对应,地址范围为 $0 \sim 2^{20}-1$,习惯上用十六进制表示,即 00000H ~ FFFFFH。

存储器内部按字节进行组织,2 个相邻的字节为 1 个字。若存放的信息以字节为单位,则将其在存储器中按顺序排列存放:若存放的数据为 1 个字,则将低字节存放在低地址中,高字节存放在高地址中,并以低地址作为该字的地址。

在 8086 存储器中,从偶地址开始存放的字,称为规则字或对准字,从奇地址开始的字,称为非规则字或非对准字。规则字的存取可在一个总线周期内完成,非规则字的存取需要两个总线周期。

存储空间的大小是由存储体决定的。8086 的 1MB 存储空间被分成两个 512KB 的存储体,又称为存储库,分别称为奇地址存储体(又称高位库)和偶地址存储体(又称低位库)。低位库与 CPU 低位字节数据线 $D_7 \sim D_0$ 相连,该库中每个地址均为偶数地址;高位库与 CPU 高位字节数据线 $D_{15} \sim D_8$ 相连,该库中每个地址均为奇数地址。当进行字操作时,需要同时访问高、低位库,因此,8086 系统设置了一个总线高位有效控制信号 $\overline{BHE}$。$\overline{BHE}$ 与 A_0 相互配合,以区分当前访问哪一个存储库。$\overline{BHE}$ 和 A_0 的组合控制作用如表 2.4 所示。

表 2.4　8086 $\overline{BHE}$和 A_0 的组合控制作用

操　作		$\overline{BHE}$	A_0	数据总线
从偶地址读/写一个低字节		1	0	$D_7 \sim D_0$
从奇地址读/写一个高字节		0	1	$D_{15} \sim D_8$
从偶地址读/写一个规则字		0	0	$D_{15} \sim D_0$
从奇地址读/写一个非规则字	第一次读/写高 8 位(于奇地址)	0	1	$D_{15} \sim D_8$
	第二次读/写低 8 位(于偶地址)	1	0	$D_7 \sim D_0$
		1	1	为非法码

两个存储体与 8086CPU 总线之间的连接关系及存储器结构如图 2.5 所示。地址总线 $A_{19} \sim A_1$ 可同时对高、低位库的存储单元寻址,高位库的选择端$\overline{CSH}$由$\overline{BHE}$信号控制,低位库的选择端$\overline{CSL}$由地址线 A_0 控制。

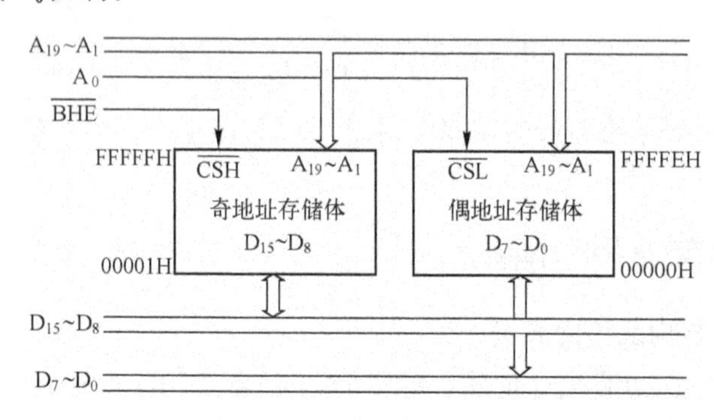

图 2.5　8086 存储器结构

当访问存储器中某个字节时,如果是偶地址($A_0=0,\overline{BHE}=1$),则由 A_0 选定偶地址存储体,通过数据总线的低 8 位传送数据;如果是奇地址($A_0=1$),则偶地址存储体不会被选中,系统将自动产生$\overline{BHE}=0$,作为奇地址存储体的选择信号,通过数据总线的高 8 位传送数据。

当访问存储器中某个字时,为了加快程序的运行速度,均应采用规则字,从偶地址开始,可访问一次存储器读/写这个字信息,如表 2.4 所示,此时 A_0,$\overline{BHE}$均为 0。

2. 存储器的分段结构

如前所述,8086 可寻址的存储空间达 1MB,需要 20 位长的地址码。而 8086CPU 的所有寄存器都只有 16 位,只能寻址 64KB(2^{16}B)。为了对 1MB 的存储空间进行寻址,8086 采用了存储器分段的管理方法。

8086 存储器操作采用典型的逻辑分段技术,即将 1MB 的物理存储空间分成若干个逻辑段,这些逻辑段可以设置为代码段、数据段、堆栈段和附加段。每个逻辑段的最大长度为 64 KB。这样,一个具体的存储单元就可以由此单元所在段的起始地址和段内偏移地址来标识。段的起始单元地址称为段基址,它是一个能被 16 整除的数,即段基址的低 4 位总是为"0";而段内偏移地址是指此单元相对于所在段的段基址的偏移量。

BIU 中的 4 个 16 位段寄存器(CS、DS、SS、ES)分别用于指示 4 个现行可寻址段的段基址,它们实际存放着段基址的高 16 位。借助这 4 个段寄存器,CPU 同一时刻可以对 4 个现行逻辑段进行寻址，但在不同的时候，CPU 可以通过预置段寄存器的内容来访问不同的存储区域。

要注意，这种存储空间的分段方式不是唯一的，各段之间可以连续、分离、部分重叠或完全重叠，这主要取决对各个段寄存器的预置内容。图 2.6 表示 1MB 内存储器，分成 4 个逻辑段，每个段的段寄存器分别指示当前段基地址。

3. 逻辑地址与物理地址

采用存储器分段管理后，存储器地址有逻辑地址和物理地址之分。

逻辑地址：是用户程序设计时采用的地址，是一个 16 位的无符号二进制数，由段基址和段内偏移地址 2 部分组成，通常表示为“段基址：偏移地址”的形式，即 xxxxH：yyyyH。

物理地址：CPU 访问存储器的实际地址为物理地址，即地址总线上送出的是物理地址，它是 1MB 存储器空间中某一单元的实际地址，用 20 位地址码表示，其编码范围为 00000H ~ FFFFFH。

从逻辑地址到物理地址的变换是由 BIU 中的地址加法器完成的。其变换关系为

$$物理地址 = 段基址 \times 16 + 偏移地址$$

变换过程如图 2.7 所示。即地址加法器将段寄存器内容（段的起始地址）左移 4 位后，与 16 位偏移地址相加，就形成了 20 位的物理地址。

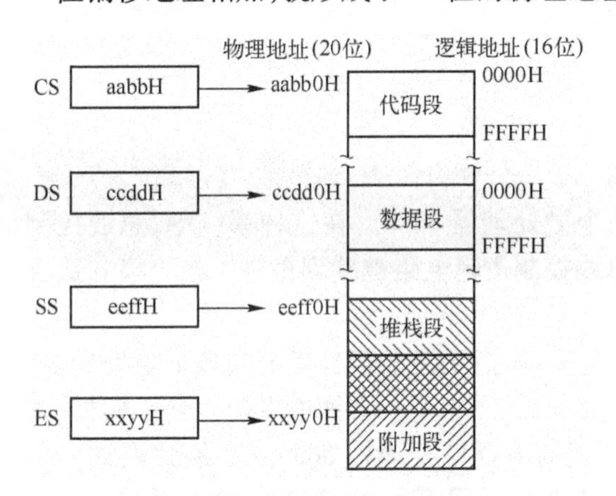

图 2.6　4 个段寄存器分别表示当前 4 个段

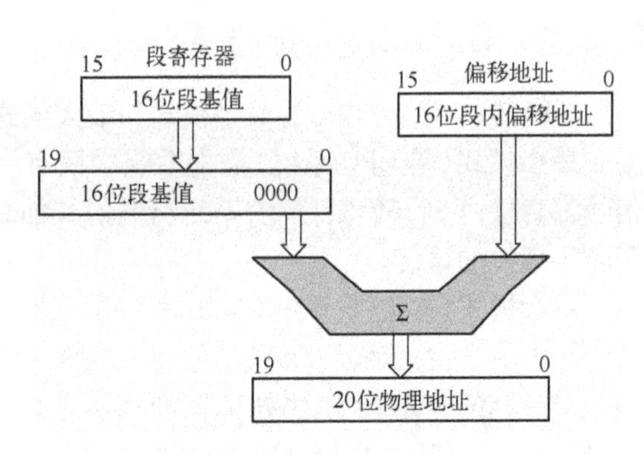

图 2.7　物理地址的形成

【例 2.2】　设 CS = 4A00H，IP = 0123H，求物理地址。

解：根据公式

物理地址 = 段基址 × 16 + 偏移地址

即

(CS)	4A000H	代码段段基址左移4位
＋ (IP)	0123H	偏移地址
	4A123H	物理地址

该例中物理地址与逻辑地址关系如图 2.8 所示。显然同一物理地址下，也可以有不同的逻辑地址。

在程序执行过程中，不同的操作使用的段基址和偏移地址的来源不同。一般情况下，段寄存器的作用由系统约定，有些操作除了约定的段寄存器外，还可以指定其他段寄存器（称为段超越）。表 2.5 给

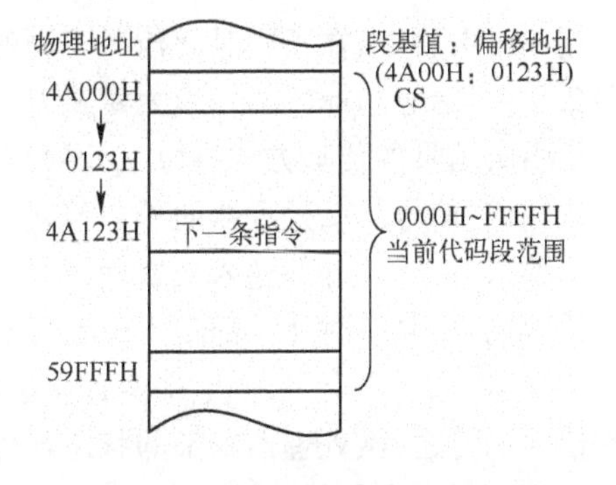

图 2.8　物理地址与逻辑地址关系

出了各种访问存储器操作所使用的段寄存器和相应的偏移地址的来源。

表 2.5 逻辑地址来源

序　号	访问存储器的类型	段基址来源		偏移地址来源（OFFSET）
		隐含来源（约定段）	允许替代来源（段超越）	
1	取指令	CS	无	IP
2	堆栈操作	SS	无	SP
3	取源串	DS	CS、SS、ES	SI
4	存目的串	ES	无	DI
5	以 BP 作基址	SS	CS、DS、ES	有效地址 EA
6	存取一般变量(除上述 3、4、5 项外)	DS	CS、SS、ES	有效地址 EA

2.2 8086 微处理器的引脚及功能

2.2.1 8086 的工作模式

8086 有 2 种工作模式：最小模式和最大模式。

最小模式（单 CPU 系统）是指系统中只有一个微处理器 8086。在这种系统中，总线控制信号都直接由 8086CPU 产生，系统所需的外加总线控制逻辑电路被减到最少。最小模式适合于较小规模的系统。

最大模式（多 CPU 系统）是相对于最小模式而言，是指系统中含有 2 个或多个微处理器，其中必有一个主处理器 8086，其他处理器称为协处理器，承担某一方面的专门工作。例如，用于数值计算的 8087 数值协处理器和用于 I/O 管理的 I/O 协处理器 8089。在最大模式工作时，控制信号是通过 8288 总线控制器提供的。最大模式适用于大、中规模的 8086 系统。

2.2.2 8086 微处理器的引脚及功能

8086 微处理器具有 40 个引脚，采用双列直插式封装，其引脚信号如图 2.9(a)所示。8088 微处理器与 8086 的引脚基本相同，仅有部分引脚不同，但 8088 外部数据总线只有 8 位，如图 2.9(b)所示。为了减少芯片引脚数量，部分引脚采用了分时复用方式。所谓分时复用，就是在同一个引脚上，在不同时间传送不同的信息。部分引脚在两种工作模式中具有不同功能，在图 2.9 中，括号内标注的是最大模式下引脚的功能。

引脚信号的传输方式有以下几种类型。

输出：信号从微处理器向外部传送。

输入：信号从外部送入微处理器。

双向：信号有时从外部送入微处理器，有时从微处理器向外部传送。

三态：除了高电平、低电平两种状态之外，微处理器内部还可以通过一个大的电阻阻断内外信号的传送，微处理器内部的状态与外部相互隔离，称为悬浮态（高组态）。

下面首先介绍最小模式下 8086 的引脚功能，同时给出 8088 不同的部分引脚，然后再介绍

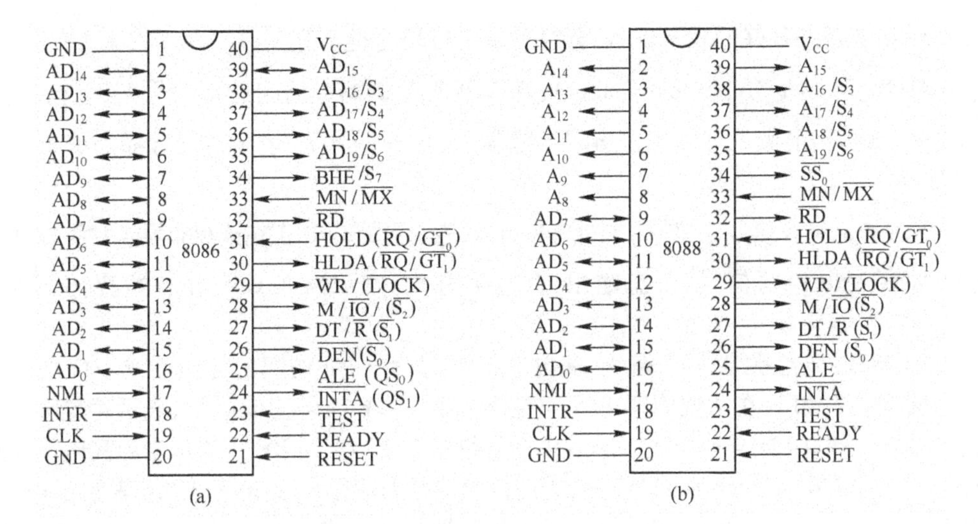

图2.9 8086/8088微处理器的引脚

( )中的引脚用于CPU(最大)模式

最大模式下仅仅与最小模式功能不同的引脚。

1. 地址/数据总线 $AD_{15} \sim AD_0$ (Address Data bus)

这是分时复用的地址/数据线,双向、三态。传送地址时三态输出,传送数据时双向三态输入/输出。在每个总线周期 T_1 状态用作地址总线 $A_{15} \sim A_0$,输出访问存储器或I/O地址,然后内部的多路转换开关将它们转换为数据总线 $D_{15} \sim D_0$,用来传送数据,直到总线周期结束。在CPU响应中断、DMA方式时,这些引脚为高组态。

2. 地址/状态总线 $A_{19}/S_6 \sim A_{16}/S_3$ (Address/Status)

这是分时复用的地址/状态线,三态输出。在总线周期 T_1 状态用作地址线,输出地址的最高4位,$A_{19} \sim A_{16}$ 与 $AD_{15} \sim AD_0$ 一起构成访问存储器的20位物理地址;而访问I/O端口时,不使用这4条线,$A_{19} \sim A_{16}$ 保持为0。在总线周期的 $T_2 \sim T_4$ 用作状态线,输出状态信息 $S_6 \sim S_3$。

S_6 指示8086当前是否与总线相连,所以,在 $T_2 \sim T_4$ 状态,S_6 总等于0,表示8086当前与总线相连。S_5 表明中断允许标志位IF的当前设置。S_4 和 S_3 用来指示当前正在使用哪个段寄存器,如表2.6所示。在DMA方式时,这些引脚为高组态。

表2.6 S4、S3状态编码与段寄存器的关系

S4	S3	段寄存器
0	0	当前正在使用ES
0	1	当前正在使用SS
1	0	当前正在使用CS或未用任何段寄存器
1	1	当前正在使用DS

3. 控制总线

1) 读/写控制信号

读/写控制信号用来控制微处理器对存储器和I/O设备的读/写过程:控制数据传输方向(读/写)、传输种类(存储器还是I/O设备)、读/写方式(奇地址字节/偶地址字节/字)、存储

器或 I/O 设备是否准备好的状态信号、分时总线上信号的类型等。

(1) $M/\overline{IO}$(Memory/Input and Output):存储器或 I/O 端口访问选择信号,三态输出。$M/\overline{IO}$为高电平,表示当前微处理器正在访问存储器;$M/\overline{IO}$为低电平,表示微处理器当前正在访问 I/O 端口。

(2) $\overline{RD}$(Read):读信号,三态输出,低电平有效,表示当前 CPU 正在读存储器或 I/O 端口。

(3) $\overline{WR}$(Write):写信号,三态输出,低电平有效,表示当前 CPU 正在写存储器或 I/O 端口。

(4) READY:准备就绪信号,输入,高电平有效,表示 CPU 访问的存储器或 I/O 端口已准备好传送数据。若 CPU 在总线周期 T_3状态检测到 READY 信号为低电平,表示存储器或 I/O 设备尚未准备就绪,CPU 自动插入一个或多个等待状态 T_w,直到 READY 信号为高电平为止。

(5) ALE(Address Latch Enable):地址锁存允许信号,输出,高电平有效,表示当前地址/数据分时复用总线上正在输出地址信号,地址锁存器将 ALE 作为锁存信号,对地址进行锁存。ALE 不能被浮空。

(6) $\overline{DEN}$(Data Enable):数据允许信号,三态输出,低电平有效。表示当前地址/数据分时复用总线上正在传输数据信号。用作数据收发器 8286 的选通信号。在 DMA 方式时,被置为高阻状态。

(7) $DT/\overline{R}$(Data Transmit/Receive):数据发送/接收控制信号,三态输出。CPU 写数据到存储器或 I/O 端口时,$DT/\overline{R}$输出高电平;CPU 从存储器或 I/O 端口读取数据时,$DT/\overline{R}$为低电平。用来控制数据收发器 8286 的数据传送方向。在 DMA 方式时,它被置为高阻状态。

(8) $\overline{BHE}/S_7$(Bus High Enable/Status):高 8 位数据总线允许/状态复用信号。三态输出,低电平有效。在总线周期 T_1状态,8086 在$\overline{BHE}/S_7$引脚输出$\overline{BHE}$信号(低电平),表示高 8 位数据总线 $D_{15} \sim D_8$上数据有效;在其他时间则作为状态指示信号 S_7,S_7在当前 8086 芯片设计中未被定义,暂作备用。$\overline{BHE}$与地址码 A_0组合起来表示当前总线的使用情况,如表 2.4 所示。

2) 中断控制信号

中断是外部设备请求微处理器进行数据传输的有效方法。这一组引脚传输中断的请求和应答信号。

(1) INTR(Interrupt Request):可屏蔽中断请求信号,输入,电平触发,高电平有效。INTR 有效时,表示外部向 CPU 发出中断请求。CPU 在每条指令的最后一个时钟周期对 INTR 进行测试,一旦测试到中断请求,并且当前中断允许标志 IF = 1,则暂停执行下一条指令转入中断响应周期。

(2) $\overline{INTA}$(Interrupt Acknowledge):中断响应信号,输出,低电平有效,表示 CPU 对外设发来的 INTR 信号的响应。

(3) NMI(Non Maskable Interrupt request):不可屏蔽中断请求信号,输入,上升沿触发,此请求不受中断允许标志 IF 的限制,也不能用软件屏蔽,一旦该信号有效,在现行指令结束后引起中断。

3) DMA 控制信号

DMA 传输是一种不经过 CPU,在内存储器和 I/O 设备之间直接传输数据的方法。进行

DMA 传输之前要向 CPU 申请使用总线并取得认可。

（1）HOLD（Hold request）：总线请求信号，输入，高电平有效，表示有其他主控制器向 CPU 请求使用总线。

（2）HLDA（Hold Acknowledge）：总线请求响应信号，输出，高电平有效。当 HLDA 有效时，表示 CPU 对其他主控制器总线请求做出响应，并立即让出总线使用权（所有三态总线处于高阻态），只要 CPU 不使用总线，指令执行部件 EU 可以继续工作，直到 HOLD 无效，才将 HLDA 置为无效，并收回对总线的使用权，继续操作。

4）其他信号

（1）$MN/\overline{MX}$（Minimum/Maximum）：工作模式选择信号，输入。$MN/\overline{MX}$为高电平，表示 CPU 工作在最小模式；$MN/\overline{MX}$为低电平，表示 CPU 工作在最大模式。

（2）CLK（Clock）：主时钟信号，输入。CLK 为 CPU 提供基本的定时脉冲，8086 要求时钟信号的占空比为33%，即1/3 周期为高电平，2/3 周期为低电平。8086 CPU 可使用的最高时钟频率随芯片型号不同而异，8086 为 5MHz，8086－1 为 10MHz。

（3）RESET：复位信号，输入，高电平有效。RESET 信号至少要保持 4 个时钟周期。CPU 接收到 RESET 信号后，停止操作，并将标志寄存器、段寄存器、指令指针 IP 和指令队列等复位到初始状态，如表 2.7 所示。RESET 复位信号通常由计算机机箱上的复位按钮产生。当主频为 4.77MHz 时，若是上电复位，加电时间必须大于 50μs。RESET 恢复低电平后，CPU 就从 FFFF0H 单元开始执行程序。

表 2.7 复位后内部寄存器的状态

内部寄存器	内　容	内部寄存器	内　容
标志寄存器 FR	0000H	堆栈段寄存器 SS	0000H
指令指针 IP	0000H	附加段寄存器 ES	0000H
代码段寄存器 CS	FFFFH	指令队列	空
数据段寄存器 DS	0000H		

（4）$\overline{TEST}$：测试信号，输入，低电平有效。当 CPU 执行 WAIT 指令时，每隔 5 个时钟周期对$\overline{TEST}$进行一次测试，若测试$\overline{TEST}$无效，则 CPU 处于踏步等待状态。直到检测到$\overline{TEST}$为低电平有效时，CPU 执行 WAIT 指令后面的下一条指令。

4. 电源线和地线

（1）V_{CC}：电源线，输入，接 +5V 单电源。

（2）GND：地线，输入，两条地线引脚均要接地。

5. 8088 微处理器的引脚区别

8088 CPU 的大部分引脚名称及其功能与 8086 相同，有区别的引脚如下：

（1）与 8086 的主要区别是 8088 的外部数据总线是 8 位的，因此分时复用地址/数据线只有 $AD_7 \sim AD_0$，而 $A_{15} \sim A_8$仅作为地址线使用。

（2）$\overline{SS_0}$：状态信号，三态输出。它在逻辑上等同于与最大模式下的$\overline{S_0}$。在 8086 中，第 34 号引脚是$\overline{BHE}$，由于 8088 只有 8 根外部数据线，不再需要此信号，在 8088 中它被重新定义为

$\overline{SS_0}$,它与 DT/$\overline{R}$、IO/$\overline{M}$一起用来决定最小模式下当前总线周期的状态。在最大模式下,$\overline{SS_0}$总是输出高电平。

(3) 第 28 号引脚在 8086 中是 M/$\overline{IO}$,在 8088 中改为 IO/$\overline{M}$,使用的信号极性相反。

6. 最大模式下的 24 ~ 31 引脚

8086 CPU 工作在最大模式时,24 ~ 31 引脚有不同的定义。

(1) $\overline{S_2}$、$\overline{S_1}$、$\overline{S_0}$(Bus Cycles Status):总线周期状态信号,三态输出,用来指示当前总线周期所进行的操作类型。它们经由总线控制器 8288 进行译码,产生访问存储器或 I/O 端口的总线控制信号。$\overline{S_2}$、$\overline{S_1}$、$\overline{S_0}$编码的功能和对应的总线操作如表 2.8 所示。

(2) $\overline{LOCK}$:总线封锁信号,三态输出,低电平有效。$\overline{LOCK}$有效时表示 CPU 不允许其他总线主控制器占用总线。该信号由软件设置。如果在一条指令前加上 LOCK 前缀,则在执行这条指令期间$\overline{LOCK}$为低电平,并保持到指令结束,阻止该指令执行过程中被打断。在 DMA 工作方式时,$\overline{LOCK}$为浮空状态。

表 2.8 $\overline{S_2}$、$\overline{S_1}$、$\overline{S_0}$的编码功能和对应的总线操作

$\overline{S_2}$	$\overline{S_1}$	$\overline{S_0}$	操　作	经总线控制器 8288 产生的信号
0	0	0	中断响应	$\overline{INTA}$(中断响应)
0	0	1	读 I/O 端口	$\overline{IORC}$(I/O 读)
0	1	0	写 I/O 端口	$\overline{IOWC}$(I/O 写),$\overline{AIOWC}$(提前 I/O 写)
0	1	1	暂停	无
1	0	0	取指令	$\overline{MRDC}$(存储器读)
1	0	1	读存储器	$\overline{MRDC}$(存储器读)
1	1	0	写存储器	$\overline{MWTC}$(存储器写),$\overline{AMWC}$(提前存储器写)
1	1	1	无源状态(无效状态)	无

(3) $\overline{RQ}/\overline{GT_0}$、$\overline{RQ}/\overline{GT_1}$(Request/Grant):总线请求输入/总线请求允许输出信号,双向,低电平有效。$\overline{RQ}/\overline{GT_0}$和$\overline{RQ}/\overline{GT_1}$为 8086 和其他处理器(如 8087、8089)使用总线时提供一种仲裁电路,以代替最小模式下的 HOLD/HLDA 两信号的功能。输入低电平表示其他处理器向 CPU 请求使用总线;输出低电平表示 CPU 对总线请求的响应。两条线可同时与两个处理器相连,$\overline{RQ}/\overline{GT_0}$的优先级比$\overline{RQ}/\overline{GT_1}$的高。

表 2.9 QS_1、QS_0编码的含义

QS_1	QS_0	含　义
0	0	无操作
0	1	从队列中取第一个字节
1	0	队列为空
1	1	从队列中取后续字节

（4）QS_1、QS_0（Instruction Queue Status）：指令队列状态，输出，用来表示BIU中指令队列当前的状态，以提供一种让其他处理器（如8087）监视CPU中指令队列状态的手段。其含义如表2.9所示。

2.3 两种工作模式下的系统组成

2.3.1 8086最小模式系统

当8086的33引脚MN/$\overline{MX}$接至+5V电源时，微处理器工作在最小模式，用于构成小型的单处理机系统。总线控制信号直接由8086产生，无需总线控制电路。

1. 8086最小模式系统组成

图2.10是以8086微处理器为核心构建的最小模式系统。由图2.10可知，在最小模式系统中，除8086微处理器外，还包括外围芯片，即时钟发生器8284、3片地址锁存器8282及2片总线数据收发器8286。

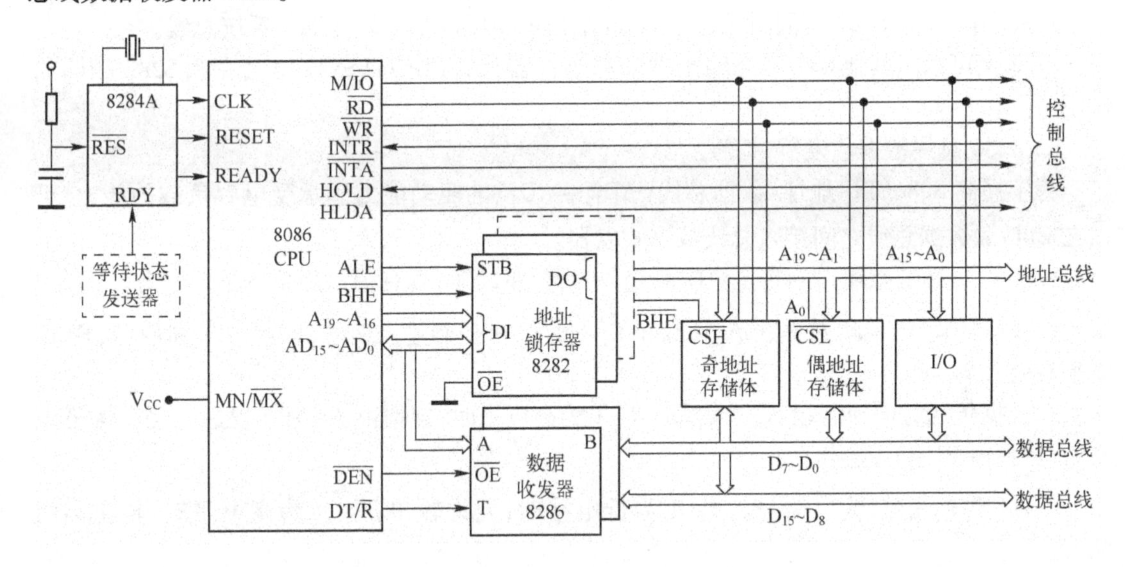

图2.10 8086最小模式系统组成

2. 外围芯片功能简介

外围芯片的作用如下：

（1）为微处理器工作提供条件：提供适当的时钟信号，对外界输入的控制/联络信号进行同步处理。

（2）分离微处理器输出的地址/数据分时复用信号，得到独立的地址总线和数据总线信号，同时增强它们的驱动能力。

（3）对微处理器输出的控制信号进行组合，产生稳定可靠、便于使用的系统总线信号。

1）时钟发生器8284A

8284A是Intel公司专为8086设计的时钟信号发生器，外接14.31MHz振荡源，经8284A三分频后，得到4.77MHz主频送到8086时钟输入端CLK。同时产生12分频的1.1918MHz的外部时钟信号 PCLK 供其他外设使用。除此之外,8284A 还将外部的复位信号 RESET 和就绪信号 READY 实现同步后发给 8086 相应引脚。

2) 地址锁存器 8282/8283

8086 系统中使用 8282(或 8283)作为地址锁存器,它是带三态缓冲器的 8 位通用数据锁存器,用来锁存 CPU 访问存储器或 I/O 端口时,在总线周期 T_1 状态下发出的地址信号。经 8282 锁存后的地址信号可以在整个周期保持不变,为外部提供稳定的地址信号。

8282 的 STB 是它的数据锁存/选通信号。STB 为高电平时,$DI_7 \sim DI_0$ 上输入的信号进入锁存器;STB 由高变低出现下降沿时,输入数据被锁存,锁存器的状态不再改变。8282 具有三态输出功能,$\overline{OE}$是数据输出允许端,它为低电平时,锁存器的内容通过内部的三态缓冲器从引脚 $DO_7 \sim DO_0$ 输出。

图 2.10 中,8086 的地址锁存允许控制信号 ALE 与 8282 的 STB 相连。这样,8086 在它的分时引脚 $AD_{15} \sim AD_0$,$A_{19}/S_6 \sim A_{16}/S_3$ 上输出地址信号时,20 位地址被 3 片 8282 锁存。8282 的输出成为系统地址总线。在 8086 访问存储器或 I/O 设备的整个周期里,8282 均稳定地输出 20 位地址信号。

在最小模式下,8282 还同时锁存了 8086 输出的$\overline{BHE}$控制信号并送往系统总线。

8282 也可以用其他具有三态输出功能的锁存器代替,如 74LS373 也具有和 8282 相同的作用。

3) 8286 总线数据收发器

为了提高 8086CPU 地址/数据总线($AD_{15} \sim AD_0$)的驱动能力和承受电容负载的能力,可以在 CPU 和数据总线之间接入总线数据收发器。

8286 是一种三态输出的 8 位双向总线收发器/驱动器,具有很强的总线驱动能力。它有 2 组 8 位双向的输入/输出数据线 $A_7 \sim A_0$ 和 $B_7 \sim B_0$;2 个控制输入信号,即信号 T 和信号$\overline{OE}$(低电平有效)。

T:数据传送方向控制端,输入信号。当 T 为高电平时,数据由 $A_i \rightarrow B_i$(发送);当 T 为低电平时,数据由 $B_i \rightarrow A_i$(接收)。

$\overline{OE}$:允许输出端,输出信号。当$\overline{OE}$为低电平时,允许输出;当$\overline{OE}$为高电平时,输出高阻状态。

8286 用作数据总线驱动器时,其 T 端与 8086 的数据收发信号 $DT/\overline{R}$ 相连,用于控制数据传送方向;$\overline{OE}$端应与 8086 的数据允许信号$\overline{DEN}$相连,以保证只有在 CPU 需要访问存储器或 I/O端口时才允许数据通过 8286。2 片 8286 的 $A_7 \sim A_0$ 引脚与 8086 的 $AD_{15} \sim AD_0$ 相连,而 2 组 $B_7 \sim B_0$ 则成为系统数据总线。

如果系统规模不大,并且不使用 DMA 传输(这意味着总线永远由 8086 独自控制),可以不使用总线收发器,将 8086 的引脚 $AD_{15} \sim AD_0$ 直接用作系统数据总线。

3. 最小模式下的系统控制信号

所有的总线控制信号,$M/\overline{IO}$、$\overline{RD}$、$\overline{WR}$、$\overline{INTA}$、ALE、$DT/\overline{R}$、$\overline{DEN}$、$\overline{BHE}$、HLDA 等,均由微处理器直接产生,外部产生的 INTR、NMI、HOLD、READY 等请求信号也直接送往 8086。

由图 2.10 可以看到,信号 $DT/\overline{R}$、$\overline{DEN}$、ALE 主要用于对外围芯片的控制。

2.3.2 8086 最大模式系统

当 8086 的 MN/$\overline{\text{MX}}$引脚接地时，微处理器工作在最大模式。最大模式可构成多处理器系统，此时总线控制信号需外加的总线控制器 8288 产生，8086 只需向 8288 提供译码所需的状态信号。

1. 8086 最大模式系统组成

8086 最大模式系统的基本组成如图 2.11 所示。最大模式是一个多处理器系统，需要解决主处理器和协处理器之间的协调和对系统总线的共享控制问题。由于控制信号不能由 CPU 直接产生，故增加了一个总线控制器 8288，由 8288 将 CPU 的状态信号$\overline{S_2}$、$\overline{S_1}$、$\overline{S_0}$转换成总线命令及控制信号，如表 2.8 所示。8282 地址锁存器、8286 总线收发器所需的控制信号也由 8288 产生。可见，在最大模式系统中，总线控制器 8288 是必不可少的芯片。

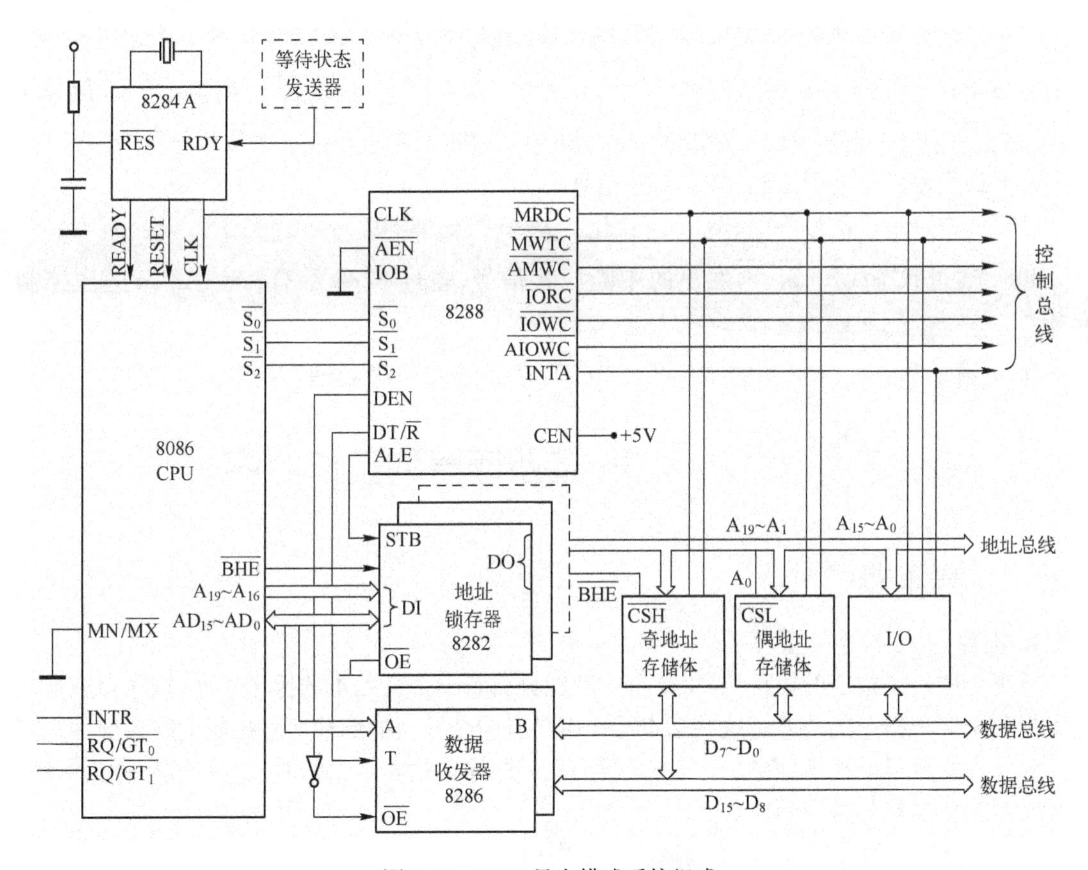

图 2.11 8086 最大模式系统组成

2. 最大模式下的系统控制信号

(1) 从图 2.11 可见，由于存在多个处理器，8282 使用的地址锁存信号 ALE、8286 使用的数据总线选通和收/发控制信号 DEN、DT/$\overline{\text{R}}$不再由 8086CPU 直接发出，而是由总线控制器 8288 产生。在最大模式中，数据总线收发器仍是必需的。

（2）8288 产生了 3 个存储器的读写控制信号。

$\overline{MRDC}$(Memory Read Command)：存储器的读命令，相当于最小模式中 $M/\overline{IO}=1$、$\overline{RD}=0$ 两个信号的综合。在 IBM－PC 微型计算机内，系统总线上的该信号称为$\overline{MEMR}$。

$\overline{MWTC}$(Memory Write Command)，$\overline{AMWC}$(Advanced Memory Write Command)：这 2 个信号都是存储器的写命令，相当于最小模式中 $M/\overline{IO}=1$ 信号和$\overline{WR}=0$ 信号的综合。区别在于$\overline{AMWC}$信号比$\overline{MWTC}$超前一个时钟周期发出，这样，一些较慢的存储器就可以有更充裕的时间进行写操作。在 IBM－PC 微型计算机内，系统总线上的该信号称为$\overline{MEMW}$。

（3）8288 还产生了 3 个独立的 I/O 设备读写控制信号。

$\overline{IORC}$(I/O Read Command)：I/O 设备的读命令，相当于最小模式中 $M/\overline{IO}=0$，$\overline{RD}=0$ 两个信号的综合。在 IBM－PC 微型计算机内，系统总线上的该信号称为$\overline{IOR}$。

$\overline{IOWC}$(I/O Write Command)，$\overline{AIOWC}$(Advanced I/O Write Command)：这 2 个信号是 I/O 设备的写命令，相当于最小模式中 $M/\overline{IO}=0$ 信号和$\overline{WR}=0$ 信号的综合。同样，$\overline{AIOWC}$信号比$\overline{IOWC}$超前一个时钟周期发出。在 IBM－PC 微型计算机内，系统总线上的该信号称为$\overline{IOW}$。

（4）最大模式下的中断和 DMA 联络信号。

外部的中断请求信号 NMI、INTR 直接送往 8086 微处理器。

8086 通过状态线$\overline{S_0}$、$\overline{S_1}$、$\overline{S_2}$发出的中断应答信号，也经 8288 综合，产生$\overline{INTA}$送往控制总线。

DMA 请求和应答信号通过$\overline{RQ}/\overline{GT_0}$、$\overline{RQ}/\overline{GT_1}$直接与 8086 微处理器相连。

2.4 8086/8088 微处理器的工作时序

2.4.1 基本概念

1. 时序

计算机中一条指令的执行，是将指令的功能分成若干个最基本的操作序列，顺序完成这些基本操作来实现指令的功能。这些基本操作由具有命令性质的脉冲信号控制电路各部件来完成。各个命令信号的出现，必须有严格的时间先后顺序。这种严格的时间先后顺序称为时序，即计算机操作运行的时间顺序。

2. 时钟周期、机器周期、总线周期和指令周期

微型计算机系统的工作，必须严格按照一定的时间关系来进行，CPU 定时所用的周期有时钟周期、机器周期、总线周期和指令周期。

（1）时钟周期：计算机中，微处理器的一切操作都是在系统主时钟 CLK 的控制下按节拍有序地进行。系统主时钟一个周期信号所持续的时间称为时钟周期（或 T 状态、T 周期），即 CLK 中两个时钟脉冲上升沿之间的持续时间，大小等于频率的倒数，是微处理器的基本时间计量单位。例如，8086CPU 主频 $f=5\text{MHz}$，则其时钟周期 $T=200\text{ns}$。

(2) 机器周期:CPU 完成一个基本操作所需要的时间称为机器周期。机器周期一般由若干个时钟周期组成。在计算机中,为便于管理,常把一条指令的执行过程划分为若干个阶段,每一阶段完成一项工作。例如,取指令、读存储器、写存储器等,每一项工作称为一个基本操作。

(3) 总线周期:CPU 通过外部总线对存储器或 I/O 端口进行一次读/写操作的时间称为总线周期。在 8086CPU 中,一个基本总线周期由 4 个时钟周期组成,称为 T_1、T_2、T_3和 T_4状态,如图 2.12 所示。在 T_1状态输出访问存储器或 I/O 端口的地址;在 T_2 ~ T_4状态,若是“写”总线周期,则 CPU 把输出数据送到总线上;若是“读”总线周期,则 CPU 在 T_3到 T_4期间从总线上输入数据,T_2状态时总线浮空,以便 CPU 有个缓冲时间从写方式转换为读方式。但有时也会插入 T_w、T_I状态。T_w为等待周期,在总线周期的 T_3和 T_4之间插入,总线处于等待状态。若在一个总线周期之后,不立即执行下一个总线周期,即执行空闲周期 T_I,该周期可包含 1 个或多个时钟周期,而且总线处于高阻状态。

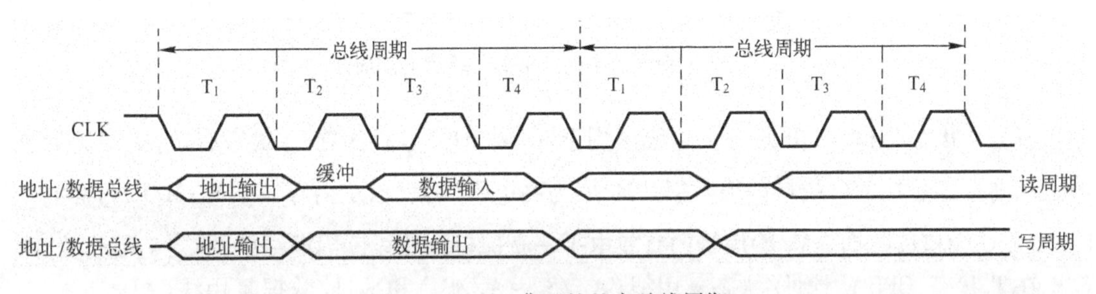

图 2.12 8086 典型的基本总线周期

(4) 指令周期:微处理器执行一条指令的时间(包括取指令和执行该指令所需的全部时间)称为指令周期。一个指令周期由若干个总线周期组成。取指令需要一个或多个总线周期,如果指令的操作数来自内存,则需要另一个或多个总线周期取出操作数,如果要把结果写回内存,还要增加总线周期。因此,不同指令的指令周期长度各不相同。

3. 几种周期的关系

(1) 指令周期由若干个机器周期组成,而机器周期又包含若干个时钟周期,基本总线周期由 4 个时钟周期组成。

(2) 机器周期和总线周期的关系:机器周期指的是完成一个基本操作的时间,基本操作有时可能包含总线读/写,因而包含总线周期,但是有时可能与总线读/写无关,所以,并无明确的相互包含关系。

2.4.2 最小模式下的总线读/写周期

8086CPU 在与存储器或 I/O 端口交换数据时需要通过 BIU 执行总线周期。按照数据传送方向来分,总线周期可分为“读”总线周期(CPU 从存储器或 I/O 端口读取数据)和“写”总线周期(CPU 将数据写入存储器或 I/O 端口)。

1. 8086 最小模式下的总线读周期

8086CPU 在最小模式下总线读周期的时序如图 2.13 所示。最基本的读周期包含 4 个状态,即 T_1、T_2、T_3和 T_4。各状态下的操作如下:

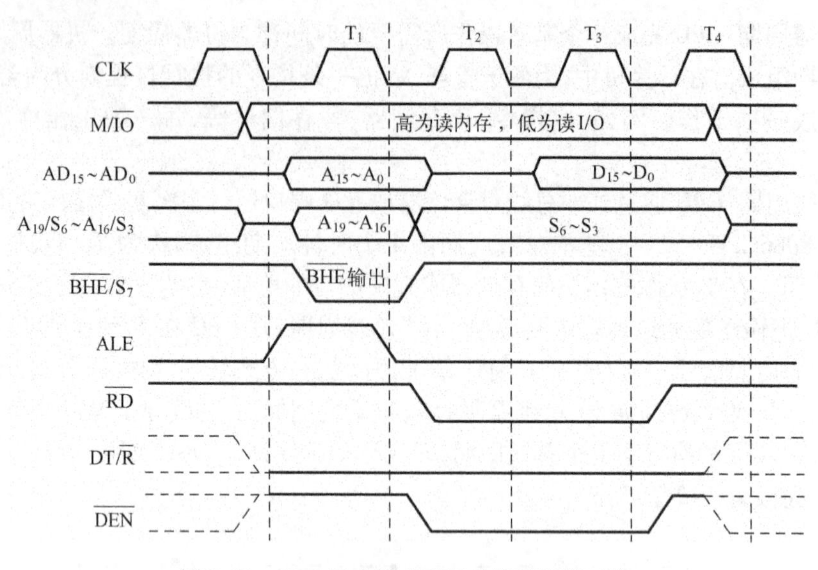

图 2.13　8086 最小模式下的总线读周期时序

（1）T_1状态：当 CPU 开始一个总线读周期时，$M/\overline{IO}$信号首先在 T_1状态有效，指出微处理器是从内存还是从 I/O 端口读取数据。$M/\overline{IO}$为高电平时，表示从内存读数据；$M/\overline{IO}$为低电平时，从 I/O 端口读数据。$M/\overline{IO}$信号的有效电平一直保持到总线读周期结束，即到 T_4状态为止。

在 T_1状态，CPU 从地址/状态复用线（A_{19}/S_6 ~ A_{16}/S_3）和地址/数据复用线（AD_{15} ~ AD_0）上发出读取存储器的 20 位地址或 I/O 端口的 16 位地址。

为了锁存地址，CPU 在 T_1状态从 ALE 引脚输出一个正脉冲作为 8282 地址锁存器的地址锁存信号。在 ALE 的下降沿到来之前，$M/\overline{IO}$信号和地址信号均已稳定有效，因此，8282 是用 ALE 的下降沿对地址进行锁存。

为了实现对存储体的高位库（奇地址存储体）寻址，在 T_1状态通过$\overline{BHE}/S_7$引脚发$\overline{BHE}$有效信号（低电平），表示高 8 位数据总线上的数据有效。

若系统中接有总线收发器 8286，则要用到 $DT/\overline{R}$ 和$\overline{DEN}$信号，控制总线收发器 8286 的数据传送方向和数据选通。在 T_1状态，$DT/\overline{R}$ 端输出低电平，表示本总线周期为读周期，让 8286 接收数据。

（2）T_2状态：地址信号消失，AD_{15} ~ AD_0进入高阻态，以便为读取数据作准备；而 A_{19}/S_6 ~ A_{16}/S_3上输出状态信息 S_6 ~ S_3，$\overline{BHE}/S_7$输出状态 S_7，状态信号 S_7 ~ S_3持续到 T_4。

$\overline{RD}$信号开始变为低电平有效，并送至系统中所有存储器和 I/O 端口，但只有被地址信号选中的存储单元或 I/O 端口起作用，将其读出的数据送到数据总线上。

$\overline{DEN}$信号开始变为低电平有效，以便在读出的数据送上数据总线（T_3）之前打开 8286，让数据通过。$\overline{DEN}$信号的有效电平维持到 T_4状态中期结束。

$DT/\overline{R}$ 信号继续保持有效的低电平，即处于接收状态。

（3）T_3状态：如果存储器或 I/O 端口已准备好数据，在 T_3状态期间将数据送到数据总线上，在T_3结束时，CPU 从 $AD_{15} \sim AD_0$读取数据。

（4）T_4状态：在T_4状态和前一状态交界的下降沿处，CPU 对数据总线上的数据进行采样，完成读取数据的操作。在T_4状态的后半周数据从数据总线上撤销。各控制信号和状态信号处于无效状态，$\overline{DEN}$为高电平（无效），关闭数据总线收发器，一个读周期结束。

（5）T_w状态：当系统中所用的存储器或外设的工作速度较慢，不能在基本总线周期规定的4个T状态完成读操作时，它们通过8284A时钟发生器给CPU送1个READY信号。CPU在T_3的上升沿采样READY信号。若READY为低电平（表示"未就绪"），则自动插入1个T_w状态；若READY为高电平（表示"已就绪"），则不插入T_w状态，并在T_3结束进入T_4。当插入T_w时，在每个T_w状态的上升沿继续采样READY信号，若仍为低电平，则继续插入1个T_w，直到采样到高电平为止，这时数据已出现在数据总线上，因而结束等待状态进入T_4状态。其时序如图2.14所示。

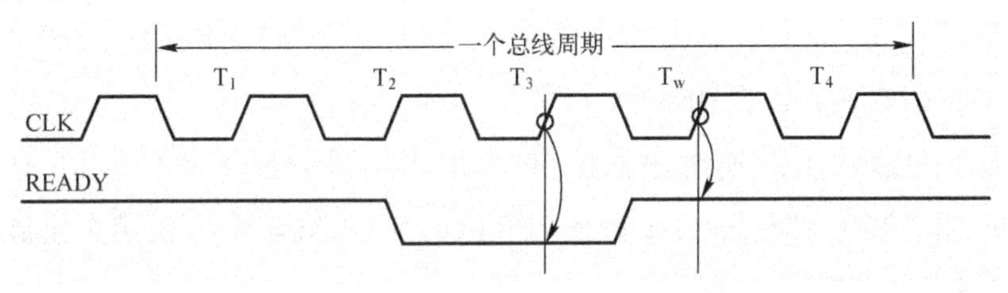

图2.14　READY信号插入T_W状态示意图

综上所述，在总线读周期中，8086在T_1状态送出地址及相关信号；在T_2状态发出读命令和8286控制命令；在T_3状态外界将数据送至AD线上；在T_4状态将此数据读入CPU；若CPU速度与外界不匹配时，可在T_3和T_4之间插入1个或多个T_w等待状态。

2. 8086最小模式下的总线写周期

图2.15为8086CPU在最小模式下的总线写周期时序。由图2.15可知，8086的写总线周期与读总线周期有很多相似之处。和读操作一样，最基本的写周期也包含4个T状态。

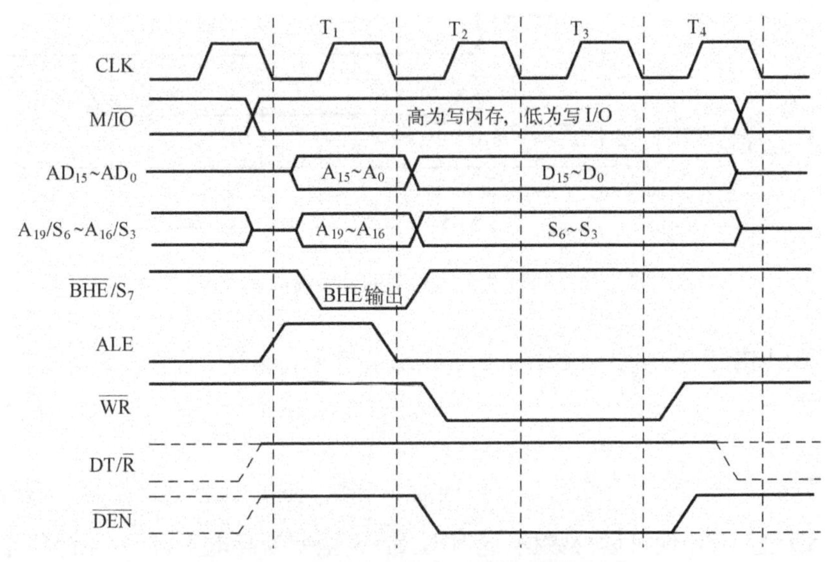

图2.15　8086最小模式下总线写周期时序

在写周期中，由于从地址/数据线 $AD_{15} \sim AD_0$ 上输出地址（T_1）和输出数据（T_2）是同方向的，因此，在 T_2 状态不再需要像读周期那样维持一个时钟周期的高阻态（图 2.13 中 T_2 状态）作为缓冲，因 CPU 输出数据到 I/O 或存储器的速度快于从 I/O 或存储器读取数据。写周期中，$AD_{15} \sim AD_0$ 在发完地址后便立即转入发数据，以使内存或 I/O 设备一旦准备好就可以从数据总线上取走数据。

写周期中 $\overline{WR}$ 信号有效，$\overline{RD}$ 信号变为无效，但它们出现的时间类似。

$DT/\overline{R}$ 信号为高电平，表示本周期为写周期，控制 8286 向外发送数据。

2.4.3 最大模式下的总线读/写周期

在最大模式下，8086 的总线时序与最小模式下的总线时序极为相似，只是在最大模式下，系统总线将由 8086 和 8288 共同形成。此时，需要分清系统信号中哪些来自 CPU，哪些来自 8288。

1. 8086 最大模式下的总线读周期

最大模式下的总线读周期时序如图 2.16 所示。图中带 * 的信号（* ALE、* $DT/\overline{R}$、* $\overline{MRDC}$、* $\overline{IORC}$ 和 * $\overline{DEN}$）都是由 8288 根据 CPU 的 $\overline{S_2}$、$\overline{S_1}$、$\overline{S_0}$ 组合产生的，用来控制地址锁存器和总线数据收发器的工作。

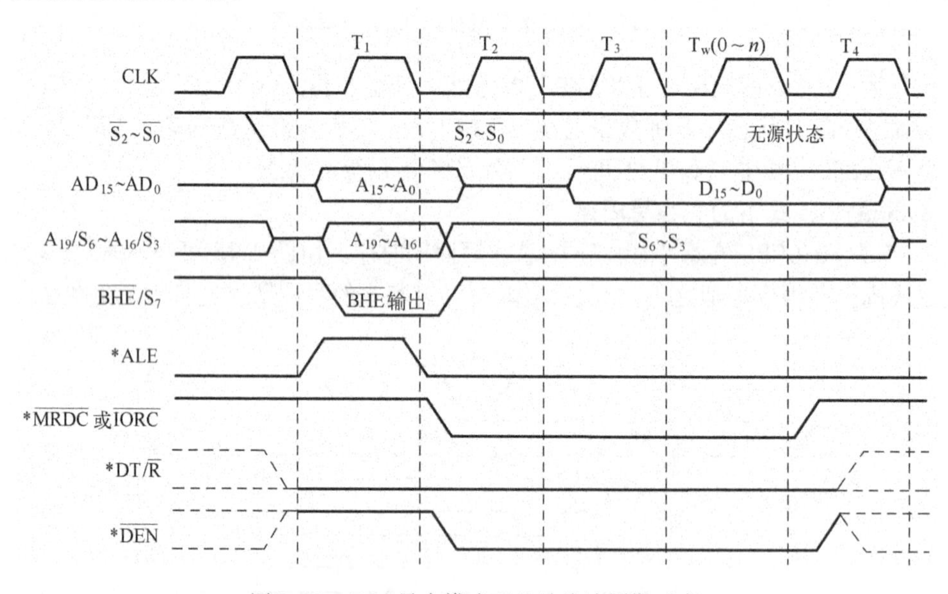

图 2.16 8086 最大模式下的总线读周期时序

在每个总线周期开始之前一段时间，$\overline{S_2}$、$\overline{S_1}$、$\overline{S_0}$ 被置为高电平（无源状态）。而当总线控制器 8288 一检测到这 3 个状态信号中的任一个或几个从高电平变为低电平，便立即开始一个新的总线周期。

和最小模式下一样，如果存储器或外设速度足够快，在 T_3 状态就已把输入数据送到数据总线 $AD_{15} \sim AD_0$ 上，CPU 便可读得数据，这时 $\overline{S_2}$、$\overline{S_1}$、$\overline{S_0}$ 全变为高电平，进入无源状态一直到 T_4 为止。进入无源状态，意味着 CPU 又可启动一个新的总线周期；若存储器或外设速度较慢，则需要使用 READY 信号进行联络，即在 T_3 状态开始前将 READY 保持低电平（未就绪），和最小模式一样，在 T_3 和 T_4 之间插入 1 个或多个 T_w 状态进行等待。

2. 8086 最大模式下的总线写周期

最大模式下的总线写周期时序如图 2.17 所示。图中带 * 号的控制信号也是 CPU 通过 8288 产生的。其中 *ALE 和 *$\overline{\text{DEN}}$ 的时序和作用与最大模式下的总线读周期相同。不同的是在 DT/$\overline{\text{R}}$ 线上现在输出的是高电平有效信号。另外，还有 2 组写控制信号是为存储器或 I/O 端口提供的：一组是普通的存储器写命令 $\overline{\text{MWTC}}$ 和 I/O 端口写命令 $\overline{\text{IOWC}}$；另一组是超前的（提前一个时钟周期发出）存储器写命令 $\overline{\text{AMWC}}$ 和超前的 I/O 端口写命令 $\overline{\text{AIOWC}}$，目的是让被访问的物理器件提早得到写命令，进入写操作，使得速度较慢的器件能有更充裕的操作时间，从而，使其与高速的 CPU 实现同步。

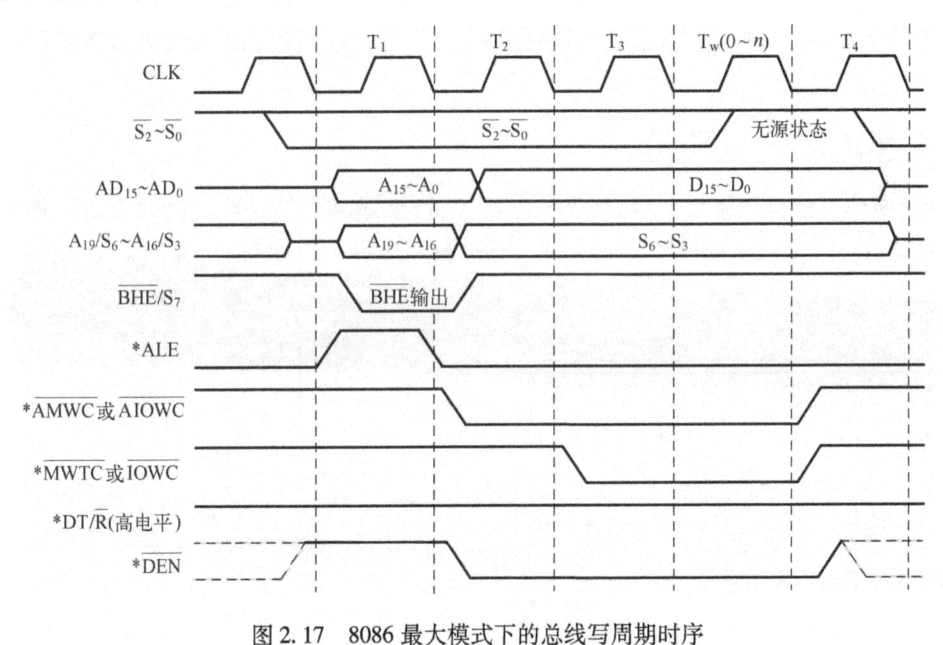

图 2.17 8086 最大模式下的总线写周期时序

与读周期一样，在写周期开始之前，$\overline{S_2}$、$\overline{S_1}$、$\overline{S_0}$ 已经按操作类型设置好了相应电平。同样，也在 T_3（或 T_w）状态，全部恢复为高电平，进入无源状态，从而为启动下一个新的总线周期作准备。

最大模式下的总线写操作在遇到慢速的存储器和外设时，也可用 READY 信号联络，如果 READY 在 T_3 开始之前无效，则可在 T_3 和 T_4 间插入一个或多个 T_w 等待状态。

2.4.4 总线空闲周期

CPU 只有在与存储器或 I/O 端口之间交换数据或填装指令队列时，才由总线接口部件 BIU 执行总线周期，否则 BIU 进入总线空闲周期 T_i。CPU 对总线进行空操作，但状态信号 $S_6 \sim S_3$ 和前一个总线周期相同；而地址/数据复用线 AD 上的信息则视前一总线周期是读操作还是写操作进行区别。若前一周期为读周期，则 $AD_{15} \sim AD_0$ 仍输出高阻态；若为写周期，则 $AD_{15} \sim AD_0$ 仍继续保留 CPU 的输出数据。对非复用的地址总线 AD 来说，它将输出前一周期的地址。

在空闲周期，虽然CPU对总线不发生操作，但CPU内部的操作仍在进行，即执行部件EU仍在工作，例如ALU进行运算或内部寄存器间进行数据传送等。因此，总线空闲周期实际上是总线接口部件BIU对EU的一种等待。

除了上述已经介绍的各个总线周期，还有中断响应总线周期、DMA总线周期。

2.5 80486微处理器

80486是Intel公司1989年推出的32位微处理器。它的内部数据总线有32位、64位和128位3种，外部数据总线为32位；地址总线为32位，可寻址4GB的存储空间；支持虚拟存储管理技术，虚存空间为64TB。片内集成有浮点运算部件和8KB的Cache（L1 Cache），同时也支持外部Cache（L2 Cache）。整数处理部件采用精简指令集RISC结构，大大提高了指令的运行速度。

2.5.1 80486的内部结构

80486内部包括总线接口部件、指令预取部件、指令译码部件、控制和保护部件、整数执行部件、浮点运算部件、分段部件和分页部件、高速缓存（Cache）管理部件，如图2.18所示。

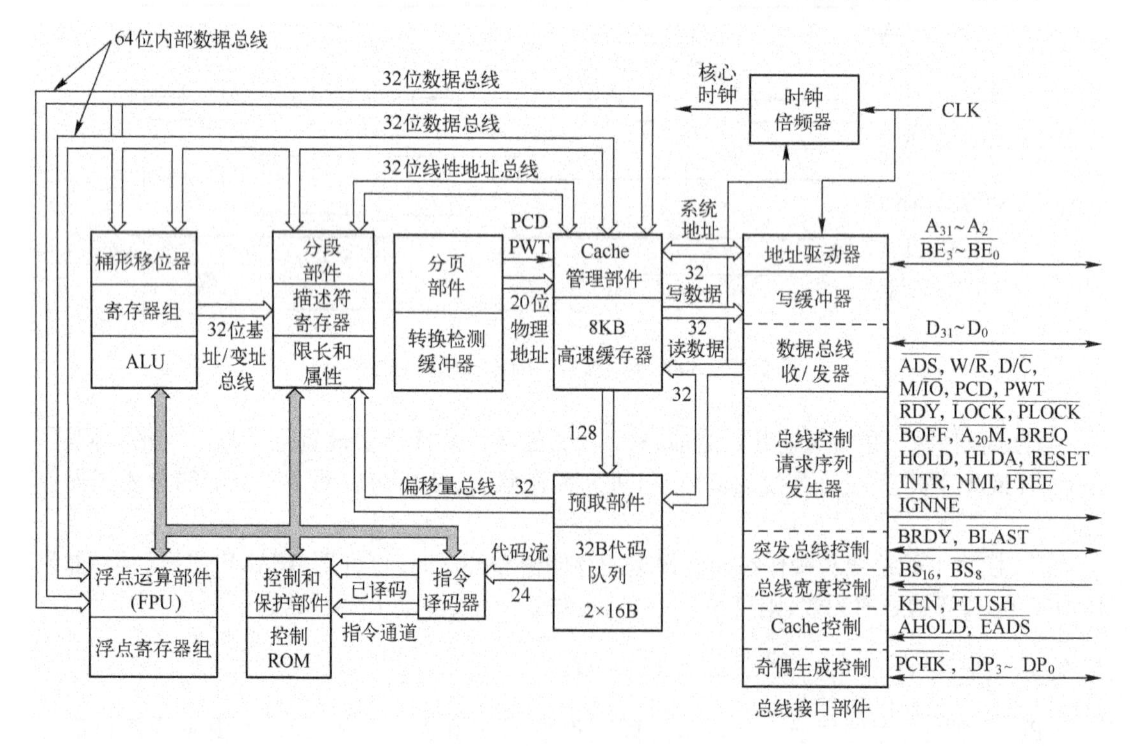

图2.18　80486内部结构

它由指令预取部件IPU、指令译码部件IDU与执行部件EU构成指令流水线，又由分段部件SU和分页部件PU构成地址流水线。

1. 总线接口部件(Bus Interface Unit,BIU)

总线接口部件与外部总线相连,用于管理访问外部存储器和I/O端口的地址、数据和控制总线。对处理器内部,BIU主要与指令预取部件和高速缓存部件交换信息,将预取指令存入指令代码队列。对外部,它负责处理器内部单元与外部数据总线之间的数据交换,并产生总线周期的各种控制信号。

BIU与Cache部件交换数据有3种情况:一是向高速缓冲存储器填充数据,BIU一次从片外总线读取16B到Cache;二是如果高速缓冲存储器的内容被处理器内部操作修改了,则修改的内容也由BIU写回到外部存储器中;三是如果一个读操作请求所要访问的存储器操作数不在高速缓冲存储器中,则这个读操作便由BIU控制总线直接对外部存储器进行操作。

在预取指令代码时,BIU把从外部存储器取出的指令代码同时传送给代码预取部件和内部高速缓冲存储器,以便在下一次预取相同的指令时,可直接访问高速缓冲存储器。

2. 指令预取部件(Instruction Prefetch Unit,IPU)

指令预取部件进行指令代码取入,排队分析、分解等译码的前期工作。指令预取部件含有一个32B的指令预取队列,在总线空闲周期,指令预取部件形成存储器地址,并向BIU发出预取指令请求。预取部件一次读取16B的指令代码存入预取队列中,指令队列遵循先进先出FIFO(First In First Out)的规则,自动地向输出端移动。如果Cache在指令预取时命中,则不产生总线周期。当遇到跳转、中断、子程序调用等操作时,则预取队列被清空;如果遇到程序中的循环语句,指令预取部件就从Cache中把前面所执行过的指令复制到预取队列中。

3. 指令译码部件(Instruction Decode Unit,IDU)

指令译码部件从指令预取队列中读取指令进行译码,将其转换成相应的控制信号。译码过程分两步:首先确定指令执行时是否需要访问存储器,若需要则立即产生总线访问周期,使存储器操作数在指令译码后准备好;其次产生对其他部件的控制信号。

4. 控制和保护部件(Control and Protection Unit,CPTU)

控制和保护部件对整数执行部件、浮点运算部件和分段管理部件进行控制,使它们执行已译码的指令。

5. 整数执行部件(Integer data - path Unit,IU)

整数执行部件包括4个32位通用寄存器、2个32位间址寄存器、2个32位指针寄存器、1个标志寄存器、1个64位桶形移位器和算术逻辑单元(ALU)。它能在一个时钟周期内完成整数的传送、加减运算和逻辑操作等。80486部分采用了RISC技术,并将微程序逻辑控制改为硬件布线逻辑控制,缩短了指令的译码和执行时间,一些基本指令可以在一个时钟周期内完成。

6. 浮点运算部件(Floating Point Unit,FPU)

80486内部集成了一个增强型的80387协处理器,称为浮点运算部件,用于处理一些超越函数和复杂的实数运算,以极高的速度进行单精度或双精度的浮点运算。由于FPU集成在芯片内部,且它与CPU之间的数据通道是64位的,所以当它在内部寄存器或片内Cache取数时,运行速度会大大提高。

7. 分段部件(Segmentation Unit,SU)和分页部件(Paging Unit,PU)

80486内部设有一个存储器管理部件(Memory Management Unit,MMU),它由分段部件和分页部件组成,用于实现存储器保护和虚拟存储器管理。分段部件用来将指令给出的逻辑地址转换成线性地址,并对逻辑地址空间进行管理,实现多任务之间存储器空间的隔离和保护,以及指令和数据区的再定位。分页部件用来把线性地址转换成物理地址,并对物理地址空间进行管理,实现虚拟存储。

8. 高速缓存(Cache)部件

80486 内部集成了一个高速缓冲存储器部件,它包含一个 8KB 的指令/数据混合型高速缓存 Cache 和 Cache 管理逻辑,用于存放 CPU 频繁访问的数据和指令。在绝大多数情况下,CPU 都能在片内 Cache 中存取数据和指令,减少了 CPU 的访问时间。在与 80486 DX 配套的主板设计中,采用了 128 ~ 256KB 的大容量二级 Cache 来提高 Cache 的命中率,片内 Cache(L1 Cache)与片外 Cache(L2 Cache)合起来的命中率可达 98%。CPU 片内 Cache 总线宽度高达 128 位,使总线接口部件以一次 16B 的方式在 Cache 和内存之间传输数据,大大提高了数据处理速度。80486 中的 Cache 与指令预取部件紧密配合,一旦预取代码未在 Cache 中命中,BIU 就对 Cache 进行填充,从内存中取出指令代码,同时送到 Cache 和指令预取部件。

此外,80486 在其高速缓存与浮点运算部件之间采用了 2 条 32 位总线连接,并且也可作为一条 64 位总线使用,一次即可完成双精度数据的传送,提高了浮点运算的速度。

2.5.2 80486 的寄存器

80486 微处理器的寄存器按功能可分为 4 类:基本寄存器;系统寄存器;调试和测试寄存器;浮点寄存器。

1. 基本寄存器

80486 的基本寄存器包括 8 个 32 位通用寄存器 EAX、EBX、ECX、EDX、ESP、EBP、ESI 和 EDI;1 个 32 位指令指针寄存器 EIP;1 个 32 位标志寄存器 EFR;6 个 16 位段寄存器 CS、DS、ES、SS、FS 和 GS。用汇编语言编写程序时,这些寄存器都可以被访问。80486 CPU 的基本寄存器如图 2.19 所示。

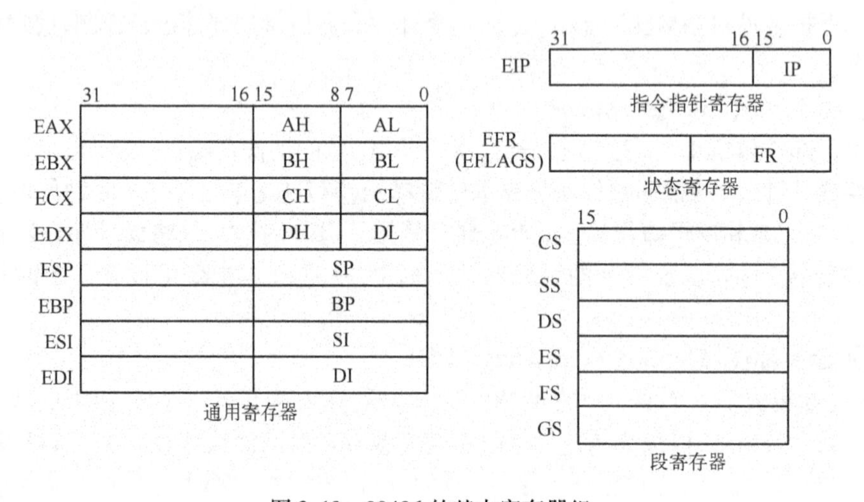

图 2.19 80486 的基本寄存器组

1)通用寄存器(General Purpose Registers)

80486 包括 8 个 32 位通用寄存器,用于存放数据或地址,并能进行 32 位、16 位或 8 位的操作。

能进行32位运算的寄存器分别称为EAX、EBX、ECX、EDX、ESP、EBP、ESI和EDI。这8个寄存器的低16位可独立使用,分别以AX、BX、CX、DX、SP、BP、SI和DI为名。其AX、BX、CX、DX的高位字节或低位字节也可作为独立的8位寄存器使用,分别称作AH、BH、CH、DH或AL、BL、CL、DL。

EAX可作为累加器用于乘法、除法及十进制运算调整指令,对于这些指令,累加器常表现为隐含形式;EBX常用于地址指针,保存访问存储单元的偏移地址;ECX常用作计数器,用于保存指令的计数值;EDX常与EAX配合,用于保存乘法运算的部分结果,或保存除法运算的部分被除数以及余数。除此之外,EAX、EBX、ECX和EDX均可用于保存访问存储器数据的偏移地址。

ESP和EBP是32位寄存器,也可作为16位寄存器SP,BP使用,常用于堆栈操作。

ESI和EDI常用于串操作,ESI用于寻址源数据串,EDI用于寻址目标数据串,在不用于串操作时,也可作为通用寄存器使用。

2) 指令指针寄存器(Extra Instruction Pointer,EIP)

EIP存放指令的偏移地址。当微处理器工作于实模式下,EIP是IP(16位)寄存器,当工作于保护模式时,EIP为32位寄存器。EIP总是指向程序的下一条指令。

3) 标志寄存器(Extra Flags Register,EFR)

EFR(又称EFLAGS)是32位寄存器,包括状态标志位、控制标志位和系统标志位。用于指示微处理器的状态并控制微处理器的操作。EFR的低16位也可作为一个独立的标志寄存器FR使用。80486 CPU标志寄存器如图2.20所示。

31 … 19	18	17	16	15	14	13	12	11	10	9	8	7	6	5	4	3	2	1	0
	AC	VM	RF		NT	IOPL		OF	DF	IF	TF	SF	ZF		AF		PF		CF

图2.20 80486标志寄存器

(1) 状态标志位。包括进位标志CF、奇偶标志PF、辅助进位标志AF、零标志ZF、符号标志SF和溢出标志OF。

(2) 控制标志位。包括陷阱标志(单步操作标志)TF、中断标志IF和方向标志DF。80486 CPU标志寄存器中的状态标志位和控制标志位与8086 CPU标志寄存器中的相应标志位功能完全相同。

(3) 系统标志位。用于控制I/O、中断屏蔽、调试、任务转换和工作方式转换。它们不能被应用程序修改。

IOPL(I/O Privilege Level field):输入/输出特权级标志。占2位,编码0~3表示4个特权级别,0级为最高级,3级为最低级,它用于保护模式下的输入/输出操作。只有当任务的特权级高于或等于IOPL时,执行I/O指令才能保证不产生异常。

NT(Nested Task flag):嵌套任务标志。在保护模式下,指示当前的任务嵌套于另一任务中。NT=1表示当前执行的是子任务,待执行完毕时应返回原来的任务;否则NT=0。

RF(Resume Flag):恢复标志。它与调试寄存器配合使用,用于保证不重复处理断点。当RF=1时,即使遇到断点或调试故障,也不产生异常中断。在指令成功执行完时,CPU会自动清除RF位。

VM(Virtual 8086 Mode flag):虚拟8086方式标志。当VM=1时,CPU工作在虚拟8086方

式,在这种方式下运行的程序就像在 8086 CPU 上运行一样;当 VM = 0 时,返回保护方式。

AC(Alignment Check flag):地址对准检查标志。AC = 1 且控制寄存器 CR_0的 AM 位也为 1 时,则进行字、双字或四字的对准检查。如果进行的是未对准地址访问,则 CPU 产生异常中断 17。所谓未对准地址访问,访问字数据时是奇地址,访问双字数据时地址不是 4 的倍数,访问四字数据时,地址不是 8 的倍数。对准检查标志在特权级为 0、1、2 时无效,只有在特权级为 3 时有效。

4) 段寄存器

段寄存器存放段基址(实地址方式)或选择符(保护方式),用于与处理器中的其他寄存器组合形成存储器的物理地址。80486 微处理器中有 6 个 16 位段寄存器,分别为代码段寄存器 CS,堆栈段寄存器 SS,数据段寄存器 DS、ES、FS 和 GS,如图 2. 20 所示。除 CS 是用于指示指令代码的地址空间外,其他段寄存器都用于指示数据的地址空间。

2. 其他类型寄存器

80486 除基本寄存器外,还有其他 3 类寄存器,简述如下:

(1) 系统寄存器,包括:4 个系统地址寄存器 GDTR、IDTR、SOTR 和 TR;4 个控制寄存器 CR_0 ~ CR_3。系统地址寄存器只在保护模式下使用,用于保存保护方式所支持的数据结构(表或段)的地址,它们和段寄存器一起,为操作系统完成内存管理、多任务环境、任务保护提供硬件支持。控制寄存器用来保存机器的各种全局性状态,这些状态影响系统所有任务的运行。系统寄存器主要供操作系统使用。

(2) 80486 提供了 8 个可编程调试寄存器 DR_0 ~ DR_7,用于支持系统的调试功能;5 个测试寄存器 TR_3 ~ TR_7,用于片内高速缓存 Cache 和转换后援缓冲器(TLB)的测试。

(3) 浮点寄存器共 13 个,用于支持浮点运算。

2. 5. 3 80486 的工作方式

80486 微处理器有实地址方式、保护方式和虚拟 8086 方式 3 种工作方式,如图 2. 21 所示。当微处理器复位后,系统自动进入实地址方式。通过设置控制寄存器 CR_0中的保护方式允许位 PE,可以进行实地址方式与保护方式之间的转换;在保护方式下,进行任务转换或者执行 IRETD 指令,微处理器均可从保护方式进入虚拟 8086 方式,通过中断进行任务转换,可使微处理器由虚拟 8086 方式返回到保护方式;在保护方式和虚拟 8086 方式下,微处理器若收到 RESET 复位信号均返回实地址方式。

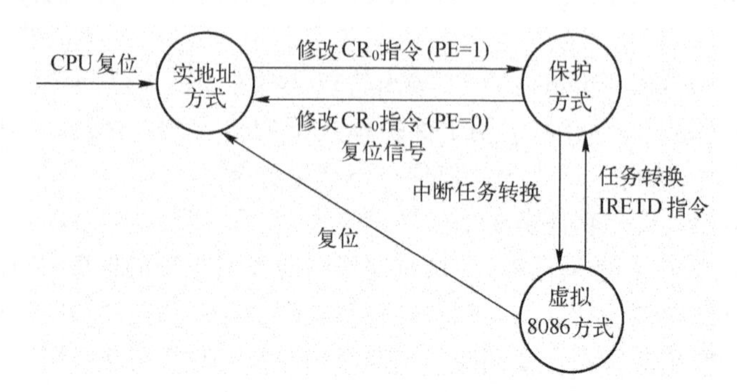

图 2. 21 80486 的 3 种工作方式

1. 实地址方式(Real Address Mode)

实地址方式是80486最基本的工作方式,它与16位8086兼容,可以运行8086的全部指令。80486除保护指令外,其余指令都可以在实地址方式下运行。

实地址方式下只允许微处理器寻址第一个1MB存储器空间,存储器的管理方式与8086微处理器存储器的管理方式完全相同。

2. 保护方式(Protected Virtual Address Mode)

保护方式又称为保护虚拟地址方式。所谓保护是在执行多任务操作时,对不同任务所使用的虚拟存储器空间进行完全的隔离,保护每个任务顺利执行。

保护方式是80486最常用的方式,系统启动后先进入实地址方式,完成系统初始化后立即转到保护方式。在保护方式下,80486具有如下特点:

(1) 存储器采用虚拟地址空间、线性地址空间和物理地址空间3种方式来描述。在保护方式下,通过描述符的数据结构实现对内存的访问。

(2) 强大的寻址空间。在保护方式下,80486可以访问的物理存储空间为4GB(2^{32}B),程序可用的虚拟存储空间为64TB(2^{46}B)。

(3) 使用4级保护功能,可实现程序与程序、用户与用户、用户与操作系统之间的隔离和保护,支持多任务操作系统。

(4) 在保护方式下,80486既可以进行16位运算,又可进行32位运算。均支持虚拟内存。

保护方式和实地址方式的不同之处在于存储器地址空间的扩大(由1MB扩展到4GB),以及存储器管理机制的不同。

3. 虚拟8086方式(Virtual 8086 Mode)

虚拟8086方式是一种既能利用保护方式功能,又能执行8086代码的工作方式。它允许同时运行多个8086任务和80486任务,而彼此不会相互干扰。微处理器的分页机构还可为每个8086任务分配一个受保护的1MB的地址空间。虚拟8086方式的特点如下:

(1) 可执行原来采用8086书写的应用程序。

(2) 固定64KB段,段寄存器的用法与实地址方式一样,即段寄存器内容乘以16后加上偏移量即可得到20位的线性地址。

(3) 支持4GB的物理存储器地址空间。尽管在虚拟8086方式下得到的线性地址是20位即1MB的空间,但由于线性地址可以通过页表映射到任何32位物理地址,所以应用程序可以在80486的现有实际内存的任何地方执行。

(4) 分页部件,支持64TB的虚拟存储地址空间。

(5) 代码和数据段具有保护机制,支持任务之间以及特权级的数据和程序保护。

4. 实地址方式与虚拟8086方式的主要区别

实地址方式与虚拟8086方式的主要区别如下:

(1) 实地址方式的内存管理只采用分段管理方式,不采用分页管理,而虚拟8086方式既分段又分页。

(2) 存储空间不同,实地址方式下的最大寻址空间为1MB,而虚拟8086方式下每个任务可以在整个内存空间寻址,即1MB的寻址空间可以在整个存储器范围内浮动,因此虚拟8086方式实际寻址空间为4GB。

(3) 实地址方式下微处理器所有的保护机制都不起作用,因此不支持多任务,而虚拟8086方式既可以运行8086程序,又支持多任务操作。虚拟8086方式可以是保护方式中多任务操作的一个任务,而实地址方式总是针对整个系统。

2.5.4 80486的保护机制

为了支持多任务操作系统,80486微处理器以4个特权级来隔离或保护各用户及操作系统。图2.22为80486具有4级保护的特权级层次结构。特权级(Privilege Level,PL)标号为0~3,其0级为最高特权级,处于最内层,3级为最低特权级,处于最外层。

处理器的保护机制规定,对给定特权级的执行程序,只允许访问同一级别或低级别的数据段,若试图访问高级别的数据段则属于非法操作,将产生一个异常,向操作系统报告这一违反特权规则的操作。

特权级的典型用法:把操作系统核心放在0级,操作系统的其余部分——系统服务程序放在1级,应用系统服务程序(操作系统扩展)——中间软件放在2级,应用程序放在3级。这样,一个任务的操作系统程序、中断服务程序和其他系统软件因处于不同的特权层而得到保护,因而可与应用程序在同一地址空间内而不发生越权操作。

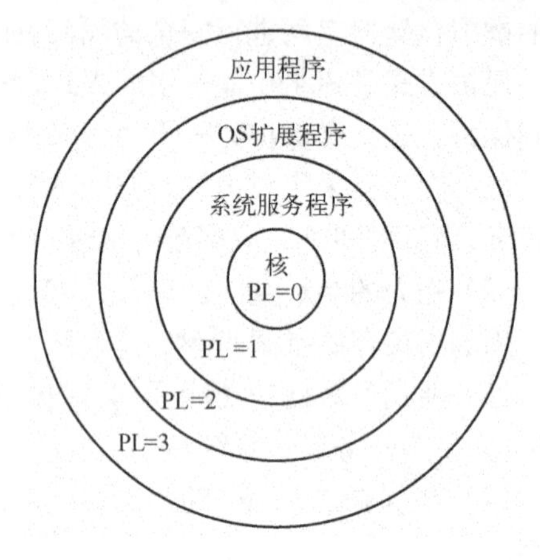

图2.22 80486微处理器特权级层次结构

2.5.5 虚拟地址到物理地址的转换

1. 物理存储器与虚拟存储器

物理存储器是指由地址总线直接访问的主存储器。访问物理存储器的地址称为物理地址(或称实地址)。地址总线的位数决定了可访问的最大物理存储器空间。例如80486的地址总线为32位,最大可寻址访问的物理存储器空间为4GB。

虚拟存储器有2层含义:一是指程序编程使用的逻辑存储空间,其大小由处理器内部结构确定,如80486的最大虚拟存储空间为64TB,它使编程人员在写程序时,不用考虑计算机的实际主存容量就可以写出比任何实际配置的物理存储器都大得多的程序;二是指在主存容量不能满足要求时,为了给用户提供更大的访问存储空间,而采用内存与外存自动调度的方法构成一种存储器。

访问虚拟储存器的地址称为虚拟地址。该地址由程序确定,故也称为逻辑地址。在虚拟存储器中采用了分段存储管理,即虚拟地址由两部分构成:段选择符、段内偏移量。段选择符的高14位用于选择存储段,最大段数为16K个。段内偏移量为32位,最大段长为4GB。因此,虚拟地址为46位,虚拟存储器空间最大为64TB。虚拟存储器的寻址空间如图2.23所示。

80486微处理器有3种存储器地址空间:虚拟地址(逻辑地址)空间、线性地址空间和物理地址空间。80486 CPU工作在保护方式时,程序设计所使用的地址是46位虚拟地址,虚拟地址空间最大可达64TB,采用分段分页管理机制;线性地址空间是一个不分段、连续的地址空

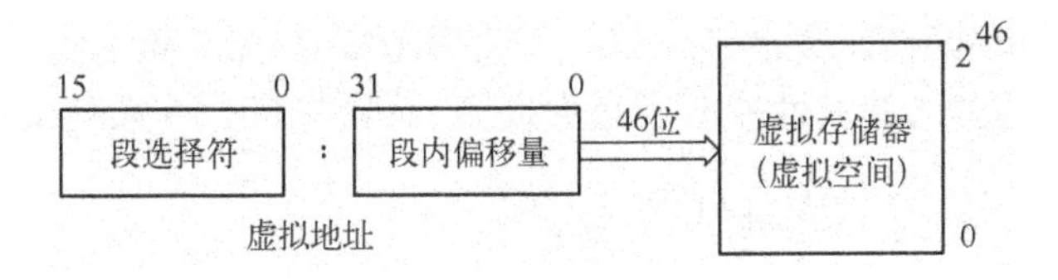

图 2.23　虚拟地址存储器寻址空间

间,线性地址为 32 位,所以线性地址空间(即段的最大长度)可达 4GB,段数最多可达 16K 个,页面大小固定在 4KB;物理地址空间的大小同线性地址空间。程序在运行时,由存储管理机制把逻辑地址转换成物理地址。

2. 虚拟地址到物理地址的转换

在 80486 微处理器中集成有存储管理部件 MMU,MMU 采用了分段机制和分页机制以实现两级"虚拟—物理"地址的转换,如图 2.24 所示。

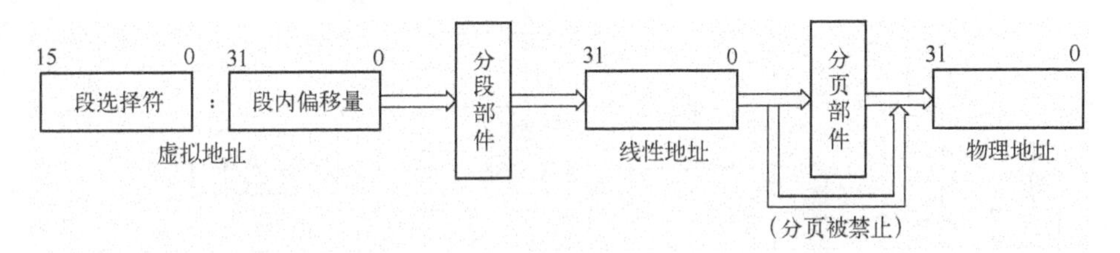

图 2.24　虚拟地址和物理地址的转换

80486 微处理器首先将虚拟地址空间分成若干大小不等的逻辑段,逻辑地址由间接指向段地址的 16 位段选择符和 32 位段内偏移量组成,并由分段部件将 48 位逻辑地址转换为 32 位线性地址,然后再将线性地址空间等分为固定大小的若干页,将线性地址用页基址和页内偏移量表示,以页为单位进行地址映射,并由分页部件将 32 位线性地址转换为 32 位物理地址。若微处理器不使用分页部件,则线性地址就是物理地址,如图 2.24 所示。

虚拟地址、线性地址和物理地址的关系如图 2.25 所示。

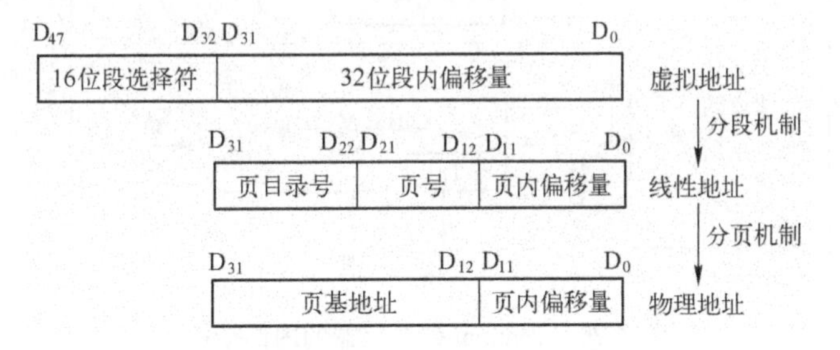

图 2.25　虚拟地址、线性地址和物理地址的关系

2.6　现代微处理器简介

Intel 公司于 1993 年 3 月推出第一代 32 位 Pentium(中文名为"奔腾")微处理器。它采用了多项新的技术,并对 80486 微处理器的体系结构进行了改进,这些改进包括超标量指令流水

线结构、独立的指令与数据高速缓存、外部64位数据总线、内部256位指令总线、分支指令预测、高性能的浮点运算器等，使其性能有了很大提高，而且与80X86系列微处理器完全兼容。

2.6.1 Pentium 微处理器的内部结构

Pentium 微处理器的主要部件包括总线接口部件、分段和分页部件、指令 Cache 和数据 Cache、指令预取部件、指令译码部件、控制部件、分支目标缓冲器、具有两条流水线的整数处理部件（U流水线和V流水线）、浮点处理部件 FPU 和寄存器组。Pentium 微处理器的内部结构如图2.26所示。

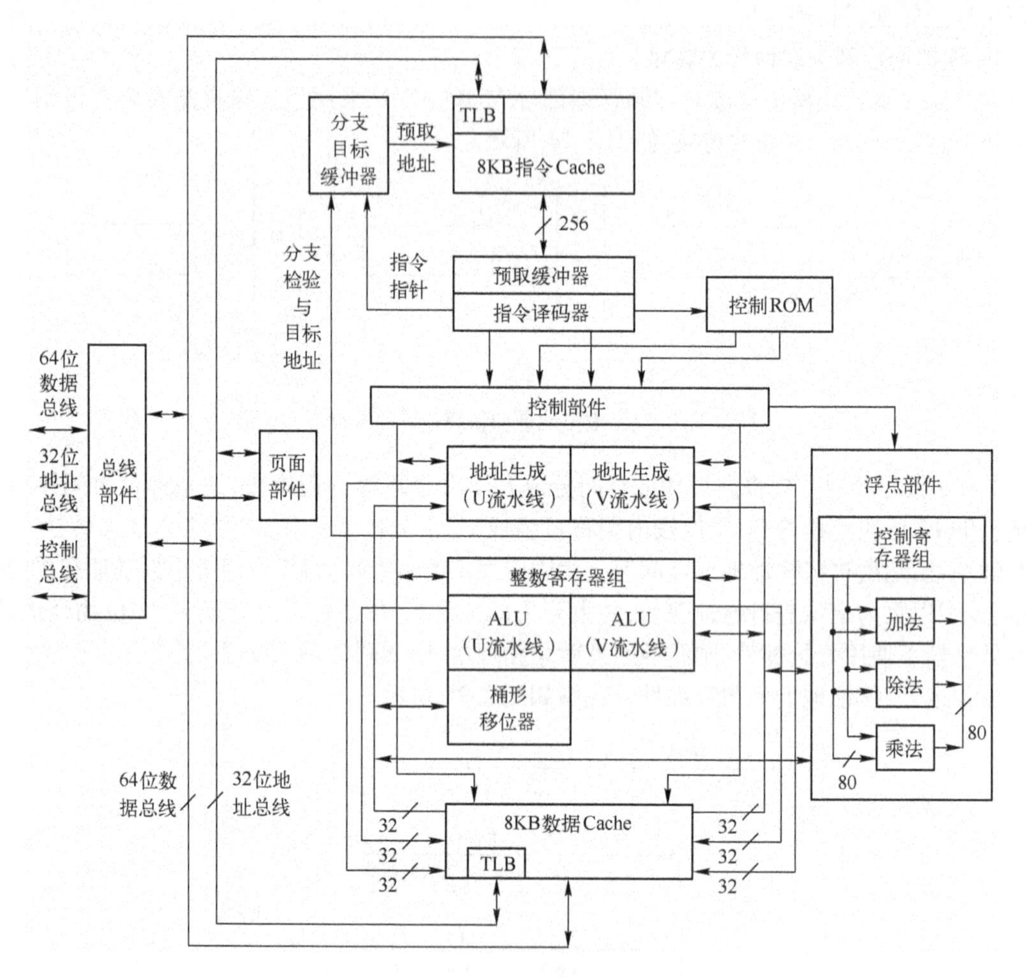

图2.26 Pentium 微处理器的内部结构

各主要部件的功能如下：

（1）整数处理部件。Pentium 微处理器的整数处理部件采用超标量体系结构，即具有2条分开的指令流水线，分别称为U流水线和V流水线，它们有分开的地址生成器、ALU、数据 Cache 接口及共享的整数寄存器，U流水线有桶形移位器。2条流水线都可以执行整数指令，U流水线还可执行浮点指令。这样能够在每个时钟周期内同时执行2条整数指令，或一条浮点指令。每条流水线都采用5级整数流水线，指令在其中分级执行。

(2) 浮点处理部件(FPU)。Pentium 的高性能浮点部件包括浮点寄存器组、加法器、乘法器、除法器和控制器等。寄存器与浮点运算器之间用 80 位宽的通道交换数据。常用的浮点运算有加、减、乘、除和装入操作,其执行过程分为 8 级流水线,使得每个时钟周期能够完成 1 ~2 个浮点操作。由于 Pentium 采用了新的算法,并采用专用硬件电路实现,使其浮点运算速度明显提高,通常比 80486 快 10 倍以上。

(3) 独立的 8KB 指令 Cache 和 8KB 数据 Cache。这样就完全避免了指令预取与数据操作两者之间的冲突,允许两个 Cache 同时存取,使得内部的数据传输效率更高。每组 Cache 都有各自的转换查找缓冲区(Translation Look - Aside Buffer,TLB),因而,存储器管理部件的分页部件就能迅速将代码或数据的线性地址转换成物理地址。数据 Cache 有 2 个端口,分别用于 U、V 2 条流水线。

(4) 指令预取部件。2 个 32B 的指令预取缓冲器,每次均从指令 Cache 中预取 2 条指令到缓冲器中,如果是简单指令,并且后一条指令不依赖前一条指令的执行结果,那么缓冲器就会把这 2 条指令分别送入 2 条流水线去执行。

(5) 分支目标缓冲器(Branch Target Buffer,BTB)。用于预测分支指令,以减少由于指令预取的耽误所引起的流水线执行的延迟。当产生一次程序转移时,就将该指令和转移目标地址存起来,BTB 中记录着正在执行的程序内所发生的几次转移,可以利用存放在其中的转移记录来预测下一次程序转移。

(6) 指令译码部件、控制 ROM 和控制部件。指令 Cache、预取缓冲器和 BTB 负责将原始指令送入指令译码部件。指令取自指令 Cache 或内存,分支地址由 BTB 记录。指令 Cache 的 TLB 将曾经使用的指令的线性地址转换成物理地址。指令预取缓冲器在前一条指令执行结束前可以预取多达 94B 的指令代码。

指令译码部件将预取的指令译成可以执行的控制信号并送控制部件。在控制 ROM 中,存有 Pentium 的复杂指令对应的微程序,它通过控制部件直接控制两条流水线。

(7) 寄存器组。它与 80486 的寄存器结构基本相同,除了个别寄存器之外,其他寄存器在 80486 处理器中都已经有了,但在 Pentium 寄存器中增加了一些新的功能位。

2.6.2 Pentium 微处理器的工作方式

Pentium 处理器在 80486 3 种工作方式的基础上,增加了一种系统管理方式(System Management Mode,SMM)。

这种方式提供了一种对系统或用户透明的专用程序,以实现平台专用功能,如电源管理、系统安全等。SMM 是 Pentium 的一个主要特征,它的专用程序只能由系统固件所利用,而不能由操作系统和应用程序等使用。而它最显著的应用就是电源管理。SMM 可以使处理器和系统外围部件都休眠一定时间,然后在有一键按下或鼠标移动时能自动唤醒它们,并使之继续工作。利用 SMM 可实现软件关机。

无论处理器处在哪一种工作方式,一旦接收到外部的系统管理中断($\overline{\text{SMI}}$)请求,便进入 SMM 方式,处理电源管理、系统安全等任务。在 SMM 方式中,处理器保存了当前正在运行的程序或任务的上下文关系之后,切换到一个独立的地址空间中,启动 SMM 专用代码。SMM 专用程序在自己的地址空间中运行,完全与操作系统和应用程序无关。在 SMM 方式下,只有执行了从系统方式返回的指令 RSM 以后,处理器才能返回到中断前原有的工作方式。但是,如果处理器接收到复位信号，则直接进入实地址方式。图 2.27 所示为工作方式之间的转换示意图。

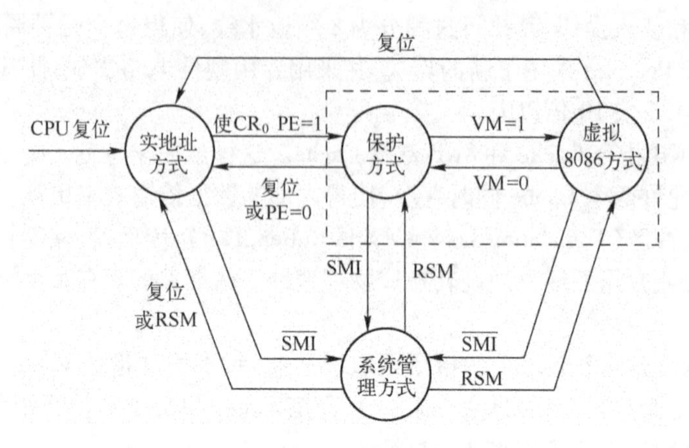

图 2.27 工作方式之间的转换示意图

2.6.3 Pentium 系列其他微处理器

1. Pentium Pro 微处理器

Pentium Pro 又称高能奔腾（简称 P6），是 Intel 公司于 1995 年 11 月推出的又一种新型高性能奔腾微处理器，它在 Pentium 的基础上增加了以下主要功能：

（1）重新设计了微结构，是第一个采用 P6 结构的处理器。

（2）集成了两级高速缓存。

（3）采用了三路超标量微结构和 14 级超流水线，每个时钟周期内可执行 3 条指令。

（4）综合运用了 RISC 技术和 CISC 技术，采用了乱序执行和预测执行技术。

2. Pentium Ⅱ微处理器

1997 年 5 月，Intel 公司推出了 Pentium Ⅱ（简称 PⅡ），它是在 Pentium Pro 的基础上扩展了 MMX 技术。Pentium Ⅱ既保持了 Pentium Pro 原有的强大处理功能，又增强了在三维图形、图像和多媒体方面的可视化计算功能和交互功能。Pentium Ⅱ主要采用的先进技术有：

（1）采用多媒体增强技术（MMX 技术），包括 SIMD 技术和 57 条增强的 MMX 指令技术。

（2）采用动态预测技术，将多分支预测算法、数据流分析和推测执行 3 种数据处理技术相结合。

（3）双重独立总线结构（Dual Independent Bus，DIB），一条是系统总线，另一条是 L2 Cache 总线，同时使用这 2 条总线，可使 Pentium Ⅱ的数据吞吐能力达到单总线结构处理器的 2 倍。

3. Pentium Ⅲ微处理器

1999 年 2 月，Intel 公司推出了 Pentium Ⅲ（简称 PⅢ），它在Pentium Ⅱ的基础上增加了以下功能：

（1）增加了 8 个 128 位单精度浮点寄存器，能同时处理 4 个单精度浮点数。

（2）增加了 70 条流式单指令多数据扩展（Streaming SIMD Extensions，SSE）指令，克服了不能同时处理 MMX 数据和浮点数据的缺陷，有效地增强了话音识别、视频实时压缩和三维图像处理能力。

4. Pentium 4 微处理器

2000 年 11 月,Intel 公司推出了新一代高性能 32 位 Pentium 4(简称 P4)微处理器,它采用了全新的内核架构 NetBurst(Net Burst Micro - Architecture,网络突发微体系结构),可以更好地处理互联网用户的需求,在数据加密、视频压缩和对等网络等方面的性能都有较大幅度的提高。Pentium 4 的主要结构特点:

(1) 采用超级流水线技术,流水线深度达到 20 级,大幅度提高了处理器工作频率。

(2) 采用快速执行引擎,使处理器的 ALU 达到了双倍内核频率,实现了更高的执行吞吐量,缩短了指令执行的等待时间。

(3) 使用了包含 144 条指令的第二代 SIMD 流扩展 SSE2 指令集,增强了处理器在互联网应用、三维图像处理及多媒体处理等方面的性能。

(4) 具备 400MHz 的系统总线,可实现 3.2GB/s 的数据传输速度。

2.6.4 Itanium 64 位微处理器

Intel 公司于 2001 年 5 月推出了基于全新 IA - 64 结构的具有超强处理能力的 64 位微处理器 Itanium(安腾)。它的数据总线和地址总线均为 64 位。其应用目标是高端服务器和工作站。与 Pentium 相比,Itanium 微处理器在各方面都有了改进,性能有了很大提高,主要有以下几个方面:

(1) 采用新的指令计算技术。Itanium 采用了全新的 EPIC(Explicitly Parallel Instruction Computing,完全并行指令计算)技术,其指令中除了有操作码和操作数外,还包含有各个指令如何并行执行的相关信息。EPIC 技术能够同时并行执行多条指令,多条指令由编译器分组和打包,一个包中的指令集一次发给 CPU 同时执行,并合理地并行操作。实际上,EPIC 与 CISC 的不同之处在于,CISC 更多的是把指令交给硬件来处理,而 EPIC 更多的是依赖于编译软件的性能和应用程序的算法。

(2) 拥有三级 Cache 。Itanium 片内的 L1 Cache 分别是 16KB 指令 Cache 和 16KB 数据 Cache;片内 L2 Cache 有 96KB;而 4MB 的 L3 Cache 与芯片分离,封装在处理器盒内;三级 Cache 都以核心速率运行,使 CPU 运算速度有了很大的提高。

(3) 多级流水线和多个执行部件。Itanium 微处理器将指令流水线分成了多达 10 级,可同时执行 6 条指令。这 6 条指令被分配到 9 个功能单元去执行。这 9 个功能单元分别是 2 个整数单元、2 个浮点单元(浮点乘除法器)、2 个存储管理(MMU)单元和 3 个转移处理单元。

(4) 数量众多的寄存器。Itanium 具有充裕的寄存器组,共有 128 个 64 位整数寄存器、128 个 82 位浮点寄存器、64 个 1 位断点寄存器、64 个 64 位转移寄存器,即使在非常忙碌的情况下,也不会出现 CPU 内部寄存器不够用的情况,大大减少了等待的可能性,提高了执行效率。为了同时运行多个不同的软件,Itanium 的寄存器组还能够进行更迭操作(为每个软件保持不同的寄存器状态),这大大有利于同时处理多个数据流,特别适合服务器应用。

(5) 采用新的分支预测技术。在 Pentium 中,无论怎样预测,其出错的概率都不可能降为 0,而如果程序中没有分支结构,那么就能消除预测出错,Itanium 就是利用这个道理来提高预测效率的。它通过编译软件先将分支结构的程序段分成几个指令序列,然后利用 Itanium 强大的并行处理能力同时执行这几个指令序列,这样就不会使流水线出现停顿和重建,客观上消除了分支预测的出错。

（6）支持多种操作系统。现在已有4种操作系统（包括编译工具软件）支持Itanium：64位版本的Windows XP；64位的Windows高级服务器版本；Linux；2个版本的UNIX（惠普的HP-UX 1 Li v1.5和IBM的AIX-5L）。

2.6.5 Core及Core 2——酷睿及酷睿2微处理器

2006年，Intel公司终止了长达13年之久的奔腾时代，推出了32位全新Intel Core（酷睿）微架构的Core型微处理器。此类微处理器有单核Core Solo和双核Core Duo之分，但它很快又被面世的Core 2（酷睿2）型微处理器代替。

Core 2是一个跨平台的构架体系，包括桌面版、移动版和服务器版三大领域，Intel公司给不同类型的微处理器赋予了不同的开发代号，桌面版的开发代号为Conroe，移动版的开发代号为Merom，服务器版的开发代号为Woodcrest。

Core 2微处理器采用了全新的Core架构，取代了Pentium 4的NetBurst及Pentium M架构；集成了数亿晶体管；其L2提升至4MB，前端总线（FSB）提升至1066MHz（Conroe）、1333MHz（Woodcrest）和667MHz（Merom）。

Core 2微处理器分为Solo（单核，只限笔记本电脑）、Duo（双核）、Quad（四核）及Extreme（极致版）型号。和其他基于Netburst的处理器不同，Core 2不仅注重处理器时钟频率的提升，它同时就其他处理器的特色，例如高速缓存数量、核心数量等进行优化。这些新处理器的功耗比以往的奔腾处理器低很多。

Core及Core 2微处理器的技术特点如下：

（1）多路动态执行，每时钟周期可传递更多的指令，从而节省执行时间并提高能效。

（2）智能内存访问，通过优化可用数据带宽的使用率来提高系统性能。

（3）高级智能高速缓存，提供更高的性能以及更有效的缓存子系统。已针对多核处理器和双核处理器做了优化。

（4）高级数字多媒体增强技术，扩大应用范围，包括视频、话音和图像、照片处理、加密、金融、工程和科学等应用领域。

（5）动态功率调节，高级散热管理，所有核心以最低速度运行，当有需要时则自动增速，以减低芯片的发热量，及其耗电量。

2.6.6 现代微处理器采用的先进技术

1. 超标量和超流水线技术

超标量技术和超流水线技术是改善基本指令流水线性能，提高处理器效率的两种主要方法，前者依赖于空间的并行度，后者依赖于时间的并行度。

（1）超流水线技术：通过把流水线细化成多个等级，提高主频，使得在一个机器周期内完成多个操作。流水线中级数的增加，可使每级规定完成的任务和所需的时间减少，从而可以提高时钟频率，达到提高主频的目的。如经典Pentium处理器的每条整数流水线都分为5级操作，浮点流水线则分为8级操作。

每条整数流水线分为指令预取PF、指令译码（一次译码）D1、地址生成（二次译码）D2、指令执行EX和回写WB共5个步骤。图2.28所示为Pentium的指令流水线操作示意图。

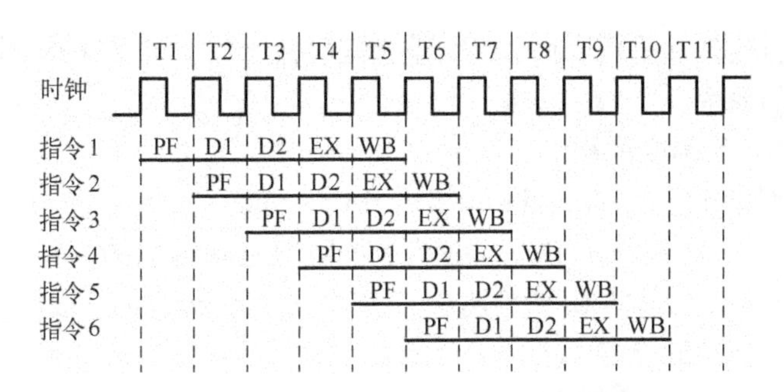

图2.28　Pentium指令流水线操作示意图

当第一条指令完成指令预取,进入第二个操作步骤D1,执行指令译码操作时,流水线就可以开始预取第二条指令;当第一条指令进入第三个步骤D2,执行地址生成时,第二条指令进入第二个步骤D1,开始指令译码,流水线又开始预取第三条指令;当第一条指令进入第四个步骤EX,执行指令规定的操作时,第二条指令进入第三个步骤D2,执行地址生成,第三条指令进入第二个步骤D1,开始指令译码,流水线又开始预取第四条指令;当第一条指令进入第五个步骤WB,执行回写操作时,第二条指令进入第四个步骤EX,执行指令规定的操作,第三条指令进入第三个步骤D2,执行地址生成,第四条指令进入第二个步骤D1,开始指令译码,流水线又开始预取第五条指令。

这种流水线操作并没有减少每条指令的执行步骤,但由于各指令的不同步骤之间并行执行,从而极大地提高了指令的执行速度。从第一个时钟开始,经过5个时钟后,每个时钟都有一条指令执行完毕从流水线输出。

实际上,Pentium的流水线的级数越来越多。Pentium 4的流水线将5个基本级别又进行划分,已多达20级,成为超级流水线。

(2) 超标量技术:在一个处理器中内置多条指令流水线来执行指令,可以同时执行多条指令。在Pentium处理器中内置了2条超标量流水线,即U流水线和V流水线,每条流水线各自都含有独立的ALU、地址生成逻辑和Cache接口。U流水线能执行整数型和浮点型指令,V流水线只能执行简单的整数型指令,因此,Pentium处理器能够在一个时钟周期内执行2条整数指令或1条浮点指令,从而大大提高了CPU的工作效率。

2. 分支转移预测技术

由于CPU采用了流水线的操作方式,因此执行指令之前,都必须先把要执行的指令放到流水线上,依顺序执行,这是由CPU内的指令预取缓冲器专门负责的。但实际在程序中,会有很多的分支转移指令。一旦转移发生,指令预取缓冲器中预取的后续指令便没有用,造成流水线断流。此时CPU则必须按转移后的指令顺序,重新预取指令,生成新的流水线,这样就会降低CPU指令执行的效率。

Pentium微处理器采用分支转移预测技术来解决这个问题。在转移指令执行之前,CPU预先判断转移是否发生,以确定后面要执行的是哪段程序。利用分支目标缓冲器(BTB)可以实现这个功能。BTB含有1个1KB容量的Cache,可以容纳256条转移指令的历史状态和转移的目标地址。在程序运行过程中,BTB采用动态预测的方法,当遇到一条转移指令时,BTB先检测这条指令的历史状态,判断是否产生转移,并通过这个状态信息预测当前的分支目标地址,预取指令。如果判断正确,那么流水线正常运行,不会出现分支;如果判断不正确,即分支失败,则需修改历史状态,并重新取指、译码,重新建立流水线。若 BTB 预测的正确率很高,可明显改善出现执行的效率。

3. CISC 和 RISC 相结合的技术

复杂指令系统计算机(Complex Instruction Set Computer,CISC)和精简指令系统计算机(Reduced Instruction Set Computer,RISC)是基于不同理论和构思的两种不同的 CPU 设计技术。Intel 公司在 Pentium 之前的 CPU 均属于 CISC 体系,从 Pentium 开始,将 CISC 和 RISC 结合,取两者之长,实现更高的性能。

采用 CISC 技术的 CPU 有如下特点:

(1) 指令系统中包含很多指令,既有常用指令,也有用的较少的复杂指令。后者对应较复杂的功能,但指令码相当长,这使得微处理器的译码部件负担加重,速度减慢。

(2) 访问内存时采用多种寻址方式。

(3) 采用微程序控制。微程序机制就是在微处理器的控制 ROM 中存放了众多微程序,分别对应于一些复杂指令的功能。

采用 RISC 技术的 CPU 有如下特点:

(1) 指令系统只含简单而常用的指令。指令的长度较短,并且每条指令的长度相同。

(2) 采用流水线机制来执行指令。

(3) 大多数指令利用内部寄存器来执行,所以,一条指令的执行时间只需要一个时钟周期。这不但提高了指令执行速度,而且减少了对内存的访问,从而使内存的管理简化。

RISC 技术需要更多寄存器配合,以提高指令执行速度。但在多任务环境下,任务切换时需要保护和恢复众多寄存器,从而增加操作量。Pentium 的大多数指令是简化指令,但仍保留了一部分复杂指令,这部分指令采用硬件来实现。所以,Pentium 吸取了两者之长。

4. 超线程技术

Intel 在通过指令级并行方法提高性能之后,又进一步开发了线程级并行寻求更大的性能提升,即 Intel 在 3.06GHz 的 Pentium 4 后所支持的超线程技术(Hyper – Threading,HT)。

所谓超线程技术,就是在一个 IA – 32(Intel Architecture – 32)处理器内,两个或多个逻辑处理器通过共享物理处理器上的几乎所有执行资源并各自维持一套完整的结构状态,从而在一个物理处理器中模拟出两个或更多的逻辑处理器。每个逻辑处理器都有自己的 IA – 32 结构状态,包括 IA – 32 数据寄存器、段寄存器、调试寄存器,控制寄存器和大多数的特殊模块寄存器(Model – Specific Register,MSR)。每个逻辑处理器还拥有自己的高级可编程中断控制器(APIC)。这样,处理器可以并行地执行分离的代码流,也就提高了执行多线程操作系统和应用程序,以及多任务环境下执行单线程程序的性能。

但超线程技术不同于多处理器系统,如图 2.29 所示为支持 HT 的 IA – 32 处理器与传统的多处理器系统的比较。多处理器系统采用几个物理上完全独立封装的处理器,利用总线相连的方法,每个处理器都具有完整的独享资源。超线程的几个逻辑处理器封装在一个物理处理器中,除了拥有自己的结构状态外,还共享同一个物理封装中的处理器核心资源。当两个线程都同时需要某一个资源时,其中一个要暂时停止,并让出资源,直到这些资源闲置后才能继续。因此超线程的性能并不等于两个处理器的性能。实现超线程需要 CPU、主板芯片组、主板 BIOS、操作系统和应用软件支持。

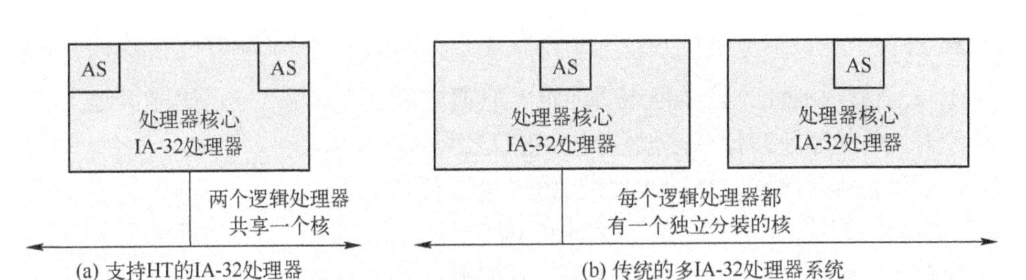

图 2.29 支持 HT 的 IA－32 处理器与传统的多处理器系统的比较

5. 多核技术

在单核处理器产品中，提高性能主要通过提高频率和增大缓存来实现，前者会导致芯片功耗的提升，后者则会让芯片晶体管数量激增，使成本大幅度上扬。而如果引入多核技术，便可以在较低频率、较小缓存的条件下达到大幅度提高性能的目的。

多核技术是在一个物理封装内包含 2 个或多个处理器执行核心，又使多个处理器耦合得更加紧密，以此来增强硬件多线程能力，不仅有自己的 IA－32 结构状态，还有自己的执行引擎、L2 Cache、总线接口等。多核技术在应用上可以为用户带来更强大的计算性能，更重要的是可以满足用户同时进行多任务的处理和计算环境的要求。多核技术的出现，必将推动并行程序、并行计算技术的发展，推动并行编程模型和并行程序设计语言的应用开发。

6. Intel 高级智能高速缓存

Intel 早期推出的双核处理器采用两核独立的 L2 Cache 结构。这就造成在很多应用中 L2 Cache 不能被充分利用，并且两个核心之间的数据交换也必须通过共享的前端总线和北桥芯片来进行，负担很大，严重影响了处理器的工作效率。而 Intel 高级智能高速缓存技术在酷睿 2 双核处理器（Core 2 Duo，代号 Conroe）中采用了共享 L2 Cache 的结构，有效地加强了多核心架构效率。两个核心可以共享缓存内部的数据，而不需要通过前端总线和北桥芯片再进行外围的交换，大幅度增加了缓存的命中率。

Intel 高级智能高速缓存技术还可以在两个核心间动态调整 L2 Cache 分配。例如，某一个内核当前对 L2 Cache 的利用很低，那么另一个内核就可以动态地增加占用 L2 Cache 的比例。Intel 酷睿微体系结构可以把其中的一个内核关闭以降低功耗，但却可以保持全部缓存在工作状态。这样可以降低缓存的命中失误，减少数据延迟，改进处理器效率。

习　题　2

2.1　8086 CPU 由哪两部分组成？分别叙述它们的功能及组成。

2.2　8086 与 8088 CPU 的主要区别是什么？

2.3　在执行指令周期，EU 能直接访问存储器吗？为什么？

2.4　8086 微处理器内部有哪些寄存器？其主要用途是什么？

2.5　8086CPU 中，供使用汇编语言的程序员使用的寄存器有哪些？

2.6　8086 中 SP、DP、SI、DI 有何特殊用途？

2.7　8086 有几位状态位？有几位控制位？其含义各是什么？

2.8　8086CPU 使用的存储器为什么要分段？怎样分段？段寄存器的作用是什么？8086

有几个段寄存器？

2.9　什么是物理地址？什么是逻辑地址？它们之间有何联系？分别用在何处？

2.10　什么是基地址？什么是偏移量？它们之间有何联系？

2.11　写出下列存储器地址的段地址、偏移地址和物理地址。

（1）2314H:0035H；　　（2）1FD0H:00A0H；

（3）0000H:0100H；　　（4）3FB0H:0053H。

2.12　段寄存器 CS = 1200H，指令指针寄存器 IP = FF00H，此时，指令的物理地址为多少？指向这一物理地址的 CS 值和 IP 值是唯一的吗？

2.13　对于 8086，已知（DS）= 1050H，（CS）= 2080H，（SS）= 0400H，（SP）= 2000H。

（1）在数据段中可存放的数据最多为多少字节？首地址和末地址各为多少？

（2）堆栈段中可存放多少个 16 位的字？首地址和末地址各为多少？

（3）代码段最大的程序可存放多少字节？首地址和末地址各为多少？

（4）如果先后将 FR、AX、BX、CX、SI 和 DI 压入堆栈，则（SP）为多少？如果此时（SP）= 2300H，则原来的（SP）为多少？

2.14　设双字 12345678H 的起始地址是 8001H，试说明这个双字在存储器中如何存放。

2.15　已知堆栈段寄存器 SS = 1000H，堆栈指示器 SP = 0100H，试将数据 1234ABCDH 推入堆栈，画出进栈示意图。最后栈顶 SP = ？

2.16　试求出下列运算后的各个状态标志，并说明进位标志与溢出标志的区别。

（1）1278H + 3469H；　　（2）54E3H - 27A0H；

（3）3881H + 3597H；　　（4）01E3H - 01E3H。

2.17　简述 A_0 与 $\overline{BHE}$ 在 8086 系统中的应用。

2.18　8086 有哪 2 种工作模式？其主要区别在哪里？

2.19　若 8086 CPU 工作在最小模式，则：

（1）当 CPU 访问存储器时，要利用哪些信号？

（2）当 CPU 访问 I/O 时，要利用哪些信号？

（3）当 HOLD 有效并得到响应时，CPU 的哪些信号置高阻？

2.20　在 8086 最大模式系统中，8288 总线控制器的作用是什么？它产生哪些控制信号？

2.21　什么是时钟周期？什么是总线周期？什么是指令周期？简述它们之间的关系。

2.22　总线周期的含义是什么？8086 的基本总线周期由几个时钟周期组成？如果一个 CPU 的时钟频率为 24MHz，那么，它的一个时钟周期为多少？一个基本总线周期为多少？

2.23　在总线周期 T1 状态下，数据/地址总线上是什么信息？用哪个信号将此信息锁存起来？数据信息是在什么时候给出的？

2.24　8086 在总线周期的 T1、T2、T3、T4 状态分别执行什么操作？在什么情况下需要插入等待状态 Tw？等待状态 Tw 在哪儿插入？怎样插入？

2.25　RESET 信号来到后，8086 系统的 CS 和 IP 分别为多少？第一条指令的物理地址为多少？

2.26　什么情况会出现总线空闲周期 T_I？

2.27　试用表格列出 8086 单 CPU 方式下，$IO/\overline{M}$、$DT/\overline{R}$、$\overline{DEN}$、$\overline{RD}$ 及 $\overline{WR}$ 读/写存储器状

态。例如读存储器$\overline{RD}=0$。

2.28　简述80486和Pentium CPU基本组成与各部分作用。

2.29　什么是实地址方式？什么是保护方式？什么是虚拟8086方式？试列出三者的主要特点。

2.30　80486微处理器的实地址工作模式的物理地址空间是多大？保护模式的物理地址空间是多大？保护模式虚拟地址空间是多大？

2.31　80486中虚拟地址的两部分各叫什么？说明虚拟地址、线性地址和物理地址的关系。

2.32　试说明Pentium微处理器、Pentium Pro、PⅡ、PⅢ、P 4等微处理器的基本特点。

2.33　什么是超标量结构？什么是超流水线结构？

2.34　简述超线程技术和多核技术，以及它们之间的区别。

第3章

寻址方式与指令系统

计算机指令是计算机执行各种操作的命令，它是计算机的控制信息。一条指令对应着一种基本操作，计算机执行操作的种类数量对应其拥有的指令数量。

一台计算机所能执行的全部指令的集合称为计算机的指令系统。指令系统的功能强弱决定了计算机智能的高低，它集中反映了微处理器的硬件功能和特点。不同类型微处理器，由于其内部结构不同，一般具有不同的指令系统。

80X86/Pentium 系列微处理器的指令系统在 8086 指令系统的基础上扩充而来，在目标代码级具有向上兼容性。8086 指令系统是基本的指令集。在此基础上扩充的增强型 8086 指令和专用指令，与 8086 基本指令集共同构成了 80X86 系列微处理器的实模式指令集。除了实模式指令集外，还有一部分指令是系统控制指令，它们对 80286、80386、80486 和 Pentium 保护模式的多任务、存储管理和保护机制提供控制能力。

本章将从指令格式、寻址方式、指令种类与指令功能等方面阐述 8086 指令系统的主要内容。

3.1 8086 指令系统概述

指令系统是微处理器能够执行各种运算操作、控制操作的集合，是微处理器性能的体现。本节概要阐述指令系统及其基本格式，并在后面的章节详细阐述各种指令的语法与用途。

3.1.1 指令概述

对 8086 指令系统的阐述主要包括指令组成、各组成部分的表达、指令执行过程，以及指令语法与存储等。

1. 指令组成

从指令执行的角度来说，8086 指令由操作码和操作数两部分组成。操作码是微处理器能够执行的指令代码，表示一种操作；指令中的操作码不可缺少。操作数是指令执行过程中操作的对象；操作数可以没有、可以隐含、可以有 1 个或 2 个。

从程序汇编的角度来说，指令中可能还包括符号地址、定义、注释等说明性的部分。这些说明性的组成部分由汇编程序翻译说明，不影响上述指令可执行的组成部分。有关指令说明性的语句组成部分详见 4.2 节。

2. 表示方法

操作码是可执行指令的代码，表示执行某个操作。微处理器能够识别和执行的操作码采用二进制编码表示。例如，某操作码的二进制码表示为 10001011，其十六进制表示为 8BH，表示从内存单元读取一个字数据到累加器中。显然,用二进制码表示操作码的缺点是难以理解、记忆和书写。因此,常常用字母等组成有意义的助记符来表示操作码。例如,用 MOV 助记符表示将数据转移到目标操作数。无论用二进制码还是助记符,操作码表示是唯一的,仅仅采用了不同的形式对操作指令进行编码。

操作数的表示方法有多种形式,可以是具体数,也可以是存放数据的寄存器,或者是存放数据存储单元的地址。操作数表示形式的多样化能够适应各种应用中的数据结构和存储方式。3.2 节将详细阐述操作数的各种表示形式。

3. 指令执行

指令执行过程包括取指令和执行指令两个过程。取指令是根据指令地址从存储单元读入指令到微处理器中;执行指令是 CPU 对指令码进行译码产生时序信号的过程,这些时序信号控制操作数进行运算或其他操作。

3.1.2　指令格式

8086 指令组成格式被设计成可变字节长度的指令格式。具体来说,指令的长度可以在 1 ~ 16B范围内变化。即指令由 1 ~ 16B 组成。指令的一般格式如图 3.1 所示。

字段 1	字段 2	字段 3	字段 4	字段 5	字段 6
Prefix	OP code	mod r/m	s-i-b	Disp	data
1~4B	1~2B	1B	1B	0B、1B、2B、4B	0B、1B、2B、4B

图 3.1　8086 指令的基本格式

在图 3.1 中,指令由 6 个字段组成,字段 1 为附加字段,字段 2 ~ 6 为基本字段。其中,操作码字段必需有,其他字段可选,这取决于所执行的操作。

各个字段的含义简述如下。

(1) OP code(字段 2)为操作码字段。它规定了指令功能,包括操作数类型(字节/字/双字)、操作数传递方向、寄存器编码或符号扩展等。

(2) mod r/m 和 s - i - b(字段 3 和字段 4)是寄存器/存储器寻址方式说明字段。mod r/m 为主寻址字节,规定操作数的寻址方式,包括操作数的存放位置(r/m)和存储器中操作数有效地址等。s - i - b 为第二寻址字节,称为比例—变址—基址字节。所有访问存储器的指令中都含有主寻址字节,并由主寻址字节的编码决定是否需要第二寻址字节。

(3) Disp(字段 5)表示长度为 0B、1B、2B 或 4B 位移量字段,逻辑地址组成之一。

(4) data(字段 6)表示长度为 0B、1B、2B 或 4B 的立即数字段。

(5) Prefix 为前缀字段,用于修改指令操作的某些属性。常用的前缀有 5 类:①段超越前缀;②操作数宽度前缀;③地址宽度前缀;④重复前缀;⑤总线锁定前缀 LOCK。

每个前缀的编码长度为 1B。

一条指令前可同时使用多个指令前缀。不同前缀的前后顺序无关紧要,但同类前缀作用于同一指令前时,只有最后一个有效。需要注意的是,如果指令前缀过多而导致指令长度超过 16B 时,将导致指令非法,这样的指令执行时将产生异常 6。

3.2 寻址方式

寻址方式是指在指令执行过程中,CPU 形成指令或操作数有效地址的方法。通常,指令中的操作数包括源操作数、目标操作数和结果操作数等。操作数存放在计算机的存储部件或输入输出端口中。其中存储部件包括 CPU 内的寄存器以及 CPU 外的主存储器;操作数也可以立即数的形式作为指令码的一部分与指令存放在一起。因此,存取操作数通常有以下 3 种方式。

(1) 操作数直接包含在指令中。指令的操作数部分就是操作数本身(而不是存放数据的寄存器或存储单元)。该操作数称为立即数,对应的操作数寻址方式称为立即数寻址。

(2) 操作数存放在 CPU 寄存器中。指令中的操作数部分表示为 CPU 寄存器。对应的操作数寻址方式称为寄存器寻址。

(3) 操作数存放在主存储器中。指令中的操作数部分表示为该操作数所在内存单元有效地址。对应的指令操作数寻址方式称为存储器寻址。

为了读写上述不同类型的操作数,指令中的寻址方式字段提供了操作数来源的部件(区域)以及如何获得操作数有效地址的方法。

采用存储器寻址方式时,操作数地址以逻辑地址表示。在指令表达方式上,逻辑地址表示为段地址和段内偏移地址两部分。由段寄存器中的段地址和段内偏移地址组成的二维地址称为逻辑地址。为了适应处理各种数据结构和存储方式的需要,80X86/Pentium 的段内偏移地址有以下几种形式:①基址寄存器的值;②变址寄存器的值;③比例因子;④位移量。这四种形式称为偏移地址四元素。在 16 位寻址(8086/8088/80286)中,比例因子为 1。

由这四元素组合形成的偏移地址称为有效地址 EA。

EA=[基址寄存器]+([变址寄存器]×比例因子)+位移量

除了上述操作数的寻址方式以外,还有一类关于指令地址的寻址方式,用于确定下一条指令的存放地址,称为转移地址寻址方式。在表达形式上,指令地址也表示成逻辑地址。因此,转移地址寻址最终也转化为确定指令有效地址的问题。

3.2.1 操作数寻址

1. 立即寻址

指令中的操作数在指令码中,操作码后面 1B(或 2B)即为操作数,即指令中的形式地址字段直接提供操作数,该操作数称为立即数。

立即数根据与目标操作数匹配的原则来确定为 8 位或 16 位,并按照"高对高、低对低"原则存放在内存单元中:即高位地址存储单元存放高位字节,低位地址存储单元存放低位字节。

指令 MOV AX,34H 的存储和执行情况如图 3.2 所示。

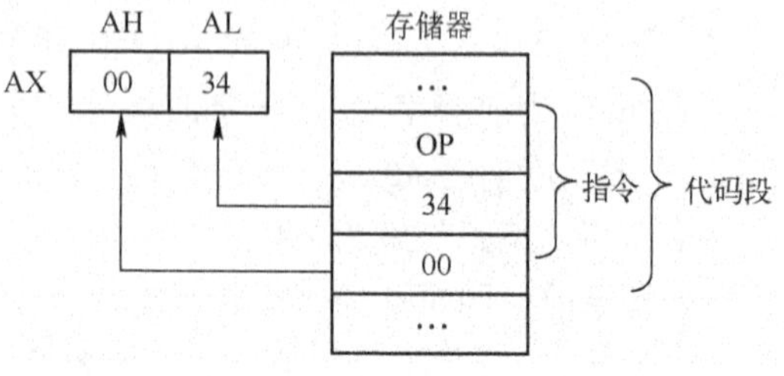

图 3.2 立即数寻址示意图

立即寻址方式主要用于给寄存器或存储单元赋初值。

2. 寄存器寻址

寄存器寻址方式下,操作数存放在 CPU 内寄存器中。指令中指定的寄存器或是 8 位寄存器 AL、AH、BL、BH、CL、CH、DL 或 DH;或是 16 位寄存器 AX、BX、CX、DX、SI、DI、SP 或 BP。

例如:

```
MOV   SI,AX
MOV   AL,DH      ;源操作数和目标操作数均是寄存器寻址
```

寄存器寻址的作用是存取指定寄存器中的数据。

寄存器机器码只有 3 位,因此使用寄存器操作数,不仅可缩短指令长度,而且执行指令时,全部操作在 CPU 内完成,无需通过总线周期存取数据,指令执行速度较快。

3. 直接寻址

内存操作数寻址方式。在直接寻址方式下,指令中的操作数部分给出了操作数的有效地址,该有效地址称为内存操作数的直接地址。操作数一般存放在数据段,因此,DS 中的段地址与指令中的有效地址组成操作数的逻辑地址。如果采用段超越前缀,则操作数也可存放在数据段以外的其他逻辑段中。

直接寻址方式用于存取主存储器中的简单变量。

设数据段寄存器 DS 的值是 5000H,字存储单元的内容是 6789H,那么在执行指令

```
MOV   AX,[1234H]
```

后,寄存器 AX 的内容是 6789H。该指令的存储和执行情况如图 3.3 所示。

为方便起见,常用(reg)表示寄存器 reg 的内容。如在上例中,(DS) = 5000H,执行结果用(AX) =6789H 表示。

在汇编语言程序中,直接地址往往用符号地址(如变量名)表示。例如:

```
MOV   AL,NUM
```

其中 NUM 是字节变量,并用 NUM 作为其在内存中的符号地址。

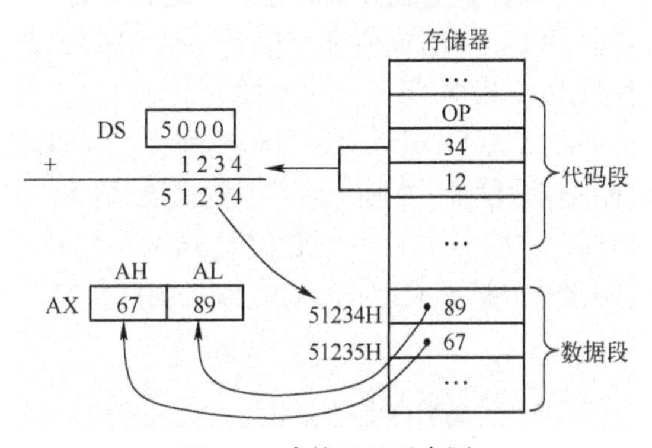

图 3.3 直接寻址示意图

4. 寄存器间接寻址

内存操作数寻址方式。在寄存器间接寻址方式下,操作数有效地址存放在寄存器中。并约定寄存器只能是 BX、BP、SI 或 DI 4 个寄存器之一。如果有效地址存放的寄存器是 BX、SI 或 DI,则操作数约定在数据段,即默认的寻址段寄存器为 DS;如果有效地址存放的寄存器是 BP,则操作数约定在堆栈段,即默认的寻址段寄存器为 SS。

例如:

```
MOV   AX,[SI]      ;源操作数为寄存器间接寻址
```

假设:

(DS) = 5000H
(SI) = 1234H
[51234] = 89H
[51235] = 67H

那么,存储单元的物理地址是51234H。执行该指令后,(AX) = 6789H。该指令的执行情况如图3.4所示。

下面指令中源操作数采用寄存器间接寻址,并且采用了段超越前缀:

```
MOV  DL,CS:[BX]     ;引用的段寄
                    ;存器是CS
```

下面指令中目标操作数采用寄存器间接寻址,由于使用了BP寄存器,所以缺省的段址存放在段寄存器SS中:

```
MOV  [BP],CX     ;引用的段寄存
                 ;器是SS
```

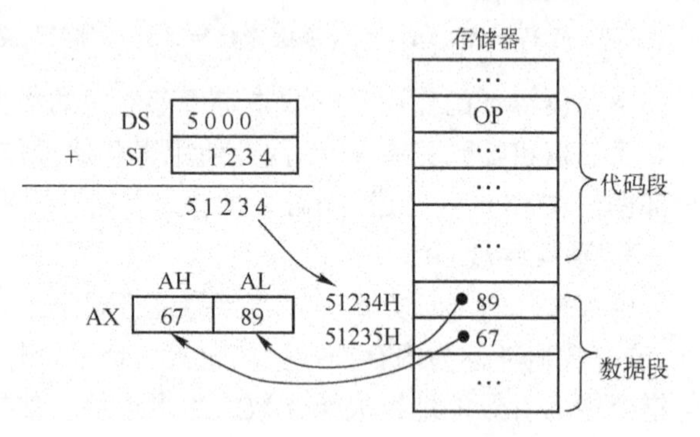

图3.4 寄存器间接寻址示意图

在寄存器间接寻址方式下,寄存器的值能被修改,因此,寄存器间接寻址方式适用于处理存储器中的数组或表格。

5. 基址寻址和变址寻址

内存操作数寻址方式。基址寻址和变址寻址又叫寄存器相对寻址。该寻址方式是以基址寄存器(BX或BP)或变址寄存器(SI或DI)的值为基地址,并将该基地址与指令中的8/16位位移量Disp相加,形成操作数的有效地址。

一般情况下(即不使用段超越前缀),如果基地址寄存器采用BP,则约定段为堆栈段,以SS的值作为段址;否则约定段为数据段,以DS的值作为段址。

指令中给出的8/16位位移量Disp采用补码形式表示。在计算有效地址时,如位移量是8位,则被符号扩展成16位。当所得的有效地址超过0FFFFH,则取其2^{16}的模。

例如:

```
MOV  AX,[DI+1223H]
```

假设:

(DS) = 5000H
(DI) = 3678H
[5489B] = AAH
[5489C] = 55H

那么,存储单元的物理地址是(DS)×10H+(DI)+1223H = 5489BH。该指令执行后,(AX) = 55AAH。该指令的执行和操作数存储的情况如图3.5所示。

下面指令中的源操作数采用寄存器相对寻址,引用的段寄存器是SS:

```
MOV  BX,[BP+4]
```

下面指令中,目标操作数采用寄存器相对寻址,引用的段寄存器是 ES:

MOV ES:[BX+5],AL

寄存器相对寻址适用于访问表格。位移量被设置成表格首地址,修改基址或变址寄存器的值以指向表格中的数据。

例如,某数据表为 TABLE,在第4章将看到,数据表表名为该数据表的起始地址(符号地址),指令

MOV AX,TABLE[SI]

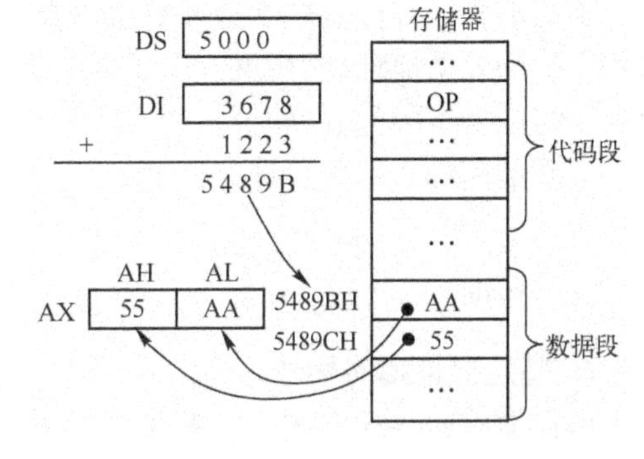

图 3.5 变址寻址示意图

根据 SI 不同的值可访问到表中的不同数据。

在书写格式上,寄存器相对寻址中基址或变址寄存器需要写在方括号中,位移量可写在方括号中,也可以写在方括号外。下面两条指令源操作数的寻址方式相同(都是寄存器相对寻址),表示形式等价:

MOV AX,[SI+3]
MOV AX,3[SI]

6. 基址变址寻址

内存操作数寻址方式。操作数的有效地址是基址寄存器(BX、BP)之一和变址寄存器(SI、DI)之一的值之和。若相加的结果超过0FFFFH时,则取其 2^{16} 的模。

一般情况下(即不使用段超越前缀),如果基地址寄存器采用 BP,则约定段为堆栈段,以 SS 的值作为段值;否则约定段为数据段,以 DS 的值作为段值。

例如:

MOV AX,[BX+DI]

假设:

(DS)=5000H
(BX)=1223H
(DI)=54H
[51277]=68H
[51278]=01H

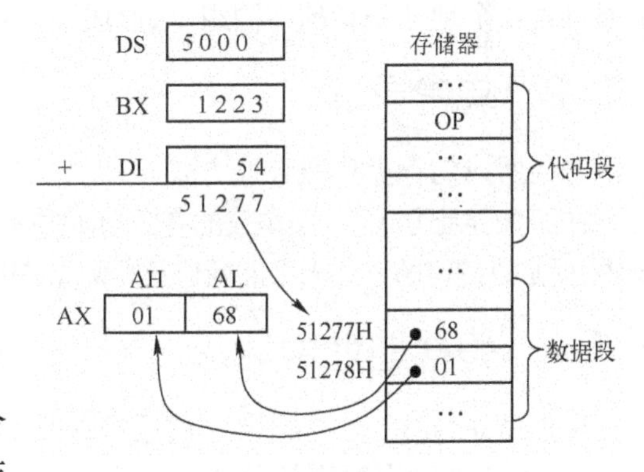

图 3.6 基址变址寻址示意图

则存取单元的物理地址是 51277H。该指令执行后,(AX)=0168H。该指令的执行和操作数存储的情况如图 3.6 所示。

下面指令中源操作数为基址加变址寻址,通过显式段超越前缀引用段寄存器 ES:

MOV AX,ES:[BX+SI]

下面指令中目标操作数为基址加变址寻址,通过显式段超越前缀引用段寄存器 DS:

MOV DS:[BP+SI],AL

基址加变址寻址适用于处理数组或表格。用基址寄存器存放数组首地址,变址寄存器存放数组中的数据地址;或相反。由于两个寄存器的值均能修改,基址加变址寻址能更加灵活地访问数组或表格中的数据。

下面的两种表达方式是等价的:

```
MOV  AX,[BX+DI]
MOV  AX,[BX][DI]
```

7. 基址变址相对寻址

内存操作数寻址方式。在基址变址相对寻址方式下,操作数的有效地址是基址寄存器(BX、BP)之一和变址寄存器(SI、DI)之一的值以及指令中补码表示的8/16位位移量Disp之和。在计算有效地址时,如果位移量是8位,将被扩展成16位。当相加之和超过0FFFFH时,则取其2^{16}的模。

如果基地址寄存器采用BP,则约定段为堆栈段,以SS的值作为段址;否则约定段为数据段,以DS的值作为段址。

基址加变址相对寻址方式的表示方法有多种,下面3种表示方法是等价的:

```
MOV  AX,[BX+DI+1234H]
MOV  AX,1234H[BX+DI]
MOV  AX,1234H[DI][BX]
```

综上所述,8086 CPU寻址方式中,有效地址EA是由以下3个地址分量组成的:

(1) 位移量(Displacement)。位移量是指令中的8/16位常数。

(2) 基地址(Base address)。存放在基址寄存器BX或基址指针BP中的地址。

(3) 变址(Index address)。存放在源变址寄存器SI或目的变址寄存器DI中的地址。

这3个地址分量组合时,如有2个及以上分量时,将执行以2^{16}为模的16位加法运算。正是通过对3个地址分量的不同组合,形成了对存储器操作数多种寻址方式。

3.2.2 隐含寻址

寄存器或内存操作数寻址方式。

在隐含寻址方式下,操作数的有效地址并不显式地出现在指令中,甚至操作数都不出现在指令中,而是以约定的方式来寻址操作数。例如,MUL、XLAT、CBW、字符串操作类指令就是隐含寻址。

3.2.3 转移地址寻址

在指令系统中,有一类指令被用来改变程序的执行顺序,即用目标转移地址修改IP与CS,这类指令被称为程序转移指令。程序转移指令的寻址方式涉及如何确定转移的目标地址。目标地址可以在同一代码段内(称段内转移),也可以跨段(称段间转移)。

1. 段内直接寻址

段内直接寻址只修改IP,而CS不变。在这种寻址方式下,指令码中包括一个目标逻辑地址偏移量,以当前IP值与该偏移量共同形成转移有效地址。

IP当前值是指从存储器中取出转移指令后的IP值(即下一条指令的地址)。因为位移量(Disp)是相对于当前IP值来计算的,所以又称为相对寻址。当位移量是8位时,称为段内短转移;而当位移量为16位时,称为段内近转移。无论是8/16位,Disp在指令码中均采用补码表示。

2. 段内间接寻址

在段内间接寻址方式下,目标地址(16位有效地址)存放在寄存器或在存储器单元中,指令中给出该寄存器名或者存储单元的地址。

3. 段间直接寻址

这种寻址方式用于段间转移,转移目标地址的段基值(CS)和偏移量(IP)均由指令码形式地址字段直接给出。转移时,直接用它们修改当前CS和IP。

4. 段间间接寻址

该寻址方式用于段间转移,由指令中给出寻址方式的4个连续存储单元的值修改当前CS和IP。用指令中寻址方式计算出的存储单元地址开始的连续4个单元的值就是要转移的目标地址。其中,前两个单元16位值是有效地址(修改当前IP),后两个单元16位值是段地址(修改当前CS)。

并不是每种转移指令都具有上述4种寻址方式。各种转移指令具有的转移地址寻址方式将在本章3.3节结合指令功能进行说明。

3.3　8086指令系统

指令系统是计算机所能执行的全部指令集合,是计算机硬件和软件的主要接口,它是汇编语言程序设计的基础。

8086指令系统按功能分为6类:数据传送、算术运算、逻辑运算与移位、字符串处理、程序控制与CPU控制。前4种类型指令属于数据操作类指令,用于传送和处理数据;后2种类型指令属于控制类指令,用于改变程序流向与控制CPU的工作状态。

为了便于理解,先将后面讨论中要用到的指令操作数符号列表说明,如表3.1所示。

表3.1　指令操作数符号说明

符　号	符号意义
OPRD	操作数
DST,SRC	在多操作数中,DST作为目标操作数,SRC作为源操作数
reg	通用寄存器,长度可为8位或16位
sreg/seg	段寄存器
reg 8	8位通用寄存器
reg 16	16位通用寄存器
mem	存储器,长度可为8位、16位或其他
mem8	8位存储器
mem16	16位存储器
imm	立即数,长度可以是8位或16位
imm8	8位立即数
imm16	16位立即数

3.3.1 数据传送指令

CPU进行算术运算和逻辑运算时离不开操作数。数据传送是一种最基本、最常见的操作,数据传送指令在应用程序中占有很大比例。数据传送是否灵活迅速可对编写和执行程序产生很大的影响。因此,数据传送指令是使用最频繁的指令,也是数量最多的一类指令。

数据传送类指令实现数据在计算机CPU中的寄存器、存储器、I/O端口等之间传送。通常用来实现寄存器与寄存器之间、寄存器与存储器之间以及寄存器与I/O端口之间的数据传送操作。

除了标志寄存器传送指令外,数据传送类指令不影响标志寄存器中的标志位。标志寄存器传送指令SAHF、POPF对标志位的影响如表3.2所示。

表3.2 数据传输指令对标志位的影响

	DF	IF	TF	AF	CF	OF	PF	SF	ZF
SAHF指令	–	–	–	↕	↕	–	↕	↕	↕
POPF指令	↕	↕	↕	↕	↕	↕	↕	↕	↕
"↕"表示指令执行影响标志位,"–"表示指令执行不影响标志位									

1. 通用数据传送指令

1) 传送指令

符号指令:

```
MOV   DST,SRC
```

指令功能:将源操作数SRC传送给目标操作数DST。

源操作数SRC是通用寄存器操作数、存储器操作数或立即数;目标操作数DST是寄存器操作数或存储器操作数。

MOV指令执行完后,目标操作数被修改为源操作数值,源操作数保持不变。

MOV指令可进行字节或字数据传送,并要求源操作数和目标操作数的数据长度一致。

源操作数可以是通用寄存器、段寄存器、存储器或立即数;目标操作数可以是通用寄存器、段寄存器(CS除外)或存储器;立即数不能作为目标操作数;且两者不能同时为存储器操作数。

数据传送通路示意图如图3.7所示。具体来说,数据传送指令能实现下列传送功能。

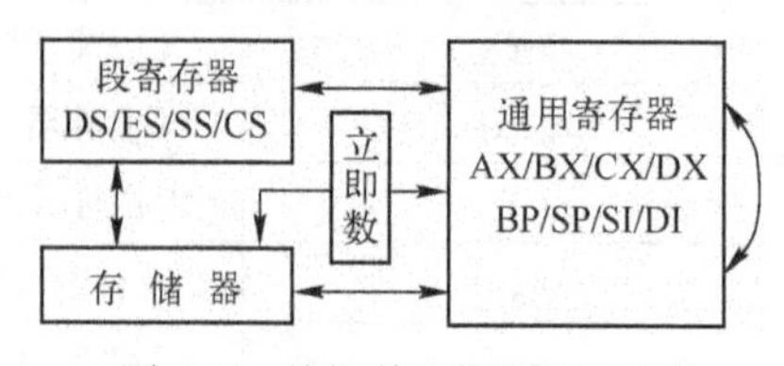

图3.7 数据传送通道示意图

(1) CPU内部通用寄存器的数据传送。例如:

```
MOV   BP,SP
MOV   AX,CS
```

(2) 立即数传送至通用寄存器或存储单元(各种存储器寻址方式)。例如:

```
MOV   SI,-5
MOV   VALB,-1                ;VALB是变量名,代表一个存储单元
MOV   VALW,3456H             ;VALW是一个字变量
MOV   WORD PTR [SI],6543H
```

需要注意的是，立即数不能直接传送到段寄存器，立即数不能作为目标操作数。

（3）寄存器与存储器间的数据传送。例如：

```
MOV   AX,VARW     ;VARW 是一个字变量
MOV   VARW,DS
```

对存储器操作数而言，可采用各种存储器操作数寻址方式。关于 MOV 指令，除了前面的约定，还要遵守下列规定：

① 源操作数和目标操作数长度要求一致。

② 源操作数和目标操作数不能同时为存储器操作数。

如果两个存储单元间传送数据，可通过通用寄存器进行中转，例如：

```
MOV   AX,VARW1
MOV   VARW2,AX     ;把字变量 VARW1 的值传送到字变量 VARW2
```

由于段寄存器之间也不能直接传送数据，所以段寄存器间的数据传送也是通过通用寄存器进行中转。例如：

```
MOV   AX,CS
MOV   DS,AX     ;把 CS 的内容传送到 DS
```

2）交换指令

符号指令：

```
XCHG   DST,SRC
```

指令功能：源操作数和目标操作数进行字节或字数据交换。

源操作数 SRC 与目标操作数 DST 不能包括段寄存器，也不能同时为存储器操作数，不能有立即数。存储器操作数可采用各种存储器操作数的寻址方式。例如：

```
XCHG   AL,AH
XCHG   [SI+BP+3],BX
```

3）堆栈操作指令

堆栈是在存储器中定义的一个特定区域。在这个区域中，信息的存入（压栈）与取出（出栈）按照“先进后出”或“后进先出”的规则进行，这样的“存储区”称为堆栈。

在 8086 中，堆栈中地址较大的一端称为栈底，地址较小的一端称为栈顶。堆栈的段地址存放在堆栈段寄存器 SS 中，堆栈指针寄存器 SP 始终指向栈顶。只要重新设置 SS 和 SP 的初值，就可以改变堆栈的位置。堆栈的容量由 SP 的初值决定。

堆栈的主要用途：①保护现场和返回地址；②保护寄存器的值；③传递参数；④寄存局部变量。这些用途的具体使用方法将在后面的章节中介绍。

堆栈的操作有建栈、压栈和出栈 3 种基本操作。

（1）建栈。建立堆栈就是申请堆栈空间并指定堆栈底部在存储器中的位置。通过定义堆栈段和申请逻辑段的空间大小可以初始化堆栈。用户也可通过数据传送指令将堆栈底部的地址传送到堆栈指针 SP 和堆栈段寄存器 SS 中。此时堆栈为空栈。堆栈初始状态如图 3.8 所示。

（2）压栈。压栈（PUSH）就是在堆栈中插入数据。在8086中，进栈或出栈操作都是以字为单位，即每次在堆栈中存取数据均是2B。

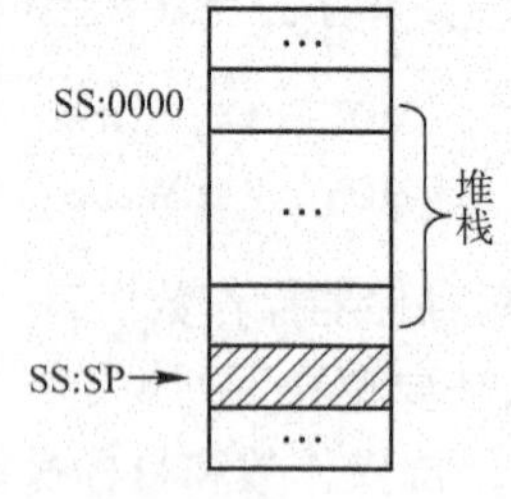

图3.8 堆栈初始状态

符号指令：

```
PUSH   SRC
```

指令功能：PUSH指令将16位的源操作数压入堆栈，源操作数SRC可以是16位通用寄存器、段寄存器（包括CS）以及16位内存操作数。

压栈操作分为两步：

第一步将堆栈指示器减2：(SP)=(SP)-2。即栈顶向低地址方向移动2个单元，指向新栈顶。

第二步把字数据压入到堆栈指示器所指向栈顶单元。即SS:[SP]←字数据。

（3）出栈。出栈（POP）就是从堆栈顶部弹出一个字到目标操作数，目标操作数可为16位通用寄存器、段寄存器或者字存储单元。

符号指令：

```
POP   DST
```

指令功能：POP指令将SP指示栈顶的字数据传送给目标操作数DST。

例如，设在下列指令执行前(AX)=2307H，指令执行后堆栈的变化情况如图3.9所示。

```
PUSH   AX
POP    SI
```

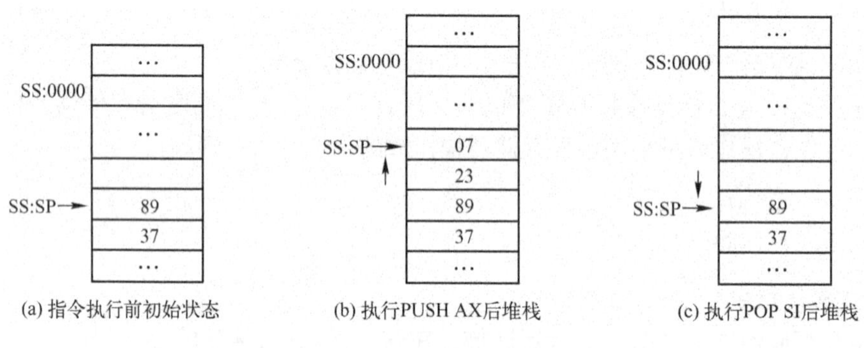

图3.9 堆栈操作过程示意图

堆栈操作指令在使用时应该注意以下几点：①8086堆栈操作数都是字数据，因此对字节数据压栈非法；②CS可以作为PUSH指令的源操作数，但不能作为POP指令的目标操作数；③采用堆栈来保存多个寄存器的内容以及恢复它们的值时，需要注意按照“先进后出”规则来组织压栈和出栈的顺序。

4）查表指令

符号指令：

```
XLAT   转换表名   ;
XLAT              ;隐含操作数
```

指令功能：该指令操作数隐含寻址。其功能是通过查表完成代码转换。它将偏移量为EA=(BX)+(AL)所对应的存储单元中的字节数据传送给AL，实现AL中字节数据的代码转换,即(AL)←[(BX)+(AL)]。XLAT 指令中显式表示的“转换表名”是数据表的起始地址,通常用数据表名表示。

使用 XLAT 指令的步骤如下:

(1) 在数据段中定义长度小于256B 的数据表。

(2) 将表首地址赋给 BX。

(3) 将数据表中的偏移量赋给 AL。

(4) 执行 XLAT 指令。

将 BCD 码转换成 LED 显示代码是 XLAT 指令的典型应用。设 LED 数码管为共阴极,数字 0 ~ 9 对应的 7 段 LED 显示代码为

3FH、06H、5BH、4FH、66H、6DH、7DH、07H、7FH、6FH

显示码数据表如图 3.10 所示,数据表在数据段中的偏移地址为 0200H。若要得到 BCD 码 6 的显示码,则实现代码转换的程序段如下:

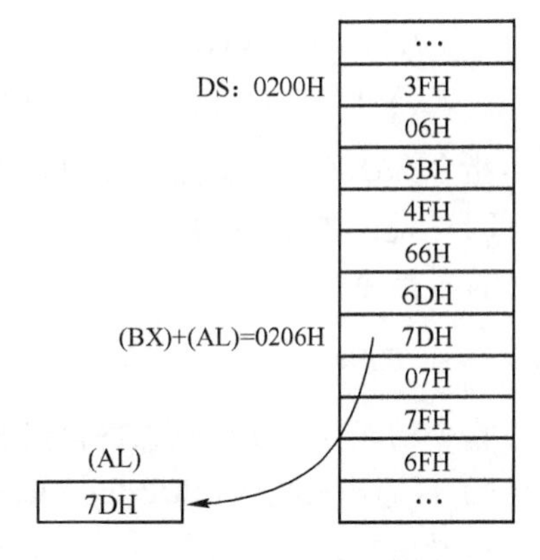

图 3.10 显示码数据表

```
MOV   BX,0200H
MOV   AL,6
XLAT                   ;指令执行完后,AL 中的值为 6 的 LED 显示码 7DH。
```

2. 标志位传送指令

这是一组对标志寄存器进行存取操作的指令,共4 条。它们都是单字节指令,并采用隐含寻址方式来寻址指令操作数。

1) 取标志寄存器指令(Load AH with Flags)

符号指令:

```
LAHF
```

指令功能:把标志寄存器的低 8 位传送给 AH 寄存器,即把 SF、ZF、AF、PF、CF 标志位分别送至 AH 的第 7、6、4、2、0,AH 的第 5、3、1 位是任意的。

LAHF 指令对标志寄存器所有的位均无影响。

2) 存储标志寄存器指令(Store AH into Flags)

符号指令:

```
SAHF
```

指令功能:将 AH 寄存器内容传送到标志寄存器 FR 的低字节。

SAHF 指令操作示意图如图 3.11 所示。

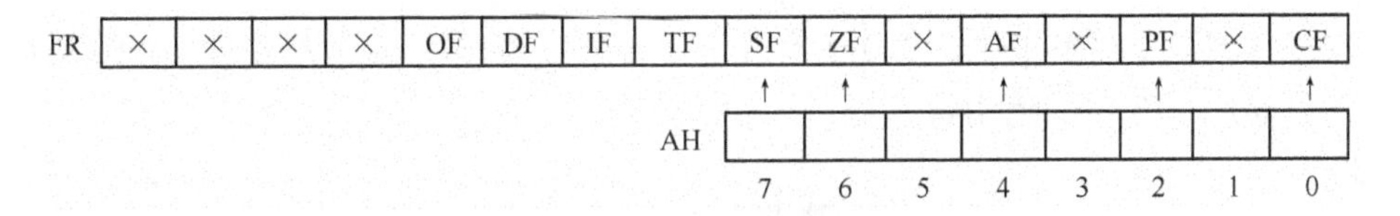

图 3.11 SAHF 指令操作示意图

该指令与LAHF刚好相反，把寄存器AH的指定位送至标志寄存器低8位的SF、ZF、AF、PF和CF标志位，因而这些标志的值将被修改，其值取决于AH中相应位的值。但该指令不影响标志寄存器的高位字节，即不影响溢出标志OF、方向标志DF、中断允许标志IF和跟踪标志TF。

例如：

```
MOV   AH,0C1H
SAHF                    ;CF=1,PF=0,AF=0,ZF=1,SF=1
```

指令SAHF对标志位的影响如表3.2所示。

3）标志进栈指令(PUSH the Flags)

符号指令：

```
PUSHF
```

指令功能：将16位标志寄存器FR的内容压入堆栈，操作过程与PUSH指令一致。

4）标志出栈指令(POP the Flags)

符号指令：

```
POPF
```

指令功能：将当前栈顶的字数据弹出到标志寄存器FR中。

POPF指令对标志位的影响如表3.2所示。

PUSHF和POPF指令常用于调用子程序时保护和恢复状态标志位。

在8086指令系统中，由于没有直接置位或复位陷阱标志TF的指令，可用PUSHF和POPF指令设置和修改TF的值。程序段如下：

```
PUSHF
POP     AX          ;标志寄存器的内容送入AX
OR      AH,01H      ;将TF置1
PUSH    AX
POPF                ;AX的内容送回标志寄存器
```

3. 地址传送指令

这类指令用于传送地址，可传送内存操作数的段地址或偏移地址，共包含LEA、LDS和LES共3条指令。

1）装入有效地址指令(Load Effective Address)

符号指令：

```
LEA   reg,OPRD
```

指令功能：该指令把操作数OPRD的有效地址传送到操作数reg。操作数OPRD为内存操作数，操作数reg为16位的通用寄存器。

例如：

```
LEA   AX,BUFFER      ;BUFFER是变量名
LEA   DX,[BX+3]
```

需要强调的是,LEA 指令与 MOV 指令在操作对象上完全不同。假设变量 BUFFER 的偏移是 1234H,该变量的值为 5678H,试比较下面两条指令执行完成后的结果。

```
LEA   AX,BUFFER     ;(AX) =1234H
MOV   AX,BUFFER     ;(AX) =5678H
```

由此可见,LEA 指令执行后 AX 的值为变量 BUFFER 的偏移地址,而 MOV 指令执行后 AX 的值是变量 BUFFER 的值。

2）装入地址指针指令(Load DS/ES with pointer)

符号指令:

```
LDS   reg16,mem
LES   reg16,mem
```

指令功能:这两条指令的功能类似,都是将由源操作数偏移地址指向的双字单元中的第一个字数据送入指定的 16 位通用寄存器,第二个字数据送入段寄存器 DS 或 ES。

例如:

```
LDS   SI,FARPOINTER
```

假设 FARPOINTER 是一个双字变量,存放的数据为 12345678H。则执行上述指令后,段寄存器 DS 的值为 1234H,寄存器 SI 的值为 5678H。该指令的执行示意图如图 3.12 所示。

在该指令中,存储器中的双字数据被当作段地址和偏移地址,其中低位地址单元存放偏移地址,高位地址单元存放段地址。

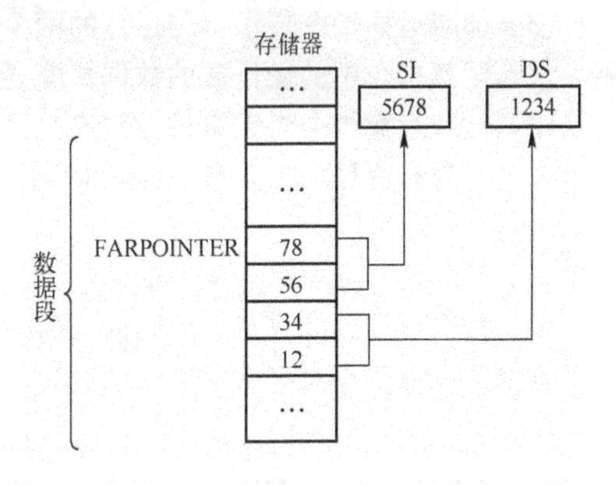

图 3.12　LDS 指令示意图

4. 输入/输出指令

输入/输出指令实现累加器(AX 或 AL)与 I/O 端口之间的数据传送。

8086 CPU 中有 16 根 I/O 地址线,最多可提供 2^{16} 个 8 位端口地址或 2^{15} 个 16 位端口地址。输入/输出指令对 I/O 端口的寻址采用直接寻址或间接寻址 2 种方式。

(1) 直接端口寻址:I/O 端口地址以 8 位立即地址方式在指令中直接给出,可寻址的端口地址范围为 00H ~ 0FFH。

(2) 间接端口寻址:I/O 端口地址存入 DX 寄存器中,即通过 DX 间接寻址,可寻址的端口地址范围为 0000H ~ 0FFFFH。

1）输入指令

符号指令:

```
IN    累加器,端口
```

指令功能:将指定端口中的数据传送到累加器 AX/AL 中。

2）输出指令

符号指令:

```
OUT  端口,累加器
```

指令功能:将累加器 AX/AL 中的数据传送到指定端口。

例如:

```
IN    AX,20H      ;从端口20H、21H读取16位数据到AX
MOV   DX,3FDH
IN    AL,DX       ;从端口03FDH读入8位数据到AL
OUT   27H,AL      ;将8位数据从AL输出到端口27H
OUT   DX,AX       ;将AX中16位的数据输出到端口03FDH、03FEH。
```

3.3.2 算术运算指令

8086 算术运算类指令有加、减、乘、除指令。参与运算的数据可为字节数据或字数据;二进制数或十进制数(BCD 码);无符号数或有符号数。若为有符号数,则操作数以补码表示。

算术运算类指令的特点和一般规则总结如下:

(1) 算术运算类指令处理的数据是定点数。

(2) 对有符号数和无符号数来说,加减运算指令并不区分,统一进行运算;乘除指令设置了不同的指令分别处理这两类数据。即乘除运算指令分为无符号数乘除指令和有符号数乘除指令。

(3) 加减运算指令要求参与运算的两个操作数的数据长度相等,即同时为字节或同时为字。乘除运算指令中的操作数的数据长度要求将在后面详细阐述。

(4) 加减运算指令对无符号数和有符号数统一处理,既作为无符号数加减而影响标志 CF 和 AF,也作为有符号数加减影响标志 OF 和 SF,同时影响标志 ZF。加减运算指令也影响标志 PF,有些指令有例外。

(5) 乘除运算指令对标志位的影响有些特别,有些影响可能并不符合数学运算的关系。

(6) 指令中用到的寻址方式同前面的叙述一致。

算术运算类指令对标志位的影响如表 3.3 所示。

表 3.3 算术运算类指令对标志位的影响

指令	DF	IF	TF	AF	CF	OF	PF	SF	ZF
ADD	–	–	–	↕	↕	↕	↕	↕	↕
ADC	–	–	–	↕	↕	↕	↕	↕	↕
SUB	–	–	–	↕	↕	↕	↕	↕	↕
SBB	–	–	–	↕	↕	↕	↕	↕	↕
CMP	–	–	–	↕	↕	↕	↕	↕	↕
INC	–	–	–	↕	↕	↕	↕	↕	–
DEC	–	–	–	↕	↕	↕	↕	↕	–
NEG	–	–	–	↕	↕	↕	↕	↕	1
MUL	–	–	–	×	↕	↕	×	×	×
DIV	–	–	–	×	↕	↕	×	×	×
IMUL	–	–	–	×	×	×	×	×	×
IDIV	–	–	–	×	×	×	×	×	×

（续）

指令	DF	IF	TF	AF	CF	OF	PF	SF	ZF
CBW	-	-	-	-	-	-	-	-	-
CWD	-	-	-	-	-	-	-	-	-
AAA	-	-	-	↕	1	×	×	×	×
DAA	-	-	-	↕	↕	×	↕	↕	↕
AAS	-	-	-	↕	↕	×	×	×	×
DAS	-	-	-	↕	↕	↕	↕	↕	↕
AAM	-	-	-	×	×	×	↕	↕	↕
AAD	-	-	-	-	×	×	↕	↕	↕
“↕”表示指令执行影响标志位；“-”表示指令执行不影响标志位；“×”表示任意值；“1”表示将标志位置1									

1. 加法指令

1）加法指令 ADD（ADDiton）

符号指令：

```
ADD   DST,SRC
```

指令功能：将源操作数和目标操作数相加，相加结果传送到目标操作数中，源操作数保持不变，即（DST）←（DST）+（SRC）。根据相加运算的结果设置标志寄存器中的 CF、PF、AF、ZF、SF 和 OF。

源操作数 SRC 可以是通用寄存器、存储器操作数或立即数；目标操作数 DST 只能是通用寄存器或存储器，不能是立即数，且两者不能同时为存储器操作数。

例如：

```
ADD   AL,5
ADD   AL,AH
ADD   BL,VARB           ;VARB 是字节变量
ADD   VARW,SI           ;VARW 是字变量
ADD   [BX + SI - 3],AX
```

下面的程序段说明了加法指令及其对标志的影响，同时说明 8 位数据寄存器与 16 位数据寄存器间的关系。注释说明了该程序段各条指令执行完后受影响的寄存器和标志位的变化，为了便于说明，数据采用 16 进制形式表示。

```
MOV   AX,7896H          ;(AX) = 7896H,即(AH) = 78H,(AL) = 96H
                        ;各标志位保持不变
ADD   AL,AH             ;(AL) = 0EH,(AH) = 78H,即(AX) = 780EH
                        ;CF = 1,ZF = 0,SF = 0,OF = 0,AF = 0,PF = 0
ADD   AH,AL             ;(AH) = 86H,(AL) = 0EH,即(AX) = 860EH
                        ;CF = 0,ZF = 0,SF = 1,OF = 1,AF = 1,PF = 0
ADD   AL,0F2H           ;(AL) = 00H,(AH) = 86H,即(AX) = 8600H
                        ;CF = 1,ZF = 1,SF = 0,OF = 0,AF = 1,PF = 1
ADD   AX,1234H          ;(AX) = 9834H,即(AH) = 98,(AL) = 34H
                        ;CF = 0,ZF = 0,SF = 1,OF = 0,AF = 0,PF = 0
```

2）带进位的加法指令 ADC(ADd with Carry)

符号指令：

```
ADC  DST,SRC
```

指令功能:带进位加法指令的操作过程是在 ADD 指令的基础上再加上进位标志位 CF 的原值。运算结束之后,根据结果重新设置 CF 值,即(DST)←(DST) +(SRC) +(CF)。

通常把 16 位操作数的算术运算称为单精度算术运算,而把长度为 2 个字及以上的操作数的运算称为双倍精度或多倍精度运算,带进位加法指令和带借位减法指令常用来完成双倍及多倍精度的算术运算。

例如,有 2 个四字节数相加,分两次进行:先完成低位 2B 相加,再完成高位 2B 相加。在高位 2B 相加时,要把低位 2B 相加以后可能出现的进位考虑进去,因此用 ADC 指令实现。下面的程序片段实现 2 个四字节数相加,注意传送指令不影响标志：

```
MOV  AX,FIRST1        ;第一个数低位字存放在 FIRST1 变量中
ADD  AX,SECOND1       ;第二个数低位字存放在 SECOND1 变量中
MOV  THIRD1,AX        ;低位字相加的和保存在 THIRD1 变量中
MOV  AX,FIRST2        ;第一个数高位字存放在 FIRST2 变量中
ADC  AX,SECOND2       ;第二个数高位字存放在 SECOND2 变量中
MOV  THIRD2,AX        ;高位字相加的和保存在 THIRD2 变量中
```

2. 减法指令

1）减法指令 SUB(SUBtraction)

符号指令：

```
SUB  DST,SRC
```

指令功能:目标操作数减去源操作数,结果放在目标操作数中。源操作数保持不变,即(DST)←(DST) -(SRC),并根据运算结果设置标志位。

SUB 指令可以实现字节或字的减法运算,源操作数 SRC 与目标操作数 DST 的类型、寻址等的约定与 ADD 指令相同。例如：

```
SUB  AX,12
SUB  BX,BP
SUB  BX,VARW          ;VARW 是字变量
SUB  [BP+2],AX
```

下面程序段说明了减法指令及其对标志位的影响,注释说明了程序段中每条指令执行后对寄存器和标志位的影响。为了便于说明,数据采用 16 进制形式表示。

```
MOV  BX,9048H;        ;(BX) =9048H,即(BH) =90H,(BL) =48H
SUB  BH,BL            ;(BH) =48H,(BL) =48H,即(BX) =4848H
                      ;CF =0,ZF =0,SF =0,OF =1,AF =1,PF =1
SUB  BL,BH            ;(BL) =00H,(BH) =48H,即(BX) =4800H
                      ;CF =0,ZF =1,SF =0,OF =0,AF =0,PF =1
SUB  BL,5             ;(BL) =FBH,(BH) =48H,即(BX) =48FBH
```

```
                                ;CF=1,ZF=0,SF=1,OF=0,AF=1,PF=0
    SUB   BX,8F34H              ;(BX)=B9C7H,即(BH)=B9H,(BL)=C7H
                                ;CF=1,ZF=0,SF=1,OF=1,AF=0,PF=0
```

2）带借位减法指令 SBB(SuBtract with Borrow)

符号指令：

```
SBB   DST,SRC
```

指令功能：该指令在完成减法运算后再减去进位标志 CF 的原值。运算结束时，CF 将被置成新值，即(DST)←(DST)-(SRC)-(CF)。

该指令主要用于多字节数据相减的运算。

3）求补指令

符号指令：

```
NEG   DST
```

指令功能：将目标操作数取负后再写入目标操作数。

目标操作数 DST 为 8/16 位通用寄存器或内存操作数。NEG 指令是把目标操作数作为符号数，如果原操作数是正数，则将其变成负数，且两者绝对值相等；如果原操作数是负数（用补码表示），则将其变成正数，且两者绝对值相等。

NEG 指令对标志位的影响如下：①该指令执行结果影响 CF、ZF、SF、OF、AF 和 PF，当操作数为 0 时，CF 清零，否则 CF 总是置位；②如在字节操作时对 -128 取补，或在字操作时对 -32768 取补，则操作数没有变化，但 OF 被置位。

例如：

```
NEG   AL
ADD   AL,100          ;这两条指令实现(100-AL)的运算
```

4）比较指令

符号指令：

```
CMP   DST,SRC
```

指令功能：将目标操作数与源操作数相减，但运算结果并不送入目标操作数，只根据运算结果与状态设置标志位，即(DST)-(SRC)。指令执行后，两个操作数均保持不变。

源操作数是 8/16 位通用寄存器、存储器操作数或立即数；目标操作数可以是 8/16 位通用寄存器或存储器操作数，但不能为立即数；两个操作数不能同时为存储器操作数。

比较指令用于比较两个数之间的关系，并由受影响的标志位状态来确定。

(1) 通过标志位 ZF 来判断两个数是否相等。不论两个数是有符号数还是无符号数，在比较指令之后，若 ZF=1，则两个数相等；若 ZF=0，则两个数不等。

(2) 如果比较两个无符号数，则可根据进位标志 CF 判断两个操作数的关系：若 CF=1，则 DST<SRC；若 CF=0，则 DST>SRC。

(3) 如果比较两个有符号数，则要根据 SF 和 OF 两个标志判断两个操作数的关系：若 $SF \oplus OF=0$，则 DST>SRC；若 $SF \oplus OF=1$，则 DST<SRC。

在程序中,经常利用比较指令来决定程序的流向。通常在 CMP 之后紧跟条件跳转指令,则会根据比较的结果决定程序顺序执行还是跳转。

3. 加 1/减 1 指令

符号指令:

```
INC/DEC  DST
```

指令功能:INC 是加 1 指令,DEC 是减 1 指令。目标操作数加 1 或减 1 后送目标操作数,即(DST)←(DST)±1。

目标操作数是 8/16 位通用寄存器或存储器操作数。

该指令用于对通用寄存器或存储单元进行软件加 1/减 1 计数。当操作数是存储器操作数时,需要强制说明操作数是字节、字或其他类型。

该指令主要用于调整地址指针和计数器。例如,求从 1234H : 5678H 开始内存中 100 个 16 位无符号数的和。设 32 位和的结果保存在 DX(高位)和 AX 寄存器中。实现 100 个字数据求和功能的程序段如下:

```
        MOV   AX,1234H
        MOV   DS,AX          ;置数据段寄存器值
        MOV   SI,5678H       ;置指针初值
        MOV   AX,0           ;清 32 位累加和
        MOV   DX,AX
        MOV   CX,100         ;置数据个数计数器
NEXT:   ADD   AX,[SI]        ;求和
        ADC   DX,0           ;加上可能的进位
        INC   SI             ;调整指针
        INC   SI
        DEC   CX             ;计数器减 1
        JNZ   NEXT           ;如果 CX 不为 0,那么就继续累加下一个数据
```

4. 乘法指令

在乘法指令中,一个操作数约定存放在寄存器 AL(字节数据相乘)或者 AX(字数据相乘)中(隐含寻址),另一个操作数为寄存器或者存储器寻址操作数。

指令格式:

```
MUL   SRC
IMUL  SRC
```

指令功能:MUL 为无符号数乘法指令,IMUL 为有符号数乘法指令,两种乘法指令中操作数的性质不同(分别是无符号数和有符号数),乘法结果也不同。

MUL/IMUL 乘法运算指令实现 2 个 8/16 位二进制数相乘的功能。其中,被乘数约定存放在累加器 AL/AX 中,属于隐含寻址;指令中的源操作数 SRC 为乘数,它可以是 8/16 位通用寄存器或存储器操作数。当 2 个 8 位数相乘时,乘积结果字长为 16 位,存放在 AX 中,即(AX)←(AL)×(SRC);当 2 个 16 位数相乘时,乘积结果字长为 32 位,存放在 DX、AX 中,其中 DX 存放高位字,AX 存放低位字,即(DX:AX)←(AX)×(SRC)。

若乘积的高半部(字节乘法时为AH,字乘法时为DX)不为0,则CF和OF置1,表示AH或DX中含有乘积的有效数字,否则CF和OF置0。而其他状态标志的内容不定。

5. 除法指令

在除法指令中,当除数是8位时,被除数约定存放在寄存器AX中;当除数是16位时,被除数被隐含在DX(高16位)和AX(低16位)中。除数操作数可以采用寄存器寻址和存储器寻址,但不能采用立即数寻址方式。

符号指令:

```
DIV    SRC
IDIV   SRC
```

指令功能:DIV是无符号数除法指令,IDIV是带符号数除法指令。两种除法指令中操作数的性质不同(分别是无符号数和有符号数),除法结果也不同。

DIV/IDIV除法指令实现8/16位除法功能。在除法指令中,被除数隐含在累加器AX(字节除)或DX、AX(字除)中。指令中的源操作数SRC为8/16位寄存器或存储器寻址的操作数,作为除法运算的除数。

对有符号数除法指令IDIV,根据余数符号与被除数符号相同的规则确定商的符号。

需要注意的是,在字节除法时,被除数高8位绝对值大于除数的绝对值;或者在字除法时,被除数的高16位绝对值大于除数的绝对值,商就会产生溢出,这将引起0型中断(即除法出错中断),此时商和余数为不定值。

6. 符号扩展指令

由于除法指令隐含使用字被除数或双字被除数,所以当除数和被除数均为字节或字时,需要在除法操作前扩展被除数。为此8086为IDIV指令设置了符号扩展指令。

符号指令:

```
CBW/CWD
```

指令功能:CBW(Convert Byte to Word)指令将AL中的符号位扩展到AH中,即将符号字节数据扩展成字数据:若(AL)<80H,则(AH)=00;若(AL)≥80H,则(AH)=0FFH。CWD(Convert Word to Double word)指令将符号字数据扩展成双字数据:若(AX)<8000H,则(DX)=0000;若(AX)≥8000H,则(DX)=0FFFFH。

CBW/CWD两条指令不影响标志位。

例如:

```
MOV   AX,3487H      ;AX=3487H,即 AH=34H,AL=87H
CBW                 ;AH=0FFH,AL=87H,即 AX=0FF87H
MOV   AX,4567H      ;AX=4567H
CWD                 ;AX=4567H,   DX=0
```

CBW/CWD指令适用于对符号数在除法之前扩展,如果需要扩展无符号数,一般采用XOR指令清零高8位或高16位。

现举例说明符号扩展指令的使用。试计算下面表达式的值。

(X×Y+Z-1024)/75

设X、Y和Z均为16位有符号数,分别存放在名为XXX、YYY和ZZZ的变量中。计算结果的商保存在AX中,余数保存在DX中。完成上述功能的程序段描述如下:

```
    ……
MOV   AX,XXX
IMUL  YYY          ;计算X×Y
MOV   CX,AX
MOV   BX,DX        ;积保存到BX:CX中
MOV   AX,ZZZ
CWD                ;把ZZZ扩展成32位
ADD   AX,CX        ;计算(X×Y)+Z
ADC   DX,BX
SUB   AX,1024      ;计算((X×Y)+Z)-1024
SBB   DX,0
MOV   CX,75
IDIV  CX           ;最后计算商和余数
    ……
```

7. 十进制调整指令

这是为十进制数(BCD码)运算设置的6条指令。指令操作数约定为AL,即隐含寻址。

BCD码是用4位二进制数表示的1位十进制数。要实现对BCD码进行十进制运算,需要分2步进行:①用二进制运算指令对BCD码按二进制数运算规则进行运算;②用十进制调整指令对运算结果进行调整,修正可能产生的错误。

BCD码有压缩BCD码和非压缩BCD码之分,这两种BCD码在运算过程、结果形式和调整方法上均有差异,因此对应着不同类型的指令。压缩BCD码是指1B中含2位BCD码表示的十进制数。非压缩BCD码是指1B中只用低4位表示1位BCD码。

1) 加法的十进制调整指令

符号指令:

```
DAA
AAA
```

指令功能:对加法运算之后存放在AL中的BCD码进行调整,使结果符合BCD码加法的运算规则和表示形式。

DAA(Decimal Adjust for Addtion)指令对2个压缩BCD码相加的结果(在AL中)进行调整,得到一个有效的压缩BCD码"和",调整结果仍保留在AL中。

DAA指令调整规则是:①若AL的低4位大于9,或AF=1,则将AL的内容加06H调整,并将AF置位;②若AL的内容大于9FH,或CF=1,则将AL的内容加60H调整,并将CF置位。

DAA指令通常跟在ADD或ADC指令之后配合使用,而不能单独使用。

AAA(ASCII Adjust for Addtion)指令对两个非压缩BCD码相加的结果(在AL中)进行调

整,得到一个有效的非压缩 BCD 码“和”,结果存放在 AL 中。

AAA 指令的调整规则是:若 AL 中的低 4 位大于 9,或 AF = 1,则对 AL 加 06H 进行调整,同时 AH 加 1,CF = 1,AF = 1(该进位应进到 AH 中,即 AH 加 1)。然后,再将 AL 的高 4 位清零。

AAA 指令只能跟在 ADD 指令之后使用。

2)减法的十进制调整指令

符号指令:

```
DAS
AAS
```

指令功能:对减法运算之后存放在 AL 中的 BCD 码进行调整,使结果符合 BCD 码减法的运算规则和表示形式。

DAS(Decimal Adjust for Subtraction)指令对两个压缩 BCD 码相减的结果(在 AL 中)进行调整,得到一个有效的压缩 BCD 码“差”,调整后的结果仍在 AL 中。

AAS(ASCII Adjust for Subtraction)指令对两个非压缩 BCD 码相减的结果(在 AL 中)进行调整,得到一个有效的非压缩 BCD 码“差”,结果仍放在 AL 中。

减法是加法的逆运算,对减法的调整操作是作减 06H 或 60H 运算。DAS、AAS 指令通常跟在 SUB 或 SBB 指令之后使用。

3)乘法的十进制调整指令

符号指令:

```
AAM
```

指令功能:AAM(ASCII Adjust for Multiplication)指令对两个非压缩 BCD 码的相乘结果进行调整,得到有效的非压缩 BCD 码的积。

两个非压缩 BCD 码的个位数相乘的结果,可能产生 2 位非压缩 BCD 码的积。执行 AAM 指令,将 2 位积存放在寄存器 AX 中。AH 的低 4 位存放积的高位;AL 的低 4 位存放积的低位。AH 和 AL 的高 4 位为 0。

AAM 指令调整规则:将 AL 寄存器中的结果除以 10,所得商数为高位十进制数,存入 AH 中,所得余数为低位十进制数,存入 AL 中。

为保证 AAM 指令能产生正确的结果,相乘的两个操作数必须是非压缩 BCD 码。例如,(AL) = 09(十进制数 9),(BL) = 06,则进行 9×6 的操作,用以下指令来实现:

```
MUL   BL      ;(AX) = 0036H
AAM           ;(AX) = 0504H
```

4)除法的十进制调整指令

符号指令:

```
AAD
```

指令功能:AAD(ASCII Adjust for Division)指令与上述所有调整指令的操作不同,它在除法之前调整,将 AH 和 AL 中的 2 位非压缩 BCD 码转换成二进制数。

AAD 指令调整规则:将累加器 AX 中的 2 位非压缩 BCD 码的十进制被除数调整为二进制数,保留在 AL 中。具体来说:将 AH 中的高位十进制数乘以 10,与 AL 中的低位十进制数相加,并使 AH 的内容清零,结果保留在 AL 中。

由于 ASCII 码表示的十进制数,其高 4 位都为 0011(不影响所表示的数值),而低 4 位正好是非压缩 BCD 码,因而十进制数的 ASCII 码与非压缩 BCD 码相当,故也把上述 AAA、AAS、AAM 和 AAD 共 4 条调整指令称为 ASCII 运算调整指令。

例如,编程实现非压缩 BCD 码表示的 2 位十进制数 73,除以非压缩 BCD 表示的一位数 2。

```
MOV    AX,0703H    ;(AX) =0703H
MOV    BL,02H      ;(BL) =02H
AAD                ;(AX) =0049H
DIV    BL          ;(AL) =24H,(AH) =01H
MOV    BH,AH       ;余数存放于 BH 中
AAM                ;(AX) =0306H
```

3.3.3 逻辑运算与移位指令

逻辑运算与移位指令包括逻辑运算、移位和循环移位指令。逻辑运算指令除指令 NOT 外,均有两个操作数。这组指令的特点和一般规则总结如下:

(1) 如果指令有两个操作数,那么这两个操作数可以是立即数、寄存器或内存操作数。但最多只能有一个为存储器操作数。只有通用寄存器或存储器操作数可作为目标操作数,用于存放运算结果。即立即数不能作为目标操作数。

(2) 如果只有一个操作数,则该操作数在运算前为源操作数,运算后为目标操作数。

(3) 操作数可以是字节,也可以是字。

(4) 对于存储器操作数可采用任何一种存储器操作数寻址方式。

(5) 逻辑运算与移位指令影响标志位的情况如表 3.4 所示。

表 3.4 逻辑运算与移位指令对标志位的影响

指令	DF	IF	TF	AF	CF	OF	PF	SF	ZF
AND	-	-	-	×	0	0	↕	↕	↕
NOT	-	-	-	-	-	-	-	-	-
OR	-	-	-	×	0	0	↕	↕	↕
TEST	-	-	-	×	0	0	↕	↕	↕
XOR	-	-	-	×	0	0	↕	↕	↕
SHL	-	-	-	×	↕	↕	↕	↕	↕
SAL	-	-	-	×	↕	↕	↕	↕	↕
SHR	-	-	-	×	↕	↕	↕	↕	↕
SAR	-	-	-	×	↕	↕	↕	↕	↕
ROL	-	-	-	×	↕	↕	-	-	-
ROR	-	-	-	×	↕	↕	-	-	-
RCL	-	-	-	×	↕	↕	-	-	-
RCR	-	-	-	×	↕	↕	-	-	-
"↕"表示指令执行影响标志位;"-"表示指令执行不影响标志位;"×"表示任意值;"0"表示将标志位置 0									

1. 逻辑运算指令

逻辑运算对操作数按位进行操作，位与位之间无进位或借位，无正负与数值大小。逻辑运算指令中除了"NOT"指令执行后不影响标志位外，其他指令执行后，总是使 OF = 0，CF = 0；并根据运算结果对 SF、ZF 和 PF 置位或复位，而 AF 状态不定。

1）逻辑"与"指令

符号指令：

```
AND   DST,SRC
```

指令功能：目标操作数和源操作数按位"与"运算，结果送入目标操作数，即(DST)←(DST) ∧ (SRC)。

源操作数 SRC 为 8/16 位通用寄存器、存储器操作数或立即数；目标操作数只能是通用寄存器或存储器操作数，且两者不能同时为存储器操作数。

操作数自己与自己相"与"，其值不变，但可使进位标志位 CF 清零。

逻辑"与"指令可使一个操作数中的若干位维持不变，而另外若干位清零。把要维持不变的这些位与"1"相"与"，而把要清零的这些位与"0"相"与"。

例如：

```
MOV   AL,34H      ;(AL) =34H
AND   AL,0FH      ;(AL) =04H
```

2）逻辑"或"指令

符号指令：

```
OR   DST,SRC
```

指令功能：目标操作数和源操作数按位进行"或"运算，结果送入目标操作数，即(DST)←(DST) ∨ (SRC)。

源操作数 SRC 与目标操作数 DST 的类型、寻址等的约定与 AND 指令相同。

操作数自己与自己相"或"，其值不变，但可使进位标志 CF 清零。

逻辑"或"操作可使一个操作数中的若干位维持不变，而另外若干位置为 1。把要维持不变的位与"0"相"或"，而把要置 1 的位与"1"相"或"。

例如：

```
MOV   AL,09H
OR    AL,30H      ;(AL) =39H
```

3）逻辑"异或"指令

符号指令：

```
XOR   DST,SRC
```

指令功能：目标操作数与源操作数"异或"运算后结果存入 DST，即(DST)←(DST) ⊕ (SRC)。

源操作数 SRC 与目标操作数 DST 的类型、寻址等的约定与 AND 指令相同。

操作数自己与自己相"异或"，其结果为 0，并可使进位标志 CF 清零。例如：

```
XOR  DX,DX     ;(DX)=0,CF=0
```

异或操作指令可使一个操作数中的若干位维持不变,而另外若干位取反。把要维持不变的位与"0"相"异或",而把要取反的位与"1"相"异或"。

例如:

```
MOV  AL,34H    ;(AL)=0011 0100B
XOR  AL,0FH    ;(AL)=0011 1011B
```

4)逻辑"非"指令

符号指令:

```
NOT  OPRD
```

指令功能:目标操作数的各位求反,结果存入目标操作数。

NOT 指令的操作数 OPRD 可以是通用寄存器,也可以是存储器操作数,但不能为立即数。该指令不影响标志。

5)"测试"指令

符号指令:

```
TEST  DST,SRC
```

指令功能:TEST 指令执行两个操作数(字节或字)的逻辑"与"操作。但"与"的结果并不送入目标操作数,仅影响标志位。

利用 TEST 指令与后面讲到的转移指令,可以改变程序的执行顺序。若在 TEST 指令之后,通过条件转移指令判断,则会根据标志位的状态实现程序顺序执行或跳转。例如:

```
TEST  AL,01H
```

执行指令后,若 ZF=0,则 AL 最低位为 1;若 ZF=1,则 AL 最低位为 0。

结合其他逻辑运算指令,TEST 指令也可以测试操作数中的几位是否同时为 1 或同时为 0;如果要检测某些位为 1,同时某些位为 0,也可以用 CMP 指令。

例如,要测试 AL 中的 D_5、D_2、D_1 位同时为 1,程序段如下:

```
AND   AL,0010 0110B
XOR   AL,0010 0110B
TEST  AL,0010 0110B
```

指令执行后,若 ZF=1,则表示 AL 中的 D_5、D_2、D_1 位同时为 1,否则不同时为 1。

2. 移位指令

移位指令分为算术移位和逻辑移位。算术移位实现对带符号数的移位,在移位过程中保持符号位不变;而逻辑移位是对无符号数移位,总是用"0"来填补空出的位。根据移位操作的结果设置标志寄存器中的状态标志(AF 标志除外)。若移位位数是 1 位,移位结果使最高位(符号位)发生变化,则将溢出标志 OF 置"1";若移多位,则 OF 标志将无效。

1)逻辑移位

符号指令:

```
SHL  DST,COUNT       ;移位位数 COUNT 的值若为 1,则直接写 1;
                     ;移位位数大于 1,则将移位位数预置在 CL 中
SHR  DST,COUNT
```

指令功能:逻辑左移指令 SHL(SHift logical Left)实现将目标操作数中的每 1 位向左移 1 位,最高有效位(Most Significant Bit,MSB)移入进位标志 CF 并覆盖原值,空出的最低位补"0",如图 3.13 所示。逻辑右移指令(SHift logical Right,SHR)实现将目标操作数中的每一位向右移 1 位,操作数最低有效位(Lowest Significant Bit,LSB)移入进位标志 CF 并覆盖原值,空出的最高位补"0",如图 3.14 所示。

图 3.13 SHL 指令操作　　图 3.14 SHR 指令操作

逻辑左移指令常用来实现无符号数乘以 2,移入进位标志位的值可用来进行逻辑判断。逻辑右移指令用来实现无符号数除以 2,移入进位标志位的值可用来检查数的奇偶性。

下面的程序段说明了逻辑移位指令的使用及其对标志位的影响,注释给出了指令执行完后的操作数值和受影响的标志变化情况。

```
MOV  AL,8CH     ;(AL) =8CH
SHL  AL,1       ;(AL) =18H,CF =1,PF =1,ZF =0,SF =0,OF =1
MOV  CL,6       ;CL =6
SHL  AL,CL      ;(AL) =0,CF =0,PF =1,ZF =1,SF =0,OF =0
```

只要左移以后的结果未超出 1B 或 1 个字的表达范围,那么每左移一次,原操作数每一位的权增加了 1 倍,也即相当于原数乘以 2。下面的程序段实现寄存器 AL(设为无符号数)乘以 10,结果存放在 AX 中。

```
XOR  AH,AH     ;(AH) =0
SHL  AX,1      ;2X
MOV  BX,AX     ;暂存 2X
SHL  AX,1      ;4X
SHL  AX,1      ;8X
ADD  AX,BX     ;8X +2X
```

同逻辑运算指令操作数一样,目标操作数为 8/16 位通用寄存器或存储器操作数。

2) 算术移位指令

符号指令:

```
SAL  DST,COUNT
SAR  DST,COUNT
```

指令功能:SAL(Shift Arithmetic Left)是算术左移位指令,它与逻辑左移指令 SHL 具有完全相同的操作、完全相同的编码形式。它们是同一条指令的两种符号。SAR(Shift Arithmetic Right)是算术右移位指令,实现将目标操作数中的每一位向右移 1 位,空出的 MSB 填入原来最高位的值,使符号位保持不变。操作数的 LSB 移入进位标志位 CF,原 CF 值被覆盖。其操作如图 3.15 所示。

SHL/SAL 指令不仅适用于无符号数乘以 2 的运算,同样也适用于有符号数乘以 2 的运算。算术右移位指令 SAR 适用于有符号数除以 2 的运算。

例如:

```
SAR  AL,1
SAR  BX,CL
```

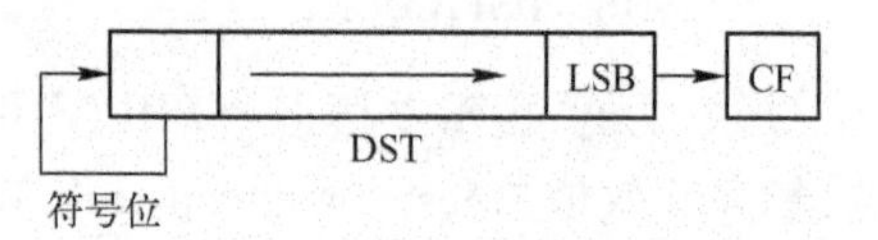

图 3.15 SAR 指令操作

对于有符号数和无符号数而言,算术右移 1 位相当于除以 2。

在汇编语言程序设计中,经常需要对以位为单位的数据进行合并和分解处理。一般通过移位指令和逻辑运算指令实现这种数据的合并和分解处理。

例如,假设 DATA1 和 DATA2 是 4 位的数据,分别存放在 AL 的低 4 位和高 4 位中,现要把它们分别存放到 BL 和 BH 的低 4 位中。下面的程序段实现了上述要求:

```
……
MOV     BL,AL
AND     BL,0FH          ;得 DATA1
MOV     BH,AL
MOV     CL,4
SHR     BH,CL           ;得 DATA2
```

3. 循环移位指令

循环移位将目标操作数一端移出来的位移至目标操作数的另一端。因此,循环移位是一种将目标操作数首尾相连接的移位,从目标操作数移出来的位不会丢失。

循环移位可分为不带进位位与带进位位循环移位。这类指令只影响 CF 和 OF 标志。CF 标志总是保持移出的最后一位状态。若只循环移 1 位,且使最高位发生变化,则 OF 标志置"1";若循环移多位,则 OF 标志无效。

1) 不带进位位循环移位指令

符号指令:

```
ROL  DST,COUNT          ;COUNT 的约定同 SHL 指令
ROR  DST,COUNT
```

指令功能:循环左移位指令 ROL(ROtate Left)实现将目标操作数中的每一位向左移动 1 位,最高位 MSB 移入最低位 LSB,同时把最高位移入 CF 后覆盖原值。操作过程如图 3.16 所示。循环右移位指令(ROtate Right,ROR)实现将目标操作数向右移位,最低位移入最高位,同时把最低位移入 CF 后覆盖原值。操作过程如图 3.17 所示。

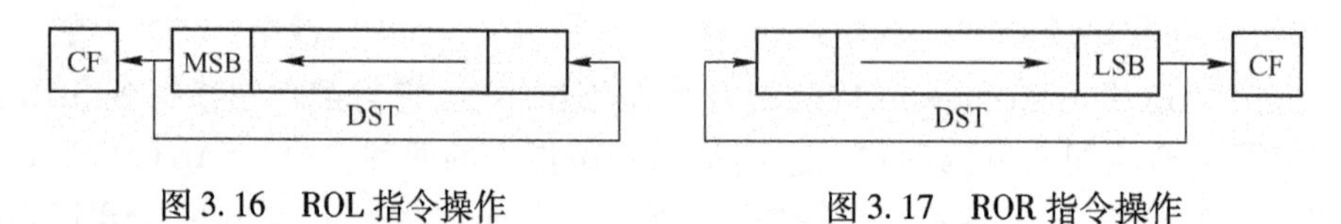

图 3.16 ROL 指令操作　　图 3.17 ROR 指令操作

2) 带进位位循环移位指令

符号指令:

```
RCL  DST,COUNT          ;COUNT 的约定同 SHL 指令
RCR  DST,COUNT
```

指令功能:带进位标志位 CF 的循环左移指令(Rotate Left through Carry,RCL)实现将目标操作数连同进位标志一起循环左移,CF 的值填入目标操作数最低位,而目标操作数的最高位移入 CF。操作过程如图 3.18 所示。带进位标志位 CF 的循环右移位指令(Rotate Right through Carry,RCR)除了循环移位方向与 RCL 指令相反之外,其他功能与 RCL 类似。其操作过程如图 3.19 所示。

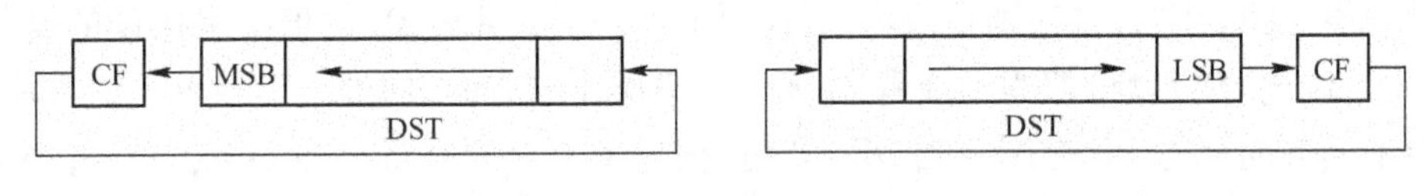

图 3.18 RCL 指令操作　　图 3.19 RCR 指令操作

通常,移位与循环移位指令用来重定数据格式,也可用于按位检查寄存器或存储器单元的值(移入进位标志 CF 中检查)。此外,利用这类指令,可以把一个寄存器的值移至另一个寄存器中。

对于不带进位的循环移位指令而言,8/16 位操作数在移位 8/16 次后,操作数就能复原。对于带进位的循环移位指令而言,8/16 位操作数在移位 9/17 次后,操作就能复原。例如:

```
MOV  CL,9
RCR  AL,CL
```

通过带进位循环移位指令和其他移位指令的结合,可以实现 2 个或多个操作数的重新结合。例如,下面的程序段实现把 AL 的高 4 位与低 4 位交换:

```
MOV  CL,4
ROL  AL,CL
```

下面的程序片段实现把 AL 的最低位送入 BL 的最低位,AL 仍保持不变:

```
ROR  BL,1
ROR  AL,1
RCL  BL,1
ROL  AL,1
```

下面的程序段实现将多字节(假设为 4B,低位字存放在 AX,高位字存放在 DX 中)数据整体移 1 位。

```
SAL  AX,1
RCL  DX,1
```

循环移位指令经常用于检查进位标志位 CF、某个寄存器或存储器单元的值,而又希望这些值不被修改。

3.3.4 串操作指令

实际应用常常需要对由字节或字组成的一组数据进行处理。8086 把位于存储器中的由

字节或字组成的一组数据,称为串。8086 指令系统中提供了一条重复前缀指令和 5 条用于串操作的基本指令。

串操作指令可以对字节串或字串进行操作,每次处理 1 个元素(1B 或 1 个字)。根据计数次数和/或条件重复多次。这些指令最多可以处理 2^{16}B 的数据串。

串操作指令中,源操作数(源串)的偏移地址存放在源变址寄存器 SI 中,目标操作数(目标串)的偏移地址存放在目的变址寄存器 DI 中。缺省情况下,源串存放于当前数据段;目标串存放于当前附加段。简单来说,DS:SI 指向源串,ES:DI 指向目标串。

串操作指令执行时会自动调整作为指针使用的寄存器 SI 或 DI 的值。串操作的操作数是字节或字时,调整(加或减)值为 1 或者 2。此外,串操作的方向,即处理串中单元的次序,由标志寄存器中的方向标志 DF 控制。当 DF =0 时,按递增方式调整寄存器 SI 或 DI 值;当 DF =1 时,按递减方式调整寄存器 SI 或 DI 值。

串操作指令前可加重复前缀指令。此时用 CX 作为重复次数计数器,存放串的长度(串元素个数)。执行时,先重复一次串操作,同时 CX 值减 1;此时,当 CX 不为 0 时(条件前缀还要满足其他条件),继续下一次重复操作,否则退出重复操作。

重复的串操作过程可被中断。CPU 在处理串的下一个元素之前识别中断并转入中断服务程序,从中断返回后,重复操作从断点处继续。

串操作指令只有串比较指令 CMPS、串搜索指令 SCAS 影响标志位,其他指令不影响标志位。串操作指令对标志位的影响如表 3.5 所示。

表 3.5 串操作指令对标志位的影响

指令	DF	IF	TF	AF	CF	OF	PF	SF	ZF
MOVS/MOVSB/MOVSW	–	–	–	–	–	–	–	–	–
CMPS/CMPSB/CMPSW	–	–	–	↕	↕	↕	↕	↕	↕
SCAS/SCASB/SCASW	–	–	–	↕	↕	↕	↕	↕	↕
LODS/LODSB/LODSW	–	–	–	–	–	–	–	–	–
STOS/STOSB/STOSW	–	–	–	–	–	–	–	–	–
REP	–	–	–	–	–	–	–	–	–
REPE/REPZ	–	–	–	–	–	–	–	–	–
REPNE/REPNZ	–	–	–	–	–	–	–	–	–
“↕”表示指令执行影响标志位;“ – ”表示指令执行不影响标志位									

1. 重复前缀指令

串操作指令是一次对 1 个字或字节进行操作。为了对连续多个字或字节进行相同操作,可用重复前缀指令 REP。它可使串指令重复执行,重复的次数由 CX 的值来确定。

1) 无条件重复前缀

符号指令:

```
REP  串操作指令
```

指令功能：重复前缀 REP(REPeat)与串操作指令联合使用，用来重复执行其后的串操作指令。

编程时，REP 放置在串操作指令之前，当 REP 与串操作指令一起使用时，每执行一次串操作指令，计数器 CX 的值自动减 1，即 CX←(CX) -1。若 CX =0，则退出串操作重复，否则重复串操作。

一般不在 LODSB 或 LODSW 指令之前使用重复前缀。

在重复过程中 CX 的减 1 操作不影响标志位。REP 也不影响标志位。

2）条件重复前缀

条件重复前缀通常与串比较指令、串扫描指令联合使用。

（1）相等/为零重复前缀。

符号指令：

```
REPE          ;相等重复前缀
REPZ          ;为零重复前缀
```

指令功能：(CX)≠0 且 ZF =1 时重复执行串操作指令。

条件重复前缀 REPZ 重复其后的串操作指令。每重复一次，CX 的值减 1，直到 CX =0 或串操作指令使零标志 ZF 为 0 时退出重复。

在重复过程中 CX 的值减 1 操作不影响标志。

条件重复前缀 REPZ 主要用在串比较指令 CMPS/CMPSB/CMPSW 和串扫描指令 SCSA/SCASB/SCASW 之前。条件重复前缀 REPZ 通常不用在 MOVS 和 STOS 前，因为它们不影响标志。

（2）不相等/不为零重复前缀。

符号指令：

```
REPNE         ;不相等重复前缀
REPNZ         ;不为零重复前缀
```

指令功能：当(CX)≠0 且 ZF =0 时重复执行串操作指令。

2. 串传送指令

符号指令：

```
MOVS  目标串,源串
MOVSB         ;字节串比较指令
MOVSW         ;字串比较指令
```

指令功能：将由源变址寄存器 SI 寻址的源串字节或字数据传送到目的变址寄存器 DI 寻址的目标操作数；CPU 根据方向标志 DF 自动修改 SI 和 DI，以指向下一元素，即[SI]→[DI]；(SI)←(SI) ±1/2；(DI)←(DI) ±1/2。

串传送指令所处理的数据是字节还是字，由操作数(目标串或源串)所定义的属性确定。串传送指令不影响标志位。

MOVS 指令的源操作数和目标操作数均在存储器中，两个操作数的数据位宽要求一致。汇编程序根据操作数的位宽决定使用字节传送指令还是字传送指令。如果操作数的类型为字节,则采用 MOVSB 指令;如果操作数的类型为字,则采用 MOVSW 指令。MOVS 指令中的源操作数或目标操作数作为形式参数可起到方便阅读程序的作用,但不影响寄存器 SI 和 DI 的值,所以在使用 MOVS 指令时,必须先给 SI 和 DI 赋初值。

下面的程序段实现了数据块的移动:

```
CLD                     ;DF = 0
LEA     SI,SRCDATA
LEA     DI,DSTDATA
MOV     CX,50           ;重复次数 50 次
REP     MOVSW           ;重复移动 50 个字
```

3. 串比较指令

符号指令:

```
CMPS    源串,目标串
CMPSB               ;字节串比较指令
CMPSW               ;字串比较指令
```

指令功能:将由源变址寄存器 SI 寻址的源串操作数减去目的变址寄存器 DI 寻址的目标串操作数,指令执行后,两个操作数的值均不发生变化,但比较结果影响标志位;同时,CPU 自动修改 SI 和 DI,以指向下一元素,即[SI]→[DI];(SI)←(SI) ±1/2;(DI)←(DI) ±1/2。

串比较指令中的两个操作数均为内存操作数,且要求类型一致。汇编程序根据操作数的类型决定使用字节串比较指令还是字串比较指令。

4. 串读取指令

符号指令:

```
LODS    源串
LODSB               ;取字节串指令
LODSW               ;取字串指令
```

指令功能:将 DS:SI 指定的源串操作数读入到 AL(字节操作数)或 AX(字操作数)寄存器中;同时,CPU 自动修改 SI,以指向下一元素。该指令不影响标志位。

串读取指令前通常不加重复前缀,因为每重复一次,累加器的内容就被改写一次。

下面的程序段使用 LODS 指令实现了将字符串中的大写字母转换成小写字母,字符串以 0 结尾。

```
          LEA     SI,SRCDATA
          CLD                       ;清方向标志(按增值方式调整指针)
          JMP     SHORT  STRLWR2
STRLWR1:  SUB     AL,'A'
          CMP     AL,'Z' - 'A'
          JA      STRLWR2
          ADD     AL,'a'
          MOV     [SI-1],AL         ;指针已被调整,(SI-1)指向原位置
STRLWR2:  LODSB                     ;取一字符,同时调整指针
```

```
        AND     AL,AL
        JNZ     STRLWR1
        ……
```

5. 串存储指令

符号指令：

```
STOS    目标串
STOSB               ;存字节串指令
STOSW               ;存字串指令
```

指令功能：将 AL/AX 中的字节/字数据存入 DI 指向的目标串中，同时，CPU 自动修改 DI，以指向下一目标数，即[DI]←(AL)/(AX)；(DI)←(DI) ±1/2。

串存储指令的源操作数是累加器 AL 或 AX；目标操作是存储操作数，引用当前附加段寄存器 ES。串存储指令不影响标志。

下面的程序片段把当前数据段中偏移地址 1000H 开始的 100B 数据传送到偏移地址 2000H 开始的单元中。

```
      CLD                       ;方向标志(按增值方式调整指针)
      PUSH    DS                ;由于在当前数据段中传送数据
      POP     ES                ;所以使 ES 等于 DS
      MOV     SI,1000H          ;设置源串初始地址
      MOV     DI,2000H          ;设置目标串初始地址
      MOV     CX,100            ;设置循环次数
NEXT: LODSB                     ;读取 1B 数据
      STOSB                     ;存入 1B 数据
      DEC  CX
      JNZ  NEXT
```

6. 串扫描指令

符号指令：

```
SCAS    目标串
SCASB                   ;串字节扫描
SCASW                   ;串字扫描
```

指令功能：SCAS(SCAn String)将累加器(AL 或 AX)中的值(关键字)与 ES：DI 指定的目标串元素进行比较(减法操作)，并影响标志位，但不修改两个操作数。根据方向标志修改 DI，指向下一个操作数。SCASB/SCASW 分别表示字节串与字串搜索指令，隐含寻址操作数，其余同 SCAS。

下面的程序段实现搜索某一数据块 BLOCK 中是否有关键字 KEY，若有，记下搜索的次数和存放关键字的存储单元的地址。

```
        ……
        LEA     DI,BLOCK
        MOV     CX,COUNT
```

```
        MOV    AL,KEY
        CLD
        REPNE  SCASB
        JZ     FOUND
        MOV    DI,0
        JMP    DONE
FOUND:  DEC    DI
        MOV    POINTR,DI            ;关键字存储单元地址
        LEA    BX,BLOCK
        SUB    DI,BX
        INC    DI                   ;关键字搜索次数
DONE:   HLT
```

3.3.5 控制转移指令

在 8086 汇编程序中,指令的执行顺序由代码段寄存器 CS 和指令指针 IP 的值决定。一般情况下,指令顺序执行。如果要改变程序的执行顺序,就要改变 IP 或 IP 和 CS 的值。程序控制转移指令通过改变 CS 和 IP 的值来改变程序的执行顺序。当程序发生转移时,存放在指令队列寄存器中的指令被清除。BIU 将根据转移指令所确定的新的 CS 和 IP 值,从存储器中取出新的指令,并送入 EU 执行。

控制程序转移的指令分为 4 组:转移指令;循环指令;过程调用与返回指令;中断与中断返回指令。除中断指令外,其他指令不影响标志位。

由于程序代码可以分为多个段,所以根据转移时是否修改代码段寄存器 CS 的值,可分为段内转移和段间转移两大类。段内转移时只改变指令指针 IP 值,不改变 CS。例如条件转移指令和循环指令,它们只能实现段内转移。段间转移不仅改变 IP,而且还修改 CS。由于修改了 CS,所以转移后执行的指令在其他代码段中。无条件转移指令、过程调用及返回指令既可以段内转移,也可以段间转移。

段内转移也称近转移,目标地址具有 NEAR 属性。段间转移也称为远转移,目标地址具有 FAR 属性。

无论是段内转移还是段间转移,均有直接转移和间接转移之分。直接转移是指目标地址直接出现在转移指令中;间接转移则是目标地址间接地存储在寄存器或内存单元中。

1. 无条件转移指令

符号指令:

```
JMP    目标标号
```

指令功能:JMP 指令使程序无条件地转移到由目标标号指向的地址去执行。

若目标标号在当前代码段内,JMP 指令实现段内跳转,指令只修改 IP,即 IP←目标标号(地址);若目标标号在其他代码段中,JMP 指令实现段间跳转,指令同时修改 IP 与 CS,即 CS:IP←目标标号(地址)。

JMP 无条件转移指令,根据目标地址采用的寻址方式与转移范围的不同,有如下 5 种基本格式。

1）段内直接短转移

符号指令：

```
JMP   SHORT   目标符号
```

指令功能：SHORT 是短转移运算符。短转移时，目标地址与当前 IP 值的距离为 8 位补码位移量。转移目标地址送 IP，即(IP)←(IP) + Disp8。

短转移的转移范围是以 JMP 指令下一条指令的首地址为基准，在 -128 ~ +127 个字节的范围内转移。

段内短转移属于相对转移。

2）段内直接转移

符号指令：

```
JMP   目标标号
JMP   NEAR PTR   目标标号
```

指令功能：近转移(NEAR)时，目标地址与当前 IP 值的距离为 16 位补码位移量。转移目标地址送 IP，即(IP)←(IP) + Disp16。

近转移的转移范围是以 JMP 指令下一条指令的首地址为基准，在 -32768 ~ +32767 个字节的范围内转移。

段内转移默认属性是 NEAR，所以如果是段内转移，NEAR PTR 可以省略。

段内近转移属于相对转移。

3）段内间接转移

符号指令：

```
JMP      reg/mem
```

指令功能：reg/mem 是一个 16 位的寄存器或存储器操作数，转移目标地址是 reg/mem。执行指令时用寄存器或存储器操作数修改原 IP 值。

执行该指令时，CPU 按照指令中给出的寄存器或存储器寻址方式，计算出有效地址 EA，然后从该有效地址 EA 指定的寄存器或存储单元中获得转移目标地址的偏移量，并送入 IP。段内间接转移是一种绝对转移指令。

例如：

```
MOV   BX,1000H
JMP   BX                   ;程序将转向 1000H，即 IP←1000H
JMP   WORD PTR [BX+20]
```

4）段间直接转移

符号指令：

```
JMP FAR PTR   目标标号
```

指令功能：FAR 是远跳转属性运算符，目标标号在其他代码段中，指令中给出目标地址的段基址和偏移地址。指令执行时用指令中目标地址的偏移量修改 IP 值，用指令中目标地址的段基值来修改 CS 值。

利用段间转移可使程序转移至1MB存储空间内的任何一个存储单元。

例如：

```
JMP    FAR PTR EXIT1              ;EXIT1是定义在另一个代码段中的标号
```

5）段间间接转移

符号指令：

```
JMP DWORD PTR  mem
```

指令功能：DWORD是双字属性运算符。mem是双字存储单元的符号地址。mem指向的低位字用来修改IP值；mem指向的高位字用来修改CS值。

段间间接转移指令执行时，CPU根据指令中给出的存储器操作数寻址方式，计算出有效地址EA，根据该有效地址读取双字来修改IP和CS的值。

例如：

```
MOV   SI,0100H
JMP   DWORD PTR [SI]
```

该程序把DS:0100H和DS:0101H两单元字数据写入IP，而把DS:0102H和DS:0103H两单元字数据写入CS。程序转入由新的CS和IP指向的目标地址。

2. 条件转移指令

符号指令：

```
J××   目标标号
```

指令功能：××是测试条件。条件转移指令以标志位状态为测试条件，控制程序是否转移。如果条件成立，则转移到目标地址去执行；否则，程序顺序执行。

条件转移指令是CPU实现智能判断的主要手段。为缩短指令长度，所有的条件转移指令都约定为短转移，即转移目标地址与本指令下一条指令的首地址之间的距离在8位补码范围以内。当程序中要求条件转移的范围超出8位补码范围时，可将条件转移指令与无条件转移指令结合使用。

条件转移指令如表3.6所示。

表3.6 条件转移指令

	指令格式	转移条件	转移说明	其他说明
按标志位转移	JZ/JE 标号	ZF = 1	等于0/相等转移	1个标志
	JNZ/JNE 标号	ZF = 0	不等于0/不相等转移	1个标志
	JS 标号	SF = 1	为负转移	1个标志
	JNS 标号	SF = 0	为正转移	1个标志
	JO 标号	OF = 1	溢出转移	1个标志
	JNO 标号	OF = 0	不溢出转移	1个标志
	JP/JPE 标号	PF = 1	偶转移	1个标志
	JNP/ JPO 标号	PF = 0	奇转移	1个标志
	JC 符号	CF = 1	有进(借)位转移	1个标志
	JNC 符号	CF = 0	无进(借)位转移	1个标志

（续）

	指令格式	转移条件	转移说明	其他说明
对无符号数	JB/JNAE 符号	CF =1 且 ZF =0	低于/不高于等于转移	2 个标志
	JNB/JAE 符号	CF =0 或 ZF =1	不低于/高于等于转移	2 个标志
	JBE/ JNA 符号	CF =1 或 ZF =1	低于等于/不高于转移	2 个标志
	JNBE/ JA 符号	CF =0 且 ZF =0	不低于等于/高于转移	2 个标志
对有符号数	JL/JNGE 符号	SF ⊕ OF =1 且 ZF =0	小于/不大于等于转移	3 个标志
	JNL/JGE 标号	SF ⊕ OF =0 或 ZF =1	不小于/大于等于转移	3 个标志
	JLE/ JNG 标号	SF ⊕ OF =1 或 ZF =1	小于等于/不大于转移	3 个标志
	JNLE/ JG 符号	SF ⊕ OF =0 且 ZF =0	不小于等于/大于转移	3 个标志

在 8086 中，条件转移指令共 18 条指令。根据测试条件中标志位的数量可分为两组。

1）单测试条件转移指令

根据单个标志位的状态实现转移的条件转移指令。

下面的程序段判断 AX 的低四位是否全为 0，全为 0 时使 CX =0，否则使 CX = -1。

```
        MOV   CX, -1          ;令 CX = -1
        TEST  AX,000FH        ;测试 AX 的低 4 位
        JNZ   EXIT            ;不全为 0 则转移
        MOV   CX,0            ;全为 0 时使 CX =0
EXIT: HLT
```

2）复合测试条件转移指令

根据两个及以上标志位进行转移的条件转移指令。复合测试条件转移指令根据所测试的操作数性质不同，分为无符号数条件转移指令和有符号数条件转移指令两类。

从表 3.6 中看出，无符号数比较大小后的条件转移指令和有符号数比较大小后的条件转移指令差别明显。有符号数间的大小关系称为大于（G）、等于（E）和小于（L）；无符号数间的大小关系称为高于（A）、等于（E）和低于（B）。

下面的程序段比较 AX 和 BX 中的两个无符号数，把较大的数存放到 AX 中，把较小的数存放在 BX 中。

```
      CMP    AX,BX
      JAE    OK              ;无符号数比较大小转移
      XCHG   AX,BX
OK: HLT
```

下面的程序段实现了两个有符号数的比较，其他同上。

```
      CMP    AX,BX
      JGE    OK              ;有符号数比较大小转移
      XCHG   AX,BX
OK: HLT
```

无论无符号数还是有符号数，两数是否相等均可由 ZF 标志来判断。

两个无符号数大小关系由进位标志 CF 确定。用于无符号数比较后的条件转移指令(如 JB 和 JAE 等)检测标志 CF,以判别条件是否成立。

两个有符号数大小关系由符号标志 SF 和溢出标志 OF 共同确定。用于有符号数比较后的条件转移指令(如 JL 和 JGE 等)检测标志 SF 和 OF,以判断条件是否成立。

设两个不相等的有符号数 a 和 b 存放在 AX 和 BX 中,执行指令 CMP AX,BX 后,标志 SF 及 OF 的设置情况和两数的大小情况如下:

当没有溢出(OF=0)时,若 SF=0,则 a>b;若 SF=1,则 a<b。

当产生溢出(OF=1)时,若 SF=0,则 a<b;若 SF=1,则 a>b。

3. 循环控制指令

利用条件转移指令和无条件转移指令可以实现循环。为了方便实现循环,8086 提供了 4 条循环控制指令。循环控制指令隐含使用 CX 寄存器作为循环次数计数器,即以 CX 值来控制循环重复过程。

循环指令属于段内转移,采用相对转移,通过 IP 加上 8 位补码偏移量得到转移目标地址。以循环指令作为基准,循环控制指令的转移范围在 -128 ~ +127 之间。

循环指令不影响所有标志位。

1) 计数循环指令

符号指令:

```
LOOP    目标标号
```

指令功能:循环计数器 CX 减 1(即(CX)←(CX)-1)后判断:若(CX)≠0,则转移到目标标号指定的地址继续循环;否则结束循环,顺序执行下一条指令。

因此,LOOP 指令相当于两条指令的组合:

```
                        DEC    CX
LOOP    目标标号    =
                        JNZ    目标标号
```

LOOP 循环指令同时完成了减 1、测试与转移的功能,简化了循环控制部分,即以一条指令完成两条或两条以上指令的功能。

使用 LOOP 指令时,首先设置计数器 CX 初值,即循环次数。LOOP 的执行过程是先将 CX 减 1,再判断是否为 0,所以最多可循环 65536 次。

下面程序段实现把从偏移地址 1000H 开始的 512B 的数据复制到偏移地址 3000H 开始的缓冲区中(假设在当前数据段中进行转移):

```
        MOV     SI,1000H            ;置源指针
        MOV     DI,3000H            ;置目标指针
        MOV     CX,512              ;置计数初值
NEXT:   MOV     AL,[SI]
        INC     SI
        MOV     [DI],AL
        INC     DI
        LOOP    NEXT                ;控制循环
```

2）相等/为零循环转移指令

符号指令：

```
LOOPE/LOOPZ    目标标号
```

指令功能：该指令将 CX 值减 1（即（CX）←（CX）－1），如果（CX）≠0 且 ZF＝1，则转移至目标标号执行，否则顺序执行。

LOOPE 和 LOOPZ 是两种不同助记符的同一条指令。指令执行过程中，CX 减 1 操作不影响标志。

下面程序段在字符串中查找第一个非'A'字符，并将该非'A'字符的偏移地址存放在 BX 中；如果找不到，那么使 BX＝0FFFFH。

```
           ……
      MOV    AL,'A'
      DEC    DI
NEXT: INC    DI
      CMP    AL,[DI]
      LOOPE  NEXT
      MOV    BX,DI
      JNE    OK
      MOV    BX,-1
OK:   HLT
```

3）不相等/不为零循环转移指令

符号指令：

```
LOOPNE/LOOPNZ  目标标号
```

指令功能：该指令将 CX 值减 1（即（CX）←（CX）－1），如果（CX）≠0 且 ZF＝0，则转移至目标标号执行，否则顺序执行。

LOOPNE 和 LOOPNZ 是两种不同助记符的同一条指令。指令执行过程中，CX 减 1 操作不影响标志。

4）CX 为零转移指令

符号指令：

```
JCXZ  目标标号
```

指令功能：JCXZ 指令通过判断 CX 是否为 0 来实现条件转移。它既是一条条件转移指令，也可用来控制循环，即当（CX）＝0 时，则（IP）←（IP）＋Disp8。

4. 调用与返回指令

为了实现主程序调用子程序以及子程序自动返回主程序，几乎所有指令系统都提供调用和返回指令。在 8086 中，子程序称为过程。

1）过程调用指令

符号指令：

```
CALL  过程名
```

指令功能:执行 CALL 指令时,主程序先把断点地址(CALL 指令下一条指令地址)压入堆栈,然后将目标地址(过程的首地址)装入 IP 或 IP 与 CS。

通常在调用程序段执行调用指令 CALL,在过程(子程序)中执行返回指令 RET,回到断点。即,CALL 和 RET 通常成对使用。

根据转移范围,CALL 指令分为段内调用和段间调用。根据转移地址形式,CALL 指令分为直接调用和间接调用。一般情况下,过程调用指令有以下几种调用形式:①段内直接调用;②段内间接调用;③段间直接调用;④段间间接调用。

2) 过程返回指令

执行过程返回指令 RET 从堆栈中弹出由 CALL 指令压入的断点地址,写入 IP 或 IP 与 CS 寄存器中,使得 CPU 返回到主程序断点处继续执行。因此,在过程中至少要安排执行一条返回指令 RET。

执行返回指令不影响标志寄存器的标志位。

(1) 返回指令。

符号指令:

```
RET
```

指令功能:返回到调用该子程序的断点处。

过程定义为 NEAR 类型时,RET 为段内返回。此时该指令执行下列操作:

① (IP)←[(SP)+1,(SP)];

② (SP)←(SP)+2。

过程定义为 FAR 类型时,RET 为段间返回,并从堆栈中弹出断点地址的偏移量和段基值,分别写入 IP 和 CS,即:

① (IP)←[(SP)+1,(SP)];(SP)←(SP)+2;

② (CS)←[(SP)+1,(SP)];(SP)←(SP)+2。

(2) 带弹出值返回指令。

符号指令:

```
RET  n
```

指令功能:该返回指令带有一个弹出值 n(立即数)。执行指令时,除了从堆栈中弹出断点地址(2B/4B)外,还要用这个立即数 n 修改堆栈指针 SP:(SP)←(SP)+n。

利用 RET n 指令可删除执行 CALL 指令之前压入堆栈中的参数。

带弹出值返回指令主要用于调用程序通过堆栈向过程传递参数场合。过程执行完成时,传递的这些参数也应弹出堆栈并释放堆栈空间。

5. 中断指令

8086 指令系统有 3 条中断指令。

1) INT 中断类型码

8086 微处理器共有 256 种中断类型(类型码为 0~255),每个中断的入口地址在中断向量表中占 4B,前 2B 存放中断入口偏移地址,后 2B 存放中断入口段地址。

INT 指令执行时,顺序执行以下操作:

① 标志寄存器 FR 压栈;

② 清除中断标志 IF 和单步标志 TF；

③ 将当前程序断点的基址和偏移地址入栈保存；

④ 从中断向量表中获得中断入口地址传入 CS 和 IP 中。

CPU 转向中断入口地址去执行相应的中断服务程序。

2）INTO

INTO 指令用于对溢出标志 OF 测试。执行 INTO 指令时，若 OF =1，则向 CPU 发出溢出中断请求，并根据系统对溢出中断类型的定义，从中断向量表中得到类型码为 4 的中断服务程序入口地址。该指令一般安排在符号数算术运算指令之后，用于处理溢出中断。

3）IRET

IRET 指令安排在中断服务程序的出口处，由它控制从堆栈中弹出程序断点写入 CS 和 IP，弹出标志寄存器值写入 FR 中，使 CPU 返回到断点，继续执行后续程序。

3.3.6　CPU 控制指令

8086CPU 控制指令实现对 CPU 的简单控制功能，共有 12 条指令，它们分别完成修改标志位、处理器与外部事件同步控制和其他控制 3 类控制功能。

在这一组指令中，除了状态标志位操作指令影响标志位外，其他处理机控制指令不影响状态标志。

1. 标志位操作指令

8086 提供了 7 条状态/控制标志位操作指令，它们对 CPU 标志位 CF、DF 和 IF 直接进行修改，以改变标志位的状态，但不改变其他标志位。

（1）进位标志操作指令共有 3 条，分别实现清零、置位和取反。

```
CLC                 ;CF 清零,CF =0
STC                 ;CF 置位,CF =1
CMC                 ;CF 取反
```

（2）方向标志操作指令有 2 条，分别实现清零和置位。

```
CLD                 ;DF 清零,DF =0
STD                 ;DF 置位,DF =1
```

（3）中断标志操作指令有 2 条，分别实现清零和置位。

```
CLI                 ;IF 清零,IF =0
STI                 ;IF 置位,IF =1
```

2. 同步控制指令

8086 CPU 构成最大模式系统时，与其他处理器一起构成多处理器系统。当 CPU 需要协处理器帮助完成某个任务时，CPU 用同步指令向协处理器发出请求，在协处理器接受请求后 CPU 才能继续执行程序。指令系统设置了 3 条同步控制指令。

1）处理机交权指令

符号指令：

```
ESC    外部操作码,源操作数
```

指令功能:ESC 指令是在最大模式系统中 8086 CPU 要求协处理器完成某种任务的命令,它使某个协处理器从 8086 CPU 的程序中取得指令中的存储器操作数。

ESC 指令执行时除访问一个存储器操作数并把它放置在总线上外,没有其他任何操作。即 ESC 指令给协处理机提供了一种从 8086 获得一个操作码或一个存储器操作数的手段,并通过外部操作码来完成这个任务。

协处理器通常处于查询状态,一旦查询到 CPU 执行 ESC 指令且发出交权命令,被选协处理器便可开始工作,根据 ESC 指令的要求完成操作;待协处理器操作结束,便在 TEST 状态线上向 8086 CPU 回送有效电平信号,当 CPU 测试到 TEST 有效时继续执行后续指令。

2) 等待指令

符号指令:

```
WAIT
```

指令功能:该指令完成 CPU 与协处理器或外部硬件的同步。

WAIT 指令通常用在 CPU 执行完 ESC 指令后,用来等待外部事件,即等待 TEST 线上的有效信号。当 TEST =1 时,WAIT 指令使 8086 进入等待状态,重复执行 WAIT 指令,直至 TEST =0 时,CPU 结束 WAIT 指令,继续执行后续指令。WAIT 与 ESC 两条指令成对使用,它们之间可以插入一段程序,也可连续。

3) 总结封锁指令

符号指令:

```
LOCK  某指令
```

指令功能:它使 8086(在最大模式下)在执行 LOCK 后面指令时,保持总线封锁信号 LOCK。该总线封锁信号用于禁止其他协处理器占用总线。

LOCK 指令提供的封锁总线方法在多处理机系统中用以实现对共享资源的存取控制。LOCK 是指令前缀,而不是一条独立的指令,可用于任何指令前。

3. 其他控制指令

1) 暂停指令

符号指令:

```
HLT
```

指令功能:该指令使 CPU 暂停执行程序,进入暂停机状态。

当 CPU 执行 HLT 指令时,实际上是用软件方法使 CPU 处于暂停状态,等待硬件中断。CPU 在以下任何一个条件满足时退出暂停状态:①在 RESET 线上加复位信号;②或在 NMI 输入端有非屏蔽中断请求产生;③或在处理机允许中断的条件下,在 INTR 输入端有可屏蔽的中断请求产生。

2) 空操作指令

符号指令:

```
NOP
```

指令功能:空操作指令 NOP 执行时,CPU 不执行任何操作,但占用 3 个时钟周期,并使指令指示器 IP 加 1。执行完 NOP 指令后,接着执行后续指令。

空操作指令 NOP 常用来作延时,或取代其他指令作调试之用。

3.4　80X86/Pentium 指令系统

80X86/Pentium 系列 CPU 对 8086 指令具有向上兼容性。本小节简单介绍 80286、80386、80486 和 Pentium 在 8086 基础上增加和增强的指令。

3.4.1　80286 增加与增强的指令

80286 指令系统新增与增强功能的指令如表 3.7 所示。表格中符号含义见表 3.1。

表 3.7　80286 增强与增加的指令

类　别	增强的指令	增加的指令
数据传送类	PUSH　imm IMUL　reg,reg IMUL　reg,mem	PUSHA/POPA
算术运算类	IMUL　reg,imm IMUL　reg,reg,imm IMUL　reg,mem,imm SHLOPRD1,imm(1 ~31)	—
逻辑运算与移位类	其余 SAL、SAR、SHR、ROL、ROR、RCL、RCR 指令同 SHL	—
串操作类	—	[REP]INS　OPRD1,DX [REP]OUTS　DX,OPRD2 [REP]INSB/OUTSB [REP]INSW/OUTSW
高级语言类	—	BOUND　reg,mem ENTER　imm16,imm8 LEAVE

从 80286 开始引入了保护模式,并增加了保护模式指令。这些指令包含 80286 工作在保护模式下的一些特权方式指令以及用于从实模式进入保护模式的指令。它们常用于操作系统及其他控制软件中,应用程序设计中应用较少。80286 保护模式指令如表 3.8 所示。

表 3.8　80286 保护模式指令

指　令	指令功能	指　令	指令功能
LAR　dst,src	装入访问权限	LTR　src	装入任务寄存器
LSL　dst,src	装入段界限	STR　dst	存储任务寄存器
LGDT　src	装入全局描述符表	LMSW　src	装入机器状态字
SGDT　dst	存储全局描述符表	SMSW　dst	存储机器状态字
LIDT　src	装入 8B 中断描述符表	VERR　dst	存储器或寄存器读校验
SIDT　dst	存储 8B 中断描述符表	VERW　dst	存储器或寄存器写校验
LLDT　src	装入局部描述符表	CLTS	清除任务转移标志
SLDT　dst	存储局部描述符表	ARPL　dst,src	调整已请求特权级别

1. 堆栈操作指令

指令格式：

```
PUSH    imm16
PUSHA
POPA
```

PUSH 指令允许将立即数字数据压入堆栈，如果立即数不足 16 位，指令将自动扩展。PUSHA、POPA 指令将所有通用寄存器值压入堆栈。压入的顺序是 AX、CX、DX、BX、SP、BP、SI、DI（SP 是执行该指令之前的值），弹出的顺序与压入时相反。

2. 有符号数乘法指令

在 80286 中，允许有符号数乘法指令有 2 个或 3 个操作数。

1）指令格式 1

指令格式：

```
IMUL    dst,src
        reg16,reg16
        reg16,mem16
        reg16,imm                   ;imm 为 8 位或 16 位立即数
```

指令功能：用 dst 乘以 src，乘积存放在 dst 指定的寄存器中。

2）指令格式 2

指令格式：

```
IMUL    OPRD1,OPRD2,OPRD3
        reg16,reg16,imm             ;imm 为 8 位或 16 位立即数
        reg16,mem16,imm             ;imm 为 8 位或 16 位立即数
```

指令功能：用 OPRD2 乘以 OPRD3，返回的积存放在 OPRD1 指定的寄存器中。

两种格式中，对乘积都限制其长度与 OPRD1 的长度一致（为 16 位有符号数）。如果溢出，则溢出部分丢掉，并置 CF = OF = 1。

例如：

```
IMUL    CX,DX                       ;(CX)←(CX) × (DX)
IMUL    DX,[BX+SI],1234H            ;(DX)←DS:[BX+SI] × 1234H
```

3. 移位和循环移位指令

指令格式：

```
SHL/SHR/SAL/SAR/ROL/RCL/RCR    OPRD1,OPRD2
                               reg,imm8
                               mem,imm8
```

在 8086 中规定，上述 8 条移位和循环移位指令中，移位次数是常数 1 或是 CL 中的次数。80286 扩充了它的功能，计数值可以是 1 ~ 31 之间的立即数。

例如：

```
SAR    AX,6
ROL    WORD PTR[BX],8
```

4. 串输入/输出指令

1）串输入指令 INS

指令格式：

```
[REP]  INS[ES:]DI,DX
[REP]  INSB
[REP]  INSW
```

INS 指令从 DX 确定的外设端口输入 1B 或 1 个字到由[ES:]DI 指定的存储单元中，输入字节还是字由目标操作数确定，且根据方向标志 DF 和目标操作数位宽来修改 DI 的值。若方向标志位 DF=0，则 DI 加 1/2（字节/字数据）；当 DF=1 时，DI 减 1 或减 2。INSB、INSW 与 INS 功能一致，并明确说明了是字节或字操作。

在这 3 条指令前面可加重复前缀 REP 来连续实现整个串的输入操作。此时，CX 寄存器中为重复操作的次数。

例如：从端口 InPort 输入 40H 个字节存放到附加段（ES）中以 InDataTable 为首地址的内存单元中。程序段如下：

```
CLD
LEA    DI,InDataTable
MOV    CX,40H
MOV    DX,InPort
REP    INSB
```

2）串输出指令 OUTS

指令格式：

```
[REP]  OUTS  DX,[段地址:]SI
[REP]  OUTSB
[REP]  OUTSW
```

串输出指令将[段地址:]SI 确定的存储单元的字节或字数据输出到 DX 确定的外设端口，且根据方向标志 DF 和源操作数自动修改 SI。

在上述指令前面加重复前缀 REP 可实现整个串的连续输出操作，直至 CX 值减至零。

5. 高级语言类指令

80286 提供了 3 条类似于高级语言的指令。

1）数组边界检查指令 BOUND

指令格式：

```
BOUND  dst,     src
       reg16,   mem16
```

BOUND 指令用于验证在指定 dst（寄存器操作数）中的操作数是否在 src（存储器操作数）所指向的两个界限内。若不在，则产生一个 5 号中断。指令中假定上、下界（即数组的起始和结束地址)依次存放在相邻存储单元中。

例如:

```
INDEX  DW     0000H,03E7H        ;定义数组的最小下标0及最大下标999
VARA   DW     007BH
         …
       MOV    AX,VARA            ;被测下标值(AX)=007BH=123
       BOUND AX,INDEX            ;检查被测下标值是否在边界范围内
```

2) 进入和退出过程指令 ENTER/LEAVE

在一些高级语言中,每个子程序(或函数)都有局部变量。局部变量只在子程序范围内有意义。为保存这些局部变量,当子程序执行时,应为局部变量建立相应的堆栈框架;而在退出子程序时撤销该框架。80286 用 ENTER/LEAVE 两条指令来完成这些功能。

指令格式:

```
ENTER  OPRD1,OPRD2
       imm16,imm8
LEAVE
```

ENTER 指令为局部变量建立堆栈区,指令中 OPRD1 指出子程序要使用的堆栈字节数,OPRD2 指出子程序嵌套层数。嵌套数可为 0~31。

LEAVE 指令用于撤销前面 ENTER 指令的动作,该指令无操作数。

例如:

```
WORK 1   PROC     NEAR
         ENTER    8,0          ;建立堆栈区并保存8个字节长的局部变量
           …
         LEAVE                 ;撤销建立的栈空间
         RET
WORK1  ENDP
```

3.4.2 80386/80486 增加与增强的指令

在 8086 和 80286 的基础上,80386 增加了指令的种类、增强了指令的功能;同时还提供 32 位寻址方式和对 32 位数据直接操作。表 3.9 列出了 80386 增强与增加的指令。

80486 是在 80386 体系结构基础上进行了扩展,增加了一些指令。因此,所有从 8086、80286 延伸而来的指令均适用于 80386/80486 的 32 位寻址方式和 32 位数据操作方式,即所有 16 位指令都可以扩展为 32 位指令。表 3.10 列出了 80486 增加的指令。

表 3.9 80386 增强与增加的指令

类　别	指　令　类	增强/增加的指令
增强指令	数据传送	PUSHAD/POPAD PUSHFD/POPFD

（续）

类　别	指　令　类	增强/增加的指令
增强指令	算术运算	IMUT　寄存器，寄存器/存储器 CWDE CDQ
	串操作	所有串操作指令后面扩展 D，如 MOVSD、OUTD…
增加指令	数据传送	MOVSX/MOVZX　寄存器，寄存器/存储器
	逻辑运算与移位	SHLD/SHRD　寄存器/存储器，寄存器，CL/立即数
	位操作	BT/BTC/BTS/BTR　寄存器/存储器，寄存器/立即数
		BSF/BSR　寄存器，寄存器/存储器
	条件设置	SET　条件　寄存器/存储器

表 3.10　80486 增加的指令

指　令　类	增加的指令
数据传送	BSWAP　寄存器 32
算术运算	XADD　寄存器/存储器，寄存器 CMPXCHG　寄存器/存储器，寄存器
Cache 管理	INVD WBINVD INVLPG

1. 数据传送类

1）扩展传送指令 MOVSX/MOVZX

指令格式：

```
MOVSX/MOVZX OPRD1,OPRD2
            reg16,reg8
            reg16,mem8
            reg32,reg8
            reg32,mem8
            reg32,reg16
            reg32,mem16
```

指令的目标操作数 OPRD1 必须是 16 位或 32 位的通用寄存器，源操作数 OPRD2 可以是 8 位或 16 位的寄存器或存储器操作数，且要求源操作数的长度小于目标操作数的长度。

MOVSX 用于传送有符号数，并将符号位扩展到目标操作数的所有位。MOVZX 用于传送无符号数，将 0 扩展到目标操作数的所有位。

例如：

```
MOVSXECX,AL        ;将 AL 内容带符号扩展为 32 位送入 ECX
MOVZXEAX,CX        ;将 CX 中 16 位数加 0 扩展为 32 位送入 EAX
```

这两条指令常用于两数相除时扩展被除数的位数。

2）字节交换指令 BSWAP

指令格式：

```
BSWAP    reg32
```

该指令将 32 位通用寄存器中的双字进行高、低字节交换。指令执行时，将字节 0($b_0 \sim b_7$)与字节 3($b_{24} \sim b_{31}$)交换，字节 1($b_8 \sim b_{15}$)与字节 2($b_{16} \sim b_{23}$)交换。

2. 算术运算类

1) 交换加法指令 XADD

指令格式：

```
XADD  OPRD1,OPRD2
      reg,reg
      mem,reg
```

XADD 指令将目标操作数 OPRD1(8 位、16 位或 32 位寄存器或存储单元)与源操作数 OPRD2(8 位、16 位或 32 位寄存器或存储单元)的值相加，结果送入 OPRD1，并将 OPRD1 原来的值保存在 OPRD2。

2) 比较并交换指令 CMPXCHG

指令格式：

```
CMPXCHG  OPRD1,OPRD2
         reg,reg
         mem,reg
```

CMPXCHG 将目标操作数 OPRD1(8 位、16 位或 32 位寄存器或存储单元)与累加器 AL、AX 或 EAX 的内容进行比较。如果相等则 ZF = 1，并将源操作数 OPRD2 送入 OPRD1；否则 ZF = 0，并将 OPRD1 送到相应的累加器。

例如：

```
CMPXCHG  ECX,EDX
```

若(ECX) = (EAX)，则(ECX)←(EAX)，且 ZF = 1；否则(EAX)←(ECX)，且 ZF = 0。

3. 逻辑运算与移位指令

指令格式：

```
SHLD/SHRD OPRD1,OPRD2,OPRD3
          reg,reg,imm8
          mem,reg,imm8
          reg,reg,CL
          mem,reg,CL
```

双精度左移/右移指令 SHLD/SHRD 为新增加指令。

双精度左移/右移指令 SHLD/SHRD 将 OPRD1 和 OPRD2 2 个 16 位或 32 位操作数(寄存器或存储器)连接成双精度数(32 位或 64 位)，然后向左或向右移位，移位位数由计数操作数 OPRD3 确定(CL 或立即数)。移位时，OPRD2 的值移入 OPRD1，而 OPRD2 本身不变。进位位 CF 中的值为 OPRD1 移出的最后一位。

双精度移位操作示意图如图 3.20 所示。

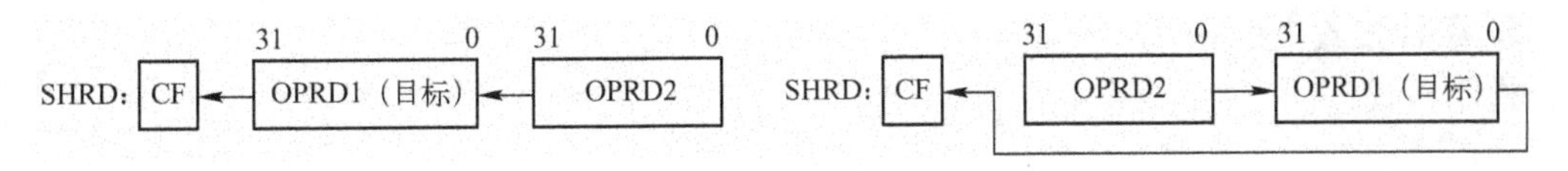

图 3.20　双精度移位操作示意图

4. 位操作类指令

1）测试与置位的位操作指令 BT/BTC/BTS/BTR

指令格式：

```
BT/BTC/BTS/BTR      OPRD1,OPRD2
                    reg,reg
                    mem,reg
                    reg,imm
                    mem,imm
```

这4条指令的功能是对由 OPRD2 指定的目标操作数 OPRD1(16 位或 32 位)中的某一位(最低位为 b_0)进行测试操作并送入 CF,然后按照指令功能对相应位置 1、清零或取反。当 OPRD1 是 16 位操作数时,OPRD2 的取值范围为 0～15;当 OPRD1 是 32 位操作数时,OPRD2 的取值范围为 0～31。

(1) BT 指令实现位测试并将该位送入 CF。例如:

```
MOV     CX,4
BT      WORD PTR [BX],CX          ;检查由 BX 指向的数的 b4位放入 CF
JC      NEXT                      ;位 b4 =1 转至 NEXT
```

(2) BTC 指令在完成 BT 指令功能后,再将测试位取反。

(3) BTS/BTR 指令在完成 BT 指令功能后,再将测试位置 1 或清零。

2）位扫描指令 BSF/BSR

指令格式：

```
BSF/BSR     OPRD1,OPRD2
            reg,reg
            reg,mem
```

BSF 用于对 16 位或 32 位的源操作数 OPRD2 从低位(b_0)到高位(b_{15}或 b_{31})进行扫描,并将扫描到的第一个“1”的位号送入目标操作数 OPRD1 指定的寄存器。如果 OPRD2 所有位均为 0,则将 ZF 标志位置 1,OPRD1 中的结果无定义;否则(OPRD2 的值不为 0),将 ZF 清零,OPRD1 中的值为位号。

BSR 指令的功能同 BSF,只是从高位向低位进行反向扫描。

例如:

```
MOV     BX,40A0H
BSF     AX,BX                 ;指令执行后,(AX) =5
BSR     AX,BX                 ;指令执行后,(AX) =14
```

5. 条件设置指令 SET

指令格式：

```
SET    cc    OPRD
             reg8
             mem8
```

SET 类指令共有 16 条。它们的功能是根据指令中给出的条件“cc”是否满足来设置 OPRD 指定的 8 位寄存器或存储器操作数。条件满足时，将 OPRD 操作数置 1；条件不满足时，将其置 0。SET 类指令如表 3.11 所示。

表 3.11　条件设置指令

指令助记符		设置条件	指令条件说明
按照单个标志位	SETO　r/m	OF = 1	溢出
	SETNO　r/m	OF = 0	无溢出
	SETC/SETB/SETNAE　r/m	CF = 1	有进位/低于/不高于或等于
	SETNC/SETNB/SETAE　r/m	CF = 0	无进位/不低于/高于或等于
	SETZ/SETE　r/m	ZF = 1	为零/等于
	SETNZ/SETNE　r/m	ZF = 0	非零/不等于
	SETS　r/m	SF = 1	为负数
	SETNS　r/m	SF = 0	为正数
	SETP/SETPE　r/m	PF = 1	检验为偶
	SETNP/SETPO　r/m	PF = 0	检验为奇
无符号数	SETA/SETNBE　r/m	CF = ZF = 0	高于、不低于或等于
	SETNA/SETBE　r/m	CF = 1 或 ZF = 1	不高于、低于或等于
有符号数	SETG/SETNLE　r/m	ZF = 0 且 SF = OF	大于、不小于或等于
	SETGE/SETNL　r/m	ZF = 1 或 SF = OF	大于或等于、不小于
	SETL/SETNGE　r/m	ZF = 0 且 SF ≠ OF	小于、不大于或等于
	SETLE/SETNG　r/m	ZF = 1 或 SF ≠ OF	小于或等于、不大于

6. Cache 管理类指令

80486 的系统控制指令增加了 3 条 Cache（高速缓存）管理指令 INVD、WBINVD、INVLPG，用于管理 CPU 内部的 8KB Cache。

1）作废 Cache 指令 INVD

该指令作废 Cache 内容。具体操作：清除片内 Cache 数据，并分配一个专用总线周期清除 Cache 数据。执行该指令不会将外部 Cache 中的数据写回主存储器。

2）写回和作废 Cache 指令 WBINVD

WBINVD 先擦除内部 Cache，并分配一个专用总线周期将外部 Cache 内容写回主存，在此后的一个总线周期将外部 Cache 刷新（清除数据）。

3）作废 TLB 项指令 INVLPG

该指令用于使页式管理机构内的高速缓冲器 TLB 中的某项作废。如果 TLB 中含有一个存储器操作数映像的有效项，则该 TLB 项被标识为无效。

3.4.3 Pentium 系列处理器增加的指令

Pentium 系列处理器的指令集向上兼容，它保留了 8086、80286、80386 和 80486 系列微处理器的所有指令。因此，所有早期的软件可以直接在奔腾机上运行。

Pentium 处理器指令集增加了 3 条专用指令和 4 条系统控制指令，如表 3.12 所示。

表 3.12 Pentium 增加的指令

指令类别	指令格式	指令含义
专用指令	CMPXCHG8B 存储器,寄存器	8B 比较与交换
	CPUID	CPU 标识
	RDTSC	读时间标记计数器
	RDMSR	读模式专用寄存器
	WRMSR	写模式专用寄存器
系统控制指令	RSM	恢复系统管理模式
	MOV CR4,寄存器 MOV 寄存器,CR4	寄存器与 CR4 传送

1. 比较并交换指令 CMPXCHG8B

指令格式：

```
CMPXCHG8B    OPRD1,OPRD2
             mem,reg
```

该指令是对 80486 的 CMPXCHG 指令的改进。它执行 64 位的比较和交换指令。执行时将存放在 OPRD1(64 位存储器)中的目标操作数与累加器 EDX:EAX 的值进行比较。如果相等则 ZF =1,并将源操作数 OPRD2(规定为 ECX:EBX)的内容送入 OPRD1;否则 ZF =0,并将 OPRD1 送到相应的累加器。例如：

```
CMPXCHG8B  mem,ECX:EBX    ;若 EDX:EAX = [mem],则[mem]← ECX:EBX,ZF =1
                          ;否则,EDX:EAX←[mem],且 ZF =0
```

2. CPU 标识指令 CPUID

指令格式：

```
CPUID
```

使用该指令可以辨别微型计算机中 Pentium 处理器的类型和特点。在执行 CPUID 指令前，先对 EAX 寄存器清零或置 1;然后执行 CPUID 可得到相应的标志信息。

3. 读时间标记计数器指令 RDTSC

指令格式：

```
RDTSC
```

奔腾处理器片内有一个称为时间标记计数器的 64 位计数器。计数器的值在每个时钟周期都递增，执行 RDTSC 指令可读出计数器的值，并送入寄存器 EDX:EAX 中。EDX 保存 64 位计数器中高 32 位，EAX 保存低 32 位。

如果软件要确定某个事件的时间间隔，则在执行该事件之前和之后分别读出时钟标志计数器的值，计算两次值的差就可得出时钟周期数。

4. 读/写模式专用寄存器指令 RDMSR/WRMSR

RDMSR 和 WRMSR 指令使软件可访问模式专用寄存器的内容，这两个模式专用寄存器是机器地址检查寄存器（MCA）和机器类型检查寄存器（MCT）。若要访问 MCA，指令执行前需将 ECX 置为 0；为了访问 MCT，需要先将 ECX 置为 1。执行指令时，在访问的模式专用寄存器与寄存器组 EDX:EAX 之间进行 64 位的读写操作。

5. 恢复系统管理模式指令 RSM

Pentium 处理器有一种称为系统管理模式（SMM）的操作模式，这种模式主要用于执行系统电源管理。外部硬件的中断请求使系统进入 SMM 模式，执行 RSM 指令后返回原来的实模式或保护模式。

6. 寄存器与 CR4 之间的传送指令

指令格式：

```
MOV    CR4,reg32
MOV    reg32,CR4
```

该指令实现 32 位寄存器与 CR4 间的数据传送。

习 题 3

3.1 8086 如何寻址 1MB 的存储器物理地址空间？在划分段时必须满足的条件是什么？最多可把 1MB 空间划分成几个段？最少可把 1MB 地址空间划分成几个段？

3.2 8086 的基本寻址方式可分为哪 3 类？它们说明了什么？

3.3 存储器寻址方式可分为哪几种？何为存储单元的有效地址？

3.4 什么场合下缺省的段寄存器是 SS？为什么要这样安排？

3.5 哪些存储器寻址方式可能导致有效地址超出 64KB 的范围？8086 如何处理这种情况？

3.6 设（BX）=637DH，（SI）=2A9BH，位移量 =4237H，试确定这些寄存器和下列寻址方式产生的有效地址。

（1）立即寻址；

（2）直接寻址；

（3）用 BX 的寄存器寻址方式；

（4）用 BX 的寄存器间址；

（5）基址寻址；

（6）变址寻址；

（7）基址加变址寻址。

3.7 指出下列各条指令中源操作数和目的操作数的寻址方式。

（1）OR AX,AX

（2）MOV　AH,0FFH

（3）ADD　AX,　[BX][DI]

（4）IN AL,　DX

（5）JMP　OPRD

（6）JMP　WORD PRT[BX]

(7) LDS　SI，［BX］

(8) MOV　DI，　OFFSET DATA

(9) DAA

(10) OUT　7FH，　AX

(11) XLAT

(12) PUSH　［2060H］

(13) IMUL［BX+SI］

3.8　设(IP)=2BC0H,(CS)=0200H,位移量=5119H,(BX)=1200H,(DS)=212AH,(224A0H)=0600H,(275B9H)=098AH,求采用下列寻址方式的转移指令的转移地址。

(1) 段内直接寻址;

(2) 使用BX寄存器和寄存器寻址方式的段内间接寻址方式;

(3) 使用BX寄存器和基址寻址方式的段内间接寻址方式。

3.9　判别指令对错,并说明原因。

(1) MOV　BX，AL

(2) IN　AL，BX

(3) MOV　CS，［3202H］

(4) XCHG　AX，1234H

(5) MOV　DS，SEG DATA

(6) ADD　AL，［BX+BP+10］

(7) MOV　DX，［BX］

(8) LEA　AX，OFFSET DATA

(9) JMP　VAR1

(10) JE　VAR1

(11) JMP　TABLE1［SI］

(12) POP　2000H

(13) XCHG　CX，DS

(14) JMP　DWORD PTR VAR1

3.10　若CPU中各寄存器及内存的参数如下所示,试求独立执行如下指令后寄存器与内存单元的内容。

CPU寄存器

寄存器	值	值	寄存器
CS	3000H	FFFFH	CX
DS	2050H	0004H	BX
SS	50A0H	0000H	SP
ES	0FFFH	17C6H	DX
IP	0000H	8094H	AX
DI	000AH	1403H	BP
SI	0008H	1	CF

内　存

地址	内容
20506H	06H
20507H	00H
20508H	87H
20509H	15H
2050AH	37H
2050BH	C5H
2050CH	2FH

(1) MOV DX, [BX]2 ;DX = ______ ,BX = ________
(2) PUSH DX ;SP = ________,[SP] = ________
(3) MOV CX, BX ;CX = ________,BX = ________
(4) TEST AX, 01H ;AX = ______ ,CF = ________
(5) MOV AL, [SI] ;AL = ________
(6) ADC AL, [DI] ;AL = ________,CF = ________
DAA ;AL = ________,
(7) INC SI ;SI = ________
(8) MOV [DI], AL ;[DI] = ________
(9) XOR AH, BL ;AH = ________,BL = ________
(10) JMP DX ;IP = ________

3.11 请写出如下程序段中每条指令执行后寄存器 AX 的内容。

```
MOV   AX,1234H
MOV   AL,98H
MOV   AH,76H
ADD   AL,81H
SUB   AL,35H
ADD   AL,AH
ADC   AH,AL
ADD   AX,0D2H
SUB   AX,0FFH
```

3.12 请写出如下程序片段中每条算术运算指令执行后标志 CF、ZF、SF、OF、PF 和 AF 的状态。

```
MOV   AL,89H
ADD   AL,AL
ADD   AL,9DH
CMP   AL,0BCH
SUB   AL,AL
DEC   AL
INC   AL
```

3.13 请写出如下程序片段中每条逻辑运算指令执行后标志 ZF、SF 和 PF 的状态。

```
MOV   AL,45H
AND   AL,0FH
OR    AL,0C3H
XOR   AL,AL
```

3.14 编写程序段实现下列功能：

(1) 使得 AX 清零的 4 种方法；

(2) 将放在 CL 中的压缩 BCD 码分离成非压缩 BCD 码，高位放在 AH 中，低位放在

AL 中；

(3) 使 AL 寄存器的低 4 位保持不便，高 4 位变反；

(4) 试用移位指令实现存放在 DX 和 AX 中的 32 位二进制数乘以 2 和除以 2 操作。

3.15 有下列程序段：

```
SAL   BX, 1
RCL   AX, 1
RCL   DX, 1
```

(1) 说明此程序段实现的功能；

(2) 若(DX) = 1002H，(AX) = 3004H，(BX) = 8006H，则运行该段程序后相应 DX、AX、BX 中的数据内容是多少?

3.16 试分析下面程序段的功能：

```
MOV      CL, 4
SHL      AX, CL
SHR      AL, CL
```

3.17 给出下列程序段：

```
ADD   AX, BX
JNO   L1
JNC   L2
SUB   AX, BX
JNC   L3
```

若

(1) AX = 147BH, BX = 800CH

(2) AX = B568H, BX = 54B7H

(3) AX = 42CBH, BX = 608BH

(4) AX = 94B7H, BX = B568H

当执行上述程序段后，程序转向哪里?

3.18 已知 AX = 8060H，DX = 580H，端口 PORT1 的地址为 40H，内容为 4FH，地址 41H 的内容为 55H，端口 PORT2 的地址为 45H，指出执行下列指令后的结果在哪里? 结果又是多少?

(1) OUT DX,AL

(2) OUT DX,AX

(3) IN AL,PORT1

(4) IN AX,40H

(5) OUT PORT2,AL

(6) OUT PORT2,AX

3.19 假设在下列程序段的括号中分别填入以下命令：

(1) LOOP LLL；

(2) LOOPNZ LLL；

(3) LOOPZ　LLL

执行指令后,AX = ? BX = ? CX = ? DX = ?

程序段如下:

```
        ORG   0200H
        MOV   AX, 10H
        MOV   BX, 20H
        MOV   CX, 04H
        MOV   DX, 03H
LLL:    INC   AX
        ADD   BX, BX
        SHR   DX, 1
        (        )
        HLT
```

3.20　已知数据如题图 3.1 所示,数据是低位在前,按下列要求编写程序段:

(1) 完成 NUM1 和 NUM2 的两个双字数据相加,和存放在 NUM1;

(2) 完成 NUM1 单元开始的连续 4B 数据相加,和不超过 1B,放在 RESULT 单元;

(3) 完成 NUM1 单元开始的连续 8B 数据相加,和为 16 位数,放在 RESULT 和 RESULT+1 单元中(用循环)。

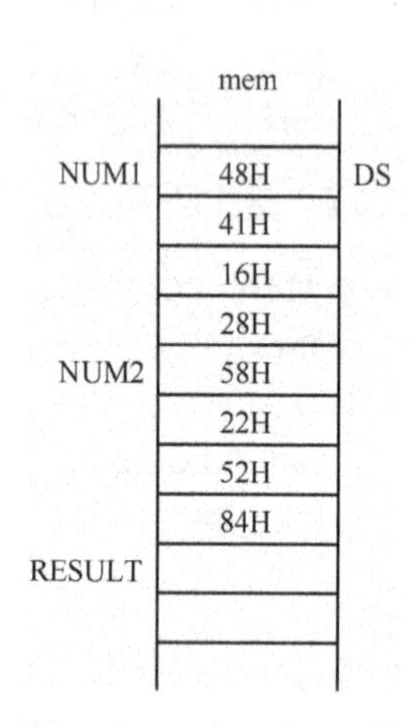

题图 3.1　数据段内存分配表

3.21　汇编语言习惯采用左移/右移移位指令来实现乘以 2^n 和除以 2^n。试把 +53 与 -51 分别乘以 2 和除以 4,试确定所采用的移位指令以及操作的结果。

3.22　若(AX) = 0A23H,变量 PARA 的值为 0056H,下列指令单独执行后 AX 寄存器的内容是什么?

(1) XOR　AX,PARA

(2) AND　AX,PARA

(3) ROR　AX,1

(4) OR　AX,4567H

(5) NOT　AX

3.23　分别指出以下两个程序段的功能。

(1)

```
MOV   CX,10
LEA   SI,FIRST
LEA   DI,SECOND
REP   MOVSB
```

(2)

```
CLD
LEA   DI,[0404H]
MOV   CX,0080H
XOR   AX,AX
REP   STOSW
```

3.24　试编写程序段实现 AX×7/4。

3.25　已知数字0～9的平方值表的表首址在当前数据段的13A9H，现要求7的平方值，试写出用指令XLAT实现上述功能的指令序列。

3.26　某程序片段如下，左边是指令的地址，指令执行之前，(SS)＝1000H，(SP)＝32H。

```
  ……            ……
1394:1002      MOV AX, BX
1394:1004      CALL DWORD PTR [DI]
1394:1009      MOV CX, AX
  ……            ……
```

当执行完CALL DWORD PTR [DI]指令之后，试指出IP、CS、SP、[SP]、[SP＋1]、[SP＋2]和[SP＋3]的内容。

第4章

汇编语言程序设计

汇编语言采用助记符、符号地址、标号、指令等表达程序的组成与结构,便于程序阅读和编写。但是助记符不能直接被CPU识别和执行,因此需要通过翻译程序将助记符汇编语言翻译成机器码,这个翻译程序称为汇编程序。常用的汇编程序有小汇编(ASM)和宏汇编(MASM)两种。ASM是MASM的一个子集。MASM还支持宏操作、条件汇编和协处理器指令,并在其他语法上有所扩充。

汇编语言编写的程序能直接调用CPU内部以及系统硬件资源,也能直接使用CPU指令系统和各种寻址方式。因此,汇编程序占用存储空间小,执行速度快。所以,在面向硬件系统控制及实时应用的场合广泛采用汇编语言来编写程序。

编写汇编语言程序除了指令系统的指令语句外,还要用到丰富的伪指令语句。此外,汇编语言也有语法及语义规则。编程时应采用与硬件资源联系紧密、特征显著的编程方法。

本章首先介绍汇编语言程序结构与组成要素,然后重点阐述伪指令语句,接着介绍汇编语言程序设计的基本方法和技巧,最后给出一些常用的汇编语言编程实例。

4.1 汇编语言程序结构

本节阐述80X86/Pentium宏汇编语言程序的结构特点。

4.1.1 汇编语言程序的分段结构

先给出一个示例来认识一下汇编语言程序的结构与组成要素。

【例4.1】 把BLOCK数据区中的正数,负数分别送到两个缓冲区中去。

```
DATA    SEGMENT                                ;定义数据段
        BLOCK   DB 43H,0ABH
        PDATA   DB 20 DUP(?)
        NPATA   DB 20 DUP(?)
        COUNT   EQU PDATA - BLOCK
DATA    ENDS                                   ;数据段定义结束
STACK   SEGMENT     PARA   STACK               'STACK';定义堆栈段
        DB          200H DUP(?)
STACK   ENDS
CODE    SEGMENT                                ;定义码段
        ASSUME CS:CODE,DS:DATA                 ;确定CS,DS和对应段的关系
```

```
EXP1    PROC  FAR             ;定义远过程
START:  PUSH  DS
        MOV   AX,0            ;该三条语句称为标准序
        PUSH  AX              ;使程序运行完返回DOS
        MOV   AX,DATA
        MOV   DS,AX           ;数据段段址送DS,ES
        MOV   ES,AX
        LEA   SI,BLOCK
        LEA   DI,PDATA
        LEA   BX,NDATA
        CLD
        MOV   CX,COUNT
GOON:   LODSB
        TEST  AL,80H
        JNZ   MINUS
        STOSB
        JMP   AGAIN
MINUS:  XCHG  BX,DI
        STOSB
        XCHG  BX,DI
AGAIN:  LOOP  GOON
        RET                   ;返回DOS
EXP1    ENDP                  ;远过程定义结束
CODE    ENDS                  ;代码段定义结束
        END   START           ;汇编结束,同时确定入口地址
```

该程序具有如下结构特点:

(1) 汇编语言源程序由数据段、代码段、堆栈段等若干个逻辑段组成。各逻辑段由段定义伪指令语句(SEGMENT/ENDS)定义说明。

(2) 程序以END伪指令结束。END语句指出汇编结束的位置。END后面的符号地址表明程序执行的起始地址。上述示例程序开始执行的地址(符号地址)是START。

(3) 每个逻辑段由语句序列组成,语句序列包括指令语句、伪指令语句、宏指令语句、注释语句、空行语句等。

(4) 程序中至少有一个代码段;也可以有多个代码段。汇编语言程序中的数据段、附加段以及堆栈段则可有0～n个。

虽然允许各种类型逻辑段定义多个,但受到段寄存器数量的限制,汇编语言程序同时使用逻辑段的数量限制如下:8086/8088/80286可同时使用4个逻辑段(分别为代码段、堆栈段、数据段和附加段);80386/80486/Pentium可同时使用6个逻辑段(增加了2个附加段)。

(5) ASSUME伪指令说明逻辑段与段寄存器的约定段寻址关系,并由用户或系统设置段寄存器初值。

(6) 汇编语言源程序在代码中需要有返回DOS的指令语句,以保证程序执行结束时能自动返回到DOS。该操作称为程序结束。4.3.2节将详细阐述标准序与其他返回DOS方法。

4.1.2 汇编语言语句的类型与格式

汇编语言程序由若干个逻辑段组成，每一个逻辑段则由若干语句组成。因此语句行是程序的基本组成部分。程序中的语句分为两种类型：

(1) 指令语句。在 CPU 中译码并执行。

(2) 伪指令语句。在汇编过程中对数据定义、存储分配、程序起止等进行说明。

指令语句的格式为

[标号:] [前缀] [指令助记符] [操作数] [;注释]

伪指令的格式为

[名字] [伪指令助记符] [操作数] [;注释]

例如：

```
LP1:    MOV     BX,OFFSET DAREA      ;DAREA 的偏移地址送入 BX
SUM     PROC    FAR                  ;定义 SUM 过程,过程名是 SUM,属性是 FAR
  …
SUM     ENDP                         ;过程定义结束
```

因此，指令语句和伪指令语句由 4 个部分组成：

1. 名字和标号

标号代表指令所在存储单元地址。在程序中常作为转移目标地址。在伪指令中，名字通常指变量名、常量名、过程名、段名等，它们代表对象在内存中的地址（常量名除外）。如变量名是变量在内存中的偏移地址，段名表示该逻辑段的段址。

标号后面跟冒号，名字后面没有符号。

名字和标号以字母开头，由字母、数字以及特殊字符组成，其长度不超过 31 个字符，且不能使用保留字及系统使用的具有特定意义的字，如寄存器名、指令助记符等。

2. 操作符

指令和伪指令助记符指明操作功能，统称为操作符。指令助记符和伪指令助记符是语句行中不可缺少的部分。

指令助记符前面可以加前缀，如重复前缀 REP、REPE 以及段超越前缀。

3. 操作数

操作数是操作符操作的对象。数量为 0 ~ n 个。多个操作数之间用“,”隔开。

操作数的种类有常量操作数、寄存器操作数、存储器操作数和表达式等。伪指令中操作数的格式和含义随着伪指令的不同而有所差异。有的是常量或数值表达式；有的是一般意义的符号，如变量名、标号名、常数符号等；还有的是具有特殊意义的符号，如指令助记符、寄存器名等。

4. 注释部分

注释部分由“;”开始到本行结束，用于说明语句及程序功能，增加程序的可读性。汇编程序对注释部分不汇编，注释部分不会被执行。

4.1.3　汇编语句行基本要素

汇编语言语句行的基本要素有操作数、运算符、表达式、以及操作符等，它们是汇编语言程序设计的基本组成部分。

1. 操作数

操作数是指令的操作对象，汇编语言中的操作数有常量、变量和标号。

1）常量

常量是指在汇编时已有确定值的操作数。常量常用于指令中的立即操作数、寻址中的位移量 Disp、伪指令语句中的变量等赋初值。

常数分为数值常数和字符串常数。数值常数以二/八/十/十六进制形式表示整数、十进制表示浮点数、十六进制表示实数。数值后缀字符表示各种进制。字符串常数则用单引号界定一串 ASIIC 码字符。例如“179”等效为 31H、37H、39H 一组数值常数。

2）变量

变量是存储器操作数，并在程序运行期间能被修改，通过各种寻址方式进行访问。在汇编语言中，变量名代表了变量所在存储单元的偏移地址，称为符号地址。

变量有 3 个重要属性：

(1) 段属性：表示该变量存储单元所在段的段地址。

(2) 偏移量属性：表示该变量存储单元在段内的偏移地址。

(3) 类型属性：表示一个对象变量占有存储单元的字节数。

变量在使用时需要特别注意上述 3 个属性，确保在地址范围、数据位宽等方面一致。变量的段地址隐含默认。在使用时，段属性应与默认段寄存器一致。如有不符，需要采用段超越直接表示出段地址。段超越可以用段寄存器或段名来表示。

【例 4.2】 求变量 XY 数据区中 20 个字数据之和。

累加下一个字数据前，对地址进行修改，以指向下一个字数据。程序功能段如下：

```
        XY    DW 20DUP (?)
          ……
        MOV   AX,XY +38              ;将最后一个字送给 AX
        MOV   BX,38
LP1:    SUB   BX,2                   ;偏址修改
        ADD   AX,DATA:XY[BX]         ;求和。变量不在默认段内,在 DATA 段中。
        CMP   BX,0                   ;判是否是第一个数字
        JNE   LP1                    ;不是,则继续求和
          ……
```

3）标号

标号是程序中指令所在存储单元的符号地址，它指示指令在代码段中的有效地址。通常，标号作为源程序中转移、调用及循环等指令的操作数，即程序控制转移的目标地址。

指令标号有段地址、偏移量和范围 3 个属性。其中段地址和偏移量为指令的逻辑地址。标号的“范围”属性为 NEAR 或 FAR。

(1) NEAR(近距离)：该标号只能被标号所在段的转移调用指令等访问(段内转移)。

（2）FAR（远距离）：该标号可被其他段（不是标号所在段）的转移调用指令等访问（段间转移）。

定义标号的方法：①在指令前通过冒号分隔助记符；②用伪指令定义（如 LABEL 伪指令、过程定义伪指令）。

例如：

```
START:PUSH    DS
```

标号与变量在编译时虽然都被翻译成逻辑地址，但是两者有以下几点不同：①类型属性不同，分别是地址范围和数据位宽；②所指向单元内容不同，分别是指令和数据；③寻址方式不同，对标号来说是段内/段间、直接/间接跳转，对变量来说是各种存储器操作数寻址方式。

2. 运算符与表达式

表达式是由运算符连接运算对象组成的序列。运算对象包括常量、变量、寄存器操作数，还可以是指令、段或过程的段地址、偏移地址。运算符包括算术运算符、逻辑运算符和关系运算符。

1）表达式类型

表达式分为数值表达式和地址表达式两种类型。

数值表达式由运算符连接常量操作数组成。数值表达式一般作为指令中的立即数和数据区中的初始值。数值表达式在汇编时由汇编程序计算出数值表达式，因此组成数值表达式的操作数在汇编时必须是确定的值。变量和标号也可以作为数值表达式中的操作数，其运算结果只能是偏移地址。

地址表达式由常量、变量、标号、寄存器操作数以及运算符组成。地址表达式的值一般是段内偏移地址。因此它也具有段地址、偏移地址和类型属性。地址表达式主要用来寻址指令语句中的操作数。存储器寻址方式中的各种表示均属于地址表达式。

2）运算符

运算符有算术运算符、逻辑运算符和关系运算符 3 种，实现操作数运算。

（1）算术运算符。算术运算符包括加（+）、减（-）、乘（*）、除（/）和模运算符 MOD。MOD 运算是通过除法得到余数。

当算术运算对象是地址操作数时，应保证结果是一个有意义的存储器地址，因而通常只使用加（+）、减（-）运算。常用形式是“变量或标号 ± 常量”。当标号或变量加上或减去某个常量时，结果仍为标号或变量，其段地址或范围属性不变，仅仅修改了偏移地址属性。此外，同一段内的两个标号或变量相减，结果不是一个地址而是一个数值，表示两个存储单元之间距离的字节数。不同段的两个标号或变量之间加减运算没有物理意义。

【例 4.3】 已知字变量 VAR 的偏移地址为 0200H。则指令

```
MOV    AX,VAR+2
```

汇编的结果是

```
MOV    AX,[0202H]
```

（2）逻辑运算符。逻辑运算符包括非（NOT）、与（AND）、或（OR）和异或（XOR）。逻辑运算符的运算对象为数值型操作数，并且按位进行运算。

移位运算符有左移(SHL)和右移(SHR)两个。运算对象为数值型操作数。

虽然逻辑运算符与逻辑运算指令在字面形式上相同,但两者有本质的区别:逻辑运算符在汇编时由汇编程序完成,而逻辑运算指令在CPU中执行完成。

【例4.4】 逻辑运算的汇编结果。

```
MOV     AL,36H AND 0FH            ;汇编的结果是 MOV AL,06H
MOV     AL,06H OR 30H             ;汇编的结果是 MOV AL,36H
MOV     AL,NOT -1                 ;汇编的结果是 MOV AL,00H
MOV     AL,0AAH XOR 0FFH          ;汇编的结果是 MOV AL,55H
MOV     AL,80H SHR 2              ;汇编的结果是 MOV AL,20H
MOV     AL,08H SHL 2              ;汇编的结果是 MOV AL,20H
```

逻辑运算符不能用于地址表达式。例如,表达式VAR OR 80H无效。

指令

```
OUT PORT AND FEH,AL
```

中的逻辑表达式合法。因为PORT是单字节的数字,而不是一个变量,尽管名义上它是外设端口的地址,但汇编程序认定它为数字。此时PORT AND FEH是数字表达式,因此允许使用逻辑运算符。

(3) 关系运算符。关系运算符包含EQ、NE、LT、GT、LE、GE六个运算符。关系运算符用于判断两个操作数是否相等、不等、小于、大于、小于等于和大于等于。关系运算的两个操作数必须同时为数字或者为同一段内的存储器地址。关系运算的结果是一个逻辑值,关系运算为真时结果值是0FFFFH;否则为0。

【例4.5】 关系运算符的汇编结果

```
MOV     AX,VAR1 GT VAR2
```

如果VAR1地址大于VAR2,则汇编结果为

```
MOV     AX,0FFFFH
```

否则,汇编结果为

```
MOV     AX,0000H
```

4.2 伪指令语句

汇编语言程序的语句行除了指令语句外,还有伪指令和宏指令语句。

指令语句经过汇编后产生CPU执行的机器目标代码,称为执行语句。

伪指令语句是一种说明(指示)性语句,仅仅在汇编过程中说明对程序汇编的方式,如汇编程序的逻辑段组成、段的名称、是否采用过程、预留的存储空间大小、外部变量等。因此,伪指令语句是汇编程序在汇编时用来控制汇编过程以及向汇编程序提供汇编信息的指示性语句。与指令语句不同,伪指令语句不产生CPU执行的机器目标代码,它是非执行语句。

MASM宏汇编提供以下几类伪指令语句:变量定义语句、符号赋值语句、段定义语句、操作

符伪指令、过程定义语句、模块定义语句。

4.2.1 方式选择伪指令

80X86 CPU 经历了从 8086 到 Pentium 的发展过程。汇编程序根据处理器方式选择伪指令选择当前程序适用的 CPU 类型。处理器方式选择伪指令说明当前程序指令所属的 CPU 指令集,经过汇编连接之后生成的目标程序适合运行的 CPU 类型,不属于选定 CPU 的指令均为非法指令。因此方式选择伪指令本质上是指令集选择伪指令。

处理器方式选择伪指令的格式和功能如表 4.1 所示。方式选择伪指令通常放在程序的头部,作为源程序的第一条语句,缺省时默认为 8086 指令集。

表 4.1 方式选择伪指令

伪指令格式	功能
.8086	默认方式。说明选择 8086 指令集
.286/.286C	说明选择 8086 指令集及 80286 非保护方式(即实地址方式)下的指令。用 .8086 可删除该伪指令
.286P	允许汇编程序接受 8086 指令及 80286 的所有指令。该伪指令一般只有系统程序员使用,并可用 .8086 删除
.386/.386C	允许汇编 8086 指令及非保护方式下的 80286/80386 指令。该方式下禁止出现保护方式下的指令,否则出错。可用 .8086 删除
.386P	除具有 .386/.386C 功能外,还能汇编保护方式下的 80286/80386 指令。一般只有系统程序员使用,并可用 .8086 删除
.8087	选 8087 指令集,并指定实数的二进制码为 IEEE 格式
.287	选 80287 指令集,并指定实数的二进制码为 IEEE 格式
.387	选 80387 指令集,并指定实数的二进制码为 IEEE 格式
.486/.486C	与 .386/.386C 类似,允许汇编 80486 非保护方式下的指令。MASM6.0 可用
.486P	与 .386P 类似,允许汇编 80486 的全部指令。MASM6.0 可用
.586/.586C	与 .486/.486C 类似,允许汇编 Pentium 非保护方式下的指令
.586P	与 .486P 类似,允许汇编 Pentium 的全部指令
.587	与 .387 类似,选 Pentium 数字协处理器的指令集

4.2.2 段定义伪指令

8086 CPU 的寻址空间为分段结构,因此源程序需按分段方式构造。程序按用途通常划分成几个逻辑段(至少定义一个段),如存放数据的数据段、作堆栈使用的堆栈段、存放主程序的代码段、存放子程序的段等等。汇编程序提供了段定义伪指令用来组织定义程序逻辑段及逻辑段类型。

1. 段定义伪指令

段定义伪指令将源程序划分为逻辑段,供汇编程序在对应段名下生成目标码和连接程序组合、定位、连接,生成可执行目标代码。段定义伪指令定义一个逻辑段的名称和范围,指明段的定位类型、组合类型和类别名。

段定义的格式如下:

```
段名    SEGMENT
        …
段名    ENDS
```

每个逻辑段必须有一个名字,称为段名。每个段定义由 SEGMENT 开始,到 ENDS 结束,且两条语句中的段名必须相同。SEGMENT 和 ENDS 之间的部分,对数据段、附加段和堆栈段来说只能是伪指令序列;对代码段来说则是指令和伪指令序列。

1) 段名

符合标识符命名规则并表达本段用途的名字。例如,第一数据段的段名为 DATA1,第二数据段的段名为 DATA2,堆栈段的段名为 STACK,代码段的段名为 CODE 等。

2) 段参数

SEGMENT 伪指令后的段定义参数如下:

```
段名    SEGMENT [定位类型][组合类型][类别]
```

(1) 定位类型(align - type)。定位类型说明连接程序(LINK)连接本逻辑段时,该逻辑段首地址的边界定位方式。定位类型参数有 PARA、PAGE、WORD、BYTE。

参数 PARA(节)指定该段从能被 10H 整除的起始地址开始定位。定位类型参数缺省时,系统默认为 PARA 类型。

参数 PAGE(页)指定该段从能被 100H 整除的起始地址开始定位。

参数 WORD(字)指定段的起始地址从字地址开始,即起始地址是偶数。

参数 BYTE(字节)指定该段可以从任何有效地址开始。

(2) 组合类型(combine - type)。在多模块程序设计中,组合类型说明本段与其他模块中同名段的组合连接关系。组合类型参数有 NONE、PUBLIC、STACK、COMMON、MEMORY、AT expression。

参数 NONE 说明本段与其他同名段无组合关系,它有独立的段起始地址。组合类型参数缺省时,系统默认为 NONE。

参数 PUBLIC 说明同名的段顺序连接,共用一个段地址。

参数 COMMON 说明同名的段重叠连接。

参数 AT expression 用表达式 expression 的计算结果作为段的起始地址。

参数 STACK 说明该段与其他同名的段顺序连接作为堆栈段。

参数 MEMORY 说明该段定位在所有其他连接段的后面(高位地址部分)。

(3) 类别('class')。类别名是合法的标识符,表示该段的类别。连接时,连接程序将各个程序模块中具有同样类别名的逻辑段集中起来形成统一的物理段。典型的类别名有'STACK''CODE''DATA1''DATA2'等。

一个典型程序的段结构如下:

```
STACK SEGMENT PARA STACK'STACK'     ;堆栈段,定位类型为节
                                    ;组合为公用堆栈段,类别名为 SATCK
    ……
STACK ENDS
DATA SEGMENT PARA'DATA'
```

```
                                            ;数据段,定位类型为节,不与其他段组合
                                            ;类别名为 DATA
    ……
DATA ENDS
CODE SEGMENT PARA MEMORY                    ;代码段,定位类型为节
                                            ;本段地址位于高地址端
    ……
CODE ENDS
```

2. ASSUME 伪指令

伪指令 ASSUME 说明逻辑段和约定寻址段寄存器的关系。ASSUME 一般写在代码段中,用来设定访问逻辑段的约定段寄存器。

段寄存器设定伪指令的格式为

```
ASSUME    段寄存器:段名[,段寄存器:段名,…]
```

其中,段寄存器即为 CS,DS,ES,SS 其中之一,段名为 SEGMENT 和 ENDS 所定义逻辑段的段名。在.386/.486/.586 指令集中,段寄存器还可以为 FS、GS。

ASSUME 伪指令仅仅说明了段寄存器与所定义逻辑段的对应关系,该指令没有将相应段寄存器初始化为逻辑段段地址。初始化段寄存器须通过程序来完成。

【例 4.6】 某程序段如下:

```
data1   SEGMENT
        X1  DB?
        X2  DW?
        X3  DD?
data1   ENDS
extra1  SEGMENT
        Y1  DB?
        Y2  DW?
        Y3  DD?
extra1  ENDS
stack1  SEGMENT
        DW 100H DUP(?)
stack1  ENDS
CODE    SEGMENT
        ASSUME  CS:CODE,DS:data1,ES:extra1,SS:stack1
BEGIN:  MOV     AX,data1
        MOV     DS,AX           ;装入 DS 的值
        MOV     AX,extra1
        MOV     ES,AX           ;装入 ES 的值
        MOV     AX,stack1
        MOV     SS,AX           ;装入 SS 的值
          …
```

```
COD     EENDS
        END     BEGIN
```

用 ASSUME NOTHING 语句可取消前面 ASSUME 语句确定的逻辑段与段寄存器的约定寻址关系。NOTHING 是汇编程序的关键字。

3. 设置起始地址伪指令

ORG 伪指令用来指定其后存放的指令或数据起始单元的偏移量。

指令格式：

```
ORG     表达式
ORG     $+表达式
```

汇编程序从表达式指定的起始地址开始，连续存放该 ORG 指令后续代码或数据。

$表示当前地址计数器的值，汇编程序将上面第二条伪指令语句翻译成从($ + 表达式)地址开始存放代码或数据。

【例 4.7】 某程序段如下：

```
    …
ORG     1000H
VAR1    DB  10H,20H             ;VAR1 的偏移地址为 1000H
    …
ORG     3596H
MOV     AL,VAR1                 ;该指令的偏移地址为 3596H
    …
```

4. 汇编结束伪指令

汇编结束伪指令 END 停止汇编(翻译)汇编程序。指令格式：

```
END     表达式(标号)
```

其中，表达式(标号)是源程序中的第一条可执行指令的标号，该表达式(标号)给出了代码段寄存器 CS 与指令指示器 IP 的初值，指向第一条要执行的指令地址。

伪指令 END 必须是源程序中最后一条语句，且源程序只能有一条 END 伪指令。

5. 简化段定义伪指令

简化段有利于实现汇编语言程序模块与高级语言程序模块的连接。通过简化段定义可实现由操作系统自动安排逻辑段次序，并保证名字定义一致性。MASM5.0 以上的汇编程序版本支持使用简化段定义伪指令。

1）段次序伪指令

指令格式：

```
DOSSEG
```

段次序伪指令说明各逻辑段在内存中按 DOS 段次序约定排列。段次序伪指令放在主模块前，其他模块无需使用。

2）内存模式伪指令

指令格式：

```
.MODEL      模式类型[,高级语言]
```

内存模式伪指令说明数据段和代码段可使用的长度。其中可选项“[,高级语言]”用 C、BASIC、FORTRAN 等关键字来指定接口的高级程序设计语言。此外,还可以用关键字 OS_OS2、OS_DOS 来说明使用的操作系统类型。程序中凡数据段或代码段的长度不大于 64KB 时为近程,否则为远程。

内存模式语句一般写在用户程序中其他简化段定义语句前。共有 5 种类型内存模式,如表 4.2 所示。当独立的汇编语言程序不与高级语言程序连接时,多数情况下可只用小模式,而且小模式效率最高。

表 4.2 内存模式类型

内存模式	说明
SMALL	小模式。数据、代码各放入一个物理段中,均为近程
MEDIUM	中模式。数据为近程、代码允许远程
COMPACT	压缩模式。代码为近程,数据允许为远程。但任何一个数据段所占内存不超过 64KB
LARGE	大模式。数据和代码均允许为远程。但任何一个数据段不可超过 64KB
HUGE	巨型模式。数据和代码均允许为远程。且数据语句所占内存也可大于 64KB

3）段语句

简化的段定义语句用来表示一个段的开始,同时也说明前一个段的结束。若这个段是程序中的最后一个段,则该段以 END 结束。简化段语句有 7 种,如表 4.3 所示。

表 4.3 简化段语句

段语句名	格式	功能
代码段语句	. CODE[名字]	定义一个代码段。如有多个代码段,要用名字区分
堆栈段语句	. STACK[长度]	定义一个堆栈,并形成 SS 及 SP 初值。(SP) = 长度,如省略长度,则(SP) = 1024
初始化近程数据段语句	. DATA	定义一个近程数据段。当用于与高级语言程序连接时,其数据空间要赋值
非初始化近程数据段语句	. DATA?	定义一个近程数据段。当用于与高级语言程序连接时,其数据空间只能用“?”定义,表示不赋初值
常数段语句	. CONST	定义一个常数段。该段是近程的,用于与高级语言程序连接。段中数据不能改变
初始化远程数据段语句	. FARDATA [名字]	定义一个远程数据段。且其数据语句的数值应赋初值。用于与高级语言程序连接
非初始化远程数据段语句	. FARDATA? [名字]	定义一个远程数据段,但其数据空间不赋初值,只能用“?”定义数值。用于与高级语言程序连接

对采用简化的段定义,需要说明两点:

(1) 与高级语言程序连接的数据,必须把常数与变量分开,变量中需把赋初值与不赋初值的分开,并分别定义在 . CONST、. DATA/. FARDATA 和 . DATA? /. FARDATA? 中。远程数据段只能在压缩模式、大模式和巨型模式中使用。其他数据段和代码段可在任何模式下使用。

(2) 独立汇编的汇编语言程序只用前述的 DOSSEG、. MODEL、. CODE、. STACK 和 . DATA 五种简化语句,并且不区分常数与变量以及赋初值与不赋初值。在 . DATA 语句定义的段中,所有数据语句均可使用。

独立汇编的汇编语言程序的一般格式如下：

```
DOSSEG
.MODEL SMALL
.STACK [长度]
.DATA
  …
.CODE

启动标号: MOV    AX,@DATA        ;或 MOV    AX,DGROUP
          MOV    DS,AX
            …                    ;可执行语句
          MOV    AH,4CH          ;返回 DOS
          INT    21H
          END    启动标号
```

这种简化段的源程序结构中只有一个堆栈段、一个数据段和一个代码段。代码段长度可达64KB，数据段与堆栈段是一组，总长度可达到64KB，组名为DGROUP。给数据段赋初值时，既可赋组名(DGROUP)，也可赋数据段名(@DATA)。给CS、(E)IP寄存器和SS、(E)SP寄存器赋初值则由系统装入程序时自动完成。

4.2.3 数据定义伪指令

1. 符号定义伪指令

符号定义伪指令将程序中重复使用的表达式、标识符、常量等定义为符号。

伪指令格式：

```
符号名  EQU    表达式
```

其中表达式是任何有效操作数且结果为常数的表达式，也可以是助记符。

例如：

```
COUNT  EQU    256
B      EQU    [BP+8]
P8     EQU    DS:[BP+8]
LPN    EQU    LP1+12H        ;给 LPN 赋地址表达式
SSB    EQU    STOSB
```

如果在EQU语句表达式中出现变量或符号，它们应在之前已经定义，这样表达式才有效，否则汇编时提示出错。例如，上例第四条语句的LP1应该在该语句前已定义。

一个与EQU语句功能类似的语句是“=”伪指令。该伪指令定义常量或者结果是常数的表达式为符号，并且能重新赋值而无需用PURGE语句解除。例如：

```
EMP=16
EMP=17
EMP=EMP+1
```

2. PURGE 伪指令

伪指令 PURGE 用来解除已定义的符号赋值关系，也能解除已经定义的宏(后面讲到)。

伪指令格式：

```
PURGE   符号名/宏指令名 1[,符号名/宏指令名 2,…]
```

用伪指令 PURGE 解除的符号名或宏定义名可重新定义。

3. 数据定义伪指令

数据定义伪指令为操作数分配并初始化存储单元。变量名表示该存储单元的符号地址。程序中可通过变量名存取存储单元数据。

伪指令格式：

```
[变量名]助记符   操作数,…,操作数[;注释]
```

其中：

变量名标识符是存放操作数存储单元的符号地址，表示分配存储单元的首地址(逻辑地址)。变量名也可以没有，此时仍然分配存储单元，但没有起始符号地址。

操作数字段是若干个操作数。多个操作数以逗号分隔。操作数可以是数值表达式、ASCII 字符串、地址表达式等。

助记符字段是定义变量的伪指令，常用的有 DB、DW、DD 等。

(1) DB 伪指令定义字节变量，每个被定义的操作数占 1B 存储单元。操作数取值范围是 00H ~ 0FFH。

(2) DW 伪指令定义字变量，每个被定义的操作数占有 2B 存储单元。其中低位字节存放在低位地址单元中，高位字节存放在高位地址单元中。

(3) DD 伪指令定义双字变量，每个被定义的操作数占有 4B 存储单元。双字操作数按照低位字节存在低位地址单元、高位字节存在高位地址单元的原则来存放。

数据定义伪指令的具体形式和功能有以下几种。

(1) 分配存储单元，变量名作为存储单元的符号地址，并初始化存储单元。初值可以是立即数或表达式。

数据定义示例如下，内存分配示意图如图 4.1 所示。

```
VAR1      DB     15H
VAR2      DW     6789H
SUM       DD     12345678H
AD0809    EQU    0471H
PORTIN    DW     AD0809 +2
```

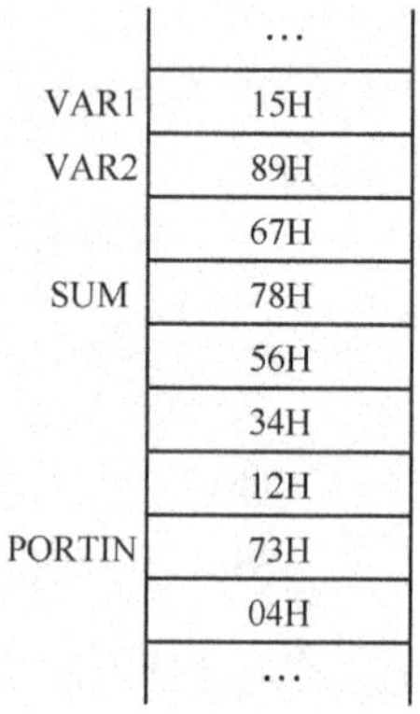

	…
VAR1	15H
VAR2	89H
	67H
SUM	78H
	56H
	34H
	12H
PORTIN	73H
	04H
	…

图 4.1　内存分配示意图

(2) 问号"?"操作数分配若干字节/字/双字存储单元，但并不初始化。例如：

```
RESULT    DW?         ;为变量 RESULT 预留 2B 单元
SUM       DB?         ;为变量 SUM 预留 1B 单元
```

内存分配示意图如图 4.2 所示。

(3) 逗号分隔若干个操作数，用于定义数据表(数组)。例如：

```
TAB1    DB 0,1,4,9,16,25        ;定义了一个字节表
TAB2    DW 1,10,100             ;定义了一个字表
```

内存分配示意图如图 4.3 所示。

当数据表中有相同的操作数时，则用重复操作符 DUP 定义。例如：

```
ARR     DB 1,1,1,1
```

用 DUP 定义时写成

```
ARR     DB 4 DUP(1)
```

内存分配示意图如图 4.4 所示。

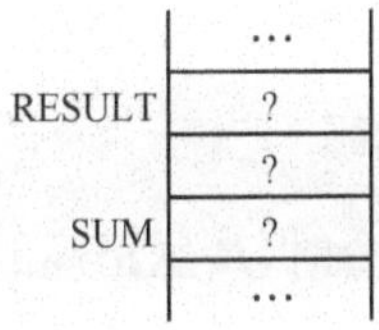

	…
RESULT	?
	?
SUM	?
	…

图 4.2　内存分配示意图

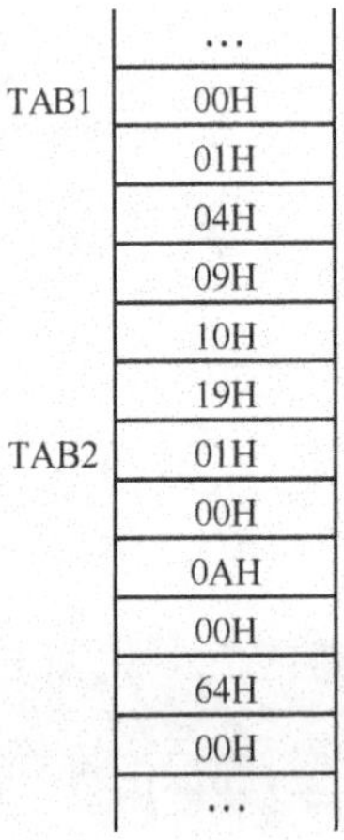

	…
TAB1	00H
	01H
	04H
	09H
	10H
	19H
TAB2	01H
	00H
	0AH
	00H
	64H
	00H
	…

图 4.3　内存分配示意图

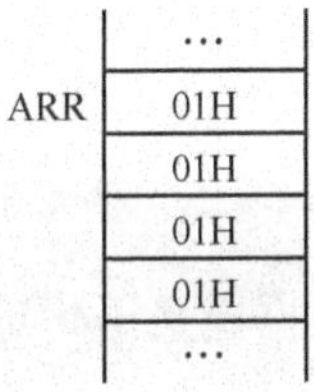

	…
ARR	01H
	01H
	01H
	01H
	…

图 4.4　内存分配示意图

DUP(　)括号中的操作数可以是立即数、常量、表达式、问号(？)以及 DUP 项等。例如：

```
EX      DB 2 DUP(1,2 DUP(2,3),?)
```

该语句定义的 1,2,3,2,3,? 字节数据重复 2 次，占 12B 单元。内存分配示意图如图 4.5 所示。

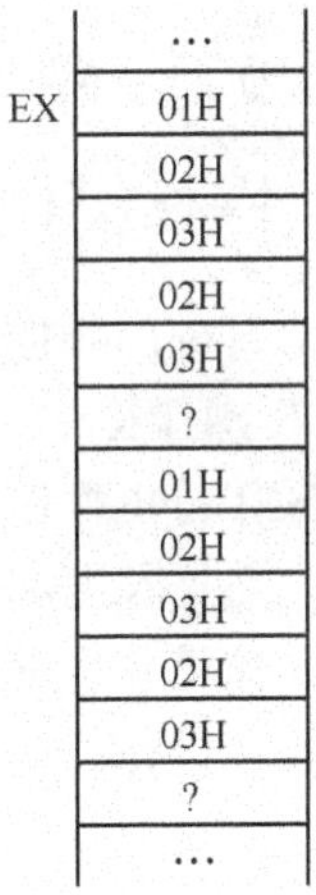

	…
EX	01H
	02H
	03H
	02H
	03H
	?
	01H
	02H
	03H
	02H
	03H
	?
	…

图 4.5　内存分配示意图

(4) DB 伪指令定义字符串。字符串中的每个字符用它的 ASCII 码来表示，占用 1B 存储单元。例如：

```
STR     DB 'This is a string!',0DH,0AH
```

该语句定义了一个 17 个字符的字符串，其中 0DH、0AH 是回车的 ASCII 码。

当字符串的长度不超过两个字符时，也可以用 DW 伪指令来定义，但与用 DB 定义的内存分配与初始化结果并不相同。例如：

```
ST1DB '12'          ;[ST1] = 31H,       [ST1 +1] = 32H
ST2DW '12'          ;[ST2] = 32H,       [ST2 +1] = 31H
```

```
ST3DW '12','34'        ;[ST3] = 32H,        [ST3+1] = 31H
                       ;[ST3+2] = 34H,      [ST3+3] = 33H
```

内存分配示意图如图4.6所示。

(5) 当操作数是标号或变量时,DW/DD伪指令用标号或变量的偏移地址/段地址与偏移地址初始化存储单元。例如:

```
VAR     DB 12H
DADD    DW VAR          ;变量DADD的初值是VAR的偏移地址
FADD    DD VAR          ;变量FADD的初值是VAR的段地址与偏移地址
```

内存分配示意图如图4.7所示。

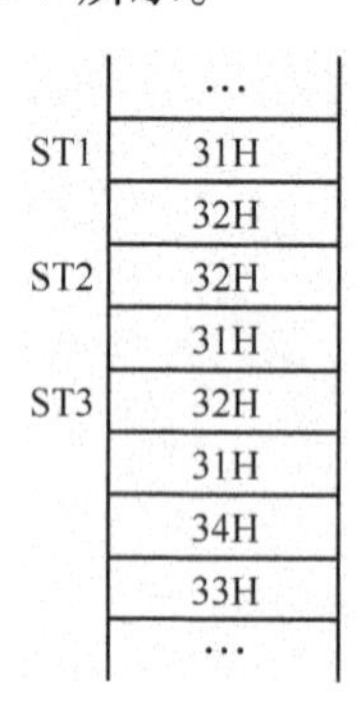

图4.6 内存分配示意图

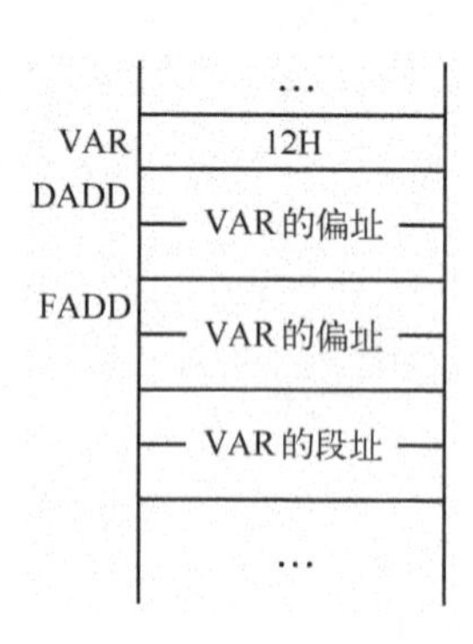

图4.7 内存分配示意图

(6) 数据定义语句定义了变量的类型,确保汇编存取存储单元指令时,产生正确的目标代码。例如:

```
VAR     DW     ?
    ……
MOV     VAR,10H          ;此处10H作为字数据来对VAR单元初始化
```

4.2.4 操作符伪指令

汇编语言中的操作符包括分析操作符、合成操作符以及其他操作符。

1. 分析操作符

分析操作符也称作数值返回操作符,把变量或标号分解为它的属性组成,如段地址、偏移地址、类型、数据长度和字节总数,并且返回表示结果的数值。

分析操作符包括段地址操作符(SEG)、偏移地址操作符(OFFSET)、变量类型操作符(TYPE)、长度操作符(LENGTH)和字节总数操作符(SIZE),含义如表4.4所示。

表4.4 分析操作符表达式含义

分析操作表达式	表达式含义
OFFSET 变量名或标号	返回变量或标号所在段的偏移地址
SEG 变量名或标号	返回变量或标号所在段的段地址
TYPE 变量名或标号	返回变量或标号的类型
LENGTH 变量名	返回变量的长度
SIZE 变量名	返回变量所占内存单元的字节数

（1）段地址操作符 SEG。SEG 置于变量名或标号前，得到该变量或标号所在段的段地址。

（2）偏移地址操作符 OFFSET。OFFSET 置于变量名或标号前，得到该变量或标号在段内的偏移地址。

【例 4.8】 设数据段 DATA 的逻辑地址为 0200H:0000H，数据段如下：

```
DATA    SEGMENT
        VAR1    DB  20,30
        VAR2    DW  2000H,3000H
        VAR3    DD  22002200H,33003300H
DATA    ENDS
```

则

```
MOV    BX,SEG     VAR1           ;汇编成 MOV   BX,0200H
MOV    BX,SEG     VAR2           ;汇编成 MOV   BX,0200H
MOV    BX,SEG     VAR3           ;汇编成 MOV   BX,0200H
MOV    DX,OFFSET     VAR1        ;汇编成 MOV   DX,0000H
MOV    DX,OFFSET     VAR2        ;汇编成 MOV   DX,0002H
MOV    DX,OFFSET     VAR3        ;汇编成 MOV   DX,0006H
```

（3）类型操作符 TYPE。操作符 TYPE 返回变量或标号类型的数值。如果操作数是变量，则返回值为字节数。字节/字/双字/8B/10B 变量的返回值分别是 1/2/4/8/10。如果操作数是标号，当标号属性为 NEAR 时返回 -1，当标号属性为 FAR 时返回 -2。

（4）长度操作符 LENGTH。LENGTH 操作符置于变量前面，返回变量使用重复数据定义符 DUP 的重复次数；如果没有用 DUP 定义，返回值总是 1 。

【例 4.9】 设某数据段定义如下：

```
VAR1    DW  100 DUP(?)
VAR2    DW  10,20,30
```

则

```
LENGTH VAR1 = 100,LENGTH VAR2 = 1
```

（5）字节总数操作符 SIZE。SIZE 操作符置于变量前面，用于返回变量所占内存单元字节的总数，该总数等于 LENGTH 和 TYPE 两个操作符返回值的乘积。

【例 4.10】

```
ARRAY   DW 20H DUP(0)        ;ARRAY 被定义成 20H 个字数据的数组
    ……
MOV     AL,SIZE ARRAY        ;等效为 MOV AL,40H
```

2. 合成操作符

合成操作符用于改变变量或标号的属性，也称为属性修改操作符。合成操作符包括：类型修改（PTR）、短转移（SHORT）、类型指定（THIS）和段超越操作符（:）等。

（1）类型修改 PTR 操作符。PTR 操作符格式：

```
类型    PTR    表达式
```

其中,类型可以是 BYTE、WORD、DWORD、NEAR、FAR。该操作将表达式所指定的变量、标号的类型属性临时性地指定为 PTR 左边类型。该临时修改在包含 PTR 操作符的语句内有效。

【例 4.11】
```
VAR1    DW 2030H                ;VAR1 被定义成字变量
```
则
```
MOV    AL,BYTE PTR VAR1         ;仅在此语句中临时将 VAR1 修改为字节变
                                ;量,(AL) =30H
```

【例 4.12】
```
INCHS:CMP    SUM,100
      …
      JMP    INCHS              ;标号 INCHS 类型为 NEAR,JMP 为段内跳转
      …
MILES EQU    FAR PTR INCHS      ;标号 MILES 与 INCHS 的地址相同,
                                ;但被修改成 FAR 类型
      …
      JMP    MILES              ;JMP 为段间跳转
      …
```

(2) 段超越操作符。段超越操作符临时指定变量、标号或地址表达式段属性。段超越操作符的格式:

```
段名/段寄存器名:地址表达式
```

例如:

```
MOV AL,ES:[BX +3]
```

其中,"ES:"为段超越前缀,冒号前的段寄存器 ES 在该指令中临时指定在附加段中寻址操作数,即 ES:[BX +3]。如果没有段超越前缀"ES:",则[BX +3]寻址的操作数在当前数据段中。

(3) 短转移操作符 SHORT。当 JMP 指令目标地址与 JMP 指令之间的距离在 8 位补码数范围内时,汇编程序用 SHORT 操作符将该 JMP 指令汇编成 2B 的目标代码。例如:

```
JMP        SHORT   NEAR_LABLE
```

其中,目标标号 NEAR_LABLE 与 JMP 指令间的相对位移量在 -128 ~ +127B 的范围内。如果没有 SHORT 操作符,上述指令被汇编成 3B 目标代码。

(4) LABEL 操作符。LABEL 操作符为当前存储单元定义指定类型的标号或变量。LABEL 操作符能使得所定义的数据块(存储单元)或标号具有多重名字和属性。

LABEL 操作符格式:

```
变量或标号   LABEL   类型
```

例如:

```
WVAR      LABEL     WORD
ARRAY     DB   1,2,3,4              ;将 ARRAY 定义成字节类型的数据区
          ……
          MOV AL,ARRAY              ;(AL) =01H
```

```
MOV AX,WVAR                ;(AX)=0201H
```

WVAR和ARRAY两个变量指向同一存储单元,具有相同的段址、偏移地址属性,但是变量类型不同。可根据不同类型来操作数据块中的数据。

(5) 类型指定THIS操作符。THIS操作符格式:

```
THIS    类型
```

THIS操作符指定或补充说明变量或标号的类型。其中,变量类型可以是BYTE、WORD、DWORD,标号的类型为NEAR或FAR。THIS操作符与EQU配合使用,功能与LABEL相同。

例如:

```
WVAR   EQU    THIS  WORD
ARRAY  DB     1,2,3,4          ;与上面LABEL定义的效果一样
```

3. 其他操作符

(1) 圆括号操作符。圆括号操作符()用于改变运算的优先级。

(2) 方括号操作符。方括号[ ]及内部地址表达式表示寻址内存操作数。方括号的另一个作用是表示数组下标,下标可以是常数、算术表达式、16位或32位的寻址方式表达式。

(3) 与结构化变量有关的运算符。该类操作符用于访问结构化变量的域,如初始化结构化变量,取域、字段属性值。包括点操作符(.)、尖括号操作符 < >、返回字段屏蔽码操作符(MASK)和返回记录宽度操作符(WIDTH)。

(4) HIGH、LOW操作符。HIGH、LOW操作符分别用于分离高低字节数据。例如:

```
MOV    AL,HIGH  8967H      ;(AL)=89H
MOV    AL,LOW  8967H       ;(AL)=67H
```

4. 运算符与操作符的优先级

多个运算符和操作符同时出现在一个表达式中时,具有不同的运算优先级。运算符的优先级规定如表4.5所示。优先级相同的运算符操作顺序为从左到右。表中的"+、-"单目运算符是指正、负号,是单操作数运算符;"+、-"双目运算符是指加、减符号,属于双操作数运算符。

表4.5 运算符与操作符的优先级

优先级		运算符
高 ↑ | | | 低	1	LENGTH、SIZE、WIDTH、MASK、( )、[ ]、< >
	2	PTR、OFFSET、SEG、TYPE、THIS
	3	HIGH、LOW
	4	+、-(单目)
	5	*、/、MOD、SHL、SHR
	6	+、-(双目)
	7	EQ、NE、LT、LE、GT、GE
	8	NOT
	9	AND
	10	OR、XOR
	11	SHORT

4.2.5 过程与宏定义伪指令

1. 过程定义伪指令

程序设计中常常把具有相对独立功能的程序段设计成一个子程序。汇编语言源程序中，子程序称为“过程”(PROCEDURE)。

过程定义伪指令格式：

```
过程名  PROC    [NEAR/FAR]
        …
        [RET]
        …
        RET
过程名  ENDP
```

过程定义从 PROC 伪指令行开始，到 ENDP 伪指令行结束。每个过程需有一个名字，称为过程名。过程定义两条语句中的过程名必须相同。过程定义伪指令 PROC 和 ENDP 需成对出现，在 PROC 和 ENDP 之间至少有一条返回指令 RET，以返回调用它的程序。

参数 NEAR/FAR 是过程的类型属性。过程参数 NEAR 表示近过程。近过程只能被同一逻辑段的程序调用，即段内调用。NEAR 参数省略时，系统默认为 NEAR 属性。过程参数 FAR 表示为远过程。远过程能被本段和其他段的程序调用，即段间调用。定义远过程时，参数 FAR 不能省略。

过程允许嵌套调用，即在过程中调用其他过程；还可以递归调用，即在过程体中调用过程本身，相应的过程称为递归过程。

过程和逻辑段可相互嵌套。即：过程可以完全包含一个逻辑段，而段也可以完全包含过程，但它们不能交叉覆盖。

2. 宏定义伪指令

在汇编语言中，将经常用到的程序段定义成一条宏指令，该操作称为宏定义。宏定义之后，用该宏指令替代所定义的程序段，该操作称为宏调用。汇编时，宏指令被自动替换为宏体，扩展成原来的程序段，该过程称为宏扩展。

1）宏定义

宏定义伪指令格式：

```
宏指令名    MACRO [形式参数1,形式参数2,…]
                …            ;宏体
            ENDM
```

宏指令名代表定义的宏体内容。MACRO 是宏定义符，到 ENDM 定义结束。

宏定义伪指令中允许带参数，带参数宏指令通用性较强。宏定义中的参数称为形式参数(dummy parameter)。多个形式参数以逗号分开。

宏指令定义实际上为指令系统增加了一条新指令。宏定义之后，在程序中可以像使用 CPU 指令一样，对它进行任意次调用。

宏指令必须先定义后调用。宏定义允许嵌套，即宏定义体中可以包括另一个宏定义，而且宏定义体中也可以有宏调用,但要求先定义后调用。

2)宏调用

在源程序语句行中出现宏指令名称为宏调用。

宏调用伪指令格式:

```
宏指令名    [实参数1,实参数2,…]
```

实参数(actual parameter)为常数、寄存器、存储器操作数、地址或表达式、以及指令助记符或助记符的一部分。为使参数出现在指令助记符中,采用 & 符号进行连接。

例如:

```
ex  MACRO   cmd,LL
    CMP     AX, BX
    J&cmd   LL
    ENDM
```

上例中的"J&cmd"就是通过 & 符号连接 J 与形式参数 cmd。在上述宏定义后的宏调用可写成

```
ex    G,L1
ex    BE,L2
```

一般情况下,实参数与形式参数的个数与顺序一一对应。但参数个数也可不等。当实际参数多于形式参数时,多余的实际参数被忽略;当实际参数少于形式参数时,多余的形式参数为空。

宏体内的标号需用 LOCAL 伪指令说明为局部标号,避免多次调用宏时,发生标号重复定义错误。

LOCAL 伪指令格式:

```
LOCAL  标号1[,标号2,…]
```

3)宏扩展

汇编程序展开宏指令时,在展开的指令前加符号"+"进行标识。

【例 4.13】 定义宏指令,实现两个字节单元之间数据传递。

```
MOVXY    MACRO  ADDS,ADDD
         PUSH   AX
         MOV    AL,[ADDS]
         MOV    [ADDD],AL
         POP    AX
         ENDM
```

宏指令 MOVXY 的宏调用如下所示:

```
    ......
MOVXY    X,Y
    ......
```

当汇编到 MOVXY 宏调用时,宏体被展开到宏指令所在的位置,以代替宏指令产生目标代码。该过程称为宏扩展。汇编程序在由宏扩展产生的指令前冠以"+"。例如:

```
+PUSH    AX
+MOV     AL,[X]
+MOV     [Y],AL
+POP     AX
```

【例 4.14】 定义宏指令,实现参数的传递。

宏定义如下:

```
SHIFT    MACRO X,Y,Z
         MOV    CL,X
         S&Z    Y,CL
         ENDM
```

宏调用及扩展后的指令语句如下:

```
SHIFT    4,AL,AL       ;+MOV   CL,4
                        +SAL   AL,CL
SHIFT    6,DX,AR       ;+MOV   CL,6
                        +SAR   DX,CL
SHIFT    2,SI,HR       ;+MOV   CL,2
                        +SHR   SI,CL
```

4) 宏与过程的比较

宏调用和过程调用都能简化源程序,减少了程序出错可能性。宏和过程的主要区别如下:

(1) 宏操作可以直接传递和接收参数,而过程不能直接带参数。子程序通过堆栈、寄存器或存储器传递参数,编程比宏调用复杂。

(2) 子程序无论被调用多少次,仅被汇编一次,即只有一段目标代码;而宏指令调用多少次则汇编多少次,每次调用都要在程序中展开并保留宏体每一行。

(3) 引入宏操作不会在执行目标代码时增加额外的时间开销;过程调用时,由于要保护现场及恢复断点,因此会增加程序执行时间。

(4) 宏指令在宏汇编时完成;子程序调用在执行指令时完成。

因此,宏汇编适合于代码较短,传递参数较多的子功能段使用,子程序适合代码较长,调用比较频繁的子功能段使用。

4.2.6 结构定义伪指令

结构将不同类型的数据组合成为特定形式的数据结构。

1. 结构类型说明语句

结构类型说明语句是 STRUC 伪指令和 ENDS 伪指令。结构体从 STRUC 伪指令定义开始,到 ENDS 伪指令定义结束。

结构类型说明语句格式:

```
结构名  STRUC
        ……                    ;结构体,由数据定义语句构成
结构名  ENDS
```

结构名是所定义结构的标识符。结构体由多个数据项组成,称为结构的域。例如:

```
wavedata    STRUC
            fsample     DW  ?
            datawidth   DB  ?
            length      DW  ?
wavedata    ENDS
```

该结构定义了 wavedata 结构类型,由字变量 fsample、字节变量 datawidth 和字变量 length 三个分量组成。结构定义通常放在数据段前面,而在数据段用定义过的结构或联合体名来定义数据。

2. 结构变量说明与赋初值语句

结构定义产生了一个用户数据类型。用该数据类型定义数据变量后才能使用。结构变量说明语句的格式:

```
[变量名] 结构名 <[域值表]>
```

该伪指令在定义结构变量时对其分配存储空间,并赋初值。该语句与用 DB/DW/DD 定义指令字节/字/双字变量类似。

3. 结构的引用

访问结构变量中的域有如下 2 种方式:

```
结构变量名.域名
[基址或变址寄存器].域名
```

例如,上述 wavedata 结构的变量定义、赋初值以及引用如下:

```
snd     wavedata   <1000,2,2000>     ;定义结构变量 snd
    ……
MOV     AX,snd.fsample
MOV     DX,snd.length
```

上述引用也可以采用如下的方式:

```
MOV     BX,OFFSET snd
MOV     AX,[BX].fsample
MOV     DX,[BX].length
```

4.2.7 模块定义伪指令

汇编源程序可以有多个模块组成,每个模块是一个独立的汇编单位。在操作系统中,汇编源程序是一个 *.ASM 文件。汇编源程序的模块与汇编源程序的文件是一一对应的。

为了进行连接和相互访问连接在一起的模块之间的符号,常常使用 NAME/END、PUB-

LIC、EXTRN 等伪指令。

1. NAME/END 伪指令

NAME 和 END 伪指令定义一个可以独立编写及汇编的程序模块。

模块定义的格式：

```
NAME  模块名      ;为模块命名
      ……          ;模块内语句
END   [标号]      ;结束模块,说明该模块到此结束
```

NAME 伪指令可以缺省,此时,汇编程序以 TITLE 指令中前 6 个字符作为模块名。

2. PUBLIC/EXTRN 伪指令

全局符号定义及引用伪指令 PUBLIC、ENTRN 实现程序各模块之间数据或过程的互访和共享。

PUBLIC/ENTRN 伪指令的格式：

```
PUBLIC    名字[,名字,…]
EXTRN     名字:类型[,名字:类型,…]
```

其中,名字可以是标号、变量名、过程名或由 EQU(或 =)伪指令定义的符号名。类型可以是 BYTE、WORD、DWORD、NEAR、FAR 和 ABS 等。

在一个模块内由 PUBLIC 定义过的名字为全局符号,允许程序中其他模块直接引用。EXTRN 说明本模块中使用的名字已在程序的其他模块中定义并被说明为 PUBLIC,类型与其他模块中定义的名字类型一致。这两条伪指令需配对使用。

4.3 汇编语言程序设计的上机过程

汇编语言程序设计的上机过程包括编辑源程序、汇编与连接、调试与执行等过程。

首先,用编辑程序(常用的编辑程序是 EDIT 程序)创建扩展名是 ASM 的汇编语言源程序。然后,用宏汇编 MASM 或者小汇编 ASM 将源程序转换成用二进制码表示的目标文件,目标程序文件扩展名为 OBJ。在汇编过程没有语法或格式错误之后,再经过连接程序(LINK)把目标文件与库文件或其他目标文件连接在一起,生成可执行的 EXE 文件。汇编语言程序在 DOS 环境上机及处理的过程如图 4.8 所示。

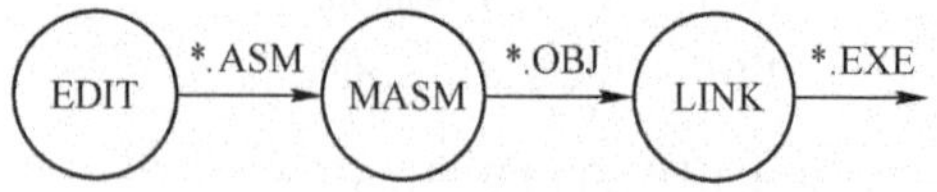

EDIT —*.ASM→ MASM —*.OBJ→ LINK —*.EXE→

图 4.8 汇编程序的处理过程

可执行文件执行完成之后返回 DOS 操作系统。因此在汇编语言源程序中应正确设置返回 DOS 的接口,以便在用户程序运行结束时将控制权交还给 DOS 操作系统。

4.3.1 汇编语言程序的开发过程

1. 建立汇编语言源程序

假设当前的工作目录是 D:\MASM。在 DOS 提示符下键入如下命令：

```
D:\MASM>EDIT   TEST.ASM
```

出现图4.9所示的界面。TEST是源程序的文件名。在该编辑环境下输入汇编语言源程序的所有语句行，输入完之后保存文件，则在当前目录下就建立了TEST.ASM源程序文件。

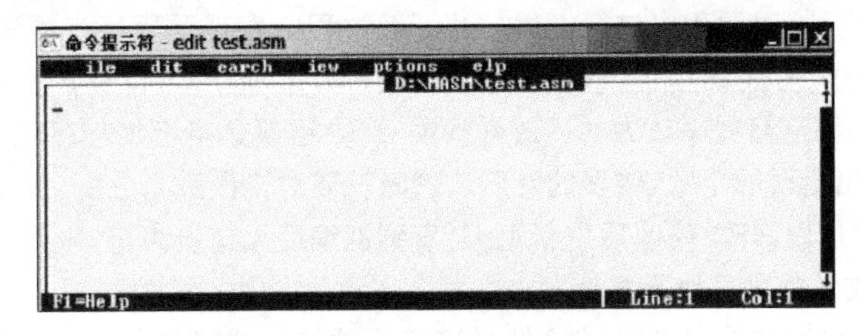

图4.9　编辑ASM源程序的界面

如果TEST.ASM已经存在，那么在当前目录下键入上述命令时，将重新打开该文件，以便对它进行修改，修改完毕保存退出。

2. 将汇编源程序汇编成目标文件

汇编源程序（即ASM文件）时，汇编程序对ASM源代码扫描两遍。若程序中有语法错误，则汇编结束后指出源程序中的错误。通过编辑程序修改源程序中的错误，再次汇编，直到最后得到无错误的目标文件，即OBJ文件。

汇编程序ASM或宏汇编程序MASM实现汇编功能。MASM的功能比ASM强，但MASM占用较多的内存空间。汇编程序的主要功能可以概括为以下几点：

（1）将汇编语言源程序翻译成机器语言目标代码。

（2）为代码段、数据段等逻辑段分配存储空间。

（3）将各种进制的数据转换成二进制数，把字符转换成ASCII码，计算表达式的值等。

（4）对源程序进行语法、格式检查，定位错误并给出信息等。

（5）展开宏指令。

汇编时，在包含宏汇编程序以及源程序的目录下，输入以下命令行：

D:\MASM > **MASM**　TEST.ASM

屏幕显示以下信息：

```
Microsoft(R)   Macro Assembler Version 5.0
Copyright(C)   Microsoft Corp 1981 - 1985,1987,All rights reserved

Object filename[TEST.OBJ]:
Source listing[NUL.LET]:TEST
Cross - reference[NUL.CRF]:TEST

50486 + 303948 Bytes symbol space free
0 Warning Errors
0 Severe Errors
```

上述信息首先提示了版本号，然后出现3个提示行。第一个提示行要求输入目标程序文件名，如果直接按回车则采用默认的目标程序文件名。第二个提示行询问是否建立列表文件，如要建立,则要输入文件名然后回车;如果不需要建立,就直接回车。第三个提示行询问是否要建立交叉索引文件。

接着汇编程序开始对源程序进行汇编。若汇编过程中发现源程序有语法错误,则列出有错误的语句行和错误的代码。错误分为警告错误(Warning Errors)和严重错误(Severe Errors)。警告错误是指汇编程序认为的一般性错误;严重错误是指汇编程序认为无法进行正确汇编的错误,并给出错误的个数、错误的性质。这时就要对错误进行分析,找出问题和原因,然后再调用编辑程序加以修改,修改后重新汇编,直到汇编后无错误为止。

3. 连接目标文件生成可执行文件

汇编后产生的目标文件(OBJ 文件)经过连接后才能生成可执行文件。连接程序并不是专为汇编语言设计的。如果一个程序是由若干个模块组成的,也可通过 LINK 连接程序将它们连接在一起。这些模块可以是汇编程序产生的目标文件,也可以是高级语言编译程序产生的目标文件。

连接时,在包含宏汇编程序以及源程序、目标文件的目录下,输入以下命令行:

```
D:\MASM >LINK   TEST
```

屏幕上显示以下信息:

```
Microsoft(R)   Overlay Linker Version 3.60
Copyright(C)   Microsoft Corp 1983 - 1987,All rights reserved


Run File[TEST.EXE]:
List File[NUL.MAP]:
Libraries[.LIB]:
```

连接信息首先显示了连接程序的版本信息。然后输入生成的可执行文件的名字,按回车时采用默认的文件名。接着询问是否要建立映像文件以及是否要用到库文件。如果需要则应该输入相应的文件名,否则回车将其忽略。

输入相应信息后连接程序开始连接。若连接过程中有错误,则显示错误信息。分析错误信息后,要重新调入编辑程序进行修改,然后重新汇编,再经过连接,直至无错为止。连接成功之后产生可执行程序文件(EXE 文件)。

4. 程序的执行

产生可执行文件后,在可执行文件的路径下输入可执行文件的名字将执行该文件。如下面的示例所示:

```
D:\MASM >TEST
D:\MASM >
```

执行程序就是完成源代码要完成的功能,最后返回 DOS 操作系统。

4.3.2 汇编语言与 PC - DOS 的接口

在 DOS 环境下编写并运行汇编语言源程序时,必须在源程序中设置返回 DOS 的接口,以便汇编程序执行完成后程序控制能正确返回 DOS 操作系统。正确返回 DOS 主要有以下 3 种方法。

1. 标准序

汇编语言源程序经过汇编转换成目标程序，用连接程序进行连接和定位时，操作系统首先为每一个用户程序建立一个程序段前缀区(Program Segment Prefix，PSP)，长度为256B，主要用于存放用户程序的相关信息。然后在PSP的开始处(偏移地址为0000H)安排了一条INT 20H的软中断指令，执行该指令将使系统返回DOS管理状态。因此，用户在组织程序时，若能使程序执行完成后能够转去执行存放在PSP开始处的INT 20H指令，则可正确返回DOS。

在建立了PSP之后，操作系统将用户程序定位在PSP的下方，并设置段寄存器DS和ES的值，指向PSP开始处，即INT 20H存放单元的段地址(该单元的偏移地址是0000H)。因此，为保证用户程序执行完以后正确返回DOS，采取2个步骤：①将用户程序的主程序定义为FAR过程，其最后一条指令为RET；②在主程序的开始处将PSP所在段地址DS(或ES)保护进栈，然后将0000H(INT 20H指令存放单元的偏移地址)压入堆栈。这就是返回DOS的标准序方法，其语句有如下3条：

```
PUSH    DS          ;PSP段地址入栈
MOV     AX,0        ;偏移地址0000H入栈
PUSH    AX
```

因此在堆栈中就保存了PSP段地址和0000H偏移地址，即INT 20H的逻辑地址。当程序执行到主程序最后一条指令RET时，由于该过程定义为FAR，则从堆栈中弹出2个字到IP和CS，用户程序便转去执行INT 20H指令，使控制返回DOS。

需要强调的是，开始执行用户程序时，DS、ES并不设置在用户程序的数据段起始处。

2. DOS系统4CH号功能调用

使用DOS的4CH号功能调用返回DOS时，只需要在代码结束前加入以下两条语句：

```
MOV     AH,4CH
INT     21H
```

该方法是返回DOS最有效且兼容性最好的一种方法。

3. 其他方法

(1) 调用20H号软中断。调用时在代码段结束前加上如下的调用语句：

```
INT  20H
```

(2) 调用DOS的0号功能。调用时在代码段结束前加上如下的调用语句：

```
MOV     AH,0
INT     21H
```

上述方法不能用于.EXE格式可执行文件，只能用于小规模.COM格式的可执行文件。

4.4 汇编语言程序设计的基本方法

本节首先简述汇编语言程序设计的基本问题，然后介绍汇编语言程序设计主要方法。

4.4.1 编写汇编程序基本问题

1. 程序质量标准

衡量程序质量通常有4个标准:程序完整正确性;程序易读性;程序时间复杂度;程序空间复杂度。

上述4个标准中,最基本和主要的是程序正确完整。程序的易读性有利于程序的设计和维护。程序时间复杂度是实时系统的关键指标。当程序规模较大时,程序占用内存大小受到目标系统资源限制。程序语句行数与软件开发成本相关。

2. 汇编语言程序开发的一般步骤

汇编语言程序设计的一般步骤如下:

(1) 对目标问题进行抽象,表达成抽象数学模型。

(2) 确定求解数学模型的算法。

(3) 程序模块划分。通过画层次图确定各模块间的通信,实现模块划分。

(4) 画出模块的流程图。

(5) 规划分配内存单元和寄存器。

(6) 根据流程图编写程序。

(7) 上机调试与修改,最后测试检验。

上述步骤表明汇编语言程序开发是一个过程,包含分析、设计、编程、测试等环节。按照上述步骤开展程序设计工作能够有效地确保程序质量。

3. 程序流程图

程序流程图是一种图形表达工具。根据算法,该工具将解决问题的步骤和方法用图形表示出来,确定程序控制转向与结构。

从软件工程的角度来说,绘制程序流程图是程序详细设计的重要步骤,绘制完成的流程图是编码和测试的依据,也有助于提高程序开发的效率。

本书中的流程图采用国际标准。所用的主要符号如表4.6所示。

表4.6 流程图中的主要符号

流程图符号	符号意义
(矩形框)	矩形框表示各种处理的功能,框中用简明的语言表明所完成的处理功能。矩形框有一个入口和一个出口,用箭头表示
(菱形框)	菱形框表示判断,框内表明判断的条件。它有一个入口,但可以有若干个出口。各个出口处表明该出口的条件,通常用y或Y表示条件满足,用n或N表示条件不满足
(特定方框)	特定的方框表示特定处理,通常表示子程序、模块。框内表明程序名或模块名
(六边形)(扁圆形框)	端点框六边形表示程序流程的起点,扁圆形框表示程序的终点
(箭头)	带箭头的直线,表示程序的流向,它连接程序的各个流程图

4.4.2 顺序结构程序设计

程序的基本控制结构有顺序、分支和循环3种结构。任何程序结构都能用顺序、分支和循环结构的组合来实现。

程序的顺序结构是最基本的程序结构。顺序结构的程序在执行时按照先后次序,逐句顺序执行。顺序结构没有分支也没有循环,称为线性程序。编写顺序结构程序时,主要考虑先后数据或地址衔接关系,以便正确选择指令,以提高程序质量。

顺序结构主要应用在前后步骤明确、步骤之间具有先后顺序、无分支或循环的场合,如四则运算、查表、初始化、串操作等。下面举例说明顺序程序结构的设计方法。

【例4.15】 编写汇编语言程序实现2个32位无符号数相加。

在8086 CPU中,一条加法指令能实现16位加法运算,但是没有16位以上加法指令。对于32位数相加,可用16位加法指令从低位到高位通过2次加法来实现。

程序如下:

```
DATA  SEMENT
      NUM1  DW 1357H,2468H
      NUM2  DW 9753H,8264H
      SUMN  DW 3 DUP(?)
DATA  ENDS
CODE SEGMENT
    ASSUME  CS: CODE,DS:DATA
    BEGIN: MOV   AX,DATA
           MOV   DS,AX
           MOV   AX,NUM1
           ADD   AX,NUM2              ;低16位相加
           MOV   [SUMN],AX            ;保存低位和
           MOV   AX,[NUM1 +2]
           AD    CAX,[NUM2 +2]        ;高16位相加
           MOV   [SUMN  +2],AX        ;保存高位和
           MOV   AX,0
           ADC   AX,0                 ;处理最高进位
           MOV   [SUMN +4],AX
           MOV   AH,4CH
           INT   21H
    CODE   ENDS
           END BEGIN
```

【例4.16】 用查表方法将十六进制数转换成相应的ASCII码。

查表转换代码时,首先建立一个转换表TABLE。表中按照十六进制数从小到大的顺序存放与十六进制数对应的ASCII码。然后执行XLAT指令之前,设置好表首地址及要转换的数据。执行XLAT之后,读取转换完成的数据。这就是前后衔接的顺序关系。

参考代码如下:

```
DATA    SEGMENT
                                     ;定义代码转换表
        TABLE  DB 30H,31H,32H,33H,34H,35H,36H,37H
               DB 38H,39H,41H,42H,43H,44H,45H,46H
```

```
         HEX     DB 4                          ;待查十六进制数
         ASC     DB ?                          ;结果存放单元
DATA     ENDS
STACK    SEGMENT PARA STACK 'STACK'
         DW      64H DUP (?)
STACK    ENDS
CODE     SEGMENT
         ASSUME     CS:CODE,DS:DATA,SS:STACK
BEGIN:   MOV     AX,DATA
         MOV     DS,AX
         MOV     BX,OFFSET   TABLE             ;查找表首地址
         MOV     AL,HEX                        ;读取待查数据到 AL
         XLAT    TABLE                         ;查表
         MOV     ASC,AL                        ;查表结果送入 ASC
         MOV     AH,4CH                        ;返回 DOS
         INT     21H
CODE     ENDS
         END     BEGIN
```

4.4.3 分支结构程序设计

分支结构程序设计适用于依据不同条件执行不同处理的场合。执行程序时,根据输入条件,程序选择对应的处理方法与过程执行。

分支结构分为单分支、双分支和多分支 3 种结构,如图 4.10 所示。单分支和双分支结构通过条件语句和转移指令来实现,多分支结构通常通过跳转表来实现。

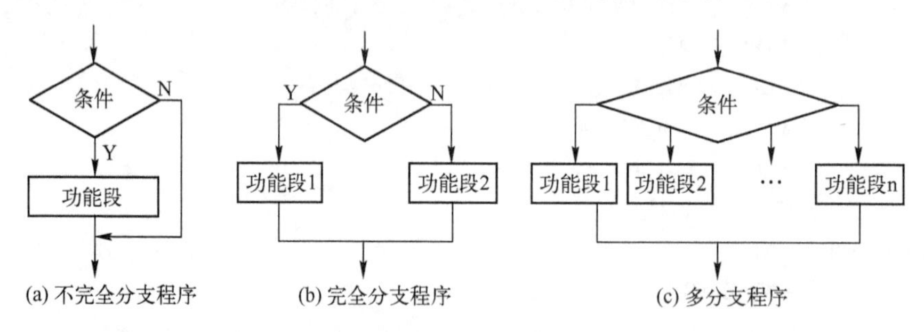

图 4.10　3 种分支程序结构

1. 利用条件建立和转移指令实现分支

分支结构根据不同条件执行不同程序功能段,设计分支结构程序的步骤如下。

(1) 建立条件。凡是能影响到状态标志位的指令语句或能得到明确结果的指令语句均可用来建立条件。建立条件最常用的指令有 CMP 指令、TEST 指令,其他指令有加减运算指令、逻辑运算指令等。

(2) 条件跳转。通过条件跳转指令实现条件跳转。

对于单分支结构程序,在建立分支结构程序时要注意条件的正与反。一般在条件不满足时跳转,即空分支;条件满足时执行操作。这样保证程序结构简化与流畅。

【例4.17】 求符号数X绝对值。

求X绝对值方法：当 $X \geq 0$ 时，输出 $Y = X$；当 $X < 0$ 时，输出 $Y = -X$。这是单分支程序。程序如下：

```
STACK   SEGMENT PARA STACK 'STACK'
        DW 256 DUP (?)
STACK   ENDS
DATA    SEGMENT
        XADR   DW 3456H,8192H
DATA    ENDS
CODE    SEGMENT
        ASSUME   CS:CODE,DS:DATA,SS:STACK
START:  MOV    AX,DATA
        MOV    DS,AX
        MOV    AX,XADR
        AND    AX,AX                 ;①建立条件
        JNS    DONE                  ;②条件判断
        NEG    AX                    ;③分支操作
        MOV    XADR,AX               ;④送回原处
DONE:   MOV    AH,4CH                ;⑤分支出口
        INT    21H
CODE    ENDS
        END    START
```

如果将条件判断改成JS DONE，则①~⑤程序段将改成：

```
        ……
        AND    AX,AX
        JS     DONE
        JMP    EXIT
DONE:   NEG    AX
        MOV    XADR,AX
EXIT:   MOV    AH,4CH
        ……
```

上述程序段中的跳转比原先多，破坏了程序简单性和清晰性，因而不是一个好的分支程序结构。因此在构造单分支结构时需要规划好条件判断。

【例4.18】 字变量X的符号函数可表示为

$$Y=\begin{cases}1, & X>0\\ 0, & X=0\\ -1, & X<0\end{cases}$$

根据X的值求出函数Y，并存于FUNCY存储单元中。

根据符号函数式画出流程图，如图4.11所示。该问题分支条件为：将X与0比较即可建立条件。

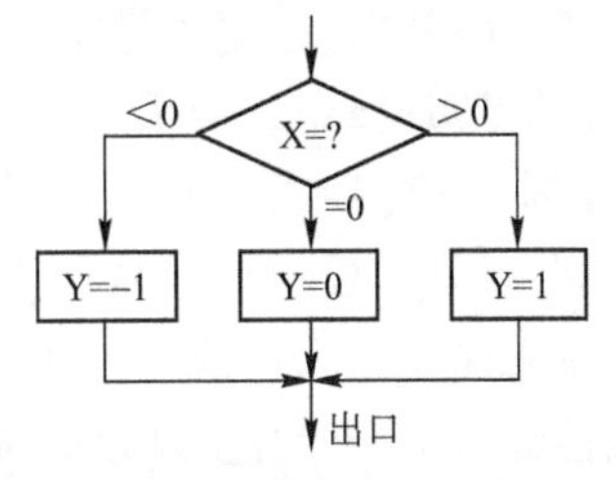

图4.11　实现符号函数的流程图

程序清单如下：

```
DATA    SEGMENT
        VARX   DW 0FFFFH           ;变量 X
        FUNCY  DW ?                ;函数 Y
DATA    ENDS
STACK   SEGMENT  PARA  STACK  'STACK'
        DW 20H DUP (?)
STACK   ENDS
CODE    SEGMENT
        ASSUME    CS:CODE,DS:DATA,SS:STACK
START:  MOV    AX,DATA             ;数据段的段基值装入 DS
        MOV    DS,AX
        MOV    AX,VARX
        MOV    BX,0
        CMP    AX,0                ;建立条件
        JGE    BIGER               ;条件判断
        MOV    BX,0FFFFH           ;(AX)<0 分支操作
        JMP    SAME                ;
BIGER:  JE     SAME                ;(AX)=0 分支操作
        MOV    BX,1                ;(AX)>0 分支操作
SAME:   MOV    FUNCY,BX            ;保存结果
        MOV    AH,4CH
        INT    21H
CODE    ENDS
        END    START
```

2. 利用跳转表实现分支

该方法用于多路分支程序结构。跳转表是一块连续的内存单元，其中存放各分支程序的入口地址，或存放跳转至各个分支程序的跳转指令，或存放与分支程序有关的关键字等。程序代码根据地址或指令在内存中所占存储单元的字节数，计算出目标地址，实现分支跳转。

1）地址表实现分支

根据表内地址实现分支的方法如下：

（1）将各分支子程序的入口地址按顺序存放在内存区域中（若是段内分支，则偏移地址在表中占 2 个单元，若是段间分支，全地址在表中占 4 个单元）。

（2）跳转前，根据关键字和入口地址存放的特点计算出子程序的入口地址。

（3）JMP 指令跳转至入口地址。

【例 4.19】 现有若干个程序段，每一程序段的入口地址分别是 SUB1，SUB2，…，SUBn。试编制一程序，根据指定的参数跳转至相应的程序段。

首先建立由入口地址组成的跳转表。表中每个字单元存放程序段入口偏址。设指定参数为线性编号 1 ~ n；当参数为 1 时，转移到 SUB1；当参数为 2 时，转移到 SUB2；……，以此类推。对应线性顺序，跳转表内地址按照 SUB1，SUB2，…，SUB_n 的次序顺序存放。计算跳转目标地址

方法为:参数减 1 后乘以 2 与表首地址相加,即为跳转目标地址。

程序如下:

```
DATA    SEGMENT
        TABLE  DW SUB1,SUB2,…,SUBn          ;定义跳转表
        PARAM  DB 3                         ;1 ~ n 中的任何数
DATA    ENDS
STACK   SEGMENT PARA STACK 'STACK'
        DW      10 DUP(0)
STACK   ENDS
COSEG   SEGMENT PARA STACK
        ASSUME   CS:COSEG,DS:DATA,SS:STACK
BEGIN:  MOV     AX,DATA
        MOV     DS,AX
        MOV     AL,PARAM
        MOV     AH,0
        DEC     AL                          ;①参数减 1
        SHL     AL,1                        ;②乘以 2
        MOV     BX,OFFSET TABLE
        ADD     BX,AX                       ;③加上偏移地址
        JMP     WORD PTR[BX]
SUB1:   …
        …
        JMP     END0
SUB2:   …
        …
        JMP     END0
SUB3:   …
        …
        JMP     END0
        …
SUBn    …
        …
END0:   MOV     AH,4CH
        INT     21H
COSEG   ENDS
        END     BEGIN
```

2）指令表实现分支

跳转表中也可存放转向各个子程序的转移指令。这里转移指令通常为 JMP 指令。JMP 指令占 3B 存储单元,据此通过运算获得跳转地址,即可转移到跳转表中相应转移指令位置,即找到 JMP 指令,实现程序跳转。跳转表定义在代码段中。

【例 4.20】 采用跳转指令表实现例 4.19 的功能。

```
DATA    SEGMENT
        PARAM DB 3
DATA    ENDS
STACK   SEGMENT PARA STACK 'STACK'
        DW      20 DUP(0)
STACK   ENDS
COSEG   SEGMENT PARA STACK
        ASSUME    CS:COSEG,DS:DATA,SS:STACK
BEGIN:  MOV     AX,DATA
        MOV     DS,AX
        MOV     BL,PARAM
        MOV     BH,0
        MOV     AH,0
        DEC     BL                    ;①参数减 1
        MOV     AL,BL
        SHL     AL,1                  ;②乘以 2
        ADD     AX,BX
        MOV     BX,OFFSET   TABLE
        ADD     BX,AX                 ;③加上偏移地址
        JMP     BX
TABLE:  JMP     SUB1
        JMP     SUB2
            …
            …
        JMP     SUBn
SUB1:   …
        …
        JMP     END0
SUB2:   …
        …
        JMP     END0
SUB3:   …
        …
        JMP     END0
        …
SUBn    …
        …
END0:   MOV     AH,4CH
        INT     21H
COSEG   ENDS
        END     BEGIN
```

4.4.4 循环结构程序设计

重复多次执行某个操作的程序采用循环程序结构，以简化程序设计。

1. 循环结构程序的组成

循环结构程序通常由以下4个部分组成。

(1) 循环初始化。循环初始化对循环体、循环控制等部分的对象赋初值，如设标志、地址指针，寄存器清零、变量赋初值、循环控制寄存器赋初值等。

(2) 循环体。循环体是循环结构中重复执行的部分，是循环的主体。循环体由基本操作组成。通过重复执行基本操作完成程序功能。

(3) 参数修改。修改计数器值、操作数的地址等，保证正确循环。

(4) 循环控制。控制循环继续还是结束。循环控制根据控制条件的特点灵活选择。如果是确定的循环次数，则选择计数控制循环；如果循环次数未知，则可建立条件控制循环。

2. 循环结构的基本类型

循环结构有2种类型：一种是“先执行后判断”结构，该结构先执行循环体，然后对循环控制判断，不满足条件则进行下一次循环，满足条件则退出循环，即UNTIL型循环；另一种是“先判断后执行”结构，先检查是否满足控制条件，满足条件时执行循环体，否则退出循环，即WHILE型循环。这2种循环结构如图4.12所示。

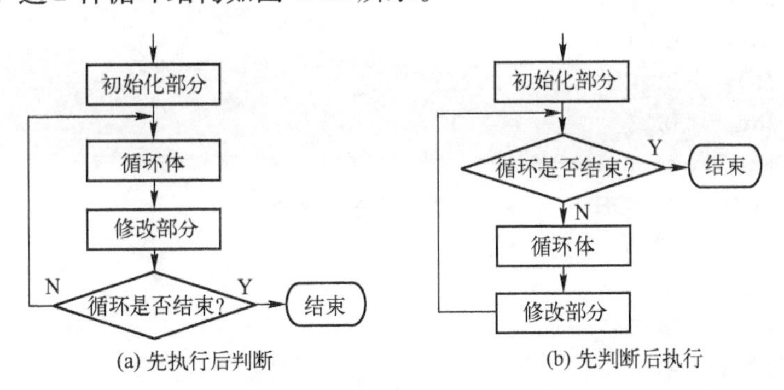

图4.12　循环结构的两种类型

循环允许嵌套，构成多重循环。多重循环程序设计方法与单循环程序设计相同。在多重循环中需要注意的是，内外循环的控制条件及循环体要层次分明，不能交错。例如，允许从内循环跳出到外循环，但不允许从外循环直接跳入到内循环。从外层循环通过正常入口进入内层循环时，将开始一次新的内循环。此时内循环的初始条件等参数需重置。

3. 循环控制方法

循环程序通过对循环控制状态判断来控制循环的运行和结束，因此循环控制设计是循环程序设计的重要环节。循环控制的方法通常有以下几种。

(1) 计数控制。适合循环次数确定的场合。设置计数值，通过循环加或减计数，达到计数值时循环结束。

(2) 条件控制。根据循环基本操作，判断经由运算建立的条件控制循环。

(3) 状态控制。根据事先设置或实时检测到的状态控制循环。

(4) 逻辑尺控制。多次循环过程中分别有不同操作，可建立逻辑尺(位串)来控制循环。

4. 循环结构程序举例

【例 4.21】 统计数据区负数个数。

设首地址为3000H 的字节数据区第一个单元存放数据个数,第二个单元存放数据,最后一个单元存放统计结果。为了统计数据区负数个数,根据数据符号位判断数据是否为负数并统计负数的个数。循环控制采用计数控制。

程序清单如下:

```
DATA    SEGMENT
        ......
DATA    ENDS
STACK   SEGMENT PARA STACK 'STACK'
        DW      64 DUP (?)
STACK   ENDS
CODE    SEGMENT
        ASSUME  CS:CODE,SS:STACK,DS:DATA
START:  MOV     AX,DATA
        MOV     DS,AX
        MOV     DI,3000H            ;初始化数据区首地址寄存器
        MOV     CL,[DI]
        XOR     CH,CH
        MOV     BL,CH
        INC     DI
A1:     MOV     AL,[DI]
        TEST    AL,80H              ;循环体基本操作
        JE      A2
        INC     BL
A2:     INC     DI
        LOOP    A1
        MOV     [DI],BL             ;保存结果
        MOV     AH,4CH
        INT     21H
CODE    ENDS
        END     START
```

【例 4.22】 字数据存放在 AX 中。编程统计该字数据中 1 的个数,统计结果存入 CX。

该程序可采用 WHILE 型的循环结构,并采用条件循环控制方式。AX 为 0 时退出循环统计操作。实现上述功能的程序段如下。

```
        MOV   CX,0
LP:     AND   AX,AX
        JZ    EXIT
        SAL   AX,1
        JNC   ZERO
        INC   CX
```

```
ZERO：JMP    LP
EXIT：  HLT
```

该程序也可采用计数方式的循环控制。相比于计数循环控制，上述条件循环控制避免AX中没有“1”时而继续循环的情况，提高了程序效率。

【例4.23】 软件延时程序。

执行程序指令需要占用时间，通常以所占总线周期数来计算。基于这个特点，通过程序可实现软件延时。采用多重循环嵌套则可实现任意时长的延时。

```
SOFTDLY  PROC
         MOV    BL,10
DELAY：  MOV    CX,2801
WAIT：   LOOP   WAIT
         DEC    BL
         JNZ    DELAY
         RET
SOFTDLY  ENDP
```

该程序段是双重循环结构。外循环共循环10次，由BL计数实现循环。内循环由CX从2801递减至0实现循环。内循环过程中，外循环的计数值BL保持不变。内循环实现的软件延时大约为10ms，因此，双重循环共可实现100ms的延时。（设CPU时钟周期 $T = 210\mu s$）。延时时间t计算如下：

$$t = \{4 + [10 * ((4 + (2801 * 17 - 12)) + 3 + 16) - 12] + 8\} * T$$

4.5　子程序结构设计

子程序结构设计是实现程序模块化的重要手段。程序模块化将程序分解为多个功能、接口等相对独立的程序模块，然后对各个模块分别编程与调试，最后将程序模块连接在一起，形成一个完整的程序。

4.5.1　子程序设计方法

1. 子程序的基本概念

汇编语言的子程序称为过程，它的功能相对独立，在程序需要的地方进行调用。

汇编语言用伪指令PROC/ENDP定义子程序。定义子程序（过程）时，需要明确说明过程属性是远（FAR）过程还是近（NEAR）过程，并在过程调用时保持一致。过程可嵌套定义。

2. 子程序与主程序的接口

8086指令系统通过CALL/RET指令实现调用子程序与返回主程序：在主程序中用CALL指令调用子程序，在子程序中用RET指令返回主程序。

CALL指令执行过程是：先将断点（CALL指令下面一条指令的地址）压入堆栈，再将子程序的入口地址装入IP或者CS和IP。

RET指令执行过程是：从堆栈栈顶弹出断点并装入IP或者CS和IP，实现程序控制回到断点处继续执行。

为了正确实现调用与返回，除了正确地成对使用 CALL/RET 之外，还需明确过程及过程调用时的属性。过程被定义为近属性时，子程序与主程序在相同的代码段内，则子程序的调用与返回是段内调用与返回；过程被定义为远属性时，子程序与主程序在不同的代码逻辑段中，则子程序的调用与返回是段间调用与返回。

子程序调用与返回利用堆栈暂存断点地址，因此在子过程中若使用堆栈，则要保持堆栈及断点正确，否则子程序返回时，堆栈指针不指向主程序的断点，导致运行出错。

3. 现场保护与恢复

如果子程序中仍然还要使用主程序已使用的寄存器或存储单元，并且从子程序返回后，主程序继续使用它们，那么则需将它们压入堆栈保护，在子程序操作完成之后和返回之前从堆栈中恢复寄存器或存储单元的原值。这个过程称为现场保护与恢复。

为了实现现场保护与恢复，通常在子程序开始处安排 PUSH 指令序列将寄存器或存储单元压入堆栈以保护现场；在 RET 指令前，安排 POP 指令序列恢复寄存器或存储单元。

4. 主程序和子程序间的参数传递

主程序调用子程序需要传递参数给子程序；子程序返回时，也常常返回结果给主程序。这种调用程序和子程序之间的数据传递称为参数传送、变量传送或者过程通信。主程序传递给子程序的参数称为入口参数；子程序返回给主程序的参数称为出口参数。参数传送是子程序设计中的重要问题。

常用的参数传递方法有 3 种：①寄存器参数传递；②存储单元参数传递；③堆栈参数传递。实际程序设计过程中，需根据数据结构、存储、算法等确定合适的参数传递方法，根据需要可联合使用多种方法。

1）寄存器传递参数

该方法中，入口参数在主程序中存入通用寄存器，在子程序中直接引用寄存器获取入口参数。出口参数也可用同样的方法返回给主程序。

寄存器参数传递简单快捷，但寄存器数量不多，只适合传递参数较少的场合。

【例 4.24】 把 ASCII 表示的两位十进制字符转换为压缩 BCD 码。

2 位 ASCII 字符存放在 STRING 中，转换结果存放在 BUFF 中。程序如下：

```
DATA    SEGMENT
        STRING DB '94'
        ERROR  DB 'ERROR! ',0DH,0AH,' $'
        BUFF   DB ?
DATA    ENDS
CODE    SEGMENT
        ASSUME  CS:CODE,DS:DATA
MAIN    PROC
BEGIN:  MOV    AX,DATA
        MOV    DS,AX
        LEA    DI,BUFF
        MOV    AH,STRING
        CMP    AH,'0'
```

```
        JB      NEXT
        CMP     AH,'9'
        JA      NEXT
        MOV     AL,STRING+1
        CMP     AL,'0'
        JB      NEXT
        CMP     AL,'9'
        JA      NEXT
        CALL    A2B             ;调用之前,数据在AH、AL中
        MOV     BUFF,AH         ;存放转换结果
        JMP     DONE
NEXT:   LEA     DX,ERROR
        MOV     AH,9            ;输出出错信息
        INT     21H
DONE:   MOV     AH,4CH
        INT     21H
MAIN    ENDP
A2B     PROC
        AND     AH,0FH
        MOV     CL,4
        SHL     AH,CL
        AND     AL,0FH
        OR      AH,AL
        RET                     ;出口参数放在AH中
A2B     ENDP
CODE    ENDS
        END     BEGIN
```

主程序将ASCII码存入AH和AL寄存器,它们作为入口参数传递给子程序;子程序完成转换后,转换结果存入AH中,作为出口参数返回主程序。该示例程序中的入口参数与出口参数均采用寄存器传递。

2）存储单元传递参数

存储单元传递参数时,入口参数在主程序中存入内存单元,子程序根据存储单元的地址获取入口参数;出口参数也可通过该方法返回主程序。内存单元容量大,适合传递参数较多的场合使用。

存储单元传递参数的方法有2种:①直接存储单元传递,即利用指定的存储单元直接进行数据传递,该方法与寄存器参数传递类似;②参数地址表传递,即主程序在调用子程序前把所有参数地址存入参数地址表,然后通过寄存器把参数地址表的偏移地址传递给子程序,子程序先获得参数地址表入口参数地址,进而取得入口参数。

【例4.25】 求字节数组ARRAY中所有元素之和并存放在SUM单元中。

```
DATA    SEGMENT
        ARRAY DB 12H,34H,…,89H
```

```
        CNT     DB $ - ARRAY
        SUM     DW ?
        TABLE   DW 3 DUP(?)              ;定义参数地址表
DATA    ENDS
CODE    SEGMENT
        ASSUME  CS:CODE,DS:DATA
MAIN    PROC    FAR
START:  MOV     AX,DATA
        MOV     DS,AX
        ……
        MOV     TABLE,OFFSET ARRAY       ;参数地址送地址表
        MOV     TABLE + 2,OFFSET CNT
        MOV     TABLE + 4,OFFSET SUM
        LEA     BX,TABLE                 ;地址表首地址送入 BX
        CALL    GOSUM
        ……
        MOV     AH,4CH
        INT     21H
MAIN    ENDP
GOSUM   PROC
        PUSH    AX
        PUSH    CX
        PUSH    SI
        PUSH    DI
        MOV     SI,[BX]                  ;数组首地址送入 SI
        MOV     DI,[BX + 2]
        MOV     CL,[DI]                  ;数组长度送入 CL
        MOV     DI,[BX + 4]              ;结果单元地址送入 DI
        MOV     AX,0
        MOV     CH,0
AGAIN:  ADD     AL,[SI]
        ADC     AH,0
        INC     SI
        LOOP    AGAIN
        MOV     [DI],AX
        POP     DI
        POP     SI
        POP     CX
        POP     AX
        RET
GOSUM   ENDP
CODE    ENDS
        END     START
```

该例采用参数地址表传递参数，通过修改参数表能实现不同数组求和。

3）堆栈传递参数

堆栈传送参数时，主程序调用子程序前将入口参数压入堆栈；子程序通过出栈操作取得入口参数。子程序若有返回参数，也可通过堆栈传递给主程序。

由于堆栈具有先进后出的特点，在多重调用时各种参数层次分明，因而适合参数较多且子程序有嵌套或递归调用的场合。

【例4.26】 求字数组ARRAY中所有元素之和并存放在SUM单元中。采用堆栈方式传递数据。

```
STACK   SEGMENT PARA STACK 'STACK'
        DW 64H DUP (?)
STACK   ENDS
DATA    SEGMENT
        ARRAY DW 12H,34,…,89H
        CNT   DW ( $ -ARRAY)/2
        SUM   DW ?
        TABLE DW 3 DUP(?)                ;保留3个参数地址
DATA    ENDS
CODE    SEGMENT
        ASSUME  CS:CODE,DS:DATA,SS:STACK
START:  MOV   AX,DATA
        MOV   DS,AX
        MOV   BX,OFFSET ARRAY
        PUSH  BX                          ;数组首地址压栈
        MOV   BX,OFFSET CNT
        PUSH  BX                          ;数组元素个数压栈
        MOV   BX,OFFSET SUM
        PUSH  BX                          ;和单元地址压栈
        CALL  FAR PTR SUMUP               ;远过程调用
        MOV   AH,4CH
        INT   21H

SUMUP   PROC  FAR
;子程序名:SUMUP
;程序功能:数组求和
;入口参数:数组、数组长度以及存放和的单元地址在堆栈中
;出口参数:和在SUM单元中,使用的寄存器有AX、BX、CX、BP、SI
        PUSH  AX                          ;保护现场
        PUSH  BX
        PUSH  CX
        PUSH  BP
        PUSH  SI
        MOV   BP,SP
```

```
        MOV   BX,[BP+16]          ;取得元素个数参数的地址
        MOV   CX,[BX]
        MOV   BX,[BP+14]          ;取得和存放单元地址
        MOV   SI, [BP+18]         ;取得数组的起始地址
        MOV   AX,0
ADD1:   ADD   AX,[SI]
        ADD   SI,2
        LOOP  ADD1
        MOV   [BX],AX             ;存放和
        POP   SI                  ;恢复现场
        POP   BP
        POP   CX
        POP   BX
        POP   AX
        RET   6                   ;返回并释放入口地址参数
SUMUP   ENDP
CODE    ENDS
        END   START
```

堆栈传递参数与其他两种参数传递方式存在明显的区别,需要注意以下两个问题:

(1) 堆栈传递参数时,参数在 CALL 指令之前被压入堆栈。执行进入子程序的 CALL 指令时,还要将断点地址压入堆栈,因此主程序中压入的参数并不在当前栈顶。因此,在子程序中获取入口参数时,不能直接使用 POP 指令执行出栈操作。通常用 BP 指针相对于栈顶的基址寻址来读取压入堆栈的入口参数。例 4.26 中堆栈变化的情况如图 4.13 所示。

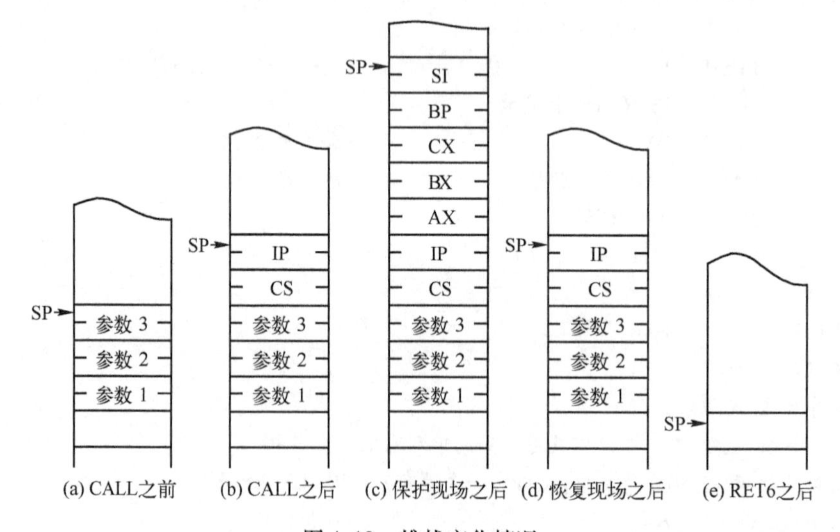

图 4.13 堆栈变化情况

(2) 子程序返回时使用带参数的返回指令 RET n。当恢复现场及从子程序返回后,入口参数仍然保留在堆栈中,则使用 RET n 指令,在断点地址从堆栈弹出后,SP 会再加上 n,释放入口参数占用的堆栈单元,恢复到子程序调用前的堆栈状态,保持堆栈平衡。

4.5.2 DOS系统功能调用

在80X86微型计算机系统的ROM中固化有一组外部设备的驱动与管理软件,组成PC基本输入输出系统(Basic I/O System),称为ROM BIOS,它处于系统软件的最底层。DOS操作系统在此基础上开发了一组输入输出设备处理程序IBMIO.COM,该程序是DOS与ROM BIOS的接口。

DOS操作系统与ROM BIOS提供一组子程序,用于完成基本I/O设备、内存、文件和作业管理,以及读取和设置时钟、日历等功能,并在汇编语言级向用户提供系统调用。为了便于调用上述子程序,DOS和ROM BIOS将这些功能模块化并且对它们编号。通过模块编号(功能号)及软中断指令(INT n)即可实现对该子程序的系统调用。

通常将对DOS功能子程序的调用称为DOS功能调用或系统调用,对ROM BIOS子程序的调用称为BIOS功能调用。

1. BIOS/DOS功能调用的一般方法

BIOS/DOS功能调用方法是执行软中断指令INT n,n为中断类型码。一般来说,功能调用经过以下3个步骤:

(1) 子程序入口参数存入指定寄存器。

(2) 功能调用编号存入AH寄存器。

(3) 执行软中断指令INT n(n是软中断的类型码)。

在8086中断系统中,中断类型码n的取值范围是00H~FFH,该范围内的一部分值分配给BIOS和DOS以实现系统调用。例如,ROM BIOS的软中断类型码有5~1FH,DOS软中断类型码有20H、21H、23H~2AH、2EH、2FH等。有的中断类型码只对应一个子程序,这时子程序无需编号;有的中断类型码对应一类功能,即包含多个子程序,此时用编号(功能号)区分不同子程序功能。

2. DOS功能调用

1) 01H号功能调用

01H号DOS功能调用是等待从键盘输入一个字符。调用返回时,输入字符的ASCII码值存入AL,同时将该字符显示在屏幕上。例如:

```
MOV  AH,01H
INT  21H
```

2) 06H号功能调用

06H号DOS功能调用可以从键盘输入字符,也可以向屏幕输出字符,但不等待用户按键。该功能调用的入口参数为DL。当(DL)=0FFH时,表示从键盘输入。调用执行后,若ZF=0,则表示AL中为键盘输入字符的ASCII码;若ZF=1,则表示AL中不是输入字符,即无键按下。当(DL)≠0FFH时表示向屏幕输出,此时DL中为输出字符ASCII码。

例如:

```
MOV  DL,0FFH                ;从键盘输入字符
MOV  AH,6
INT  21H
```

或者：

```
MOV  DL,39H                ;将39H对应得字符'9'输出到屏幕上
MOV  AH,6
INT  21H
```

3）02H号和05H功能调用

将寄存器DL中ASCII码对应的字符输出到显示器(02H)或打印机(05H)上。入口参数为DL。例如：

```
MOV  DL,'A'
MOV  AH,05H
INT  21H                   ;打印输出字符A
```

4）0AH号功能调用

0AH号DOS功能调用是从键盘输入字符串。从键盘输入的字符串存入以DS:DX为首地址的内存缓冲区，同时显示该字符串，字符串输入以回车结束。

执行该功能调用时，先在数据段定义一个数据区，其首地址存入入口参数DS:DX中。数据区的第一个字节存放输入字符的最大单元数(不超过0FFH)，不能为零；第二个字节保留以存放实际输入的字符个数(不包括回车键)。从第三个字节开始存放从键盘上输入的字符串。若实际输入的字符数少于定义的字节数，则多余字节单元填零；若多于定义字节数，则响铃警告并忽略超出长度的字符。

5）09H号功能调用

将一个以'$'字符结尾的字符串(不包括$)输出到显示器。09H号功能调用以DS和DX为入口参数。DS:DX指向内存中一个以'$'字符结尾的字符串。

【例4.27】 利用DOS系统功能调用实现人机对话。根据屏幕上显示的提示信息，从键盘输入字符串并存入内存缓冲区。

```
DATA    SEGMENT
        STRING DB 100                          ;定义缓冲区的长度
               DB ?                            ;实际输入的字符个数
               DB 100 DUP (?)                  ;存放输入的字符
        MESG   DB 'This is an example ! ','$'  ;要显示的提示信息
DATA    ENDS
CODE    SEGMENT
        ASSUME  CS:CODE,DS:DATA
START:  MOV    AX,DATA
        MOV    DS,AX
        …
        MOV    DX,OFFSET MESG                  ;屏幕显示提示信息
        MOV    AH,9
        INT    21H
        MOV    DX,OFFSET STRING
        MOV    AH,10
```

```
        INT     21H                         ;接收键盘输入
        …
CODE    ENDS
```

3. BIOS 功能调用

1）键盘输入

通过 16H 号中断调用实现 BIOS 键盘输入。该中断包括多个子程序,并通过入口参数 AH 中的功能号来区分。调用返回后,出口参数存入指定寄存器中。例如:

```
MOV   AH,0
INT   16H
```

该程序段实现从键盘读入一个字符,输入字符 ASCII 码存入寄存器 AL 中。

2）显示输出

10H 号 BIOS 中断调用实现显示输出,主要功能有设置显示模式、光标位置、光标类型、显示页号等。

下面程序段调用显示输出(10H 中断)的 9 号功能在当前光标位置处显示所设定属性的字符,但不移动光标。

```
MOV   BH,0          ;第 0 页
MOV   BL,47H        ;红底白字
MOV   CX,1          ;1 个字符
MOV   AL,'B'        ;字符为'B'
MOV   AH,9
INT   10H
```

4.6 程序设计举例

本节给出一些程序设计实例。这些实例不仅是常用的应用程序,而且程序中也包含了程序设计的技巧和方法。

4.6.1 码制转换

包括计算机在内的数字系统中,信息有多种表示形式。因此实际应用经常需要代码转换。常用的代码有二进制、十进制、十六进制、ASCII 码、BCD 码以及 7 段显示码等。下面介绍几种主要代码之间转换的程序。

1. BCD 码与二进制数之间的转换

【例 4.28】 编程将 AX 中的 4 位 BCD 码转换成二进制数,转换的结果保存在 AX 中。

将 BCD 码转换成二进制数的方法是乘以权并相加(权值为 10),算法为

[(千位*10 + 百位)*10 + 十位]*10 + 个位

程序功能段如下:

```
W10       DW 10                ;权值
      ……
BCD2BIN  PROC   NEAR
         PUSH   BX
         PUSH   CX
         PUSH   DX
         MOV    BX,AX
         MOV    AX,0           ;结果单元清零
         MOV    CX,4
RETRY:   PUSH   CX
         MOV    CL,4
         ROL    BX,CL          ;提取1位BCD码
         POP    CX
         MUL    W10            ;累加和乘以权值
         PUSH   BX
         AND    BX,0FH
         ADD    AX,BX          ;累加下一位BCD码
         POP    BX
         LOOP   RETRY
         POP    DX
         POP    CX
         POP    BX
         RET
BCD2BIN  ENDP
```

【例4.29】 编程将AX中的二进制数转换成4位BCD码,转换的结果保存在AX中。

转换方法为除权取余。即把AX中的二进制数除以1000后,商为千位上的BCD码,余数除以100得到的商是百位上的BCD码,所得余数再除以10,所得的商是十位上的BCD码,余数是个位上的BCD码。

子程序功能段如下:

```
WTH       DW 1000,100,10,1         ;定义权值
      ……
BIN2BCD  PROC   NEAR
         PUSH   SI
         PUSH   BX
         PUSH   CX
         PUSH   DX
         XOR    BX,BX
         MOV    SI,OFFSET WTH
         MOV    CX,4
RETRY:   PUSH   CX
         MOV    CL,4
```

```
        SHL     BX,CL
        MOV     DX,0
        DIV     WORD PTR[SI]        ;除以权值
        OR      BX,AX               ;商存放在BX
        MOV     AX,DX               ;余数在DX中
        POP     CX
        INC     SI
        INC     SI                  ;指向下一个权值
        LOOP    RETRY
        MOV     AX,BX               ;结果存入AX
        POP     DX
        POP     CX
        POP     BX
        POP     SI
        RET
BIN2BCD ENDP
```

2. ASCII码与二进制数之间的转换

对于30H~39H之间的ASCII码本质上是非压缩BCD码。因此,ASCII码与二进制数之间转换的方法是先在非压缩BCD码和二进制数之间转换,然后再将非压缩BCD码转换成ASCII码。二进制数和非压缩BCD码之间转换如例4.28和例4.29所示,而非压缩BCD码与ASCII码之间的转换通过移位和逻辑运算实现。下面举例说明ASCII码转换成二进制数的方法。

【例4.30】 从ASCBUF开始的内存单元连续存放4个ASCII码,要求把它们转换为对应的二进制数并存放在BINVAR单元中。

假设从ASCBUF开始的4个单元存放ASCII码是31H、32H、33H、34H。转换时,把4个ASCII码分别转换成非压缩BCD码,然后从高权位到低权位,按照下列算法公式得到二进制数:

$$二进制数=(((0*10+千位)*10+百位)*10+十位)*10+个位$$

从上述算法可以看出,基本操作可总结为变量乘以10后加上当前非压缩BCD码位并存回变量。该基本操作重复4次。

程序功能段如下:

```
ASCBUF  DB'1234'                    ;ASCII码
ASCLEN  DW $ -ASCBUF
BINVAR  DW 0                        ;二进制数结果
      ......
ASC2BIN PROC  NEAR
        MOV   CX,ASCLEN
        LEA   SI,ASCBUF-1
        MOV   DL,10
A2B:    MOV   AX,BINVAR
```

```
        MUL   DL
        MOV   BINVAR,AX        ;当前二进制数乘以10
        MOV   BX,CX
        MOV   AL,[SI + BX]     ;取1位ASCII码
        AND   AX,000FH
        ADD   BINVAR,AX        ;加上当前非压缩BCD码,存回变量
        LOOP  A2B
        RET
ASC2BIN ENDP
```

4.6.2 算术运算

80X86 指令系统能够完成加减乘除算术运算。参与算术运算的数一般为二进制数,但十进制数更符合人的习惯。为此,指令系统设置 BCD 码调整指令实现在二进制运算的基础上获得正确的十进制运算结果。

【例 4.31】 非压缩 BCD 码的加法运算。

内存中从 BCD1 和 BCD2 开始的单元分别存放着 2 个 4 位非压缩 BCD 码,按照低位在低地址单元,高位在高地址单元的规则存放。求两者之和并存放到 SUM 存储单元。

2 个 4 位十进制数进行加法运算,最高位可能产生进位,为了避免丢失最高位的进位,给被加数、加数、相加的和定义 5B 单元。加法运算时,每进行一位加法,都将产生的进位加到高一位的加法中,以保证结果正确。

程序功能段如下:

```
BCD1      DB 1,3,5,7,0
BCD2      DB 2,4,6,8,0
SUM       DB 5 DUP (?)
      ......
BCDADD    PROC  NEAR
          LEA   SI,BCD1
          LEA   BX,BCD2
          LEA   DI,SUM
          MOV   CX,4 + 1
          CLC
          CLD
RETRY:    LODSB
          ADC   AL,[BX]
          AAA                ;十进制调整
          STOSB              ;保存部分和
          INC   BX
          LOOP  RETRY
          RET
BCDADD    ENDP
```

【例4.32】 试用乘法指令实现32位二进制数相乘。

32位二进制数就是双字长数。双字相乘的乘积是64位,即4个字长。乘法指令本身只能完成字乘法。设两个乘数和乘积的低字单元存放高位,高字单元存放低位。

程序功能段如下:

```
DATA    SEGMENT
        NUM1   DW 1220H,48A2H
        NUM2   DW 2398H,0AE41H
        PRODU  DW 4 DUP (0)   ;存放乘积
DATA    ENDS
STACK1  SEGMENT PARA STACK
        DW 20H DUP(0)
STACK1  ENDS
COSEG   SEGMENT
        ASSUME CS:COSEG,DS:DATA,SS:STACK1
START:  MOV    AX,DATA
        MOV    DS,AX
        MOV    AX,NUM2 +2
        MUL    MUM1 +2
        MOV    PRODU +6,AX
        MOV    PRODU +4,DX
        MOV    AX,NUM2 +2
        MUL    NUM1
        ADD    PRODU +4,AX
        ADC    PRODU +2,DX
        ADC    PRODU,0
        MOV    AX,NUM2
        MUL    NUM1 +2
        ADD    PRODU +4,AX
        ADC    PRODU +2,DX
        ADC    PRODU,0
        MOV    AX,NUM2
        MUL    NUM1
        ADD    PRODU +2,AX
        ADC    PRODU,DX
        MOV    AH,4CH
        INT    21H
COSEG   ENDS
        END    START
```

4.6.3 数据表处理

表是若干数据项组成的集合。表的应用很广泛。例如,查找表方法会简化问题求解。一般来说,对表的处理包括查找、插入、删除、排序等。

【例 4.33】 二分查找。

二分查找是查表的常用算法。当表中元素按照关键字已经排列有序,则通过二分查找可以快速查找成功或不成功。二分查找时,将被查找元素与表的中间元素比较,若相等则查找结束;若大于中间元素的值则进入右半区间进行二分查找;否则进入左半区间进行二分查找。

有一数据表:00、11、15、21、34、57、60、78、90、97。数据个数 $N=10$。数据的排列序号为 $0\sim(N-1)=0\sim9$。设要搜索的数据为 $X=78$。如果搜索成功,将搜索次数存入 PTRN 的字单元中,否则将 0FFFFH 存入该字单元。程序功能段如下:

```
;数据段
        BUFFER DB     00,11,15,21,34,57,60,78,90,97
        COUNT  EQU    $ -BUFFER
        PTRN   DW     ?
        CHAR   EQU    78
           ……
;代码段
           MOV    SI,OFFSET BUFFER        ;区间上限送 SI
           MOV    CX,COUNT
           MOV    DX,1                    ;查找次数
           MOV    AX,SI
           ADD    AX,CX
           MOV    DI,AX                   ;区间下限送 DI
           MOV    AL,CHAR                 ;关键字送 AL
CNT1:      MOV    BX,SI
           ADD    BX,DI
           SHR    BX,1
           CMP    AL,[BX]                 ;比较
           JZ     FND                     ;找到后转入 FND
           PUSHF
           CMP    BX,SI                   ;是否到达边界
           JZ     FAIL
           POPF
           JL     LESS                    ;关键字<当前元素
           MOV    SI,BX                   ;修改数据表的上限
           JMP    NEXT
LESS:      MOV    DI,BX                   ;修改数据表的下限
NEXT:      INC    DX                      ;查找次数加 1
           JMP    CNT1
FAIL:      MOV    DX,0FFFFH               ;未找到
           POPF
FND:       MOV    AX,DX
```

```
        MOV     PTRN,AX             ;查找次数送入结果单元
        HLT
```

【例4.34】　在目标串中指定位置上插入字符串。

```
;子程序名:STR_INSERT。
;入口参数:DS:BX 指向源串,ES:DX 指向目标串中插入源串的位置
;              每个串的前 2B 内为 16 位的串长度。
;出口参数:在目标串指定位置上插入了源串。
STR_INSER TPROC  FAR
        ......                      ;保护现场
        MOV     SI,BP               ;当前目标串的首地址送入 SI
        ADD     SI,ES:[SI]          ;加目标串长度
        INC     SI                  ;调整目标串指针,使指向目标串尾
        MOV     DI,SI
        MOV     AX,[BX]             ;源串长度送入 AX
        ADD     DI,AX               ;新目标串尾指针送入 DI
        ADD     ES:[BP],AX          ;新目标串长度送入 ES:[BP]
        MOV     CX,SI               ;在插入点 ES:DX 处空出位置
        SUB     CX,DX
        INC     CX
        STD                         ;反向传送
        REP     MOVSB
        MOV     DI,DX               ;插入源串
        MOV     SI,BX
        CLD                         ;正向传送
        LODSW                       ;源串长度送入 AX
        MOV     CX,AX
        REP     MOVSB
        ......                      ;恢复现场
        RET
STR_INSERT ENDP
```

【例4.35】　冒泡排序。

从地址 ARRAY 开始存储单元有一数据表,要使该数据表中的 N 个数据按照从小到大的次序排列,用冒泡法实现排序的过程如下。

从第一个数据开始进行相邻的两个数的比较,比较时若两个数据符合排序的要求,则不做任何操作,若次序不对,就交换这两个数据的位置。经过一次扫描之后,最大的数被放到了表中第 N 个元素的位置上。第一次扫描进行了 $(N-1)$ 次比较。同样的方法可进行第二遍扫描,……,以此类推,在 $(N-1)$ 次比较后就完成了排序。

冒泡排序最多进行 $(N-1)$ 次扫描。但是,往往有的数据表在第 i 次扫描后可能已经有序。为了避免后面不必要的扫描比较,可在程序中引入一个交换标志。若在一次扫描比较中没有交换,则表示数据已经有序,在这次扫描结束时停止程序循环,结束排序过程。

子程序功能段如下：

```
;数据段
        ARRAY   DW    ……
        COUNT   EQU   ( $ -ARRAY)/2
        FLAG    DB    -1
;代码段
        MOV     BX,COUNT
LP1:    CMP     FLAG,0
        JE      EXIT
        DEC     BX                      ;置比较次数
        MOV     CX,BX
        MOV     SI,0                    ;指数组的偏移地址
        MOV     FLAG,0
LP2:    MOV     AX,ARRAY[SI]
        CMP     AX,ARRAY[SI+2]          ;比较
        JLE     NEXT
        XCHG    AX,ARRAY[SI+2]          ;逆序,交换两个数据
        MOV     ARRAY[SI],AX
        MOV     FLAG,-1                 ;置交换标志为-1
NEXT:   ADD     SI,2
        LOOP    LP2
        JMP     LP1
EXIT:   HLT
```

4.7　80X86 汇编语言程序设计

4.7.1　概述

由于 80X86 CPU 的硬件功能和指令系统均比 8086 增强，因此能设计出功能更强、性能更高的程序。8086 环境下设计的汇编程序，虽然还能在 80X86 环境下运行，但是要充分利用 80X86 CPU 的资源并设计出功能更强的程序，还需要注意以下几个方面。

（1）寄存器及字长的变化。例如 80486 比 8086 增加了段寄存器和通用寄存器的数量，扩展了寄存器的种类，并且寄存器从 16 位增加到了 32 位。

（2）80X86 的工作模式除了具有原 8086 实模式以外，还具有保护模式和虚拟 8086 模式。

（3）80386、80486 CPU 内含有数据处理器，并提供了相应的数据处理操作指令，包括一些函数和超越函数，提高了 CPU 的运算和数据转换效率，也提高了运算的精度。

4.7.2　源程序的基本格式

在实模式下，286/386/486/586 程序的每个段的最大长度为 64KB，而在保护模式下，286 每个段的最大长度为 16MB，而 386/486/586 中段的长度可达 4GB。80286 CPU 包含 4 个段寄

存器(CS、DS、SS、ES),而后来的CPU则比前者多了2个段寄存器,即FS和GS。下面是80X86汇编程序的基本结构。

```
            PAGE,132
            DOSSEG
            .MODEL SMALL
            [.486]
            .STACK
                1300H
            .DATA
                ...
            .CODE
START:
MYPROC      PROC    FAR
            MOV     AX,@DATA
            MOV     DS,AX
            ......
            MOV     AH,4CH
            INT     21H
            RET
MYPROC      ENDP
            END     START
```

4.7.3 程序设计举例

【例4.36】 将缓冲器中的32位整数数据两两相乘,并且把它们的积累加,其结果存入紧接着的下一个存储单元中。

利用586CPU中的数据处理器进行乘法运算最为快捷。也可以利用2个32位的寄存器,进行64位的加法循环处理得到结果。

程序功能段如下:

```
            PAGE,132
            DOSSEG
            .MODEL SMALL
            .586
            .STACK
                300H
            .DATA
ARRAY       DD 10000000H,20000000H,30000000H,40000000H
            DD 50000000H,60000000H,70000000H,80000000H
X           DQ 4 DUP(?)
Y           DQ ?
XYZ         DB 16 DUP(?),0DH,0AH,'$'
            .CODE
```

```
BISE    PROC   FAR
        MOV    AX,@DATA
        MOV    DS,AX
        MOV    BX,0
        MOV    DI,BX
        MOV    CX,4
AGAIN:  FILD   ARRAY[BX]
        ADD    BX,4
        FIMUL  ARRAY[BX]
        FISTP  X[DI]
        ADD    DI,8
        ADD    BX,4
        LOOP   AGAIN
        MOV    CX,4
        LEA    BX,4
        MOV    EAX,0
        MOV    EDX,EAX
        FWAIT
NEXT:   ADD    EAX,[BX]
        ADC    EDX,[BX+4]
        ADD    BX,8
        LOOP   NEXT
        MOV    DWORD PTR Y,EAX
        MOV    DWORD PTR Y+4,EDX
        CALL   CHANGETOASCII
        LEA    DX,XYZ
        MOV    AH,9
        INT    21H
        PUSH   0
        PUSH   0
        MOV    AH,4CH
        INT    21H
        RET
BISE    ENDP
        END    BISE
```

习 题 4

4.1 数据定义内存分配示意图如图 4.14 所示。试分别用 DB、DW、DD 伪指令来定义实现。

4.2 阅读下列伪指令语句,画出相应的内存分配图,标注出存储单元地址与内容。设 VAR1 地址为 2000H:0000H。

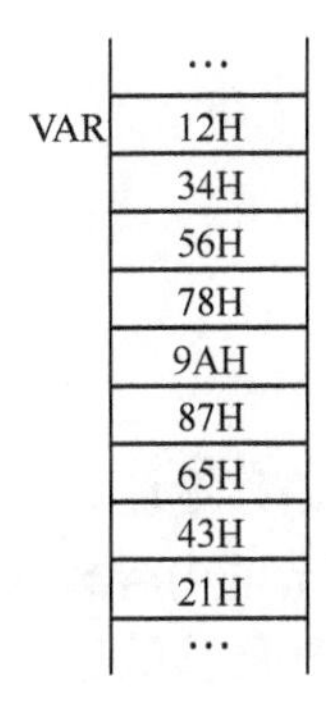

图 4.14　内存分配示意图

```
VAR1    DB      12, -1
X1      LABEL   BYTE
X2      DW      1234H
ORG     1000H
VAR2    DB      2 DUP(55H,3 DUP(0,0AAH))
VAR3    DW      VAR3 +6
X3      EQU      $ -VAR2
```

4.3　已知数据段有如下定义：

```
ORG   1000H
X     DW 12H
Y     DW X
Z     DD Y
```

(DS) =3879H,(BX) =1000H,(SI) =0002H,求下列指令执行完后指定寄存器的内容。

```
MOV   AX,[1000H]        ;(AX) =__________
MOV   BX,[BX]           ;(BX) =__________
MOV   AX,[BX+SI]        ;(AX) =__________
MOV   AX,[Y+1]          ;(AX) =__________
LEA   DX,X              ;(DX) =__________
```

4.4　根据下列数据定义,在括号内写出各指令语句独立执行后的结果。

```
VAR1        DB 10 DUP(?)
VAR2        DW 4 DUP(55H,0AAH)
ARRB        DB 01H,03H,00H,26H,00H,02H
```

```
(1) MOV   AX,TYPE VAR1          ;AX =(      )
(2) MOV   AL,LENGTH VAR1        ;AL =(      )
(3) MOV   CX,SIZE ARRB          ;CX =(      )
(4) MOV   AL,LENGTH VAR2        ;AL =(      )
```

4.5　程序中的数据定义如下：

```
LIST        DB      1,7,8,3,2
```

```
CLENTH      EQU    $ - LIST
LNAME       DB     30 DUP(?)
ADDRESS     DB     30 DUP(?)
CITY        DB     15 DUP(?)
```

按要求完成以下各小题：

（1）用一条 MOV 指令将 LNAME 的偏移地址放入 BX；

（2）用一条指令将 LIST 的头两个字节的内容放入 SI；

（3）试用伪指令（序列）实现 CLENTH 的值等于 LIST 域的字节数。

4.6　下列语句中，哪些是无效的汇编语言指令？并指出无效指令中的错误。

```
(1) MOV    CS,AX
(2) ADD    AX,LENGTH VAR1
(3) JMP        BYTE   PTR[BX]
(4) IN         AL,DX
(5) MOV    AX,VAR1 + VAR2
(6) LEA        CL,[BX]
(7) MOV    AX,[BX - SI]
(8) SUB    [DI],78H
(9) MOV    AL,[DX]
(10)MOV    BYTE   PTR[BX],1000
```

4.7　试定义将 1 位十六进制数转换为 ASCII 码的宏指令。

4.8　试定义一个字符串搜索宏指令，要求文本首地址和字符串首地址用形式参数。

4.9　根据以下要求写出相应的汇编语言指令。

（1）把 BX 和 DX 寄存器的内容相加，结果存入 DX 寄存器中；

（2）用 BX 和 SI 的基址变址寻址方式，把存储器中的 1B 与 AL 内容相加，并保存在 AL 寄存器中；

（3）用寄存器 BX 和位移量 21B5H 的变址寻址方式把存储器中的一个字和(CX)相加，并把结果送回存储器单元中；

（4）用位移量 2158H 的直接寻址方式把存储器中的一个字与数 3160H 相加，并把结果送回该存储器中。

4.10　试编写将内存字节数据（符号地址为 VARB）的高 4 位与低 4 位互换并放回原位置的汇编程序。

4.11　字节变量 VARA、VARB 各存放有 4B 的无符号数，SUM 预留 5B 单元。存放的顺序是低位字节在低位地址单元，高位字节在高位地址单元。试写出将 VARA 与 VARB 按照高低位对应相加，结果存入 SUM 的程序段。

4.12　编写程序段实现将 BL、DL 中的有符号数相除，商送 BL，余数送 CL 中。

4.13　编写程序段实现将 AX、BX 与 SI、DI 中的两个双精度数相减，差值送 CX、DX 中。

4.14　已知在 AX、BX 中放有 32 位有符号二进制数，编写程序段实现将其绝对值送入 CX、DX 中。其中 AX、CX 放高位。

4.15　某汇编程序控制界面显示功能。当键盘输入 1 ~ 10 时则对应显示页面 1 ~ 页面

10,否则停留在原来页面。实现10个页面显示功能的子程序分别为Disp1,Disp2,…,Disp10。试分别用下面2种方法,编程实现从键盘输入显示页面编号,并转到相应的子程序去执行的控制转向程序。

(1) 用比较、转移指令实现;

(2) 用跳转表实现。

4.16 已知在存储单元从ARRAY单元起存放有20个字节型符号数据,试编写汇编程序,统计其中负数的个数并放入NegNum单元中。

4.17 已知字节单元SData存有一符号数。试编一程序,根据该符号数的具体情况作如下处理:

(1) 若该符号数为正奇数,则将之与RESULT字节单元内容相加;

(2) 若该符号数为正偶数,则将之与RESULT字节单元内容相"与";

(3) 若该符号数为负奇数,则将之与RESULT字节单元内容相"或";

(4) 若该符号数为负偶数,则将之与RESULT字节单元内容相"异或"。

以上四种情况运算的结果均存入BUF单元(零作为正偶数处理)。

4.18 累加器AL中存有一字符的ASCII码。当其为"A"时,程序转移到SUBA处;如为"B",则转移到SUBB处;如为"Y",则转移到SUBY处,否则,均转向SUBN处。

4.19 从SCORE单元起有100个数值为0~100之间的字节数据。试编程实现以下数据统计功能。

(1) 统计数值大于等于60的数据个数,结果存入COUNT单元;

(2) 统计数值等于100的数据个数,结果存入COUNT+1单元;

(3) 统计数值等于0的数据个数,结果存入COUNT+2单元;

(4) 当数值小于60的数据个数大于10,则结束统计,同时将0FFH存入COUNT单元。

4.20 编写一个程序,将变量BinData中16位无符号数用"连续除10取余"的方法转换成十进制数,转换结果用非压缩BCD码存入DecData开始的单元中。

4.21 程序段如下:

```
        DATX1  DB   300 DUP(?)
        DATX2  DB   100 DUP(?)

        MOV    CX,100
        MOV    BX,200
        MOV    SI,0
        MOV    DI,0
NEXT:   MOV    AL,DATX1[BX][SI]
        MOV    DATX2[DI],AL
        INC    SI
        INC    DI
        LOOP   NEXT
```

(1) 分析该程序段的功能;

(2) 试用串操作指令改写上述循环结构,实现相同的功能。

4.22　字节变量 STRING 开始的存储单元存有 100 个字符，试编写实现以下功能的程序段。

（1）将小写字母转换成大写字母；

（2）将非字母字符删除，后续字符向前移动。

4.23　已知 3 个 8 位无符号数 x、y、z 分别存放在 NUMB 开始的连续单元中。试编写程序段实现 2x + 3y + 5z，并将运算结果送 RES 单元和 RES + 1 单元。

4.24　编写程序，比较 2 个字符串 STRING1 和 STRING2 所含字符是否完全相同，若相同则显示“MATCH”，若不同则显示“NO MATCH”。

4.25　试编写程序，要求从键盘输入 3 个十六进制数，并根据对 3 个数的比较显示如下信息。

（1）如果 3 个数都不相等则显示 0；

（2）如果 3 个数中有 2 个数相等则显示 2；

（3）如果 3 个数都相等则显示 3。

4.26　设模块 BLOCK1 中定义了变量 PARA1 和标号 TAB1，它们被模块 BLOCK2、BLOCK3 调用；在模块 BLOCK2 中定义了双字变量 PARA2 和标号 TAB2，PARA2 被 BLOCK1 引用，TAB2 被 BLOCK3 引用，在 BLOCK3 中定义了标号 TAB3，TAB3 被 BLOCK2 引用。根据上述访问关系，试写出每一个模块必要的 EXTRN 和 PUBLIC 说明。

4.27　试编写程序用来轮流测试两个设备的状态寄存器，只要一个状态寄存器的第 0 位为“1”，则与其相应的设备就输入一个字符；如果其中任一状态寄存器的第 3 位为“1”，则整个输入过程结束。两个状态寄存器的端口地址分别是 0024 和 0036，与其相应的数据输入寄存器的端口则为 0026 和 0038，输入字符分别存入首地址为 BUFF1 和 BUFF2 的存储区中。

4.28　已知整数变量 A 和 B，试编写完成下述操作的程序：

（1）若两个数中有一个是奇数，则将该奇数存入 A 中，偶数存入 B 中；

（2）若两个数均为奇数，则两数分别加 1，并存回原变量；

（3）若两个数均为偶数，则两变量不变。

其中奇偶性判断写成子程序模块，并采用堆栈传递参数。

4.29　写出符合下列要求的指令序列：

（1）在屏幕上显示当前光标位置的坐标值；

（2）在屏幕中央以反相属性显示‘ABC’；

（3）屏幕向上滚动 5 行，100 列；

（4）在 640 * 350、16 色方式下，画一矩形框，框左上角坐标和右下角坐标分别为(100,50)和(400,200)。

4.30　用宏定义及重复伪指令把 TAB，TAB + 1，TAB + 2，…，TAB + 16 的内容存入堆栈。

第5章

存储器系统

存储器是微型计算机系统中的一个重要组成部分,用于记忆和保存微型计算机运行过程中所需的各种信息。本章从存储器的分类及体系结构入手,讨论了半导体随机存取存储器(RAM)和只读存储器(ROM)的特点及基本工作原理,并给出了微型计算机系统中存储器扩展方法及其应用实例。

5.1 存储器概述

5.1.1 存储器的分类

存储器是由一定的存储介质构成的,具有记忆功能的物理载体。在目前的存储器系统中,常用的存储介质主要包括半导体器件(如微型计算机的各种内存)、磁性材料(磁盘、磁带等)和光学材料(光盘等)。其中,半导体存储器在各种微型计算机系统中得到了广泛的应用。

根据存取方式的不同,半导体存储器可分为随机存取存储器(Random Access Memory, RAM)和只读存储器(Read Only Memory, ROM)两类,详细的划分如图5.1所示。

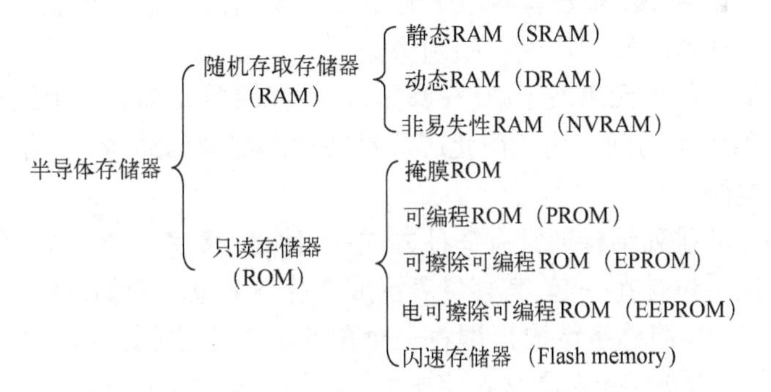

图5.1 微型计算机中半导体存储器的分类

1) RAM

RAM(也称为读写存储器),是一种易失性存储器,其特点是在使用过程中,信息可以随机写入或读出,但一旦掉电,信息就会自然丢失。

按照制造工艺来分,RAM可以分为双极型和MOS型两种。前者速度快,功耗大,主要用于高速微型计算机系统或高速缓存(Cache)中;后者功耗低,集成度高,是目前微型计算机系统的主要应用对象。MOS型RAM又可进一步分为静态RAM(Static RAM, SRAM)和动态RAM(Dynamic RAM, DRAM)两种。SRAM集成度低,主要用于中小容量的单片机等微型计算机系统中;而 DRAM 主要面向 80x86 等需要较大容量内存的微型计算机系统。

2) ROM

ROM 是一种在工作过程中只能读不能写的非易失性存储器,掉电后其所存信息不会丢失,通常用来存放固定不变的重要程序和数据,如引导(BOOT)程序、基本输入/输出系统(BIOS)程序等。按 ROM 的性能和应用场合不同,ROM 又可划分为掩膜 ROM、可编程 ROM(PROM)或单次可编程 ROM(OTP ROM)、紫外线可擦除可编程 ROM(EPROM 或 UV - EPROM)、电可擦除可编程 ROM(EEPROM)、Flash 存储器等。

5.1.2 半导体存储芯片的结构

常用的存储芯片由存储体、地址译码器、控制逻辑电路和数据缓冲器 4 部分组成,其结构示意图见图 5.2 所示。

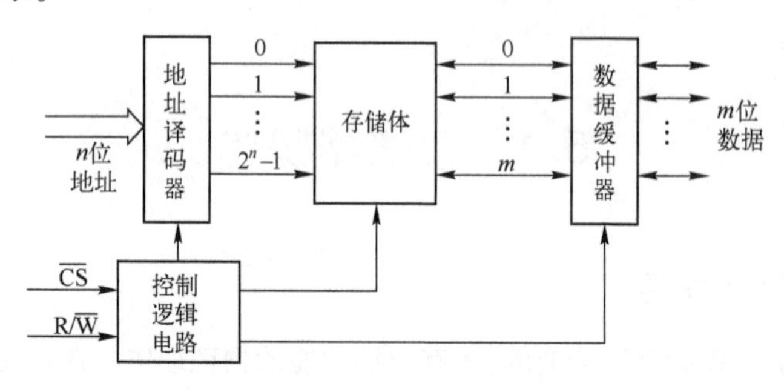

图 5.2　存储芯片组成示意图

1. 存储体

存储体是实现信息记忆的主体,由若干个存储单元组成。每个存储单元又由若干个基本存储电路(或称存储元)组成,每个基本存储电路可存放 1 位二进制信息。通常,一个存储单元为 1B,存放 8 位二进制信息,即以字节来组织。

为了区分不同的存储单元以便于读/写操作,每个存储单元都有一个地址(称为存储单元地址),CPU 访问时按地址访问。为了简化芯片封装和内部译码结构,存储体按照二维矩阵的形式来排列存储元电路。

体内基本存储元的排列结构通常有 2 种方式:一种是“多字一位”结构(简称位结构),即将多个存储单元的同一位排在一起,其容量表示成 N 字 ×1 位。例如,1K ×1 位,4K ×1 位,另一种是“多字多位”结构(简称字结构),即将一个单元的若干位(如 4 位、8 位)共若干个单元连在一起,其容量表示为 N 字 ×4 位或 N 字 ×8 位。如静态 RAM 6264 为 8K ×8 位,62256 为 32K ×8 位等。

2. 地址译码器

接收来自 CPU 的 n 位地址并进行译码,产生 2^n 个地址选择信号,可以实现对片内存储单元的地址选择。

3. 控制逻辑电路

接收片选信号 $\overline{CS}$ 及来自 CPU 的读/写信号 R/$\overline{W}$,形成芯片内部控制信号,以实现对存储体内部单元内容的读出和写入。

4. 数据缓冲器

用于暂时存放来自 CPU 的写入数据或从存储体内读出的数据。暂存的目的是为了协调 CPU 和存储器之间在速度上的差异,以防止出现数据冲突。

5.1.3 半导体存储器的主要性能指标

衡量半导体存储器性能的指标很多,主要考虑存储器容量和存取时间。

1. 存储容量

存储容量是指存储器可以存储的二进制信息的总量。其中,一个二进制位(bit)为最小存储单位,8 个二进制位为 1B(Byte,字节)。一般微型计算机都是按字节编址的,因此字节是存储器容量的基本单位。目前使用的存储容量达 MB(兆字节)、GB(千兆字节)、TB(兆兆字节)或更大的存储空间。各层次之间的换算关系为

$1KB = 2^{10}B = 1024B$;$1MB = 2^{20}B = 1024KB$;$1GB = 2^{30}B = 1024MB$;$1TB = 2^{40}B = 1024GB$

例如,Intel 公司生产的 EPROM 芯片 2764A 具有的存储器容量为 8KB,这表明该芯片内的二进制存储位为 $8 \times 1024 \times 8 = 65536$ 位。

2. 存取时间

存储器的存取时间又称为存储器访问时间或读/写时间,是指从启动存储器操作到完成该操作所经历的时间。例如,读出时间是指从 CPU 向存储器发出有效地址和读命令开始,直到将被选单元的内容读出送上数据总线为止所用的时间;写入时间是指从 CPU 向存储器发出有效地址和写命令开始,直到信息写入被选中单元为止所用的时间。内存的存取时间通常用 ns(纳秒)表示。例如,Samsung 公司生产的低功耗 SRAM 芯片 KM62256CL(容量为 $32K \times 8$ 位)具有 55ns 的数据读出时间。内存的存取时间越小,表明芯片的数据存取速度越快。

3. 功耗

一般存储器芯片的工作功耗都在毫瓦(mW)级左右。功耗越小,存储器件的工作稳定性越好。芯片的使用手册中常给出维持功耗和工作功耗两个指标,大多数半导体存储器的维持功耗小于工作功耗。

4. 环境温度

存储器芯片对于工作的周围环境温度有一定要求,按照对环境温度的要求不同,可把芯片分为民用级(0℃ ~70℃)、工业级(-40℃ ~ +85℃)和军用级(-55℃ ~ +125℃)。工作的环境温度范围越宽,表明芯片对周围工作环境的温度要求越低,但芯片的成本往往会越高。

5. 可靠性

可靠性是指在规定的时间内,存储器无故障存取的概率。可靠性通常用平均无故障时间(Mean Time Between Failures,MTBF)来衡量。MTBF 可理解为两次故障之间的平均时间间隔,这个值越大则说明存储器的可靠性越高。存储器芯片的 MTBF 大都在几千小时甚至更长。

5.1.4 现代微型计算机系统的存储器体系结构

计算机对存储器的基本要求是容量大、速度快且成本低。但在一个存储器系统中,要同时兼顾这些指标是很困难的,为了解决存储器的容量、速度和价格之间的矛盾,除了继续研制新的存储器件外,还可以从存储系统体系上研究合理的结构模式。目前,现有微型计算机系统的存储器结构主要从分级结构和虚拟存储器结构两方面进行了合理设计。

1. 分级结构

微型计算机系统的存储器分级结构如图 5.3 所示,可分为高速缓存(Cache)、主存和辅存 3 级。它们的存取速度依次递减,存储容量依次递增,而位价格依次降低。

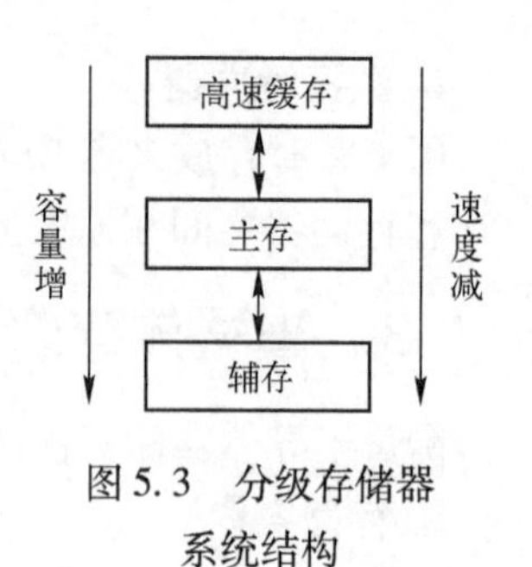

图 5.3 分级存储器系统结构

第一级存储器是高速缓冲存储器(Cache),位于 CPU 和主存之间,用来存放 CPU 频繁使用的指令和数据,目前容量可达到 8MB。Cache 存储器所用的芯片都是高速的,其存取速度与微处理器相当。设置高速缓冲存储器是现代微型计算机中最常用的一种方法,从 80486 开始,一般也将它们或它们的一部分(8 ~ 16KB)制作在 CPU 芯片中。因此,目前的高速缓冲存储器大都具有两级或三级 Cache 结构(CPU 内 Cache 和 CPU 外 Cache)。

第二级是内存储器,主要存放运行的程序和数据。由于 CPU 的寻址大部分落在高速缓冲存储器上,内存就可以采用速度稍慢的存储器芯片,因而降低了对存储器芯片的速度要求。在现代微型计算机系统中,内存可以达到几 GB 甚至几十 GB 的容量。

最低一级存储器是大容量的外存(磁带、软盘、硬盘、光盘等),又称为“海量存储器”。这些存储器往往由 CPU 通过 I/O 接口进行信息存取,但存取速度比内存慢得多。这种存储器的平均存储费用很低,所以往往作为后备的大容量存储器应用。另外,在现代微型计算机系统中,硬盘、光盘等外存还广泛用作虚拟存储器的硬件支持。

由以上分析可知,计算机中采用的是一个具有多级层次结构的存储系统,该系统既有与 CPU 相近的速度,又有较大的容量,成本也较低。高速缓存 Cache 解决了存储系统的速度问题,辅存解决了存储系统的容量问题,这样,就达到了存储器速度、容量和价格之间的一个有效平衡。

2. 虚拟存储器结构

现代微型计算机系统在分级存储器结构的基础上,通过对内存和外存进行统一编址,并借助于实际的海量存储硬盘或光盘存储器,形成一个虚拟存储器(Virtual Memory),其容量比实际的内存要大很多,但是存取速度却比外存快很多。

虚拟存储器的编址方式称为虚拟地址或逻辑地址,这种方式可以使得程序员在编写软件时不用考虑计算机的实际内存容量,而可以写出比实际配置的内存容量大很多的各类程序。编写好的程序预先放在外存储器中,在操作系统的统一管理和调度下,按某种算法调入内存储器(没有被执行的程序依然放在外部存储器上)并被 CPU 执行。这样,从 CPU 看到的就是一个速度接近内存但容量却远大于内存的虚拟地址空间。

虚地址空间是程序可用的空间,而实地址空间是 CPU 可访问的物理内存空间。一般虚地址空间远远大于实地址空间,例如 Pentium 处理器的实地址空间为 2^{32}B(4GB),而虚地址空间则可多达 2^{46}B(64TB)。程序员采用的是虚拟地址,而 CPU 在执行程序的时候采用的是物理地址。因此,存在一个从虚拟地址向物理地址转换的过程,这种过程也称为地址映射。采用何种映射方式主要取决于计算机采用的虚拟存储器管理方式,这种管理方式目前主要分为 3 类:页式管理、段式管理和段页式管理。

虚拟存储器结构极大地提高了微型计算机系统中存储系统的性能,实质上也等效于提高了微型计算机系统的整体性能。

5.2 随机存取存储器

目前,在微型计算机系统中广泛使用的主存储器是由半导体材料制造的随机存取存储器(RAM)。它可以随机地对每个存储单元进行读/写,但断电后信息会丢失。根据存储原理又可分为静态 RAM(SRAM)和动态 RAM(DRAM)。静态 RAM 只要不掉电,所保存的信息就不会丢失。而动态 RAM 保存的内容即使在不掉电的情况下隔一定时间后也会自动消失,因此要定时对其进行刷新。

5.2.1 静态 RAM

静态 RAM(SRAM)是一种静态随机存储器。它的存储电路由 MOS 管触发器构成,用触发器的导通和截止状态来表示信息"0"或"1",与动态 RAM 相比,不需要额外的刷新电路系统。其特点是速度快,工作稳定,使用方便灵活,但由于它所用 MOS 管较多,致使集成度低,功耗较大,成本也高。在微型计算机系统中,SRAM 常用于小容量的 Cache。

1. SRAM 的基本存储单元电路

SRAM 的基本存储电路结构如图 5.4 所示,在该图中,存储电路由标准的双稳态触发器、行列选择线、I/O 数据线构成。

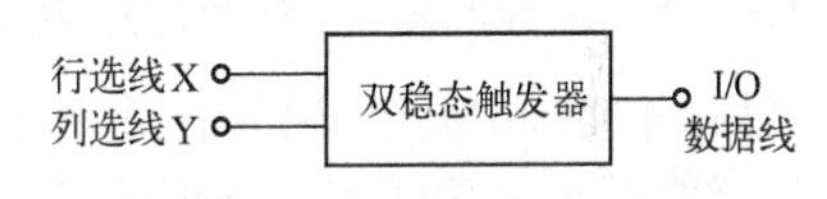

图 5.4　SRAM 的基本存储电路

当执行读取操作时,行选线 X 与列选线 Y 均为高电平,双稳态触发器存储的信息通过内部的数据线接通至外部 I/O 数据线,从而能够完成读取操作。执行读取操作时,双稳态触发器的状态不受影响,为非破坏性读出。在写操作过程中,将要写入的信息送到 I/O 数据线上,并控制 X 选线与 Y 选线为高电平,此时,信息可以通过存储单元的内部数据线写入触发器。写入结束,状态保持。如果电源掉电后又恢复供电时,双稳态触发器发生状态竞争,状态稳定后将进入一个事先不能确定的状态,因此 SRAM 被称为易失性存储器。

SRAM 的存储单元由双稳态触发器构成,无论是存储"1"还是"0",总有 MOS 管是导通的,因而这种 SRAM 的功耗较大。

2. SRAM 的组成

一个 SRAM 存储单元只能存储一个二进制位的数据,而具有实用功能的存储器芯片往往含有成千上万个这样的存储单元,并且还包括地址译码器、读写控制电路逻辑和数据缓冲器等。图 5.5 所示为 4K×1 位的 SRAM 存储器结构原理图。存储体由 4096 个六管静态存储单元电路构成,这些存储单元被组织成 64×64 的二维存储矩阵。

在该存储器中,地址译码器由 X 地址译码器和 Y 地址译码器组成。X 地址译码器的输入为 $A_0 \sim A_5$,其输出端提供 $X_0 \sim X_{63}$共 64 根行选线,而每一行选线接到存储矩阵同一行中的 64 个存储电路的行选端,因此行选线能同时为该行 64 个行选端提供行选择信号。Y 地址译码器的输入为 $A_6 \sim A_{11}$,其输出端提供 $Y_0 \sim Y_{63}$共 64 根列选线(位线),而同一列中的 64 个存储单元共用同一位线,故由列选线可以同时控制它们与 I/O 电路连通。显然,只有行、列均被选中的某个存储单元电路才能进行数据的存取操作。

读写控制逻辑电路主要是根据 CPU 的命令选中存储器(由$\overline{CE}$控制),因为对于每块芯片,

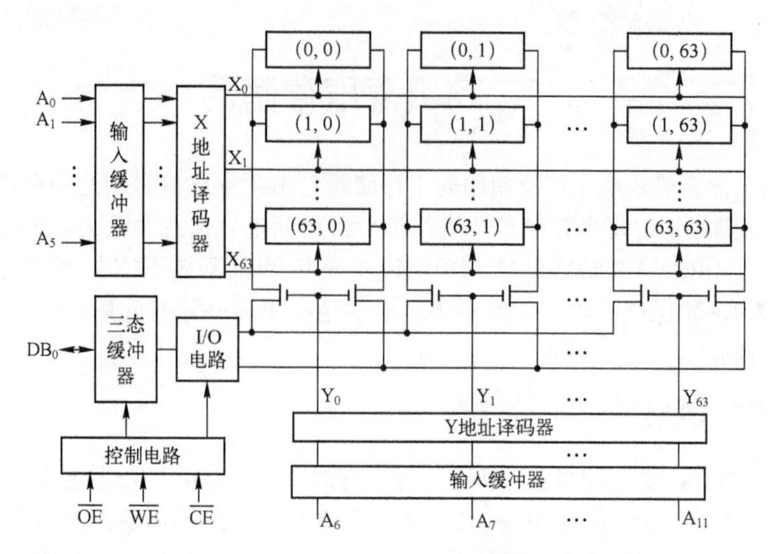

图 5.5 4K×1 位的静态 RAM 结构组成原理图

都有一个片选控制端,只有当片选端加上有效信号时,才能对该芯片进行读或写操作。选中芯片之后,才能选中某个 RAM 存储单元并进行读(由$\overline{OE}$控制)、写(由$\overline{WE}$控制)等存取操作。在进行读取操作中,被选中单元的信息经过一定时间出现在 I/O 电路的输入端。I/O 电路对读出信号进行放大和整形等处理后送到双向三态缓冲器。三态缓冲器具有三态控制功能,当加上控制逻辑信号后($\overline{OE}$、$\overline{CE}$等的组合)所存数据才能送到外部数据线 DB_0上。执行写操作时,将要写入的数据放在 DB 线上,并利用译码器电路选中某个存储单元,加上有效的控制信号($\overline{CE}$、$\overline{WE}$等的组合)并打开三态门,DB_0上的数据进入输入电路,并送到存储单元位线上,从而写入该存储单元。

图 5.5 中所示的存储体是容量为 4K×1 位的存储器,因此,它仅有一根 I/O 线(DB_0)。如果要组成字长为 8 位的存储器,则每次存取时,应有 8 个存储单元电路同时与外界交换信息,这种存储器中,将列按 8 位分组,每根列选线控制一组的列向门同时打开。相应地,I/O 电路也应有 8 个。每一组的同一位,共用一个 I/O 电路。

3. 典型 SRAM 芯片

目前各种中、高档 PC 系列微型计算机和工作站普遍采用 SRAM 芯片组成 CPU 外部的高速缓冲器 Cache。常用的 SRAM 芯片有 Intel 6264(8K×8)、62256(32K×8)等。下面以 Intel 6264 为例说明。

Intel 6264 是一个 8K×8 的静态存储器芯片,其内部主要包括 512×128 的存储矩阵、行/列地址译码器以及数据输入输出控制逻辑电路。

图 5.6 是 6264 的引脚图,它有 28 个引脚,采用双列直插式(DIP)封装,使用单 +5V 电源,存取时间为 70~120ns。其引脚功能如表 5.1 所示,工作方式如表 5.2 所示。

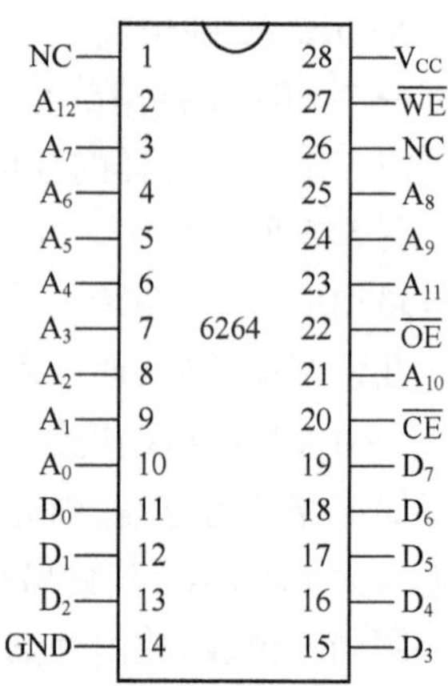

图 5.6 Intel 6264 的引脚图

表 5.1 Intel 6264 芯片引脚功能说明

符　号	名　称	功能说明
$A_{12} \sim A_0$	13 位地址线	输入，寻址范围 8K
$D_7 \sim D_0$	8 位数据线	双向数据传输
$\overline{CE}$	片选信号	输入，低电平有效
$\overline{WE}$	写允许信号	输入，低电平有效（读操作时要求其无效）
$\overline{OE}$	读允许信号	输入，低电平有效即允许被选中单元输出（写操作时$\overline{OE}$无效）
Vcc	电源端	+5V
GND	接地端	—
NC	未用引脚	—

表 5.2 Intel 6264 的工作方式

$\overline{CE}$	$\overline{WE}$	$\overline{OE}$	方式	功　能
0	0	0	禁止	不允许$\overline{WE}$和$\overline{OE}$同时为低电平
0	1	0	读操作	数据读出
0	0	1	写操作	数据写入
0	1	1	选通	芯片选通，输出高阻态
1	×	×	未选通	芯片未选通

5.2.2 动态 RAM

动态 RAM（DRAM）通过利用 MOS 管的栅极分布电容的充放电来表示存储的信息，充电后表示“1”，放电后表示“0”。由于电容存在漏电现象，电容电荷会因为漏电而逐渐丢失，因此必须定时对 DRAM 进行充电（称为刷新）。在微型计算机系统中，DRAM 常被用作内存（即内存条）。

在 DRAM 中，存储信息的基本电路可以采用四管电路、三管电路和单管电路，管子的数量越少，芯片的集成度也越高。因此，目前多采用单管电路作为存储器基本电路。下面以单管电路为例介绍 DRAM 存储单元的工作原理。

1. 单管 DRAM 基本存储电路

由单个 MOS 管构成的一个基本存储电路如图 5.7 所示，该电路主要由 MOS 管 T_1和电容 C 组成。其特点是组成结构简单、功耗小、集成度高。

DRAM 是利用与 MOS 管源极相连的电容 C 存储电荷的原理来记忆信息“1”和“0”的。电容 C 上有电荷表示存储的二进制信息为“1”，无电荷时表示“0”。在 DRAM 中，涉及的操作包括：

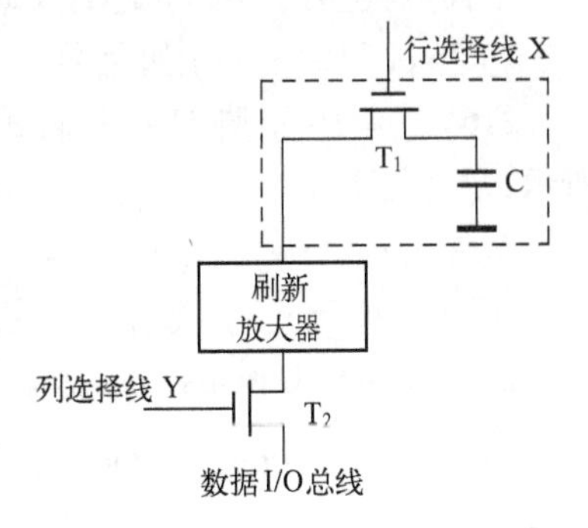

图 5.7 单管 DRAM 基本存储电路

（1）无存取操作时，行选择线为低电平，MOS 管 T_1 截止，电容 C 与外电路断开，不能形成充、放电回路，故电容上的信息保持不变。

（2）写操作。行选择信号为高电平时选中该行，电容 C 上的信息送到刷新放大器，刷新放大器又对这些电容 C 进行重写。由于刷新时,列选择信号总为“0”,因此电容 C 上信息不可能被送到数据总线上。

(3) 读操作。行选择线 X 为高电平,处于同一行上的 MOS 管 T_1 均导通,使得刷新放大器能够读取 C 上的电压值,刷新放大器往往具有较高的灵敏度和放大倍数,可以将该电压值折算为逻辑电平“0”或“1”;如果列地址产生列地址选择信号,则行列均被选中的基本存储电路受到驱动,完成信息的读取。

(4) 刷新操作。DRAM 是利用电容存储电荷的原理来保存信息的,由于电容会泄漏放电,时间一长则电容存储的信息会丢失。所以,为保持电容中的电荷不丢失,需要利用刷新放大器电路对 DRAM 进行读出、放大和再写入,使原来逻辑电平为“1”的电容上所泄漏的电荷得到补充,而原来处于电平“0”的电容仍维持为“0”,这个过程称为动态 RAM 的刷新。刷新和读操作类似,但是不发送片选信号和列地址信号,因此,这种刷新不会把读取的数据输出到外部数据线上。

DRAM 的刷新是按照行进行的,存储器两次刷新操作之间的间隔时间称为最大刷新时间间隔,这个时间一般不大于 2ms。当芯片周围的工作环境温度上升时,电容的放电速度会加快,所以两次刷新的时间间隔是随温度而变化的,一般为 1 ~ 100ms。由于读/写操作的随机性,不能保证在 2ms 内对 DRAM 的所有行都能遍访一次,所以要依靠专门的存储器刷新周期系统地完成对 DRAM 的刷新。

在 DRAM 构成的存储系统中,刷新操作常设计为 2 种:一是利用专门的 DRAM 控制器实现刷新控制,如 Intel 8203 控制器;二是在每个 DRAM 芯片上集成刷新控制电路,使存储器件自身完成刷新,这种器件称为综合型 DRAM,如 Intel 2186/2187。

DRAM 的缺点是需要专门的刷新电路,而且在对某些单元进行刷新操作时,不能对这些单元进行正常的存取操作。但 DRAM 与 SRAM 相比具有集成度高、功耗低、价格便宜等优点,所以在大容量存储器系统中得到了普遍应用。

2. 典型 DRAM 芯片

第一片 DRAM 芯片出现于 1973 年,容量为 1KB;1973 年,出现了 4KB 的 DRAM,1976 年,出现了 16KB 的 DRAM;1980 年出现了高达 4MB 的 DRAM,但当时的主流 IBM PC 微型计算机内存一般为 16KB 左右;1990 年,出现了 256MB 的 DRAM。目前,微型计算机主板上常用的内存达到了 2GB 甚至更高。

下面以典型的 DRAM 芯片 Intel 2164A 芯片为例,介绍其结构及工作原理。

1) Intel 2164A 的引脚信号

2164A 是 16 引脚双列直插式芯片,其引脚信号如图 5.8 所示,定义如下。

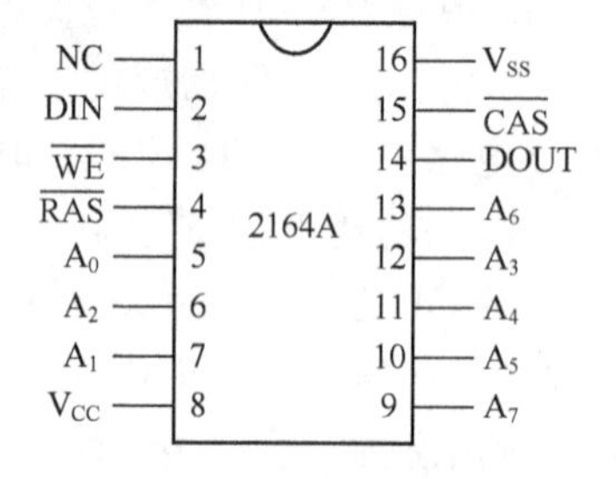

图 5.8 2164A 引脚信号

$A_7 \sim A_0$(Address Inputs):地址线。

DIN(Data Inputs):数据输入线。

DOUT(Data Outputs):数据输出线。

$\overline{RAS}$(Row Address Strobe):行地址选通信号,输入,低电平有效。

$\overline{CAS}$(Column Address Strobe):列地址选通信号,输入,低电平有效。

V_{CC}:电源端,采用 +5V 电源供电。

V_{SS}:信号地。

2）Intel 2164A 的内部结构及工作原理

Intel2164A 是一种典型的 DRAM 芯片，容量为 64K ×1 位，因此，用 8 个芯片就可以构成 64KB 的存储器。Intel 2164A 的内部存储体由 4 个 128 ×128 的存储矩阵组成，每个存储矩阵由 7 条行地址线和 7 条列地址线进行选择，分别选自 128 行和 128 列。

在 Intel 2164A 中，由$\overline{WE}$信号控制数据的读出和写入。当$\overline{WE}$为“1”时，为读操作，即所选单元的内容由 DOUT 引脚读出；当$\overline{WE}$信号为“0”时，为写操作，此时，DIN 引脚上的信号经数据输入缓冲器对选中单元进行写操作。

芯片进行刷新的时候，只加上行选通信号$\overline{RAS}$，不需加列选通信号$\overline{CAS}$。此时，地址加到行译码器上并使指定的 4 行存储单元被刷新，但不被读/写，因此，不影响 DOUT 引脚的输出。Intel 2164A 的最大刷新周期一般为 2ms。

5.2.3　PC 内存条

DRAM 具有高集成度、低功耗和成本低等优点，所以一般大容量存储器系统均由半导体 DRAM 组成。在 PC 中，为了节省主板空间，并考虑便于扩充内存容量和更换等目的，出现了内存条的概念。内存条通常由若干个 DRAM 芯片组成，并将其焊接在一个具有特定规格和形状的 PCB 板上。在 PC 主板上有相应的内存条的插座，随着计算机性能的不断提高，内存条的种类和性能也不断地更新换代。

早期的 386、486 和 586 计算机普遍采用 FPM DRAM，即把一组 DRAM 安装在一块 PCB 板上，称为 SIMM 内存条。EDO RAM 是另外一种 SIMM 内存条，在早期的 486 计算机和奔腾计算机中得到了应用。为了解决 CPU 和内存之间的速度匹配问题，后续出现了 SDRAM（Synchronous DRAM，同步 DRAM），这是一种目前在 PC 中广泛使用的存储器类型，具体包括多种类型，如 DDR SDRAM、DDR2 SDRAM 和 DDR3 SDRAM。图 5.9 所示为 PC 中的 DDR SDRAM 内存条，具有 512MB 的内存容量，标准供电电压 2.5V，工作主频 166 MHz，内存芯片采用 Tiny-BGA 封装。

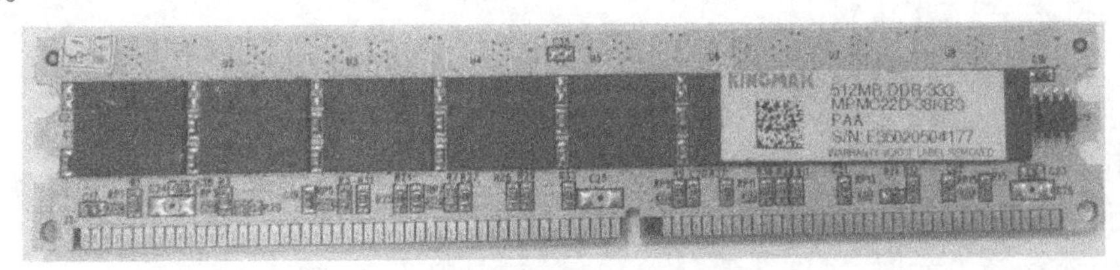

图 5.9　DDR SDRAM 内存条

目前，内存条的发展趋势是：供电电压越来越低，集成度越来越高，性能越来越先进，容量越来越大。

5.3　只读存储器

传统的只读存储器（ROM）是一种只能读但不能写的存储器。ROM 所存储的信息可以长久保存，掉电后存储信息不会丢失，故这种 ROM 又称为非易失性（Nonvolatile）存储器。一般用于存放固定的程序和参数,如监控程序、BIOS 程序等。

按存储单元的组织结构和生产工艺的不同,ROM 可分为掩膜 ROM、一次可编程 ROM(One Time Programble Read Only Memory,PROM 或 OTP ROM)、紫外线可擦除可编程 ROM(Ultraviolet Erasable Programble Read Only Memory,UV - EPROM 或 EPROM)、电可擦除可编程 ROM(Electrically Erasable Programble Read Only Memory,EEPROM 或 E^2PROM)以及 Flash 存储器等。

5.3.1 掩膜 ROM

掩膜 ROM 中的信息是由生产厂家在制造过程中写入的,用户在使用时只能进行读出操作。掩膜 ROM 在制作完成后,存储的信息就不能再改写了,如果 ROM 中的内容出现错误,则整个一批芯片都要报废,因此,在进行掩膜之前必须确保 ROM 中内容的正确性。这种 ROM 由于结构简单,集成度高,成本较低,主要用于大批量生产。

图 5.10 为一个简单的 MOS 管构成的掩膜 ROM,采用 4×4 位结构。利用字译码方式,两位地址输入,经译码后输出 4 条选择线,每一条选中一个单元,每个单元具有 4 位输出。图中在行和列的交叉点上,有的跨接管子,而有的没有跨接管子,这是由厂家在制造时的二次光刻工艺所决定的。如果某位存储的信息为"0",就在该位制作一个跨接管;如果存储信息为"1",则该位不制作跨接管。

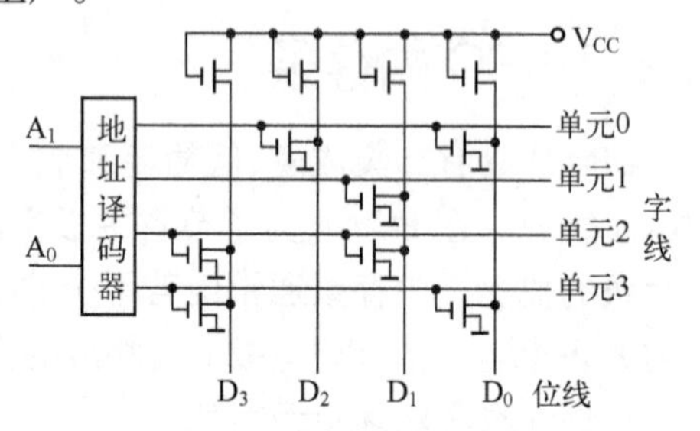

图 5.10 4×4 位掩模 ROM 结构示意图

以图 5.10 为例,分析掩膜 ROM 的信息存储原理如下:

以选中单元 1 为例。此时,地址线 $A_1A_0=01$,经地址译码后选中单元 1,在该单元中,若有位线上的管子与其相连,如图中的 D_1,其相应的 MOS 管导通,输出为"0";而其余位线和该单元的字线之间并无管子相连,则输出为"1",故有 $D_3D_2D_1D_0=1101$。同理,单元 0 的内容为 1010,单元 2 的内容为 0101,单元 3 的内容为 0110。

5.3.2 可编程 ROM

PROM 的基本存储单元主要由一只 MOS 管(或晶体管)、熔丝 F 和电阻 R 组成,如图 5.11 所示。当选中该单元时,通过编程工具并施加一定的高压和大电流,则可迫使 F 熔断。如果 F 断开,则选中该存储单元时,字线为高导致 T 导通,但由于 F 已断,因此位线被下拉电阻 R 拉至低电平,即数据线的输出 D=0。假设熔丝 F 在编程时没被烧断,当选中该单元时(即字线为高),管子 T 导通,数据线上的数据 D=1。

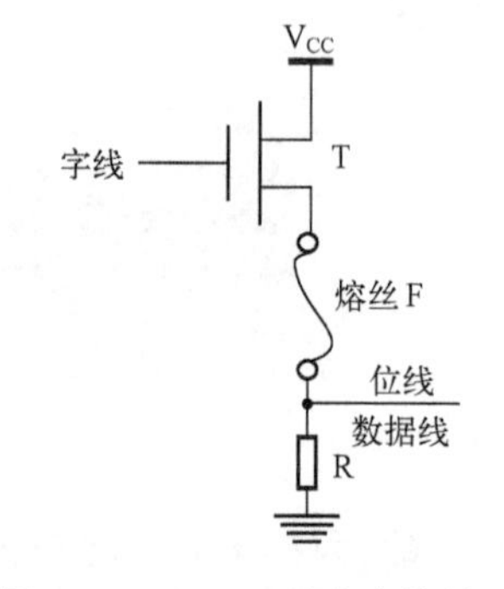

图 5.11 PROM 基本存储单元

由于存储单元中的熔丝被烧断后不能恢复,因此这种 ROM 只能编程一次,故又称为 OTP ROM,主要应用在批量生产和应用中。出厂时,PROM 中的信息全部为 1。

5.3.3 紫外线可擦除 ROM

在实际的工程应用中,程序可能会根据需要进行修改和升级,这种情形下,最好采用可以多次擦除和烧写的 ROM 存储器。由于 PROM 只能烧写一次,在实际产品开发和应用中受到一定的限制,因而能够重复擦写的 EPROM 得到了广泛的应用。

EPROM 的芯片顶部开有一个圆形的石英窗口,通过紫外线的照射可将片内所存储的原有信息擦除。根据需要可利用 EPROM 的专用编程器(也称为"烧写器")对其进行编程,因此这种芯片可反复使用。

1. 基本存储电路和工作原理

如图 5.12(a)所示的 EPROM 存储电路是利用浮栅 MOS 管构成的,又称为浮栅 MOS EPROM 存储电路。这种电路和普通增强型 PMOS 管相似,但其栅极无引出端,而四周充满 SiO_2绝缘层,好似处于一种浮空状态,故称为"浮栅"。当处于原始状态时,栅极上无电荷,D 和 S 之间无导电沟道,管子处于截止状态,此时认为存放信息"1";如果设法向浮栅注入一定量的电荷,即等效于在栅极上加负电压,这些负电荷将会在硅表面上感应出一个连接源、漏极的低阻导电沟道,使管子呈导通状态,此时认为该存储电路存放信息"0"。当外加电压消失后,积累在浮栅上的电子不能形成放电回路,故信息可长期保存。

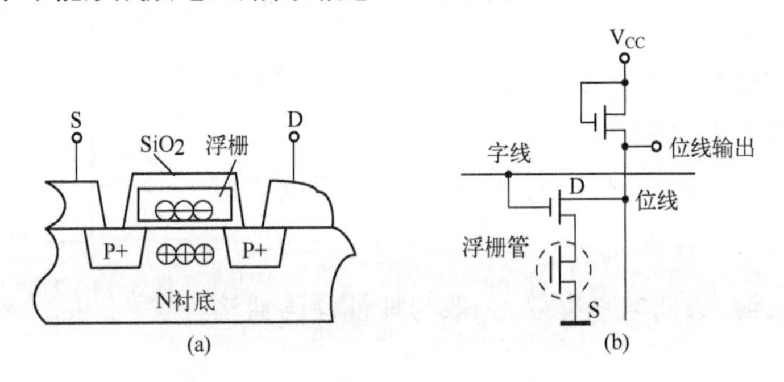

图 5.12　浮栅 MOS EPROM 存储电路

EPROM 的存储工作原理如图 5.12(b)所示,该电路存储单元主要由一个浮栅管与一个 MOS 管组成。在进行读取操作时,如果字线为"1"且浮栅内存有电子,则 MOS 管导通,此时,位线被拉低,读出的数据为"0";如果字线为"1"但浮栅内没有电子,则 MOS 管不导通,此时,位线的输出被拉高为"1",即读出的信息为"1"。

EPROM 在出厂时未经编程,浮栅中没有储存电荷,因此位线上总是"1",即存储的信息为"1"。

2. 编程和擦除过程

EPROM 的编程是通过编程器进行的,所谓编程其实是对某些单元写入"0"的过程,即向浮栅注入电子的过程。通过在管子的漏极加一个 24V 的高压,可使漏区附近的 PN 结造成雪崩击穿,并使得一部分高能电子穿过绝缘层,注入浮栅。注入浮栅的电子数目一般是由所加电压的脉冲宽度和幅度联合决定。

EPROM 芯片的擦除不是利用编程器进行的,而是采用紫外线光照射并使其信息丢失。此处采用的紫外线波长为 2537Å,照射能量为 $15W \cdot s/cm^2$(瓦·秒/厘米^2)。紫外线的光子能量较高,从而使得浮栅中的电子获得能量并逸出至基片中,使浮栅恢复初态。为了便于进行紫外线擦除,EPROM 芯片的顶部往往开有一个小窗口。在进行擦除时,一般照射 20 ~ 30min,如果读出的内容皆为 FFH,说明 EPROM 芯片内的信息已经全部成功擦除。经过编程后,芯片的擦除窗口要贴上不透光的封条,以保护其不受紫外线的照射。

EPROM 的优点是可靠性高,并且可以重复烧写(2000 次左右);缺点是如果程序出现错误或重新进行烧写时,必须从电路板上取下全部擦掉重写,而且利用紫外线进行擦除时间较长。

3. EPROM 典型芯片

EPROM 的应用范围很广,典型种类主要包括 2732(4K×8 位)、2764(8K×8 位)、27128(16K×8 位)、27256(32K×8 位)、27512(64K×8 位)、27010(128K×8 位)、27080(1024K×8)等。它们均为双列直插式芯片。为了便于升级和保持不同生产厂家产品的兼容性,这些芯片在引脚排列上都有一定的兼容性,并且在一定的条件下可以进行替换。现以经典的 Intel 2764 为例介绍 EPROM 芯片的工作方式。

1) 2764 的特性及引脚信号

Intel 2764 的容量为 8KB,是 28 引脚双列直插式芯片,最大读出时间为 250ns,单一 +5V 电源供电,其引脚信号如图 5.13 所示。

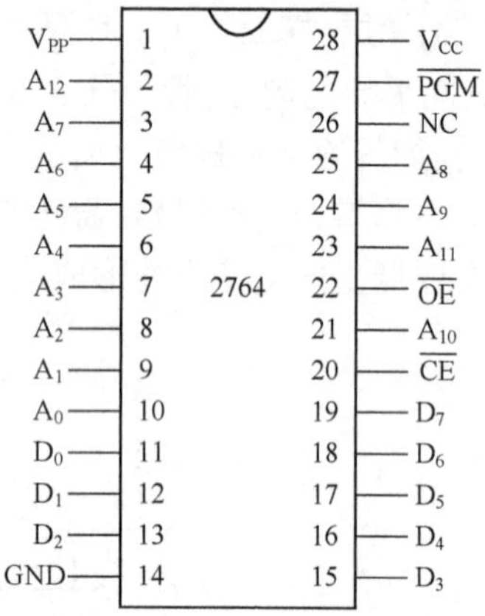

信号	引脚	2764	引脚	信号
V_{PP}	1		28	V_{CC}
A_{12}	2		27	$\overline{PGM}$
A_7	3		26	NC
A_6	4		25	A_8
A_5	5		24	A_9
A_4	6		23	A_{11}
A_3	7		22	$\overline{OE}$
A_2	8		21	A_{10}
A_1	9		20	$\overline{CE}$
A_0	10		19	D_7
D_0	11		18	D_6
D_1	12		17	D_5
D_2	13		16	D_4
GND	14		15	D_3

图 5.13　2764 引脚信号示意图

$A_{12} \sim A_0$:13 位地址总线,可寻址 8KB 的存储空间,输入,与系统地址总线相连。

$D_7 \sim D_0$:8 位数据线。编程时做数据输入线,读出时做数据输出线,与系统数据总线相连。

$\overline{OE}$:读出允许信号,输入,低电平有效,一般与系统读信号$\overline{RD}$相连。

$\overline{CE}$:片选信号,输入,低电平有效,一般与地址译码器输出相连。

V_{PP}:正常使用接 TTL 高电平"1"。编程时,需接 +12.5V 的编程电压。

$\overline{PGM}$:编程使用引脚。编程时,需接脉宽为 45ms 的低电平脉冲信号。

V_{CC}:工作电源,接 +5V。

GND:信号地。

2) 2764 的工作方式

2764 有 5 种工作方式,即读出、保持、编程、编程校验和编程禁止,如表 5.3 所示。

表 5.3　2764 工作方式

工作方式	$\overline{CE}$	$\overline{OE}$	V_{PP}	$\overline{PGM}$	$D_7 \sim D_0$
读出	0	0	+5V	1	数据输出
保持	1	×	+5V	×	高阻
编程	0	1	+12.5V	0	数据输入
编程校验	0	0	+12.5V	1	数据输出
编程禁止	1	×	+12.5V	×	高阻

(1) 读出:将芯片内指定单元的内容读出。此时$\overline{CE}$和$\overline{OE}$为"0",V_{PP}接 +5V,$\overline{PGM}$接"1",数据线处于输出状态。

(2) 保持:$\overline{CE}$为高电平,数据线呈现高阻状态,数据禁止传输。

(3) 编程:将程序烧写入芯片内。此时,V_{PP}接+12.5V,$\overline{OE}$为“1”,$\overline{CE}$为“0”,PGM引脚接脉宽为45ms的低电平脉冲信号。

(4) 编程校验:在编程过程中,需要对写入的芯片的信息进行校验操作,以检验是否出现错误。对一个字节编程后,$\overline{PGM}$为“1”,$\overline{CE}$和$\overline{OE}$为“0”,将同一单元的内容由数据线输出,可检验写入的内容是否正确。

(5) 编程禁止:$\overline{CE}$为“1”,此时禁止编程,数据线呈现高阻状态。

5.3.4 电可擦除可编程ROM

虽然EPROM应用范围较广,但在使用时需从电路板上拔下,还需用专门的紫外线擦除器进行信息擦除,因此操作起来比较麻烦;另外,芯片的频繁拔插可能导致管脚的机械损坏。这些特点使得EPROM的应用范围受到了一些限制。

近年来,出现了另外一种新型的ROM器件,即EEPROM。这种存储器是一种可用电压在线擦除和编程的存储器,在智能工业仪器仪表中得到了广泛应用,主要存储各种变化不太频繁的数据和表格等。EEPROM兼有ROM和RAM的功能,既具有断电情况下数据保存的功能,又具有灵活的数据在线改写功能。

1. EEPROM基本特性

和EPROM相比较,EEPROM的特点如下:

(1) EEPROM可以进行数据的读写等操作,使用十分灵活。既能像RAM一样随机地进行改写,又保留了ROM信息非易失性的优点,因此,可作为系统中可靠保存数据的存储器,使用起来比EPROM要方便得多。

(2) EEPROM信息擦除和修改的单位可以小到1B。另外,信息的擦除和修改均可在线进行,使用十分方便。而EPROM只能整片进行擦除或编程,而且还不能在线进行。

(3) EEPROM可以采用电方式进行信息的擦除或改写,目前,常用的EEPROM的供电主要采用+5V或低压(2.7~3.6V)。大多数的EEPROM芯片均有写入结束标志寄存器,可供用户软件查询和使用。EEPROM的擦写次数可达500000次以上,读取时间为200~250ns,数据可保存10年以上。但EEPROM的在线擦写耗时较多,约需10ms,因此,进行在线擦写操作时需保证有足够的写入时间,否则,可能导致擦写失败。

(4) EEPROM的信息传输方式分为并行和串行2种,以满足不同应用场合的要求。例如,Intel 2864(容量8K×8位)采用并行方式进行数据的传输,具有较高的传输速率;采用串行方式进行数据的传输,例如Atmel公司的AT24C16(容量2K×8位),这种EEPROM又称为串行EEPROM芯片,仅采用几根引脚来传送地址和数据,因此,使得芯片的引脚数、体积和功耗等均大大减少,串行EEPROM在便携式产品的设计应用方面得到了广泛的应用。总体而言,相比较EPROM,EEPROM的编程电路比较简单,无需高压电路和专用编程器,只要按一定的时序要求进行操作即可。

EEPROM兼有RAM和ROM的双重优点,因此,在微型计算机系统中加以使用,可使得系统设计变得更加灵活、方便。

2. EEPROM典型芯片

按照工作方式来分,EEPROM可分为并行EEPROM和串行EEPROM两类。

常见的并行 EEPROM 芯片有 Intel 公司生产的高压编程芯片 2816 和 2817,以及低压编程芯片 2816A,2817A,2864A,1Mb 的 28010 和 4Mb 的 28040 等。这些芯片的读出时间为 120 ~ 250ns,字节擦写和写入时间在 10ms 左右。串行结构的 EEPROM 种类较多,按照串行数据的传输协议来分,分为两线制和三线制。其中,普通的两线制大多为 I^2C 总线,该总线协议最初由 PHILIPS 公司推出。类似的芯片如 Atmel 公司生产的 AT24C01B(容量 1K 位)、AT24C02B(容量 2K 位)等。三线制大多由三线 Microwire 同步串行接口构成,最初由美国 NSC 公司提出。类似的芯片包括 93C46、93C56 等。

1) 并行 EEPROM

以 Intel 2817A 为例。该芯片的引脚信号排列如图 5.14 所示。

Intel2817A 的容量为 2KB,是 28 引脚双列直插式芯片。该芯片的最大读出时间为 200ns,采用单电源 +5V 供电,最大工作电流为 150mA,维持电流为 55mA。芯片内存储单元的擦写次数可达 10000 次,数据保存寿命超过 10 年。2817A 片内设有编程所需的高压(+21V)脉冲产生电路,因而不需要外加编程电压和编程脉冲即可工作。2817A 的引脚功能如下:

(1) $A_{10} \sim A_0$:11 位地址总线,可寻址 2KB 的存储空间,输入,与微型计算机系统的地址总线相连。

(2) $IO_7 \sim IO_0$:8 位数据线。编程时做数据输入线,读出时做数据输出线,与系统数据总线相连。

(3) $\overline{OE}$:读出允许信号,输入,低电平有效,一般与系统读信号 $\overline{RD}$ 相连。

(4) $\overline{CE}$:片选信号,输入,低电平有效,一般与地址译码器输出相连。

(5) $R/\overline{B}$:芯片准备/忙状态引脚。当执行写操作时,该引脚输出“0”,当写入完成之后输出“1”。这个引脚常和微型计算机系统的中断引脚相连,以便于采用中断方式对 EEPROM 存储器进行读写而又不影响微型计算机的正常处理任务。

(6) V_{CC}:工作电源,接 +5V。

(7) GND:信号地。

(8) NC:引脚未用,可悬空。

2) 串行 EEPROM

以 AT24C01 为例简要说明。该芯片由 Atmel 公司采用 CMOS 工艺生产的容量为 1K 位的 EEPROM,仅有 8 个引脚,如图 5.15 所示。

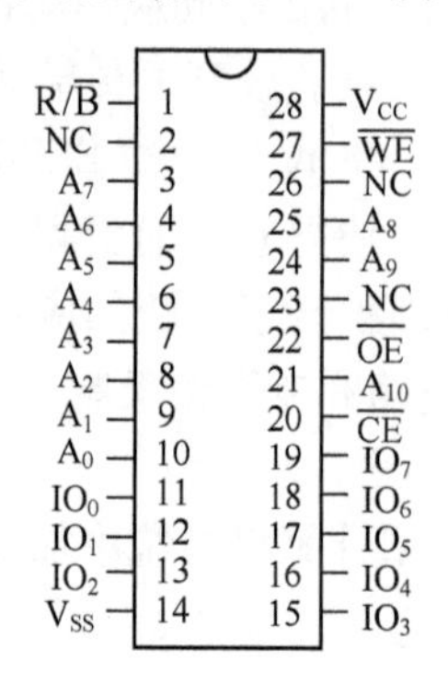

图 5.14 2817A 的引脚图

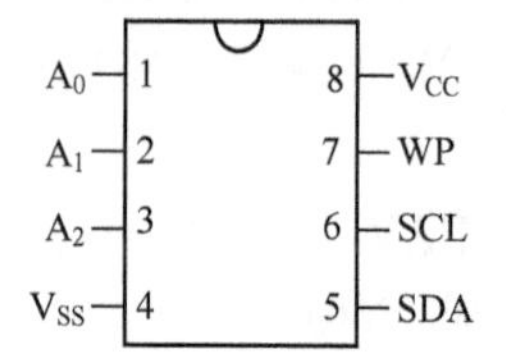

图 5.15 AT24C01 的引脚图

AT24C01 的芯片引脚功能如下：

(1) $A_2 \sim A_0$:3 位芯片地址线。主要用于芯片级联以扩充存储器容量，在一个系统中，可以最多扩充 8 片 EEPROM。

(2) SDA：串行数据输入/输出端。

(3) SCL：串行时钟输入端。在进行数据操作时，提供时序操作的时钟信号。

(4) WP：芯片的写保护引脚。如果 WP = "0"，表示可以对芯片进行读、写操作；如果 WP = "1"，表示禁止对芯片进行写操作，只能进行读操作。

(5) V_{SS}：V_{CC}的参考地。

(6) V_{CC}：芯片工作电压，为 +5V。

AT24C01 的数据读写按照二线制的 I^2C 协议进行，这种协议定义了 SDA 和 SCL 在数据串行传输中的时序同步要求和数据传输的格式。在实际工程应用中只需按照对应手册上规定的读写要求进行操作即可，使用十分灵活、方便。

5.3.5 Flash 存储器

Flash 存储器又称为闪速存储器（闪存）、快速擦写存储器或快闪存储器，是由 Intel 公司于 20 世纪 90 年代初发明的一种新型非易失性存储器。Flash 存储器内的数据信息可保持 10 年，又可以在线擦除和重写。闪速存储器是由 EEPROM 发展起来的，因此它属于 EEPROM 类型，但相比之下又具有成本低、功耗低、密度和集成度高等优点。

近年来，Flash 存储器广泛应用于电信、互联网设备、汽车、数码相机/摄像机/记录器、图像处理等领域。由于闪速存储器所具有的独特优点，在微型计算机系统中，Flash 存储器常用于保存系统的引导程序、系统参数等，Pentium 以后的主板都采用了这种存储器存放 BIOS 软件即 Flash BIOS，由于闪速存储器可擦可写，使 BIOS 升级非常方便快捷。

1. Flash 的存储原理和特点

Flash 的存储电路主要由一个晶体管组成，其中，多晶浮空栅的周围充满氧化物。其存储信息的原理和 EPROM 有些类似，即借助浮空栅中是否有电子来表达 2 种存储状态：如果浮空栅中存储有电子，则在漏极、源极之间形成导电沟道，则认为存储信息"0"；如果浮空栅中没有电子，则在漏极和源极之间不能形成导电沟道，此时认为存储信息"1"。

Flash 存储器的两种存储状态可以借助于栅极、漏极和源极上的控制电压进行灵活的转换（即存储信息的擦除和编程），因此，可以方便地进行在线内容改写。进行在线的读/写应用时，闪存具有以下的特点：

(1) 按区块（Sector）或页面（Page）组织：Flash 存储器的存取操作可以按照字节、区块、页面甚至整个芯片等单位进行，从而提高了应用的灵活性。

(2) 快速写入：CPU 可以将页数据按芯片存取速度（一般为几十 ns 到 200ns）写入缓存，并在芯片内部逻辑的控制下，将页数据写入对应的数据页，大大加快了编程的速度和效率。

(3) 内部编程控制逻辑：当对芯片进行编程写入时，完全由内部逻辑控制操作内容的写入，通过读出验证或中断查询可知是否编程成功，这种设计可以使得 CPU 从复杂的编程操作中解放出来处理主程序，从而提高了 CPU 的效率。

与 EPROM 相比，闪速存储器可实现大规模的电擦除操作，这种擦除功能可迅速清除整个存储器的内容，这一点甚至优于传统的 EEPROM。闪速存储器可重复使用几十万次而不会失效,这一性能在微型计算机系统应用中是非常重要的。

2. Flash 的存储单元组织

Flash 有整体擦除(Bulk Erase)、自举块(Boot Block)和快擦写文件(Flash File)3 种存储结构。

整体擦除结构是将整个存储阵列组织成一个单一的块,在进行擦除操作时,将清除所有存储单元的内容。这种结构在修改少量存储单元内容方面显得不够灵活,在早期的 Flash 存储器中得到了广泛的应用。特点是将整个存储器划分为几个大小不同的块,其中一部分做自举块和参数块,用来存储系统自举代码和参数表;其余部分为主块,用来存储应用程序和数据。在系统编程时,每个块都可以进行独立的擦写。其特点是存储密度高、速度快,这种存储器结构主要面向实时应用的嵌入式微处理器中。快擦写文件结构是将整个存储器划分成大小相等的若干块,即以块为单位进行擦写。与自举块结构的闪存相比,存储密度更高,可用于存储大容量信息,如 U 盘和各种便携式数码产品等。

3. Flash 芯片

Flash 存储器的应用领域众多,因此,生产 Flash 产品的厂家和种类也很多。目前,比较著名的生产厂商包括 Intel、Atmel、AMD、Hyundai、SST、Hitachi、Toshiba、Mitsubishi 等。Flash 存储器的种类较多,按照生产技术的架构来分,可分为 NOR 型存储器、DINOR 型存储器、NAND 型存储器和 AND 型存储器等。另外,Flash 存储器的编程电压也越来越小,目前降至 1.8V 左右,这种低功耗设计将会刺激 Flash 产品在便携式产品中的更广泛的应用。

下面以 Atmel 公司的 AT29C010A 为例,介绍 Flash 存储器的特点、结构及工作方式。

1) AT29C010A 的结构与特点

AT29C010A 是 Atmel 公司利用 CMOS 工艺生产的高性能并行闪存芯片,该芯片均采用 +5V 电压工作和编程,片内有 1M 位的存储空间,分成 1024 个分区,每一个分区由 128B 组成,以分区为单位进行编程操作。AT29C010A 的读取时间为 70ns,快速分区编程周期为 10ms,工作时的电流消耗为 50mA,不工作时的维持电流仅为 100μA 左右。

AT29C010A 的内部结构如图 5.16 所示,外部引脚排列如图 5.17 所示。该芯片内有 2 个 8KB 的可锁定的自举模块,用于系统自举代码和参数表的盛放,主块主要存放应用程序和数据,地址和数据信号都带锁存功能。

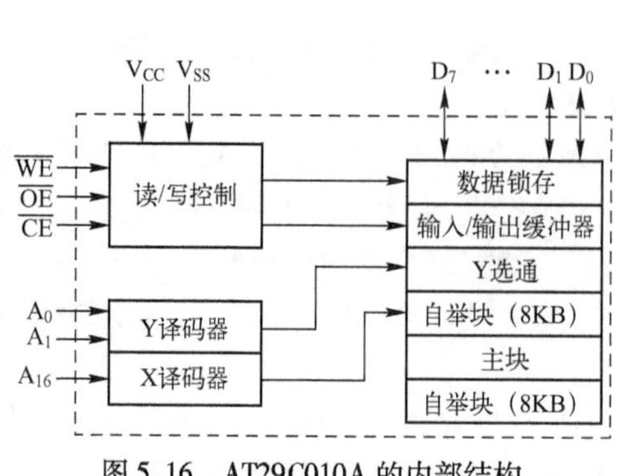

图 5.16 AT29C010A 的内部结构

信号	引脚	引脚	信号
V_{PP}	1	32	V_{CC}
A_{16}	2	31	$\overline{WE}$
A_{15}	3	30	NC
A_{12}	4	29	A_{14}
A_7	5	28	A_{13}
A_6	6	27	A_8
A_5	7	26	A_9
A_4	8	25	A_{11}
A_3	9	24	$\overline{OE}$
A_2	10	23	A_{10}
A_1	11	22	$\overline{CE}$
A_0	12	21	D_7
D_0	13	20	D_6
D_1	14	19	D_5
D_2	15	18	D_4
V_{SS}	16	17	D_3

AT29C010A

图 5.17 AT29C010A 引脚信号定义

如图5.17所示,AT29C010A的各引脚信号的功能如下：

$A_{16} \sim A_0$:17位地址总线,可寻址1M位的存储空间。由高10位地址总线 $A_{16} \sim A_7$ 提供1024个分区的地址,由低7位地址线 $A_6 \sim A_0$ 提供每个分区内128B的地址。

$D_7 \sim D_0$:8位数据总线,双向,三态。

$\overline{OE}$:数据读取允许信号,输入,低电平有效。

$\overline{WE}$:数据允许写入信号,输入,低电平有效。

$\overline{CE}$:芯片的片选信号,输入,低电平有效。

V_{PP}:编程电压输入,接+5V。

V_{CC}:工作电压输入,接+5V。

V_{SS}:信号地。

NC:未使用引脚,可以悬空。

2) AT29C010A的工作方式

AT29C010A的操作分为读取和写入(即编程)两种。其中,读操作与常规的EEPROM相同,可以按照以字节为单位进行读取。但写操作和EEPROM不同,是以分区为单位进行的,此处Flash的每个分区容量为128B。如果某一分区中的一个数据需要改写,那么这一分区中的所有128B的数据必须全部重新写入。

AT29C010A的操作模式见表5.4所示。

表5.4　AT29C010A操作模式

操作模式	$\overline{CE}$	$\overline{OE}$	$\overline{WE}$	$D_7 \sim D_0$
读出	0	0	1	数据输出
保持	1	1	×	高阻
编程	0	1	0	数据输入

(1) 读出：$\overline{CE}=\overline{OE}=$"0",$\overline{WE}=$"1"时,所寻址存储单元中的数据由数据总线($D_7 \sim D_0$)引脚输出,若$\overline{CE}$和$\overline{OE}$为"1",则 $D_7 \sim D_0$ 为高阻态。

(2) 编程：$\overline{WE}=\overline{CE}=$"0",$\overline{OE}=$"1"时,指示Flash存储器进入编程操作模式。在$\overline{WE}$的上升沿将数据总线上出现的数据进行锁存,当编程周期开始后,AT29C010A会利用自身的控制逻辑自动擦除目标分区的内容,然后对锁存的数据在定时器的作用下进行编程。编程周期结束之后,就可以开始一个新的读或编程操作。

4. Flash存储器的应用

Flash存储器与传统的ROM存储器相比具有制造密度高、价格低、功耗低和可靠性高等明显优势,自从问世后就获得了迅速和广泛的应用。

Flash存储器展示了一种全新的微型计算机存储器技术。作为一种高密度、非易失性存储器而言,它特别适合作固态磁盘驱动器,在工业现场控制和传输、嵌入式系统应用、便携式数码产品和系统设计(各种数码音频和视频产品、笔记本电脑和个人数字助理PDA等)、移动存储(U盘、移动硬盘等)等领域得到了广泛的应用。随着Flash存储器制造工艺的不断发展、制造成本的不断下降和功耗的不断降低,可以预测,未来微型计算机系统中的小容量甚至大容量磁盘被 Flash 存储器所取代的可能性将大大提高。

5.4 半导体存储器与 CPU 的接口

在微型计算机系统应用设计和调试过程中，常常遇到存储器空间扩展的问题。此时，需要考虑存储器和 CPU 之间的接口问题。

CPU 与存储器的接口问题是指如何正确连接两者的地址线、数据线和控制线才能达到设计的要求。一般地，CPU 在进行存储器的读/写操作时，应该首先向存储器发出地址信号，然后利用控制总线发出读/写信号，最后利用数据总线传输数据。所以 CPU 与存储器之间的连接，必须正确考虑存储器芯片的类型、信号时序配合和驱动能力等问题。

5.4.1 存储器与 CPU 接口的一般问题

在实际应用中，首先根据具体的设计指标(用途、容量和成本等)考虑所需的存储器种类；其次，当具体到接口电路时，还需要考虑存储器和 CPU 之间地址总线、数据总线和控制总线的连接问题。因此，在实际的应用中，需要重点考虑以下问题：

1. 存储器类型

应根据存储器的存放对象、存储容量、存取速度、结构和价格等因素综合考虑存储芯片类型和芯片型号的选择。

SRAM 具有存取速度快、和 CPU 之间接口简单等优点，在一般的工业应用、智能仪器仪表等中小型系统中得到了广泛的应用。DRAM 具有集成度高、成本低、容量大等优点，但与微处理器的接口设计较为复杂，在需要海量存储的微型计算机产品中得到了大量使用。ROM 属于非易失性存储器，一般用于存储无需在线修改的参数等。其中，掩膜 ROM 和 PROM 适合大批量生产的微型计算机产品中，在产品研制和小批量生产时，宜采用 EPROM 或 EEPROM 来存储改动不太频繁的图形、表格、控制或显示参数等。Flash 存储器可长期保存信息，又能在线进行快速擦除与重写，兼具有 EEPROM 和 SRAM 的优点，是代替 EPROM 和 EEPROM 的理想器件。

2. 总线驱动能力

总线驱动能力也是在存储器空间设计中考虑的一个重要因素。一般的，CPU 的总线驱动能力为数个 TTL 门电路。尽管现代存储器都是直流负载很小的 CMOS(或 CHMOS)电路，但由于分布电容的存在性，因此，必须考虑 CPU 的总线驱动能力问题。在一般的小型系统中，CPU 可直接与存储器芯片相连；而在较大系统中，当总线负载数较大时，需要考虑添加一定的总线驱动器。其中：

(1) 对单向传送的地址或控制信息，可采用三态锁存器(如 74LS373、Intel 8282/8283)或三态单向驱动器(如 74LS244、74LS367)等增加 CPU 的带载能力。

(2) 对双向传送的数据总线，可采用三态双向驱动器(如 74LS245)来加以驱动。

3. 时序配合

CPU 对存储器的访问总是按照一定的时序进行的，由此可以确定对存储器的存取速度要求。在考虑选择存储芯片时，必须考虑它的存取速度和 CPU 速度的匹配问题，即时序配合。存储器与 CPU 之间的时序配合问题是整个微型计算机系统可靠、高效工作的关键。为了充分发挥 CPU 的高速处理等优点，应尽可能选择与 CPU 时序相配的芯片，这样才能解决存储器扩展和速度之间的矛盾。

时序配合主要是分析存储器的存取速度是否满足 CPU 总线时序的要求，如果不能满足，就需要考虑更换芯片或在存储器访问的总线周期中插入等待状态 Tw。若选择的存储器速度较慢，使 CPU 在规定的读/写周期内不能完成读/写操作，则在 CPU 执行访问存储器指令时，使 CPU 在正常的读/写周期之外再插入一个或几个等待周期 T_W，以便通过改变指令的时钟周期数使系统速度变慢，从而达到与慢速存储器匹配的目的。

5.4.2 存储器容量的扩展

在设计一个计算机的存储器系统时，由于单个存储器芯片的容量是有限的，可能无法满足系统对存储器容量的要求，因此，需要增加存储芯片的数量以满足所需的存储容量大小，这就是所谓的存储器扩展。

存储器的扩展分为 3 种类型：位扩展、字扩展和字位全扩展。下面以 SRAM 为例说明容量扩展的 3 种类型，ROM 的扩展方法与之类似。

1. 位扩展

在实际应用中，当现有的存储器芯片字长位数小于系统要求的位数时，微型计算机计算的精度就不能满足要求，此时，就需要进行存储器的位扩展。所谓位扩展是指通过使用多块存储器芯片的位数组成系统所要求的位数，虽然芯片的数量增加了，但整个存储器系统的总单元数依然只是其中一个芯片的存储单元数。

在进行存储器的位扩展时，系统的连线十分简单。一般是把各存储器芯片的数据线排列起来并依次连至系统总线的数据线上，而各芯片的地址线都直接并到系统总线的地址线上，各芯片的片选端并在一起并与系统中相应的控制线相连。例如，用 8K×8 的 SRAM 芯片 6264 进行位扩展形成 8K×16 的芯片组时，所需芯片的数目为 16÷8=2（片）。

其连接方法如图 5.18 所示，两个芯片（0#和 1#）的地址线 $A_{12} \sim A_0$ 分别连在一起，接到系统总线的地址线 $A_{12} \sim A_0$ 上，各芯片相应的片选信号以及读/写控制信号也都分别连到一起，接到系统总线的相应控制线上，两个芯片只有数据线各自独立，一片作低 8 位（$D_7 \sim D_0$），另一片作高 8 位（$D_{15} \sim D_8$）。

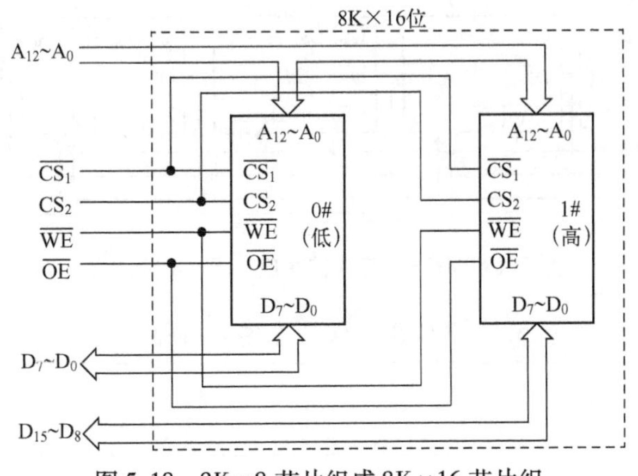

图 5.18 8K×8 芯片组成 8K×16 芯片组

从图 5.18 可以看出，在新设计的位扩展存储系统中，由于每个扩展芯片的地址总线都并联在一起，因此，系统总的存储单元数目不变，但系统的数据总线是由各个扩展芯片的数据总线排列而成,因此,能够存放的数据位数增加了。以本例而言,新存储系统的每个单元可存放1个16位的数据,其高、低字节分别存储在两个芯片中,一次存取操作可同时访问两个芯片中的同地址单元。

在实际应用中,内存条本身就可以看作是一个典型的位扩展的实例。在大部分的DRAM单个芯片中,存储单元的位数只有1位,如512M×1位。因此,为了达到一定的容量,内存条的生产厂家都会把一定数目的芯片集成到一起。例如,把8个512M×1位的芯片集成到一个PCB上,就可制造出一根512MB的内存条。

2. 字扩展

在很多应用中,虽然现有的存储器芯片能够达到数据位数的要求,但其中的存储单元数却小于设计所要求的存储器单元数,此时,就需要用多片存储器芯片构成存储单元数满足要求的存储器系统,这种方法常常称为存储器的字扩展。

在字扩展中,将各芯片的数据线对应的位并接在一起,然后直接连接到系统总线的数据线上。而芯片的地址线比系统总线中地址线少,在进行地址线连接时,将系统总线的地址线划分为2个部分:低位地址线和高位地址线。其中,低位地址线直接与各芯片的地址线相连,即各芯片的地址线并在一起并与系统总线中低位地址线相连。高位地址线则通过译码器进行译码,产生出各芯片需要的片选信号,即各个存储器芯片的片选信号接对应译码输出的信号线。例如,用8K×8容量的6264构成32K×8的存储空间时,所需要的8K×8芯片数为32K÷8K=4(片)。

4个6264芯片(依次编号为0#~3#)连成32K×8芯片组,如图5.19所示,即4片6264的地址线 $A_{12}\sim A_0$、数据线 $D_7\sim D_0$ 及读/写控制信号都是逐一相连。新设计的存储器系统(容量为32K×8)比单一的6264芯片(容量为8K×8)增加了2位地址信号 A_{14}、A_{13},这2根地址线经过译码电路后产生4个信号,分别选中4个芯片中的1个,这32KB的地址范围在4个芯片中的分配如表5.5所示。

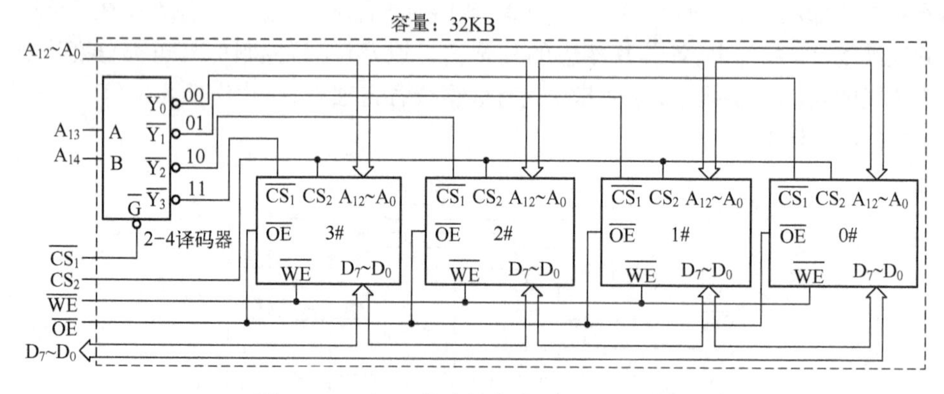

图5.19　8K×8芯片扩充成32K×8芯片组

表5.5　32KB存储器各芯片地址分配

6264芯片	A_{14} A_{13}	$A_{12}\sim A_0$	地址范围(存储空间)
0#	0 0	00…0至11…1	0000H~1FFFH
1#	0 1	00…0至11…1	2000H~3FFFH
2#	1 0	00…0至11…1	4000H~5FFFH
3#	1 1	00…0至11…1	6000H~7FFFH

在本例所示的字扩展系统中,因为 $A_{12} \sim A_0$ 负责实现某个芯片内单元的寻址,故称地址线 $A_{12} \sim A_0$ 为片内寻址地址线;A_{14}、A_{13} 负责各个存储器芯片间的译码,用于选择某个存储器芯片,因此,又称 A_{14}、A_{13} 为片间寻址地址线。

实际上,内存条的使用就是一个典型的字扩展实例。例如,现有的内存条为512MB,而微型计算机系统的内存需要扩充到1GB,则需要的内存条数目为 1GB ÷ 512MB = 2,即需要2根内存条并将其插到主板上,以构成所需容量的微型计算机内存系统。可见,微型计算机最终用户做的都是字扩展(即扩充内存地址单元)的工作。

3. 字位全扩展

在构建存储器空间时,如果选用的存储芯片的字数和位数都满足不了系统存储器的要求时,就需要进行字位全扩展。字位全扩展是把上述位扩展和字扩展的方法结合起来进行的一种综合操作。字位全扩展的设计分3步进行:

(1) 根据要求计算所需的芯片数。

(2) 进行位扩展。在进行位扩展时,用多个芯片构成一个芯片组之后,需要将各芯片的数据线拼接起来并单独引出。

(3) 进行字扩展。为方便进行设计,可以把进行位扩展的芯片组看作一个新的存储器芯片(该芯片具有数据线、地址线和控制线等引出端),按照上述字扩展的规则进行存储器存储单元数的扩充即可。

例如,用容量为 8K×8 的芯片构成 16K×16 的存储空间,则需要 2×2=4 个芯片。可以先扩充位数,每2个芯片一组,构成2个 8K×16 芯片组;然后再扩充单元数,将这2个芯片组组合成为一个 16K×16 的存储空间。

组内地址线和片选、读/写控制线并联,数据线分联;各组地址线、数据线和读/写控制线对应并联,片选线分联。整个存储器中各个存储芯片的连接如图5.20所示。其中,在进行字扩展时,为方便设计,虚线框内的2个芯片组成的芯片组可视为一个新存储器芯片(容量:8K×16位)。

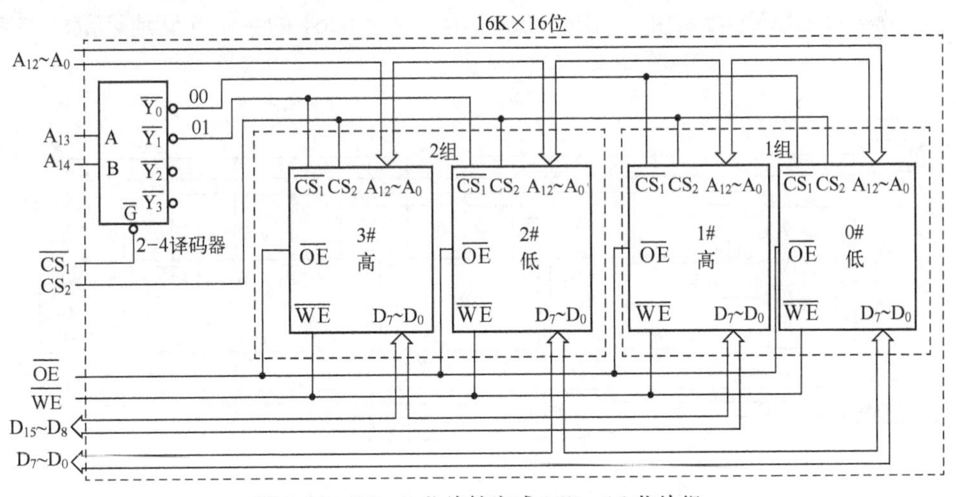

图5.20 8K×8芯片扩充成16K×16芯片组

5.4.3 CPU与存储器的连接

在存储器容量扩充和设计应用中,常常需要考虑CPU与存储器之间的接口问题,即需要解决存储器同 CPU 三总线的正确连接和时序匹配问题。

一般地，在考虑接口设计时，数据总线和控制总线的连接方法比较简单；地址总线的连接，本质上就是在地址分配的基础上实现地址译码，以保证 CPU 能对存储器中的所有单元正确寻址，这种设计主要考虑高位地址线和低位地址线：采用高位地址线进行译码，译码电路的输出用以选择某个存储芯片；低位地址线的连接，即利用片内地址线实现对芯片内部存储单元的选择。高位和低位地址总线的划分，是由芯片的字数（芯片的存储单元数）和总的存储容量决定的，例如，利用容量为 4K×8 位的芯片构成 16K×8 位的存储系统时，片内地址总线一般为 A_{11} ~ A_0共 12 位（用于选择芯片内 4K 单元中的某一个），而片外地址总线一般为 A_{13}、A_{12}共 2 位（用于选择 4 个芯片中的某一个）。

8086 有 20 位地址线，其中的低 16 位 AD_{15} ~ AD_0与数据总线复用，高 4 位与状态总线复用。因此 8086 与存储器相连时须使用外部地址锁存器，由地址锁存信号 ALE 把 AD_{19} ~ AD_{16}及 AD_{15} ~ AD_0在地址锁存器上锁存，生成 CPU 系统的地址总线，例如，PC 总线上的 A_{19} ~ A_0就是锁存后的信号。

下面以 8086 CPU 与 SRAM 的接口为例，说明地址线、数据线和控制线的连接方法，其中，重点集中在地址分配和片选问题上。ROM 类芯片与 CPU 连接时的情况与此基本类似，但一般情况下，由于 ROM 是只读的，因此无需连接“写”信号。

例如，将 4 片 8K×8 的 6264 芯片与系统总线相连构成 32K×8 的存储区。数据线及控制信号的连接比较简单（图 5.19），地址线的连接则较为灵活。一般而言，存储器芯片的地址线 A_{12} ~ A_0与系统对应的地址线 A_{12} ~ A_0相连（片内寻址），系统高位地址信号 A_{19} ~ A_{13}译码后产生各片 6264 的片选信号（片间寻址）。在进行实际的应用设计中，地址译码方式可分为 3 种：全译码方法、部分译码方法和线选法。

1. 全译码方法

地址总线中未参加片内译码的高位地址线全部参加译码，译码输出作为各芯片的片选信号，用于区分 4 片 SRAM（0#~3#），如图 5.21 所示。每个 6264 的系统存储地址范围如表 5.6 所示。

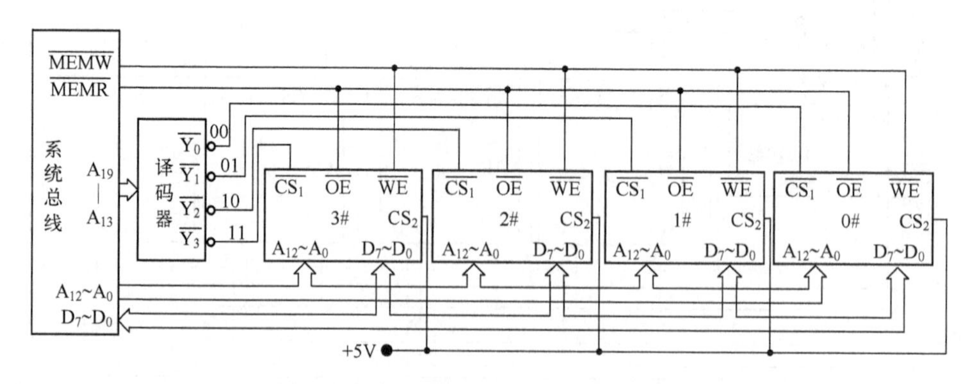

图 5.21　全译码方法实现存储器容量扩展

此处设计的 32K×8 存储器系统的整个地址范围为 00000H ~ 07FFFH，仅占用了 8086（1MB 存储容量）的低 32KB 范围。

表5.6　全译码方法中32KB存储器各芯片地址范围

芯片	$A_{19}\sim A_{15}$	$A_{14}\sim A_{13}$	$A_{12}A_{11}\cdots A_0$	存储地址范围
0#	0…0	0　0	00…0 至 11…1	00000H ~ 01FFFH
1#	0…0	0　1	00…0 至 11…1	02000H ~ 03FFFH
2#	0…0	1　0	00…0 至 11…1	04000H ~ 05FFFH
3#	0…0	1　1	00…0 至 11…1	06000H ~ 07FFFH

全译码的优点是每个芯片的存储地址范围是唯一确定的，而且各个存储器芯片之间的系统存储地址是连续的，无地址重叠区，存储空间的利用率最高。

在小规模的存储器系统设计中，译码电路往往借助于较为简单的译码器电路。例如，3-8译码器和逻辑门电路组合实现的一种全译码电路方式，如图5.22所示。

而在中大规模、中大容量的RAM子系统中，如果译码电路依然采用一般的译码器可能使得整个设计显得十分复杂和庞大，也容易出现错误，对于未来的地址空间的修改也不灵活。目前，在很多微型计算机系统中主要采用可编程阵列逻辑（Programmable Logic Array，PLA）、通用逻辑阵列（Generic Array Logic，GAL）、复杂可编程逻辑阵列（Complex Programmable Logic Device，CPLD）和现场可编程门阵列逻辑（Field Programmable Gate Array，FPGA）等，这些可编程逻辑阵列器件的出现大大简化了译码电路的设计思路和PCB的布线空间，有的甚至本身还带有SRAM和EEPROM；由于这些器件可以对内部的数字逻辑进行编程修改，用于存储器扩展方面将大大增强地址译码的灵活性。

2. 部分译码方法

在全译码方法中，系统的高位地址总线全部参加了译码。但在有的微型计算机存储器系统设计中，系统的高位地址总线仅有部分参加译码，利用译码输出作为各芯片的片选信号，这种译码方法称为部分译码法。

图5.23是用部分译码方法产生片选信号的原理图。在该图中，利用4片6264（分别为0#，1#，2#和3#）构成8086 CPU的32KB存储器空间，数据线、读/写信号线的连接同图5.21一致。由于需要4个片选信号，因此可以用2根地址线A_{14}、A_{13}来产生，而$A_{19}\sim A_{15}$则不参与译码。由于寻址各片6264时未用到8086高位地址A19 ~ A15，所以对某个存储单元进行存取操作时，A19 ~ A15可以为任意值，因此，该存储单元对应的地址共有$2^5=32$种。在存储器设计中，某个存储单元对应多个地址的现象称为地址重叠。从整个系统的存储空间来看，这32KB存储器实际上占用了8086 CPU全部的1MB存储空间。如果令未用的高位地址信号全为"0"，这样确定出的存储器地址称为基本地址。在本例中，32KB存储器的基本地址为00000H ~ 07FFFH。

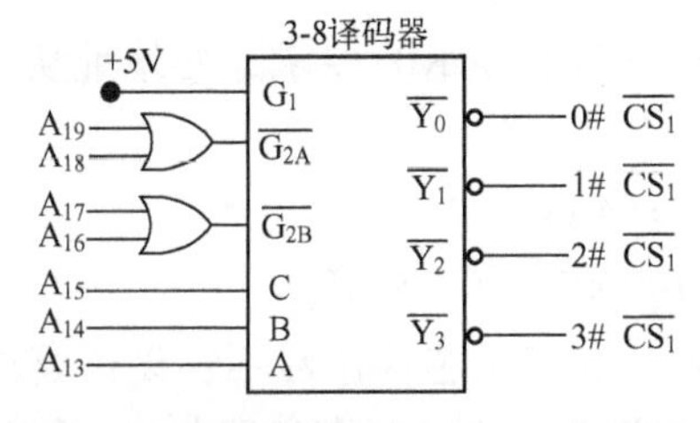

图5.22　全译码电路的一种实现形式

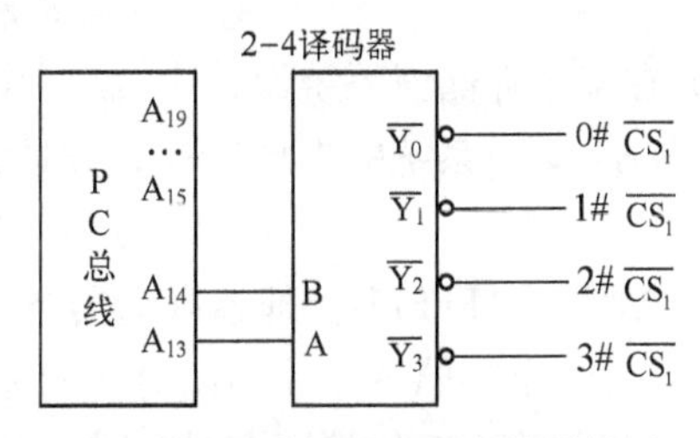

图5.23　部分译码实现存储器扩展

部分译码仅采用了部分高位地址线,其优点是译码电路简单;缺点是存在一定的地址重叠区,存储器空间利用率低,因而主要适用于中、小容量的 RAM 系统。

3. 线选法

线选法就是高位地址线不经过译码,直接接各存储器芯片的片选来区分各芯片,这种方法称为线选法。在使用中,必须确保每次寻址时只能有一根芯片的片选线有效,禁止同时有多根地址线选中对应存储器芯片。

图 5.24 是用线选法产生 4 片 6264(0#~3#)片选信号的连接示意图。A_{16}~A_{13}依次作为 0#~3#的片选信号端,而 A_{19}~A_{17}未用。其他总线信号(数据总线、控制总线等)的连接同图 5.21。由图可知,由 4 片 6264 构成的 32KB 存储器基本地址范围如表 5.7 所示。

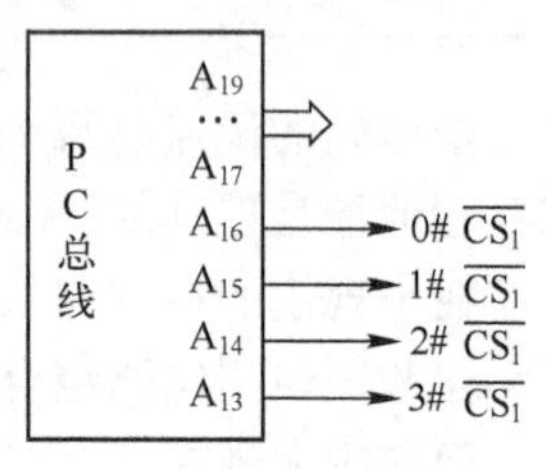

图 5.24 线选法实现存储器扩展

由于省略了译码电路,线选法的实现十分简单,布线少,而且成本低,主要适用于小容量的 RAM 子系统。这种方法的缺点也很明显,即不仅会造成地址重叠,而且存储空间的地址一般是不连续的(表 5.7),且寻址空间利用率低。

全译码、部分译码和线选法不但在存储器芯片的片选控制中得到了广泛应用,而且这 3 种方法同样适用于具有 I/O 接口芯片的片选控制。

表 5.7 线选法中 32KB 存储器各芯片地址范围

芯片	A_{19}~A_{17}	A_{16}~A_{13}	A_{12}~A_0	地址范围
0#	000	0111	00…0 至 11…1	0E000H~0FFFFH
1#	000	1011	00…0 至 11…1	16000H~17FFFH
2#	000	1101	00…0 至 11…1	1A000H~1BFFFH
3#	000	1110	00…0 至 11…1	1C000H~1DFFFH

5.4.4 存储器扩展与连接设计举例

在微型计算机应用系统设计中进行存储器系统设计时,按照所要求的存储容量和 CPU 之间的接口要求,通常分为下述 4 个步骤。

(1) 存储器地址空间计算和分配。根据系统所需的实际存储容量和对存储器空间的地址要求,计算出存储器在整个存储空间中的位置。在存储器地址计算中,有下列公式:

$$末地址-起始地址+1=存储单元数$$

例如,在某个存储器系统设计中,需要设计的存储容量为 64KB,要求起始地址从 10000H 开始连续分布,则该系统的末地址计算方式为

$$末地址-10000H+1=64KB$$

从而得到末地址=1FFFFH。即该存储器空间地址为 10000H~1FFFFH。

(2) 针对每个存储器芯片列出对应的地址分配表。当存储芯片位数不够设计要求时,首先需要对存储芯片进行位扩展,并把位扩展后的芯片组视为一个新的存储器芯片,再根据所需的存储单元数要求进行字扩展。在进行字扩展时,根据所需的芯片(或位扩展之后的芯片组)

数目划分每个芯片(或芯片组)的地址范围。

(3) 按照地址分配表选用译码器件,依次确定各个芯片(或芯片组)的片选、片内单元的地址线,进而画出片选译码电路。

(4) 画出存储器系统与 CPU 系统总线的连接图(包括数据总线、控制总线等)。

【例 5.1】 试用 EPROM 芯片(此处选用 2732)为 8086 微型计算机系统构建一个 16 KB 的程序存储器,要求存储器地址连续且末地址为 FFFFFH。

解:根据题目要求,可容易计算出存储器空间的起始地址为 FC000H,故 8086 CPU 的程序存储器空间为 FC000H ~ FFFFFH。

由于 2732 为 4 K×8 位的 EPROM 芯片,而根据题目要求(16 KB 存储空间)可知,此处不需要进行位扩展,只需进行字扩展即可。因此,采用的 EPROM 芯片数目为 16K ÷ 4K = 4,假设此处 4 个芯片的编号依次为 0#,1#,2#和 3#。

由于 8086 CPU 的地址总线为 20 位,数据总线为 16 位,最大寻址空间为 1MB,因此,设计中所要求的存储器空间是占据了整个 1MB 空间中的最高的 16KB。根据设计要求可知,需要采用全译码方式进行设计才能满足存储单元地址的唯一性。在全译码方法中,为了满足题目要求,所设计的地址总线(已经进行了地址锁存)应该按照在译码电路中的角色不同而划分为 2 部分:低 12 位地址总线 $A_{11} \sim A_0$($2^{12} = 4$ K)作为片内地址线,与各芯片的 $A_{11} \sim A_0$逐根相连;高 8 位地址总线 $A_{19} \sim A_{12}$需要经过地址译码器译码,产生 4 个片选信号,分别接到 4 个芯片的片选端。

因此,所需的各个芯片的地址空间分配如表 5.8 所示。

表 5.8 例 5.1 存储器地址空间分配表

EPROM 芯片	地址空间		
	$A_{19} \sim A_{12}$(片外总线)	$A_{11} \sim A_0$(片内总线)	地址范围
0#	FCH(11111100)	00…0 ~ 11…1	FC000H ~ FCFFFH
1#	FDH(11111101)	00…0 ~ 11…1	FD000H ~ FDFFFH
2#	FEH(11111110)	00…0 ~ 11…1	FE000H ~ FEFFFH
3#	FFH(11111111)	00…0 ~ 11…1	FF000H ~ FFFFFH

从表 5.8 中的 $A_{19} \sim A_{14}$(片外总线)可知,这 6 根线的电平均为"1",因此,在设计中,可以把这样的一些地址线经过适当组合来控制译码器芯片的片选端。

在设计中,片外地址总线中的 A_{13}、A_{12}是真正作为片外译码地址线出现的(例如,当组合为 00 时,选中芯片 0#,而组合为 11 时,选中 3#),共需要产生 4 个片选输出端。根据表 5.8 的要求,如果采用一片 74LS138 作为译码器,可以把 A_{14}、A_{13}、A_{12}依次接译码器的 3 个输入端 C、B、A,此处为了满足地址范围,地址线 A_{14}实际上一直为高电平。对于片内地址总线,只需按照全译码的方式逐根接至每个芯片的地址总线即可。对于数据总线和控制总线,按照要求逐个和存储器的数据总线、读等控制端连接即可。

综上,可得到所设计的存储器及其接口电路如图 5.25 所示。

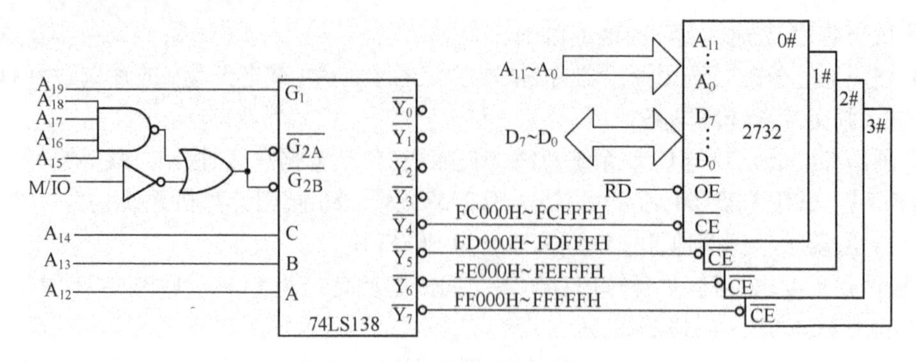

图 5.25 16KB 存储器系统接口电路图

5.5 高速缓冲存储器

当 CPU 访问低速存储器时，为了实现数据的正常传输，不得不降低效率运行。为了与 CPU 的速率相匹配，可以采用高速存储器，但它的成本很高，不能大容量应用。在现代微型计算机系统中，为了折中解决速率与成本两者之间的矛盾，普遍采用高速缓冲存储器（即 Cache）技术。设置 Cache 是利用了程序的局部性原理。大量的软件运行表明，在执行代码的某一段时间内，所访问的程序指令等一般往往簇集在某一个小范围内，因此可以把这部分内容从主存装入 Cache，以便于后续的重复存取。

Cache 通常采用与 CPU 同样的半导体材料制成，速度一般比主存高 5 倍左右。由于其成本较高，故容量通常在几 KB 到几十 KB 左右。Cache 位于 CPU 和主存之间，用于存放 CPU 频繁使用的指令和数据。CPU 不仅与 Cache 相连，而且和主存之间也要保持通路。Cache 在微型计算机系统中的位置如图 5.26 所示。

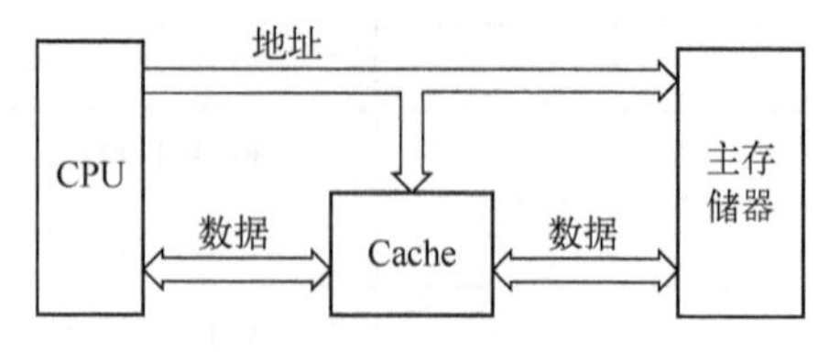

图 5.26 Cache 在微型计算机系统中的位置

由于使用高速缓存后可以减少对存储器的访问时间，所以对提高整个处理机的性能非常有益。整体而言，Cache 的全部功能由硬件实现，速度很高，而且这种高速可以和 CPU 的信息处理速度匹配。因此，Cache 的存在使得整个存储系统既具有 Cache 那样快的速度，又具有主存那么大的容量，基本解决了存取速度和大存储容量之间的矛盾。Cache 可以具有多级结构，统计表明，利用一级 Cache，可使存储器的存取速度提高 4 ~ 10 倍。

目前大多数 PC 系统的高速缓存分为 2 个级别：L1 Cache 和 L2 Cache。L1 Cache 都集成在处理器芯片内，是处理器核心逻辑的一部分，并以处理器时钟速率全速运行。由于片内 Cache 存取速度非常快，同时由于程序访问的局部性，有可能要访问 Cache 同一位置许多次，这样就减少了 Pentium 对外部总线的访问次数和使用频率，极大地提高了存取速度。就容量而言，L2 Cache 的容量通常比 L1 Cache 大得多，从几百 KB 到几 MB 不等。初期的 Pentium 处理器 L2 Cache 安装在主板上，只能以主板的时钟速率运行；Pentium Ⅱ 处理器的 L2 Cache 虽然也是片外 Cache，但它可以处理器时钟速率的一半速率运行；Pentium Ⅲ 处理器的 L2 Cache 配置情况与 Pentium Ⅱ 相似，但后期的 Pentium Ⅲ 的 L2 Cache 却能以处理器时钟全速运行；到

Pentium Ⅳ处理器,L2 Cache 已集成到处理器芯片内。大容量 L2 Cache 甚至可占 Pentium Ⅳ处理器芯片的1/2。

微型计算机系统板上的 Cache 系统基本结构主要包括 2 部分,即 Cache 控制器和 Cache 存储体,如图 5.27 所示。整个 Cache 介于 CPU 与主存之间,而 CPU 不仅与 Cache 相连,与主存也保持通路。

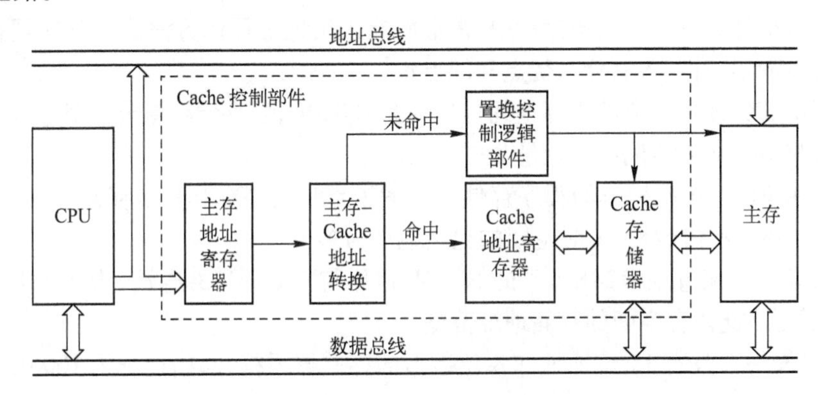

图 5.27 Cache 系统基本结构框图

在图 5.27 中,虚线框内的部分为 Cache 控制器部分,该部分包含主存地址寄存器(MA)、主存 - Cache 地址转换机构、置换控制逻辑和 Cache 地址寄存器。CPU 访问主存时送出访问单元的地址,由地址总线传至 Cache 控制器中的主存地址寄存器 MA,主存 - Cache 地址变换机构从 MA 获取地址并判断该单元内容是否已经在 Cache 中,如果单元内容已经在 Cache 中,那么这种情况称为命中(Hit)。当命中时,则将访问地址变换为 Cache 中的地址,然后再访问 Cache。若要访问的单元不在 Cache 中,则 CPU 转去访问主存,并将包含该存储单元的邻域信息(一般为一页)装入 Cache。若 Cache 已满,则需把某些旧信息替换为新信息,这种替换需要借助于置换控制部件,采用的置换算法主要由硬件逻辑电路完成。

命中率是 Cache 的一个重要性能指标,它被定义为高速缓存命中次数与存储器访问总次数之比,用百分率来表示,即

$$命中率=\frac{命中次数}{存储器访问总次数}\times 100\%$$

例如,若高速缓存的命中率为 92%,则意味着 CPU 可用 92% 的总线周期从高速缓存中读取数据。换句话说,仅有 8% 的存储器访问是对主存储器子系统进行的。一般而言,命中率应不低于 85%。在较高命中率下,CPU 的读/写操作主要在 CPU 和 Cache 之间进行。由此可见,提高命中率是 Cache 设计的一个主要目标。

Pentium 系列微型计算机中,Cache 的容量可达几 MB。Cache 容量太小或太大都不好,太小会使命中率太低,太大不仅会使成本增加,且命中率并不会随容量的增大而显著提高。

习 题 5

5.1 请解释下列名词缩写的含义:ROM、RAM、SDRAM、OTP ROM、EPROM、EEPROM。

5.2 SRAM 和 DRAM 的组成、结构和区别是什么?在 DRAM 中为什么需要进行刷新操作?

5.3　微型计算机的存储器系统为什么需要进行分级结构设计？这几级各有什么作用和特点？采用虚拟存储器有什么意义？

5.4　在微型计算机系统设计中，为什么需要采用 Cache 存储器？Cache 存储器有哪几种组织形式？

5.5　Cache 存储器中的内容常常需要进行刷新和内容替换，可用的替换算法有几种？

5.6　在微型计算机应用系统设计中，常常需要采用地址译码方法进行存储器扩展，常用的地址译码方法有几种？各有什么优点和缺点？

5.7　若由 SRAM 所构成的内存空间首地址为 10000H，当存储容量分别对应为 1K×8，2K×8，8K×8 和 64K×8 时空间的末地址为多少？

5.8　若由 EPROM 所构成的程序存储空间的末地址为 20000H，当存储容量分别对应为 1K×8，2K×8，8K×8 和 64K×8 时空间的起始地址为多少？

5.9　假设一片容量为 128K×8 的 SRAM 芯片与 8086 CPU 连接，当起始地址设计为 10000H 时，试写出此内存空间的存储地址范围。

5.10　已知一个具有 15 位地址和 8 位数据的存储器系统，起始地址为 1000H，回答下列问题：

（1）该存储器能存储多少个 ASCII 码？

（2）如果该存储器系统由 8K×4 位的 SRAM 芯片 6264 组成，共需要多少片 6264？试写出每个存储器芯片所占据的地址空间范围。

5.11　某计算机系统中的内存采用 32 根地址线和 64 位数据线，若使用 64M×1 位的 DRAM 芯片组成该系统的最大内存空间（采用内存条形式），问：

（1）若每个内存条为 64M×32 位，共需多少内存条？

（2）每个内存条需包含多少个 DRAM 芯片？

（3）整个存储空间所需的 DRAM 芯片数量为多少？

5.12　在一个由 8086 CPU 构成的微型计算机系统中，设计了由 2 个存储器芯片（分别称为 0#、1#）构成的存储系统的接口示意图，如图 5.28 所示。试分析：

（1）0#和 1#芯片的地址范围分别为多少？有什么特点？

（2）整个存储器系统能够存储多少个字节的数据？

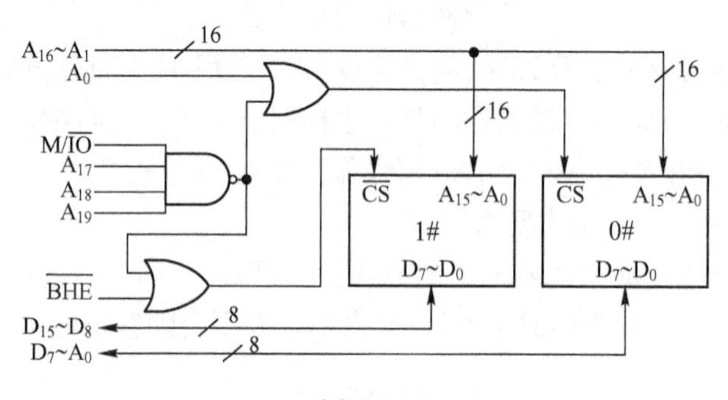

图 5.28

5.13　在由 8086 CPU 构成的某个微型计算机系统中，利用全译码方式设计存储器空间（假定起始地址均从 00000H 开始），请根据下列情况给出系统的所需的芯片数量、片内地址总线根数、片外地址总线根数、数据总线根数，并设计出电路的接口线路图。

（1）采用8 K×8位 SRAM 存储芯片，要形成64 KB 存储器。

（2）采用4 K×4位芯片，要形成32 KB 存储器。

（3）采用4 K×1位芯片，要形成16 KB 存储器。

5.14 已知某个微型计算机系统的存储器如图5.29所示，试回答下列问题：

（1）整个存储器系统的总容量为多少？

（2）试写出0#～3#芯片的地址范围分别为多少。哪些芯片的地址没有重叠，哪些芯片的地址范围存在重叠？在图中如何修改可以消除这种地址重叠？

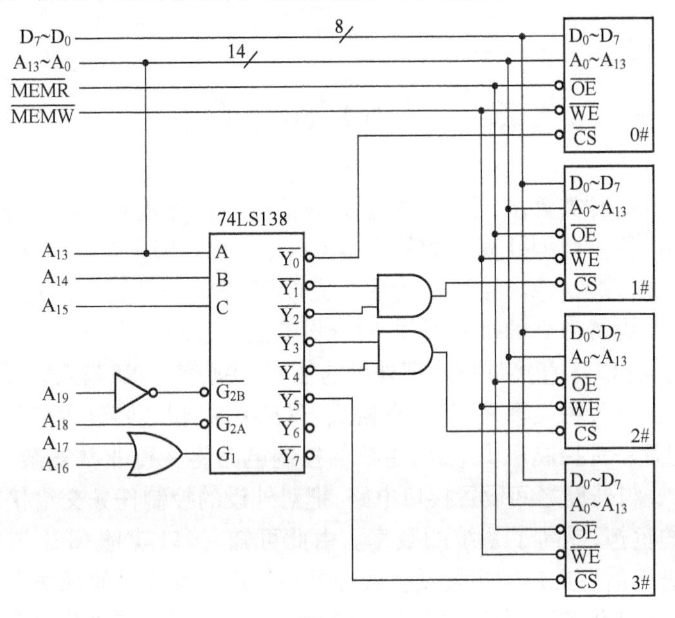

图5.29

5.15 在某微型计算机系统的存储器设计中需要同时配备 SRAM 和 EPROM，两种芯片的容量依次为2K×8（EPROM）和容量为1K×8（SRAM）。存储器系统采用74LS138译码器产生片选信号$\overline{Y_0}$，$\overline{Y_1}$，$\overline{Y_2}$，直接接到3片EPROM（分别记为0#，1#，2#）；$\overline{Y_4}$和$\overline{Y_5}$则通过一组门电路产生4个片选信号接到4片SRAM中（依次记为3#，4#，5#和6#）。整个电路如图5.30所示，试确定每一片存储器芯片的寻址范围。

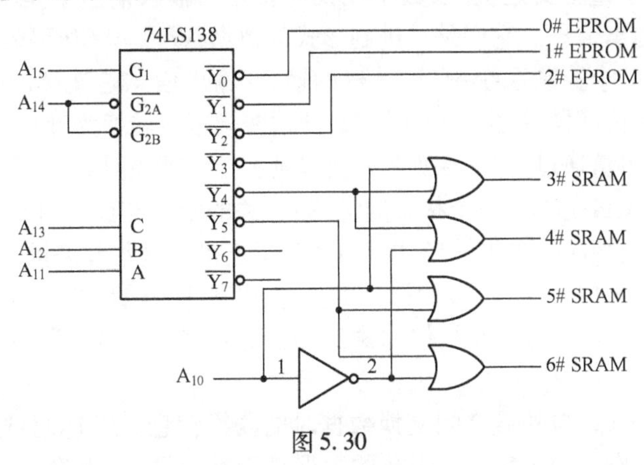

图5.30

第6章

基本输入/输出接口技术

6.1 I/O接口概述

计算机的外围设备种类繁多,千差万别。外设方便了计算机对各种各样信息的处理,也提供了人—机交互的手段。微型计算机的核心是CPU,一般CPU不能直接和外设交互,它们之间需要接口作为桥梁,输入/输出接口作为中介完成了CPU与外设之间信息的交互。早期的计算机系统中并没有设置独立的接口部件,对外设控制和管理完全由CPU直接承担。现代计算机系统中,如果仍由CPU直接进行管理外设的任务,势必使CPU陷入繁重的I/O处理中,效率将非常低。再加上外设种类繁多,其信息格式、逻辑关系、机电特性等各不相同,如果主机对每一个外设都要配置一种控制逻辑电路,主机的控制电路将变得非常复杂。为了解决这些矛盾,人们开始在CPU与外设之间设置接口电路,把对外设的控制任务交给接口去具体完成,这样就减轻了CPU的负担,提高了系统的效率。由此可知,接口就是CPU与外界的连接部件,它是CPU与外界进行信息交换的中转站。处理器与外设可按各自的规律发展更新,形成了微型计算机和外设的标准化和系列化,这又反过来促进了计算机接口的发展和标准化。

6.1.1 I/O信息的种类

微型计算机通过接口与外设进行信息交换,通常包含3种类型信息:数据信息、控制信息、状态信息。

数据信息是CPU与外设之间传递的基本信息,根据信息的形式又可划分为:

(1) 数字量。数字量主要是键盘、数字化仪等设备的输入信息或是输出到显示器、打印机、绘图仪等设备的输出信息。它们是二进制形式的数据,或以ASCII码表示的数据。

(2) 模拟量。在一个控制系统中,计算机的输入/输出信息是连续的物理量,如温度、压力、湿度等。它们通过传感器并经过A/D转换,使这些模拟量转换为计算机可识别的数字量,而计算机处理后的数字量通过D/A转换变为模拟量去控制被控对象。

(3) 开关量。开关量是具有两个状态的量,如开关的断开与闭合,阀门的打开与关闭等。通常这些开关量要经过相应的电平转换才能与计算机连接。这些开关量只需要1位二进制数即可表示,故对字长为8位(或16位)的计算机,一次可输入或输出8个(或16个)开关量。

控制信息是CPU用以控制外设操作而送出的命令信号,是CPU通过接口电路送出的信息,如控制外设的启动信号、停止信号、工作方式等。

状态信息是指在CPU与外设之间交换数据时的联络信息。CPU通过对外设状态信息的读取,可得知其工作状态。如了解输入设备的数据是否准备好,输出设备是否空闲,若输入设备数据未准备好,则CPU暂缓取数,若输出设备正在输出信息,则CPU暂缓送数。因此,了解状态信息是CPU与I/O设备正确进行数据交换的重要条件。

6.1.2 I/O接口的功能

理论上,CPU与I/O设备之间的连接及信息处理和CPU与存储器之间的连接及信息处理类似。但实际上,I/O设备种类繁多,可以是机械式、电子式、机电式、磁电式以及光电式的等;输入/输出的信息多种多样,有数字信号、模拟信号以及开关信号等;信息传输的速度也不相同,手动键盘输入速度为秒级,而磁盘输入可达几十兆字节/秒,不同外部设备处理信息的速度相差悬殊。另外,微型计算机与不同的外围设备之间所传送信息的格式和电平高低等也是多种多样的。这就形成了外设接口电路的多样性和复杂性。

CPU与外设之间的接口主要有如下功能:

1. 数据缓冲功能

外部设备如打印机等的工作速度与主机相比相差甚远。为了避免因速度不一致而丢失数据,接口中一般都设置数据寄存器或锁存器,使之成为数据交换的中转站。接口的数据保持功能在一定程度上缓解了主机与外设速度差异所造成的冲突,并为主机与外设的批量数据传输创造了条件。

2. 设备选择功能

系统中一般带有多种外设,同一种外设也可能有多台,而CPU在同一时间里只能与一台外设交换信息,只有被选定的外部设备才能与CPU进行数据交换或通信,这就要求接口具有地址译码的功能以选定外设。

3. 对外设的控制和监测功能

I/O接口可接收CPU送来的命令或控制信号,实施对外设的控制与管理。外设的工作状况以状态字或应答信号的形式通过I/O接口送回给CPU,以"握手联络"过程来保证主机与外设输入/输出操作的同步。

4. 信号转换功能

外设大多是复杂的机电设备,其电气信号电平往往不是TTL电平或CMOS电平,常需用接口电路来完成信号的电平转换。另外,信号转换还包括CPU的信号与外设的信号在逻辑关系上、时序配合上的转换。

主机系统总线上传送的数据与外设使用的数据,在数据位数、格式等方面往往也存在很大差异。例如主机系统总线上传送的是8位、16位或32位并行数据,而外设采用的却是串行数据传送方式,这就要求接口完成并→串或串→并的转换。若外设传送的是模拟量,则还需进行A/D或D/A转换。

5. 中断请求与管理功能

为了满足主机与外设并行工作的要求,需要采用中断传送方式,以提高CPU的利用率。有些I/O接口设有中断请求信号,以便及时得到CPU的服务;有些I/O接口专门处理有关中断事务,如中断控制器,专门用于I/O接口的中断管理。

6. 可编程功能

现在的接口芯片基本上都是可编程的,这样在不改变硬件的情况下,只需要修改程序就可以改变接口的工作方式,大大增加了接口的灵活性和可扩充性,使接口向智能化方向发展。

上述功能并非是每种接口都要求具备,对不同配置和不同用途的微型计算机系统,其接口功能也不同。但前3个功能一般都需要接口。

6.1.3 I/O 接口的基本结构

通常每个I/O接口电路包含若干个被称为输入/输出端口的寄存器,这些可被CPU读/写的寄存器称为I/O端口。CPU通过这些端口与所连接的外设进行信息交换。每个I/O端口和每个存储单元一样,对应着一个唯一的地址。端口寄存器的全部或部分端口线被连接到外设上。其典型结构如图6.1所示。

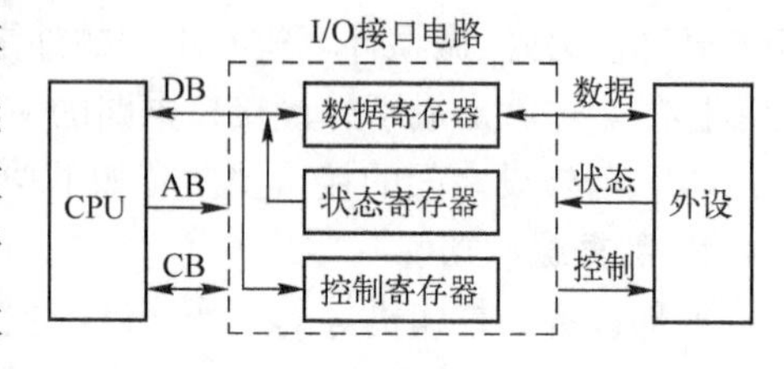

图6.1 一个典型的I/O接口

众所周知,外设与微处理器进行信息交换时,其数据信息、状态信息和控制信息都是通过数据总线传送的。由于状态信息和控制信息的性质不同于数据信息,故在信息传送时分别通过不同的端口进行传送。一个外设往往占用几个端口,如数据端口、状态端口、控制端口等。因此CPU对外设的控制或CPU与外设间的信息交换,实际上就转换成CPU通过I/O指令读/写对应端口的数据。在状态端口,读入的数据表示外设的状态信息;在控制端口,写出的数据表示CPU对外设的控制信息;只有在数据端口,才是真正地进行数据信息的交换。CPU与不同外设交换信息时使用端口的情况不一定相同,可以使用多个数据端口、控制端口或状态端口,也可以在外设的状态信息和控制信息位数较少时,将不同外设的状态或控制信息归并到一起,而共同使用一个端口。

I/O接口电路的外部特性由其对外的引出信号体现。面向CPU一侧的信号用于与CPU连接,主要是数据线、地址线和控制线。这些信号与CPU的连接类似于存储器与CPU的连接,主要是处理好地址译码问题。而面向外设一侧的信号用于与外设连接,因为外设种类繁多,型号不一,所提供的信号五花八门,其功能定义、时序及有效电平等差异较大,所以与外设连接的信号比较复杂,需要在了解外设工作原理与工作特点的基础上,才能真正理解某些信号的含义。

6.1.4 I/O 端口的编址方式

CPU与内部存储器或I/O端口交换信息,都是通过地址总线访问内存单元或I/O端口来实现的,如何实现对内存单元或I/O端口的访问取决于这些内存及端口地址的编址方式。通常有2种编址方式:一种是I/O端口地址和存储器地址分开独立编址;另一种是端口地址和存储器地址统一编址。

(1) I/O端口独立编址,也称为直接I/O映射的I/O编址。这种编址方式是将I/O端口和存储器分开编址,即两者的地址空间是相互独立的,I/O端口地址不占用存储器地址空间。如Z-80/Z8000,i8080/8086/80X86等系列,就是采用这种I/O编址方式。

8086访问存储单元可用地址总线 $A_{19} \sim A_0$,全译码后得到00000H ~ FFFFFH共1MB地址空间,而I/O端口只能利用其中的一部分地址线,即 $A_{15} \sim A_0$ 地址线,可译出0000H ~ FFFFH共64KB I/O端口地址。由于端口是与存储器互不相关的,所以用户可扩展存储器到最大容量,而不必为I/O端口留出地址空间。在这种编址方式中,需要专门的I/O指令。在CPU的控制信号中,微处理器对I/O端口及存储器是采用不同的控制线进行选择的,如 $\overline{IOW}$、$\overline{IOR}$、

$\overline{MEMW}$和$\overline{MEMR}$,因而接口电路比较复杂。

这种方法的主要优点:由于使用了专门的I/O指令对端口进行操作,因此容易分清指令是访问存储器还是访问外设,所以程序易读性较好;又因为I/O端口的地址空间独立、且一般小于存储空间,所以其控制译码电路相对简单,并允许I/O端口地址和存储器地址重叠,而不会相互混淆。其缺点是访问端口的手段没有访问存储器的手段多。

(2) I/O端口与存储器统一编址,也称为存储器映射的I/O编址。这种方式是从存储器空间划出一部分地址空间给I/O设备,把I/O端口当作存储单元一样进行访问,不设置专门的I/O指令,有一部分对存储器使用的指令也可用于端口,Motorola系列、Apple系列微型机和一些小型机就是采用这种方式。

这种方式的优点:使用访问存储器的指令对I/O端口进行操作,故指令类型多、功能齐全,不仅能对I/O端口进行输入/输出操作,而且还能对I/O端口内容进行算术逻辑运算、移位等;另外,还能给端口有较大的编址空间,这对大型控制系统和数据通信系统是很有意义的。其缺点:由于外设端口占用了存储器的一部分地址空间,使存储器能够使用的存储空间减小;指令长度比专门的I/O指令要长,因而执行速度较慢;在程序中不易分清哪些指令访问存储器、哪些指令访问外设,所以程序的易读性受到影响。

6.1.5 I/O端口地址分配

对于接口设计者来说,搞清楚系统I/O端口地址分配是十分重要的,因为把新的I/O设备加入到系统中去就要在I/O地址空间中占一席之地。哪些地址已经分配给了别的设备?哪些是计算机制造商为今后的开发而保留的?哪些地址是空闲的?只有了解这些信息才能正确确定I/O端口的地址。下面以IBM-PC/XT为例来分析I/O端口地址分配情况。

在8086CPU中,访问I/O端口可用的地址总线为$A_{15}\sim A_0$,可寻址64K个I/O端口,但在PC/XT中,实际参与I/O端口寻址的只有其中的低10位地址线$A_9\sim A_0$,所以PC/XT可寻址的I/O端口空间只有1K(范围为000H~3FFH),其中A_9用于确定端口所在位置。当$A_9=0$时,寻址主机板上的512个I/O端口;当$A_9=1$时,寻址I/O卡上的512个I/O端口。主板上的I/O设备译码电路如图6.2所示。其中,$A_9\sim A_5$通过74LS138译码器产生各接口芯片的片选信号,译码的前提条件是$\overline{AEN}$为高电平(低电平时表示由DMA控制器送出的地址有效),表明此时CPU掌管总线。$A_4\sim A_0$提供给8255/8259/8253/8237等各接口芯片,在其内部进行地址译码,负责选中芯片的不同端口或寄存器。

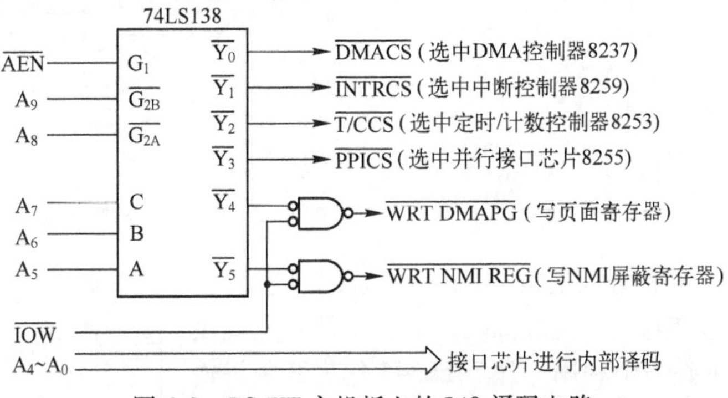

图6.2　PC/XT主机板上的I/O译码电路

6.2 简单的I/O接口

信息从外部设备送入CPU的接口称为输入接口,而信息输出到外部设备的接口则称为输出接口。不同的I/O设备,所需采用的I/O接口电路复杂程度可能相差甚远。三态缓冲器和数据锁存器在构造上比较简单,使用也很方便,常作为一些功能简单的外部设备的接口电路。但由于它们的功能有限,对较复杂的功能要求难以胜任,因此功能复杂的外部设备通常采用可编程接口芯片。

1. 简单输入接口电路

在微型计算机系统中,每个输入设备都需通过数据总线向CPU传送数据,若不经过三态环节进行缓冲隔离而直接和数据总线相连,就会造成总线上数据的混乱,因而必须经过缓冲隔离。大多数外设通常都具有数据保持能力(即CPU没有读取时,外设能够保持数据不变),因此可以仅用三态门缓冲器(简称三态门)作为输入接口。

所谓三态,是指电路输出端具有三种状态,即高电平状态(逻辑1)、低电平状态(逻辑0)和高阻态(或称浮空态)。三态门电路的逻辑符号如图6.3所示。当CPU接收外设输入的数据时,需先在三态门的使能控制端上加一个有效的电平脉冲,使三态门内部各缓冲单元接通,CPU将外设准备好的数据读入,此时其他的输入设备与数据总线隔离。当使能脉冲撤除后,三态门断开,输出处于高阻态。这时,各缓冲单元像一个断开的开关,将它所连接的外设从数据总线脱离。数据总线又可用于其他设备的信息传送。

74LS244和74LS245就是最常用的数据缓冲器。除缓冲作用外,它们还能提高总线的驱动能力。其中74LS244是单向数据缓冲器,74LS245是双向数据缓冲器。74LS244的引脚及内部结构如图6.4所示。其逻辑真值表如表6.1所示。该芯片由8个三态门构成,包含2个控制端$\overline{1G}$、$\overline{2G}$,每个控制端各控制4个三态门。当某一控制端有效(低电平)时,相应的4个三态门导通;否则,相应的三态门呈现高阻状态(断开)。在实际使用中,可将两个控制端并联,这样就可用一个控制信号来使8个三态门同时导通或同时断开。

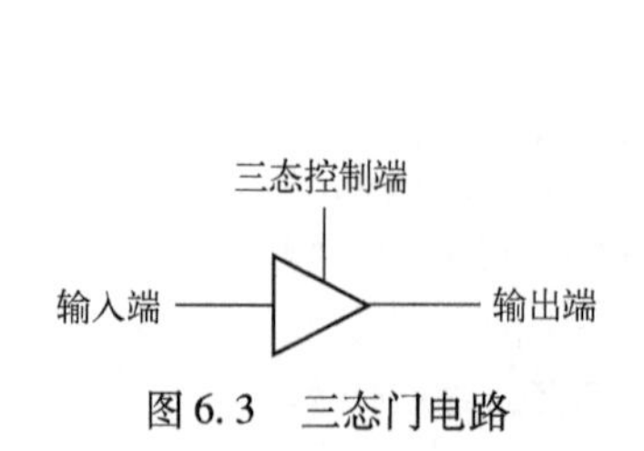

图6.3 三态门电路

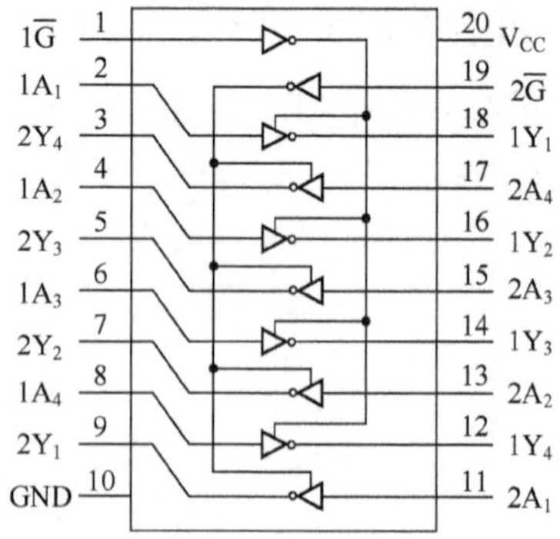

图6.4 74LS244引脚及内部结构

利用三态缓冲器构造输入接口时,由于三态门没有锁存功能,因此要求外设数据信号的状态能够保持到CPU完全读入为止。图6.5所示是一个利用一片74LS244作为开关量输入接口的例子。

表6.1 74LS244真值表

使能$\overline{G}$	操 作
L	A→Y
H	断开

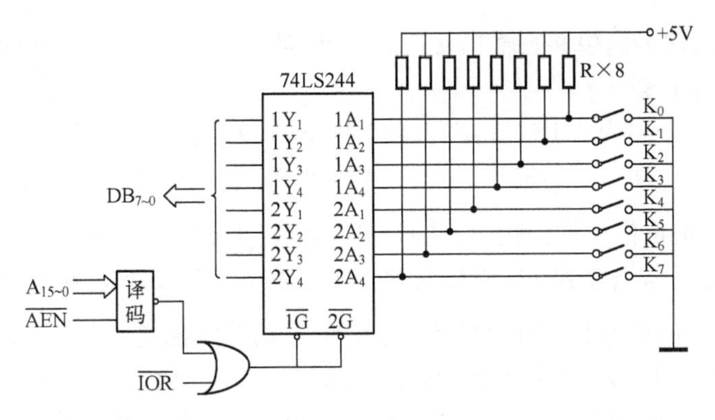

图6.5 三态缓冲器构成输入接口

在图6.5中,74LS244的输入端接有8个开关 $K_0 \sim K_7$,其输出端接到系统的数据总线 $DB_{7\sim0}$上。当对此端口进行输入操作(对80X86系列CPU来说,就是执行IN指令)时,要求总线上的16位地址信号译码输出和$\overline{IOR}$同时有效(即都为低电平),此时使能信号$\overline{1G}$、$\overline{2G}$都有效,于是三态门导通,8个开关的状态经数据线 $D_0 \sim D_7$被读入到CPU中。当CPU不访问此接口地址时,使能信号$\overline{1G}$、$\overline{2G}$为高电平,则三态门的输出为高阻状态,使其与数据总线断开。此接口电路只有数据端口,在输入操作时,若开关的状态正发生变化,则输入的数据不可靠。

2. 简单输出接口电路

数据总线是CPU和外部交换数据的公用通道,当CPU把数据送给输出设备时,同样应考虑外设与CPU速度的配合问题。要使数据能正确写入外设,CPU输出的数据一定要能够保持一段时间。一般CPU送到总线上的数据只能保持几微秒甚至更短的时间。相对于慢速的外设,数据在总线上几乎是一闪而逝。因此,要求输出接口必须要具有数据的锁存能力,这通常是由锁存器来实现的。CPU输出的数据通过总线锁存到锁存器中,并一直保持到被外设取走。

数据输出接口通常是用具有信息存储能力的双稳态触发器来实现。最简单的输出接口可用D触发器构成。74LS273就是采用8D触发器进行数据锁存的,其引脚如图6.6所示。其逻辑真值表如表6.2所示。74LS273内部包含了8个D触发器,共有8个数据输入端($D_0 \sim D_7$)和8个数据输出端($Q_0 \sim Q_7$)。$\overline{CR}$为复位端,低电平有效。CP为脉冲输入端,在每个脉冲的上升沿将输入端 D_n的状态锁存在输出端 Q_n,并将此状态保持到下一个时钟脉冲的上升沿。

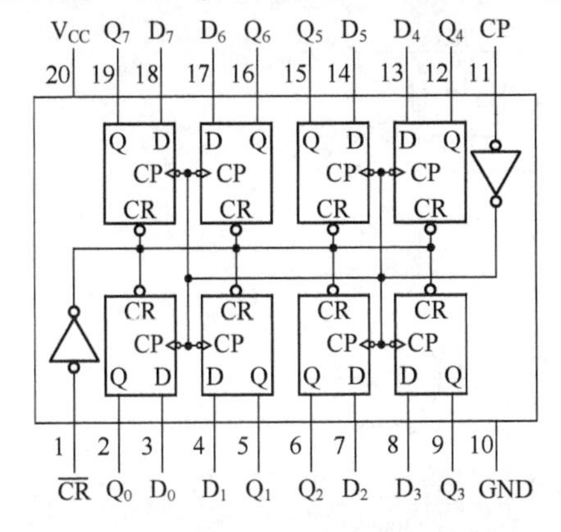

图6.6 74LS273引脚及内部结构

表6.2 74LS273真值表

输入			输出
$\overline{CR}$	CP	D	Q
L	×	×	L
H	↑	H	H
H	↑	L	L

74LS273 常用来作为简单并行输出接口。另外，使用其中的某一个 D 触发器也可通过软件编程实现简单的串行输出。

图 6.7 所示是一个利用 74LS273 锁存器和 74LS06 反相器构成的简单并行输出接口的例子。当微型计算机对此端口进行输出操作（对 80X86 系列 CPU 来说，就是执行 OUT 指令）时，要求总线上的 16 位地址信号译码输出和 $\overline{IOW}$ 同时有效（即都为低电平）。在 $\overline{IOW}$ 的后沿，将数据总线上 D_0 ~ D_7 的数据锁存到 74LS273 的输出端，再通过 74LS06 反相驱动电路控制发光二极管的亮灭。此处取 $\overline{IOW}$ 的上升沿锁存是为了等待数据总线稳定。74LS273 的数据输出端不是三态输出的，只要 74LS273 正常工作，其 Q 端总有一个确定的逻辑状态（0 或 1）输出。因此，74LS273 无法直接用作输入接口，即它的 Q 端不允许直接与系统的数据总线相连接。而另一种常用的 8 位数据锁存器 74LS373，其接口电路带有三态输出，它比 74LS273 多了一个输出允许端 $\overline{OE}$。只有当 $\overline{OE}=0$ 时，74LS373 的输出三态门才导通；而当 $\overline{OE}=1$ 时，输出三态门呈高阻状态。因此其既可做输入接口又可做输出接口。

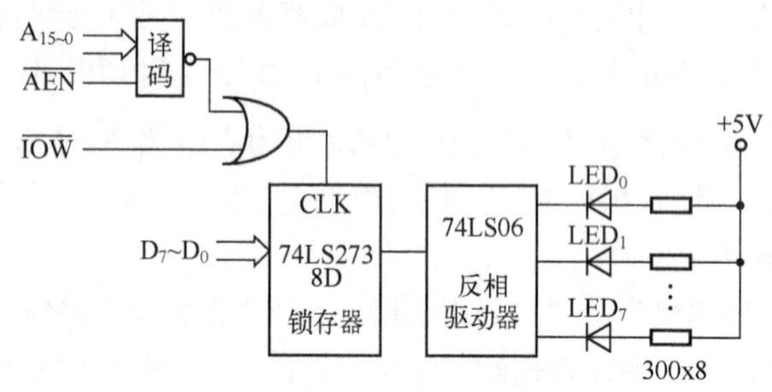

图 6.7　数据锁存器构成输出接口

3. 简单双向接口举例

下面举例说明如何利用 74LS244 和 74LS273 作为输入和输出接口。图 6.8 是简单输入、输出接口的例子，通过编写相应的程序，实现用发光二极管的亮灭来表示对应开关的闭合、断开状态。图中，输入接口 74LS244 和输出接口 74LS273 虽然使用了相同的端口地址，但是由于从输入接口读取开关状态时，执行 IN AL, DX 指令，而从输出接口输出开关状态时，是通过执行 OUT DX, AL 指令来实现的，因此输入、输出指令中使用相同的端口地址并不会出现问题。图 6.8 所对应的简单输入、输出接口的程序如下：

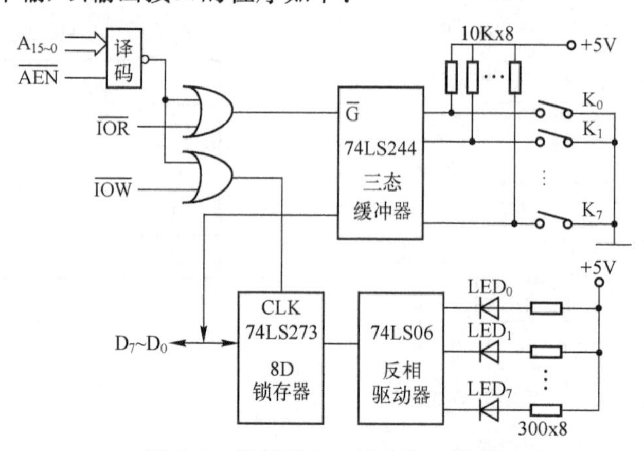

图 6.8　简单输入和输出接口举例

```
NEXT:MOV  DX,PORT_ADDR
     IN   AL,DX             ;通过输入接口读入开关状态
     NOT  AL
     OUT  DX,AL             ;通过输出接口控制发光二极管显示
     CALL DELAY             ;调用延时子程序
     JMP  NEXT
```

6.3 输入/输出传送控制方式

CPU与外设间的数据传送方式或输入/输出接口的基本处理方式是微型计算机接口技术最基本的内容。CPU与外设之间进行的数据传送,实际上可分为2个阶段:CPU通过总线和I/O接口之间的数据传输;I/O接口和外设之间数据传输,不同的外设对所传送的内容和服务质量有不同的需求,这就需要用不同的传送方式。而传送方式的不同决定了CPU对外设的控制方式不同,从而导致了接口电路的结构和功能不同。CPU与外设之间的数据传送方式一般可分为3种方式:程序控制方式、中断方式和DMA方式。

以上3种数据传送方式各有优缺点。在实际使用时,可根据具体情况,选择既能满足要求、又尽可能简单的传送方式。

6.3.1 程序控制方式

程序控制的输入/输出方式是指在程序中执行相应的I/O指令,从而实现CPU与外设间的信息交换的传送方式。在这种方式中,何时进行数据传送是预先知道的,因此可以根据需要将相关的I/O指令插入到程序中的相应位置。根据外设的不同要求,这种传送方式又可分为无条件传送及查询传送两种。

1. 无条件传送

无条件方式传输简单、结构简明。在传输过程中,外设必须始终处于准备好的状态,可以随时接收或发送数据。在外设处于接收方时,CPU不必检查外设的状态而直接传送数据,若外设不能及时将数据取走,则下一个数据就可能会将还没有处理的数据覆盖,从而造成有效数据的丢失。在CPU处于接收方时,当CPU发出IN指令后,外设必须处于数据准备就绪状态,否则CPU接收到的数据就会出现错误。显然,这种方式的使用受到很大的局限,只能用在对一些简单外设的操作。如CPU读取DIP开关状态,只要CPU需要,可随时读取其状态;又如CPU向七段LED数码管发送显示数据,只要CPU将数据的显示代码传送给它,就可立即显示相应数据。外设始终是处于准备好或空闲状态,在CPU认为需要时,随时与外设交换数据,这种传送方式就是无条件传送方式。

无条件传送的输入方式如图6.9所示。当CPU执行IN指令时,地址信号经地址译码器译码后与$IO/\overline{M}$及$\overline{RD}$信号结合,选通三态缓冲器,即选中数据输入端口,使来自外设的数据经三态缓冲器传送到数据总线,然后再送往CPU。显然,当CPU执行IN指令时,外设的数据必须已经准备好,否则读取的数据没有任何意义。

无条件传送的输出方式如图6.10所示。当CPU执行OUT指令时,地址信号经地址译码

器译码后与 IO/$\overline{M}$及$\overline{WR}$信号结合,选通数据锁存器,即选中数据输出端口,使数据经数据总线送往锁存器,再由它送至外设。同样,当 CPU 执行 OUT 指令时,锁存器必须是空的,即前面的数据已由外设处理完毕,可以接收新数据,否则会影响前面数据的处理。

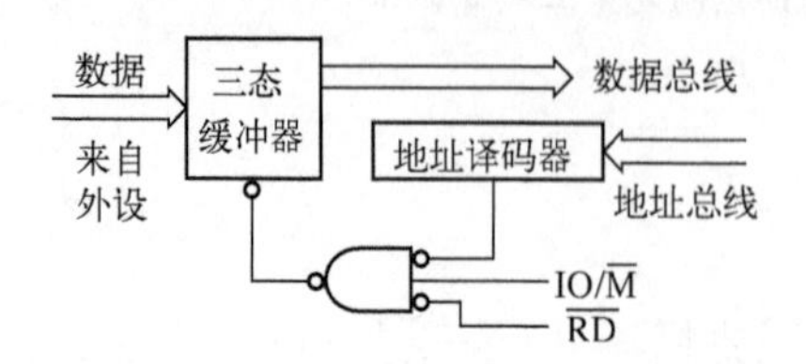

图 6.9 无条件传送的输入方式

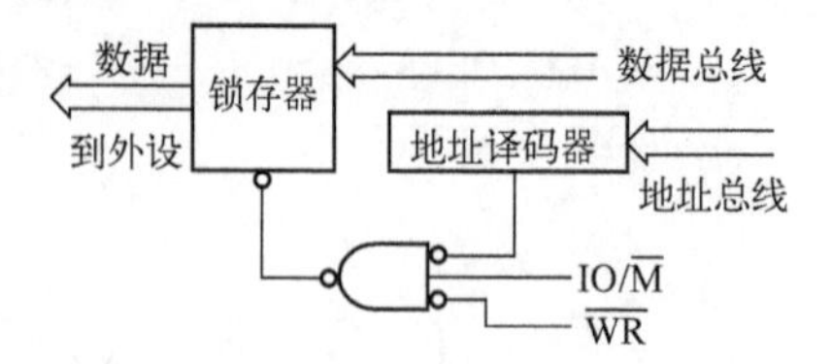

图 6.10 无条件传送的输出方式

可见,无条件传送方式在传送数据时要求 CPU 与外设同步工作,一般只能用于简单开关量的输入/输出中。稍微复杂一点的外设都不采用这种方式。

2. 查询传送方式

无条件传送方式要求外设始终保持与 CPU 同步工作。一旦二者不同步,则无法保证外设与 CPU 之间数据传送的正确性。为此,可采用查询传送的工作方式。

查询传送方式适用于 CPU 与外设异步工作的情况。在这种方式中,外设与 CPU 之间的数据传送完全由 CPU 通过查询来实现。CPU 通过不断地查询外设的状态,了解哪个外设处于准备就绪状态,需要服务,然后转入相应的设备服务程序,进行数据交换。如果外设未准备好,不需要服务,CPU 则继续查询。所谓外设处于就绪状态,对输入场合是指外设已准备好送往 CPU 的数据,对输出场合是指外设已做好接收新数据的准备。这种控制方式的特点是 I/O 操作由 CPU 引发,即 CPU 为主动,I/O 为被动。这种传送方式的接口电路除了数据缓冲端口外,还必须有存储状态信息的端口。CPU 通过数据端口与外设交换数据信息,通过状态端口读取状态信息,了解外设的工作状态。

图 6.11 给出了一种采用查询式输入的接口电路,其中一个三态缓冲器为数据端口,用以读取外设的数据信息;另一个缓冲器为状态输入端口,用以读取外设的状态信息。假设数据端口的地址用符号 DATAPORT 表示,状态端口的地址用符号 STATUSPORT 表示。其查询式数据输入程序流程图如图 6.12 所示。当 CPU 读取数据时,首先通过状态端口从数据线 D_i($i=0\sim7$)读取“READY”状态信息(执行 IN AL,STATUSPORT 指令),当“READY”信号为 0 时,表明输入设备没有准备就绪,则程序循环等待、查询;只有当“READY”信号为 1 时,才通过数据端口读取数据(执行 IN AL,DATAPORT 指令),同时使准备就绪触发器复位,表示输入一个数据的操作已经完成。

当输入设备的数据再次准备就绪时,它发出一个选通信号,此信号在将输入设备的数据暂存入数据锁存器的同时又使准备就绪触发器置“1”,发出准备就绪的 READY 状态信号,等待 CPU 查询,进入下一个数据输入周期。如此周而复始,每输入一个数据,都重复上述过程。

根据图 6.11 的查询式输入接口电路,图 6.12 为输入程序流程图,编写查询式输入程序如下:

```
CHK_STATUS: IN      AL,STATUSPORT     ;读入状态信息
            TEST    AL,00000001B      ;判断是否就绪,此处 READY 信号接 D0
            JZ      CHK_STATUS        ;没有准备好,继续查询
            IN      AL,DATAPORT       ;准备好了,读入数据
```

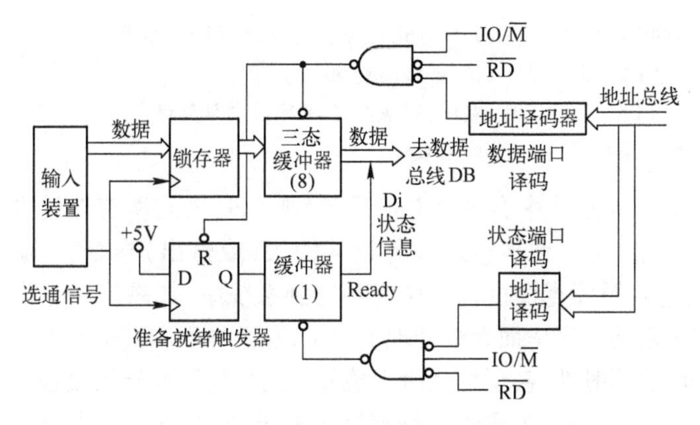

图6.11 查询式输入接口电路

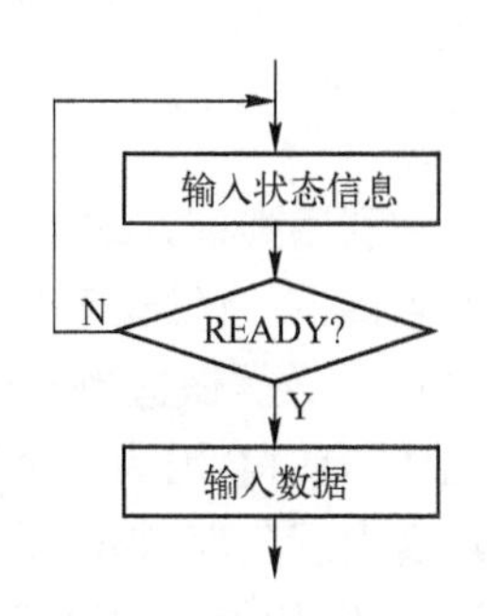

图6.12 输入程序流程图

通常，外设的数据可能是8位、12位或16位，而状态信息相对较少，可以是1位或2位。故CPU与某一外设交换数据时一般占用1~2个数据端口，而不同外设的状态信息可以合用同一个状态端口（分别使用状态端口的不同的位来反映各自的状态信息）。

同样地，查询式输出也是首先查询状态端口的信息，当外设"空闲"，即输出设备准备就绪时，通过数据端口输出数据，否则就继续查询外设的状态信息。图6.13是一种采用查询式输出的接口电路，其中有一个锁存器为数据输出端口，一个三态缓冲器为状态输入端口。采用查询式输出，其输出程序流程图如图6.14所示。当CPU输出数据时，首先通过状态端口查询忙信号(BUSY)是否为"0"（执行IN AL,STATUSPORT指令），当"BUSY"信号为0时，表明输出设备"空闲"准备就绪，CPU就可以通过数据端口输出数据给外设（执行OUT DATAPORT,AL指令），否则就一直查询"BUSY"信号的状态。当CPU查询到"BUSY"信号为0后，一方面将数据发送至输出装置，另一方面置"忙触发器"输出信号"BUSY"为1。在输出装置输出数据以前，"BUSY"信号一直为1，以阻止CPU发送新的数据。当输出装置输出数据后，发送一个响应信号($\overline{ACK}$)，使"忙触发器"清0，表示输出设备再次进入空闲状态。

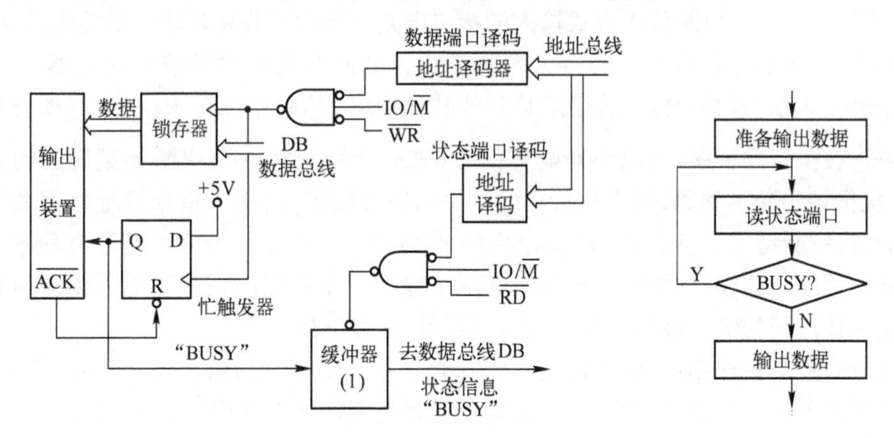

图6.13 查询式输出接口电路　　图6.14 输出程序流程图

根据图6.13的查询式输出接口电路，编写查询式输出程序如下：

```
            MOV   BX,OFFSET BUF
CHK_STATUS: IN    AL,STATUSPORT      ;读入状态信息
```

```
AND   AL,00010000B      ;判断外设是否空闲,此处 BUSY 信号接 D4
JNZ   CHK_STATUS        ;忙,则继续查询
MOV   AL,[BX]           ;空闲,则从 BUF 缓冲区中取数据
OUT   DATAPORT,AL       ;输出数据
```

在利用查询方式进行 I/O 操作时,如系统中有多个 I/O 设备,则 CPU 要对所有外设进行巡回查询,一旦发现某个外设准备就绪,CPU 便执行对该外设的输入(或输出)指令,对输入(或输出)数据做适当处理后,再次进入循环查询过程。在实时控制系统中,如果采用查询方式工作,有时会因为一个外设的 I/O 未处理完毕而无法处理下一个,从而导致和其他外设的数据传送出现延误,影响系统数据处理的实时性,甚至可能由于某外设出现故障而导致设备一直无法就绪,使得查询处于无限循环、等待状态。为避免这种死循环的出现,实际程序中通常加入超时判断等措施。因此,查询式传送方式只适用于 CPU 负担不重,要求服务的外设对象不多而且任务相对简单的场合。

查询方式的优点是硬件接口电路不是很复杂,软件容易实现,传送可靠。但 CPU 必须花费大量的时间去不断查询外设的工作状态,因而 CPU 的使用效率不高。为了提高 CPU 的效率以及使系统具有更好的实时性能,通常采用中断传送方式。

6.3.2 中断传送方式

在查询方式下,外设是被动地等待 CPU 查询,既影响实时性,又耗费 CPU 的工作时间。为此可采用中断传送的工作方式(详见第 7 章)。在中断传送方式中,外设与 CPU 之间的数据传送是 CPU 通过响应外设发出的中断请求来实现的。CPU 和外设之间的关系是 CPU 被动,外设主动,即 I/O 操作是由外设引发的。当外设准备就绪时,通过其接口发出中断请求信号;CPU 在收到中断请求后,中断正在执行的程序,保护断点,转去为相应外设服务,执行一个相应的中断服务子程序;服务程序执行完毕,则恢复断点,返回原来被中断的程序继续执行。当外设未准备就绪时,CPU 可以处理其他事务,工作效率较高。

图 6.15 是一种采用中断传送方式输入的接口电路。当输入装置就绪准备输入数据时,首先发出选通信号,该信号在将数据暂存入数据锁存器的同时又将中断请求触发器置"1",向 CPU 发出中断请求信号(INTR)。若中断是开放的,则 CPU 接收中断请求信号,在现行指令执行完后暂停正在执行的程序,发出中断响应信号 $\overline{\text{INTA}}$,由外设将一个中断类型码放到数据总线上,CPU 根据该中断类型码,转去执行相应的中断服务程序,由输入指令寻址数据端口并输入数据,同时将中断请求触发器置"0",以撤销中断请求。CPU 在执行完中断服务程序后自动返回被中断的程序。这样,利用中断控制便完成了输入一个数据的任务。中断传送的数据输出接口及其工作过程与输入接口类似,读者可自行思考和分析。

和查询方式数据传送相比,中断传送方式既能节省 CPU 时间,提高计算机使用效率,又能使 I/O 设备的服务请求得到及时响应,很适合于计算机工作量十分饱满、I/O 处理的实时性要求很高的系统(如实时采集、处理、控制系统),这是它的突出优点。但是,这种控制方式需要以一系列中断逻辑电路作为支持,在具有多 I/O 设备的系统中,它的硬件比较复杂。而且由于中断请求出现的时刻具有随机性,何时执行中断服务程序事先无法预知,因此在采用中断方式传送数据时,程序设计应更为完善、周密。

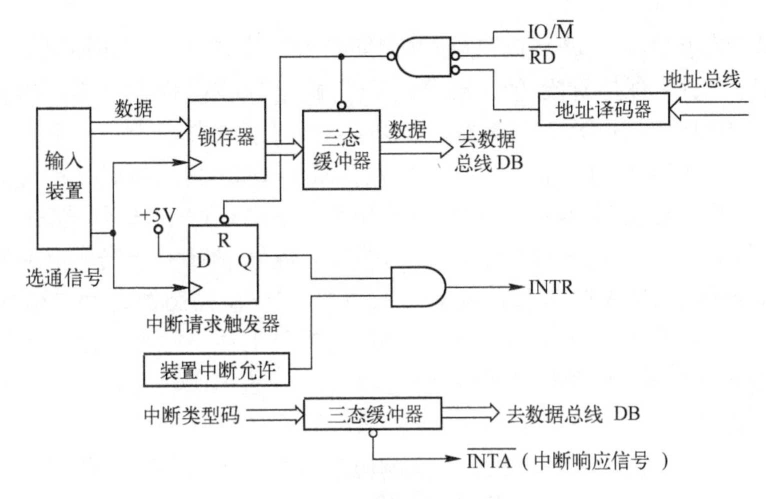

图6.15 中断传送输入接口电路

6.3.3 直接存储器存取传送方式

程序控制的输入、输出方式和中断传送方式都能完成CPU与I/O设备之间的信息交换，它们的特点是对外设的服务都由程序中的指令来完成，外设的数据都需要经过CPU才能和存储器交换，这就必然使得传输速度受到限制。而直接存储器存取传送方式（Direct Memory Access，DMA）无需CPU介入，外设和存储器之间直接进行信息交换，数据传送是在全硬件控制的方式下完成的，不需要CPU执行指令，这样数据传送的速度上限就仅取决于存储器的工作速度。因此，可大大提高传输速度。

DMA传送方式需要专用硬件DMA控制器来控制完成外设与存储器之间的高速数据传送。通常系统的数据和地址总线以及一些控制信号线（如IO/$\overline{M}$、$\overline{RD}$、$\overline{WR}$等）都是由CPU管理的，在DMA方式中，要求CPU让出这些总线的控制权，即要求CPU将与这些总线相连的引脚变为高阻状态，而由DMA控制器占用并接手管理这些总线。DMA控制器具有独立的管理数据总线、地址总线和控制总线访问存储器和I/O端口的能力，它能像CPU那样提供数据传送所需的地址信息和读、写控制信息，将数据总线上的信息写入存储器、I/O端口，或从存储器、I/O端口读出信息至数据总线。通常DMA的工作流程如图6.16所示。

图6.17为某输入设备使用DMA方式，向存储器输入数据的接口电路示意图。其工作过程如下：在DMA操作之前，应由CPU先对DMA控制器编程，把要传送的数据块长度即字节数、数据块在存储器的起始地址、传送方向（存储器到I/O设备或I/O设备到存储器）等信息发送到DMA控制器。一旦输入设备要求以DMA方式进行传送时，它将向DMA控制器发出“DMA请求”信号DMAREQ，该信号将维持到DMA控制器响应为止。DMA控制器收到请求后，首先检查该信号是否被屏蔽及其优先权，如认为它有效则向CPU发出请求总线保持信号HOLD，表示希望占用总线，该信号应在整个传送过程中维持有

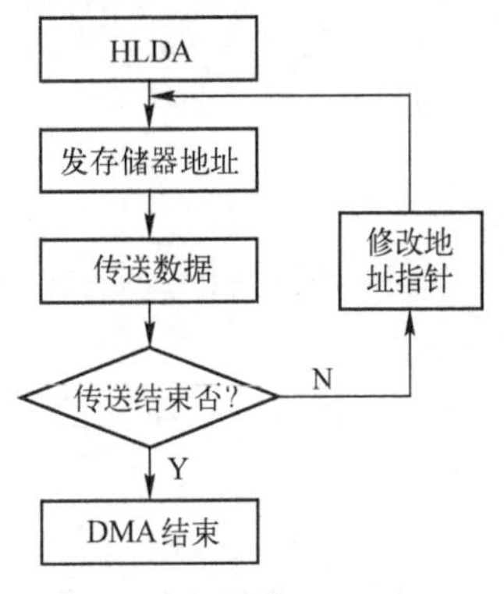

图6.16 MDA工作流程图

效。这就是 DMA 请求阶段。CPU 在当前总线周期结束时检测 HOLD,如锁定信号$\overline{\text{LOCK}}$无效,则响应 HOLD 请求,进入保持阶段,使三态总线 CPU 侧呈“高阻”状态,并向 DMA 控制器回送“总线响应”信号 HLDA 通知 DMA 控制器,表示 CPU 已放弃总线控制权。此时,DMA 控制器再向输入设备回送“DMA 响应”信号 DMAACK,使之成为 DMA 传送数据时被选中的设备。该信号将清除 DMA 请求触发器,意味着数据传送开始。传送开始后,DMA 控制器给出内存地址,并向输入设备提供 I/O 读、写和存储器读、写等控制信号,在 I/O 设备和存储器之间完成高速的数据传送。这就是 DMA 响应和传送数据的阶段。DMA 控制器自动增减内部地址和计数,并据此判断任务是否完成,如果传送尚未完成,则重复上述步骤继续进行传送。当编程所设定的字节数据传送完毕后,DMA 控制器将送出一个过程结束信号给外设,外设由此撤销 DMAREQ 信号,继而两组握手信号均先后变为无效,从而结束 DMA 传送,CPU 又重新控制总线。DMA 传送方式具有数据传送速度高、I/O 响应时间短、CPU 开销小等明显优点,应用越来越广。随着大规模集成电路技术的发展,DMA 传送方式不仅可应用于存储器与外设之间的信息交换,也可扩展到两个存储器之间,或两种高速外设之间进行 DMA 传送,如图 6.18 所示。无论哪种情况,都是在 DMA 控制器的控制下直接传送数据的,而不经过 CPU,也不受 CPU 控制。当然,DMA 传送方式的诸多优点通常是以增加系统硬件的复杂性和提高系统的成本而得到的。DMA 传送方式和程序控制输入输出方式、中断传送方式相比,是用硬件控制代替了软件控制。因此,在一些小系统或是速度要求不高、数据传输量不大的系统中,一般不采用 DMA 方式。

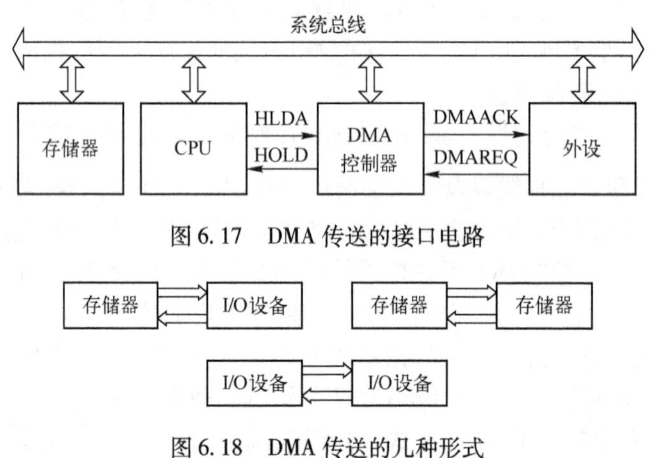

图 6.17　DMA 传送的接口电路

图 6.18　DMA 传送的几种形式

习　题　6

6.1　外设为什么要通过接口电路和主机系统相连？存储器需要接口电路和总线相连吗？为什么？

6.2　接口的基本功能是什么？I/O 接口的基本结构包括哪几个部分？各部分起什么作用？

6.3　CPU 与 I/O 设备之间的接口信号主要有哪些？

6.4　计算机对 I/O 端口编址时通常采用哪几种方式？在 8086 系统中,I/O 端口以哪种方式进行编址？

6.5 CPU与外设有哪几种数据传送方式？它们各有什么特点？

6.6 简述CPU与外设以查询方式传送数据的过程。

6.7 CPU地址线用作端口寻址时，高位地址线和低位地址线各有何用途？如何决定低位地址线的根数？

6.8 设有一输入设备，其数据端口的地址为80H，其状态端口的地址为82H，当状态信息的D_7位为1时表明输入数据准备好。试编写采用查询方式进行数据传送的程序段，要求从该设备读取100B的数据并将其输入到从1000H开始的内存单元中。

6.9 简述中断传送的特点。

6.10 什么叫DMA？为什么要引入DMA方式？DMA一般在哪些场合使用？

6.11 简述DMA传送的基本工作过程。

6.12 有一个CRT终端，其I/O数据端口地址为80H，状态端口地址为81H，其中D_4状态位为STB，若其为1，则表示缓冲区为空，CPU可向数据端口输出新的数据，D_5状态位为RDA，若其为1，则表示输入数据有效，CPU可从数据端口输入数据。编程从CRT终端输入100个字符，并送到RES开始的内存单元中。

第7章

中 断 技 术

在微型计算机系统中，设置中断系统能够明显提高 CPU 的工作效率，增强系统的实时工作性能。目前，中断系统已经成为微型计算机系统一个重要组成部分，其功能强弱也成为评估计算机系统整体性能的一个重要指标。

7.1 中断基本概念

7.1.1 中断与中断分类

1. 中断概念

所谓中断，是指 CPU 在执行正常程序的过程中，由于内部事件、外部事件或预先设定事件导致 CPU 暂停正在执行的程序，而转去执行对应事件的服务程序，当服务程序执行完毕，CPU 返回继续执行其原来暂停的程序。这个过程称为中断。为实现中断而设置的各种软硬件的组合称为中断系统。

2. 中断源

能产生中断请求的外部设备或内部原因称为中断源。中断源可分为内部中断源和外部中断源。内部中断源主要是指 CPU 指令执行产生的中断（又称为软件中断）；外部中断源主要由外部设备产生（又称为硬件中断），主要包括：

（1）输入/输出设备的请求中断，如键盘、打印机、A/D 转换器等。

（2）实时时钟请求中断，如自动控制中的定时器信号等。

（3）故障中断，如电源掉电、存储器出错、外部设备故障以及其他报警信号等。

3. 中断分类

根据中断源的分类，中断可以分为内部中断和外部中断。

内部中断也称为软件中断，是由 CPU 执行程序员编写的中断指令或者指令执行产生的异常引起的。内部中断与硬件外设无关。

外部中断也称为硬件中断，是由外部的中断源向 CPU 提出中断请求引起的。按照是否可以被屏蔽，外部中断可以分为可屏蔽中断和不可屏蔽中断两大类。

1）可屏蔽中断

可屏蔽中断是指各种外设的中断受 CPU 的控制（由内部中断允许标志 IF 设置）。CPU 响应可屏蔽中断时，读出外设所提供的 8 位中断源向量地址号，同时使得 IF = 0（禁止响应其他中断）。返回需执行 IRET 指令，IF 位将自动复位。

2）不可屏蔽中断

不可屏蔽中断不受 CPU 的 IF 影响，一旦提出，CPU 必须响应。不可屏蔽可以用于为外部紧急请求提供服务的中断，例如电源掉电的故障处理或其他出现的重大情况。

7.1.2 中断系统的功能

在微型计算机系统中，中断系统应该具有以下功能：

1. 中断处理功能

当某个中断源发出中断请求时，CPU 要根据当前条件来决定是否响应该中断请求。如果允许响应该中断请求，CPU 在执行完相应的中断服务程序之后返回断点继续执行原先的主程序，其过程如图 7.1 所示。

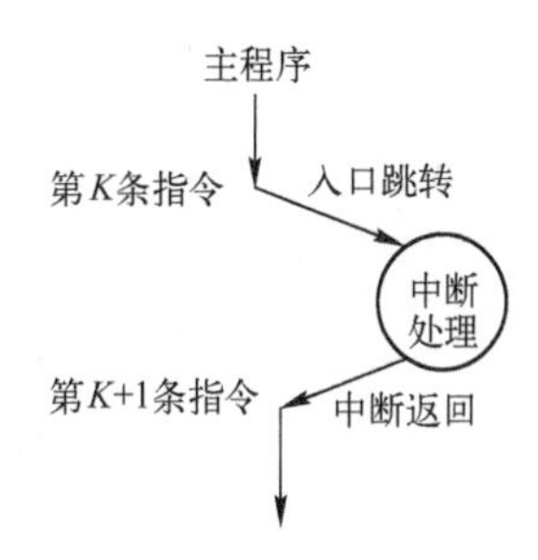

图 7.1 中断的执行过程

2. 中断优先级排队功能

当多个中断源同时提出中断请求时，中断系统能够自动地对它们进行排队判优，首先响应优先级别高的中断请求，完毕再处理级别较低的中断请求。

3. 中断嵌套功能

所谓中断嵌套是指当 CPU 正在执行某个中断的服务程序时，若有优先权更高的中断源提出中断请求，则 CPU 会终止正在执行的中断服务程序，转去响应高级别的中断请求。若新的中断请求优先权较低，则 CPU 对该中断请求进行悬挂，直到当前的中断服务程序处理完毕再去响应它。

7.1.3 中断处理过程

可屏蔽中断是中断系统处理和应用过程中最典型的一种中断，一个完整的可屏蔽中断处理过程应包括中断请求、中断判优（排队）、中断响应、中断服务以及中断返回 5 个基本阶段，如图 7.2 所示。

1. 中断请求

中断请求是由中断源发出的，不同的中断源发出中断请求的方式是不同的，例如输入/输出设备一般是借助 CPU 的外部引脚实施中断申请的，而软件中断一般是直接从 CPU 内部发出中断申请。中断源发出对应的中断请求后，就进入下一个阶段，即中断判优阶段。

2. 中断判优

在微型计算机系统的某些应用中，有可能出现多个中断源（中断优先权级别不一样）同时向 CPU 提出中断请求的情况。当多个中断源同时发出中断请求时，CPU 应首先响应优先权级别最高的中断源；在处理完该中断源的请求后，再响应级别较低的其他中断请求。另外，中断判优的另一作用是决定是否可能实现中断嵌套。

3. 中断响应

中断判优之后，即进入中断响应过程。CPU 的内部中断源、不可屏蔽中断 NMI 等中断请求，可直接转入中断周期，由内部硬件电路自动执行预定操作。对 CPU 的外部中断源请求（通过 INTR 引脚），CPU 在当前指令结束后才能响应可能的中断请求。需预置中断标志 IF = 1，且中断控制电路逻辑（如 8259A）需要打开对应的控制寄存器（如屏蔽寄存器等）；CPU 发出中断应答信号$\overline{\text{INTA}}$，并获取相应的中断类型码。

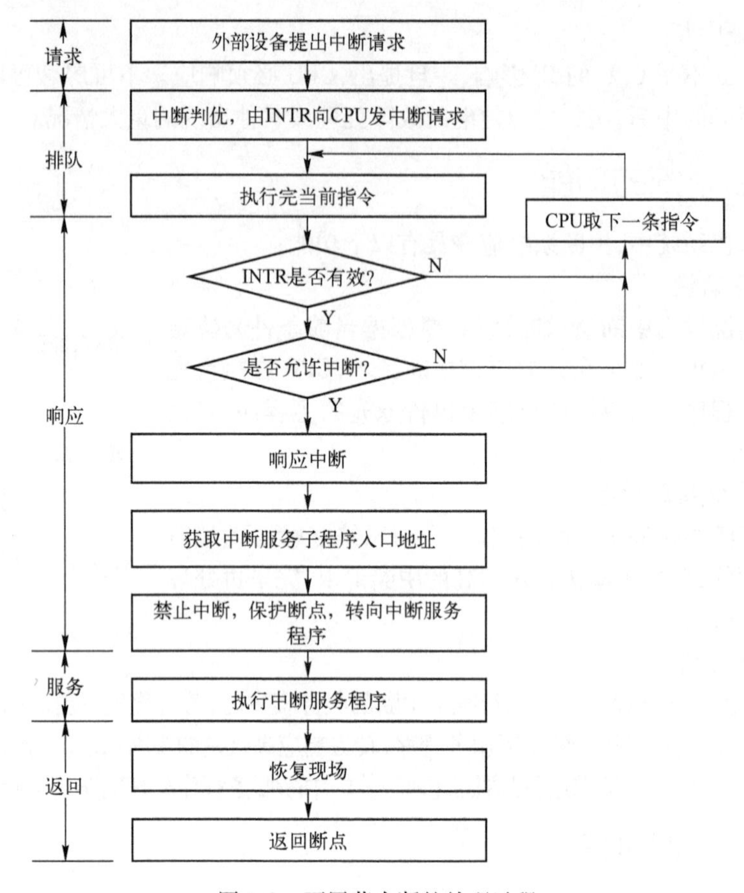

图 7.2 可屏蔽中断的处理过程

CPU 在响应中断之前,还会通过内部的硬件电路进行一些自动处理,如断点保存、获取中断服务程序的入口段地址和偏移地址等。获取中断服务程序入口地址即可去执行中断服务程序,进入中断处理过程。

4. 中断处理

中断处理过程主要由中断服务子程序完成,主要包括下列步骤:

(1) 保护现场。一般系统会将标志寄存器(FR)、断点地址(CS 和 IP)自动压栈,其他服务程序中用到的寄存器可以选择性地进行压栈。

(2) 执行中断服务程序。这是整个中断处理程序的核心部分。

(3) 恢复现场和返回主程序。中断服务程序结束后,必须进行现场恢复操作(FR、CS 和 IP 自动出栈,其他寄存器需要借助软件依次出栈),并返回原先执行的主程序。

值得注意的是,要实现中断嵌套功能,在中断处理保护现场之后,应该首先执行开中断指令,并且在中断服务结束之后、恢复现场之前,执行关中断指令,以保证恢复现场时不被新的中断打扰,恢复现场后再开中断,以便中断返回后可响应新的中断请求。

7.1.4 中断判优的方法

系统中多个中断源的中断请求信号都是送到 CPU 同一引脚上申请中断服务的,这就要求 CPU 能识别是哪些中断源在申请中断,同时比较它们的优先权,从而决定先响应哪一个中断源的中断请求。另外，当 CPU 正在处理中断时，也可能要响应更高级的中断请求，并屏蔽同级或低级的中断请求，这些都需要分清各中断源的优先权。

中断源的优先级判别一般可采用软件判优和硬件判优两种方法。

1. 软件判优方法

软件判优是指由软件安排各个中断源的优先级，其所需硬件电路原理如图 7.3 所示。

该硬件电路由外设（此处假设有 8 个，依次编号为 0#，1#，…，7#）、三态缓冲器和逻辑“或”门组成，结构简洁。由图 7.3 可以看出，各外设的中断请求信号相“或”后，送至 CPU 的 INTR 引脚。任一外设有中断请求，CPU 便可响应中断。在中断服务子程序前可安排一段优先级的查询程序，若有中断请求就转到相应的处理程序入口。软件设计也比较简单，其流程如图 7.4 所示，查询的顺序反映了各个中断源的优先权的高低。此处，以 7#外设的优先级最高，0#外设的优先级最低。

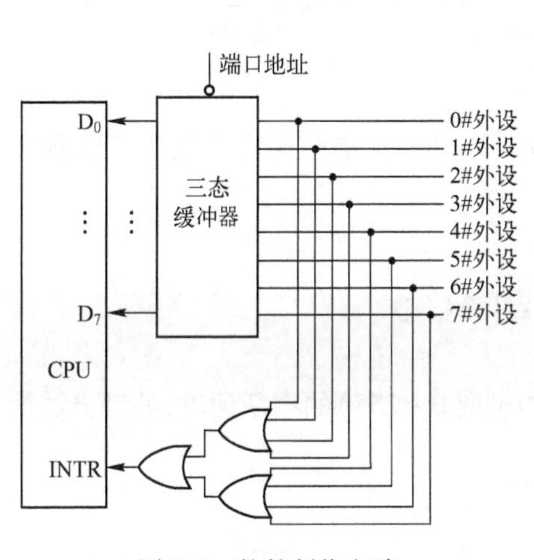

图 7.3　软件判优电路

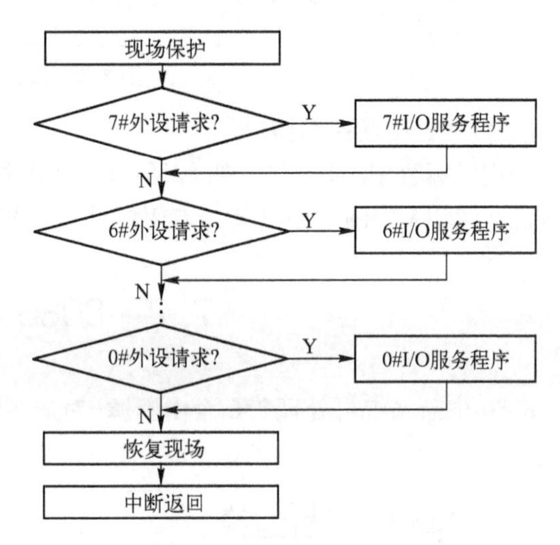

图 7.4　软件优先权查询

软件判优方法特点是硬件简单，优先权安排灵活，可方便地改变各个外设的中断优先级；缺点是中断源较多时，CPU 查询和处理需要耗费时间，降低了工作效率。

2. 硬件判优方法

硬件判优是指利用专门逻辑电路对系统中中断源的优先权进行安排和判别。

1）链式判优电路

链式判优电路的基本思想是把各个中断源排成一个菊花链，排在前边的中断源优先级最高，越往后的中断源优先级越低，如图 7.5 所示。每个外设中断源都包含外设接口设备和对应的一个中断逻辑电路（称为菊花链逻辑电路，如图虚线框内电路），CPU 发出的中断响应信号可以沿着菊花链向后传递。

分析图 7.5 可知，当一个外设发出中断请求时，如果 CPU 允许中断，则会产生$\overline{\text{INTA}}$信号，如果排在菊花链前端的外设没有产生中断请求，那么本级的中断逻辑电路就会允许$\overline{\text{INTA}}$往后传递，一直传到发出中断请求的外设；如果某一外设发出了中断请求，那么本级的中断逻辑电路就对后面的中断逻辑电路实现自动封锁，使$\overline{\text{INTA}}$信号不再后传。

若当 CPU 正执行某个外设的中断服务子程序时，又有优先权较高的外设提出中断请求，则由于优先权较高的外设中断逻辑电路位于菊花链电路的前端,不受低级别的外设中断影响,故仍可响应该中断请求,这就满足中断嵌套要求。

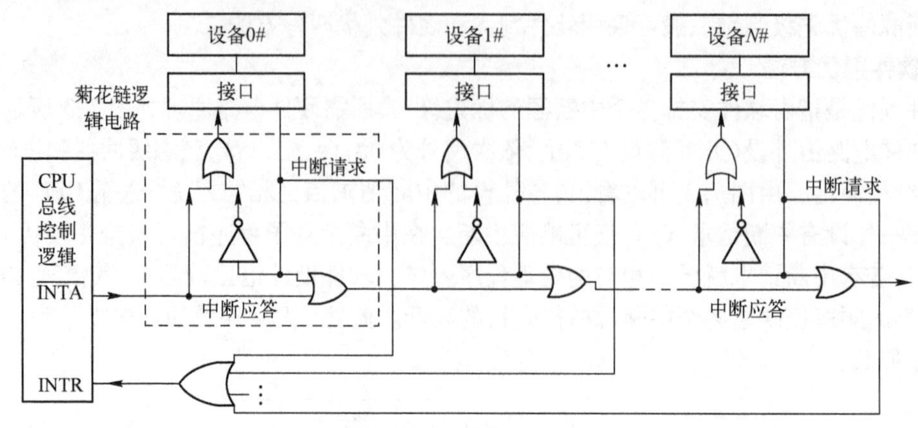

图 7.5 链式判优电路

2)可编程中断控制器

采用可编程中断控制器(如 8259A)是当前微型计算机系统中解决中断优先权管理的常用方法。8259A 中断控制器及其应用详见 7.3 节。

7.2 8086 中断系统

8086 中断系统可处理 256 个中断源(对应中断类型码 0 ~ 255)的中断请求,处理方法简便灵活。

7.2.1 8086 中断分类

8086 的中断可分为外部中断和内部中断,如图 7.6 所示。

外部中断是由外部硬件产生的中断,又称为硬件中断,包括不可屏蔽中断 NMI 和可屏蔽中断 INTR。内部中断又称为软件中断,包括除法出错中断、INTO 溢出中断、INT n 中断、断点中断和单步中断(调试时常用)等。

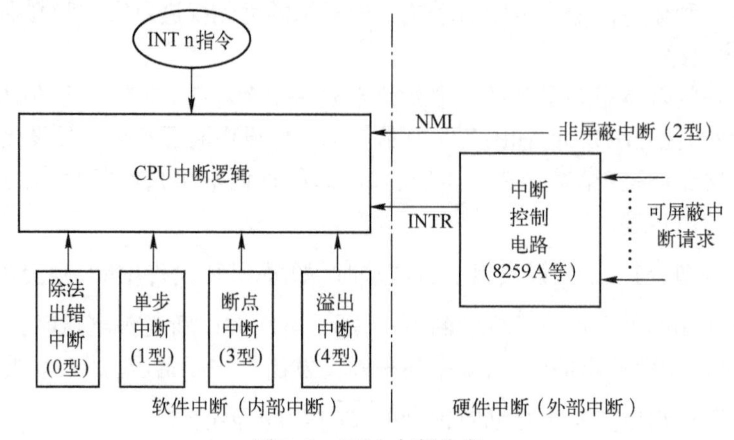

图 7.6 8086 中断分类

1. 硬件中断

硬件中断包括不可屏蔽中断和可屏蔽中断。

1）不可屏蔽中断 NMI

不可屏蔽中断不受 IF 的影响，一旦产生不可屏蔽中断请求 NMI，CPU 必须予以响应。NMI 采用上升沿触发，CPU 锁存信号高电平之后，还要求该信号维持 2 个时钟周期。

CPU 接收到 NMI 中断请求后，自动获取为 2 的中断类型码，并转入相应的中断服务程序。在实际应用设计中，NMI 中断通常用来处理系统中出现的重大事故和紧急情况，如系统电源故障处理、紧急停机等。

2）可屏蔽中断 INTR

可屏蔽中断请求是外部设备通过 CPU 的 INTR 引脚产生的，采用电平触发方式，高电平有效。CPU 在当前指令结束之后采样 INTR 引脚，如果可以响应中断，CPU 在执行完现行指令后转入中断响应周期。

可屏蔽中断受 IF 控制，软件设计中的 STI 指令设置 IF 为 1，CLI 指令使其置 0。系统复位后或 8086 响应中断请求后，都可使 IF 置 0。

2. 软件中断

软件中断也称内部中断，其产生与外部电路无关。8086 微型计算机系统中，内部中断包括：

1）除法出错中断（0 型中断）

当进行除法运算时，若除数为 0 或商超出了寄存器所能表示的范围，则产生除法出错中断，该中断的服务处理一般由操作系统安排。

2）单步中断（1 型中断）

当标志寄存器中的 TF 位置 1 时，CPU 处于单步工作方式，即每执行一条指令就产生一次 1 型中断。单步中断是一种常用的调试手段，它可以提供逐条指令操作观察的“窗口”。

3）断点中断（3 型中断）

该指令在程序中设置一个程序断点，当程序执行到该断点处时，CPU 会去执行一个断点中断服务程序，以进行某些特定的检查和处理，常用于在程序调试时检测与排除故障。

4）INTO 溢出中断（4 型中断）

若算术运算使得溢出标志 OF = 1，并且执行 INTO 指令后，则产生溢出中断。

5）INT n 指令（n 型中断，n = 0 ~ 255）

这是 8086 指令系统中的中断指令，CPU 每执行一条这种指令就会产生一次中断。操作系统给某些类型号的中断设置了标准的服务程序，用户可以灵活地调用这些中断服务程序，以完成某些应用功能。

软件中断具有以下几方面的特点：

（1）中断由 CPU 内部引起，中断向量号由 CPU 自动提供。

（2）除单步中断外，内部中断无法用软件禁止，不受 IF 的影响。

（3）除单步中断外，内部中断的优先权都比外部中断高。8086 CPU 的中断优先权顺序为内部中断（除法出错中断、INT n 指令中断、INTO 溢出中断、断点中断）、NMI 中断、INTR 中断和单步中断。

（4）内部中断没有随机性，这一点与调用子程序相似。

7.2.2 中断向量表

8086 分配给每个中断源一个确定的中断类型码(0 ~ 255),又称为中断向量号(8 位),每个中断类型码对应一个中断服务程序。所谓中断向量,实际上就是中断服务程序的入口地址,包括段基址 CS 和偏移地址 IP(共占 4B 地址)。存放中断向量的存储区称为中断向量表。

中断向量表位于内存的最低 lKB 区域(地址为 00000H ~ 003FFH),共分为 256 个组,对应 256 个中断服务程序入口地址。每个中断向量的 2 个低字节用于存放中断服务程序入口地址的 IP,2 个高字节用于存放中断服务程序入口地址的 CS。按照中断类型码的序号,对应的中断向量在中断向量表中顺序排列,如图 7.7 所示。

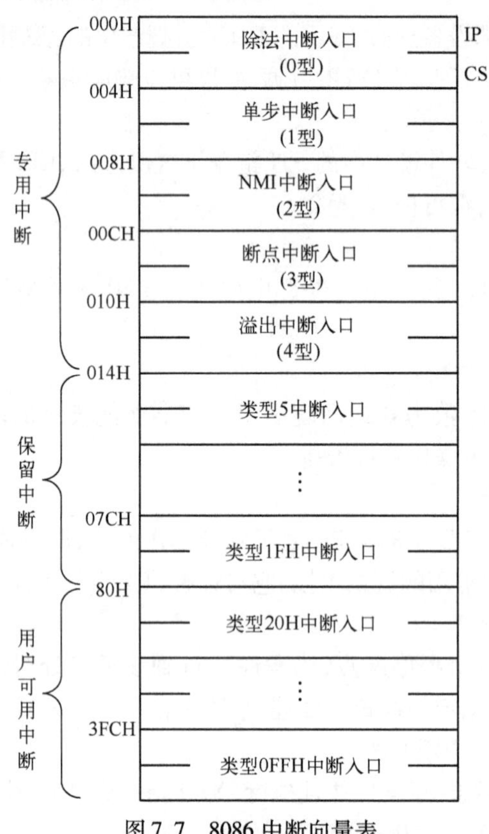

图 7.7 8086 中断向量表

中断向量表分为专用中断、系统保留中断和用户可用中断 3 部分:①专用中断(类型 0 ~ 4),其中断服务程序入口地址由系统负责装入,用户不能随意修改;②系统保留中断(类型 05H ~ 1FH),是为软、硬件开发保留的中断类型,一般不允许用户改作其他用途,如类型 10H ~ 1FH 为 BIOS 中断;③用户可用中断(类型 20H ~ FFH),用户用 INT n 指令定义为软件中断,也可通过 INTR 引脚或通过中断控制芯片 8259A 引入可屏蔽中断。

8086 以中断类型码 n 为索引号,从中断向量表中取得中断服务程序的入口地址。中断类型码与中断向量在表中的存储地址关系为

中断向量存储地址指针 = 4 × 中断类型码 n

当 CPU 产生中断时,对断点和现场保护后,将获取的中断类型码乘以 4,得到中断向量在表中的存储地址,取出 4B 的内容,依次送入 IP 和 CS,转向中断程序。

例如,中断类型码 INT n(n = 20H)的中断源对应中断向量存放在 0000H:0080H 开始的 4 个单元中,如果这 4 个单元内容分别为 10H、21H、32H、45H,那么,该中断的处理程序入口地址为 4532H:2110H,即 IP = 2110H,CS = 4532H。

7.2.3 8086 中断响应过程

8086CPU 对各种中断的响应和处理过程略有不同,其主要区别在于如何获取中断类型码。专用中断的中断类型码是自动获取的;INT n 指令的类型码为 n;对于由 INTR 引起的外部可屏蔽中断,其类型码的获取是由中断管理和控制电路(例如 8259A)提供的。

1. 软件中断响应过程

取得类型码之后,中断处理过程如下:

(1) 将类型码乘以 4,获取中断向量的存储地址指针。

(2) 把 CPU 的标志寄存器入栈,保护各个标志位。

(3) 清除 IF 和 TF 标志。

(4) 把断点处的 IP 和 CS 值压入堆栈(断点保护),先压入 CS,再压入 IP。

(5) 从中断向量表中取出中断服务程序的入口地址,分别送至 IP 和 CS 中,程序转向中断服务程序。

执行中断服务程序之前通常要保护现场,中断处理执行完毕恢复现场,最后执行中断返回指令 IRET。IRET 的执行将使 CPU 程序恢复到断点处继续执行。

2. 硬件中断响应过程

1) 不可屏蔽中断响应

当 CPU 采样到不可屏蔽中断请求 NMI 时,自动获得中断类型码 2 即 INT 2,其中断处理过程与软件中断的步骤相同。

2) 可屏蔽中断响应

当 INTR 信号有效时,如果 IF = 1,CPU 会在当前指令执行完后才响应外部中断请求,转入中断响应周期。8086 中断响应总线周期有 2 个,包括 4 个 T 状态,如图 7.8 所示。CPU 在每个响应周期都从$\overline{\text{INTA}}$引脚上发出一个负脉冲的中断响应信号。第一个总线周期用来通知外设,CPU 已准备响应中断,要准备中断类型码;在第二个总线周期中,要求外设在第二个负脉冲后(即第二个总线周期的 T_3状态前),立即通过数据总线($D_7 \sim D_0$)把中断类型码传送给 CPU。CPU 获取中断类型码 INT n 后的中断响应过程和软件中断相同。

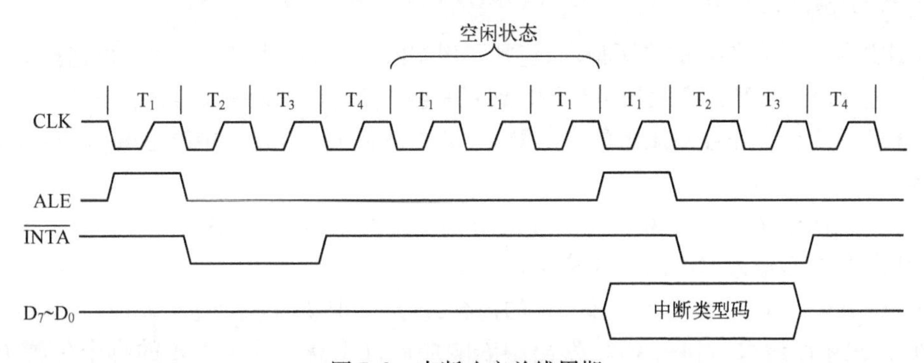

图 7.8 中断响应总线周期

7.3 可编程中断控制芯片 8259A

7.3.1 功能概述

8259A 是 Intel 公司设计的一种基于 NMOS 工艺的可编程中断控制芯片，可管理 8 级外部中断，通过级联可构成 64 级中断控制系统。8259A 构成的中断控制电路可以处理外部中断请求、中断屏蔽、中断优先级排队等，通过编程可以按中断需求灵活设定或变更。

7.3.2 8259A 的内部结构与引脚

1. 8259A 的内部结构

8259A 的内部结构如图 7.9 所示，主要由中断请求寄存器（Interrupt Request Register, IRR）、中断服务寄存器（Interrupt Service Register, ISR）、中断屏蔽寄存器（Interrupt Mask Register, IMR）、优先级分析器（Priority Resolver, PR）、读/写电路、级联缓冲器/比较器、命令寄存器等组成。

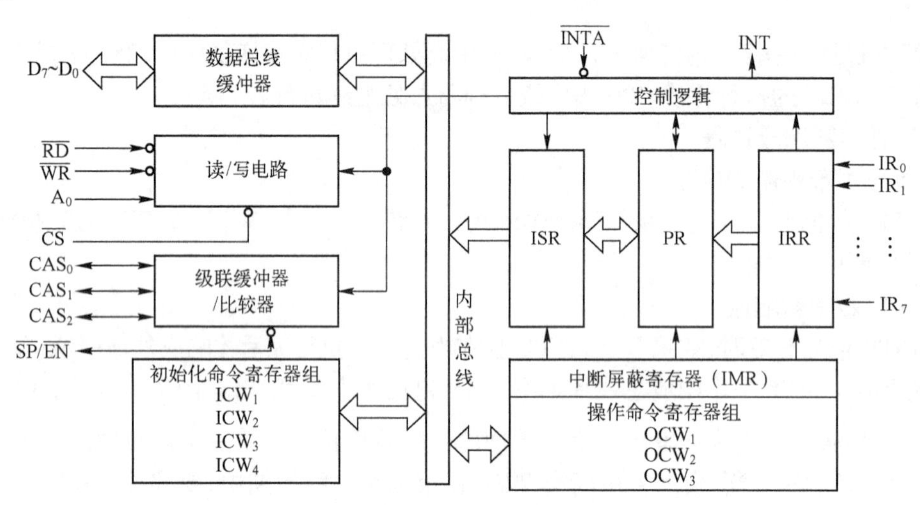

图 7.9 8259A 内部结构框图

各部分功能如下：

(1) IRR 用于锁存外设的中断请求，包括 8 根中断请求输入线 $IR_0 \sim IR_7$（可连接 8 个外设的中断请求信号）。当某设备发出中断请求时（高电平有效），IRR 中相应的位置 1。

(2) ISR 用于保存正在被服务的中断源，对应位被置 1。当允许中断嵌套时，有可能不止一位被置 1。

(3) IMR 用于保存 8 个中断源的屏蔽码，如果某位为 1，表示所对应的中断请求输入被屏蔽；如果某位为 0，则输入的中断请求输入允许（未屏蔽）。

(4) PR 根据寄存器 IMR、IRR 和 ISR 的内容，识别各中断请求的优先级别，并确定是否应该向 CPU 发出中断请求。如果 CPU 发出中断响应后，PR 需要确定 ISR 的哪个位置 1，并向 CPU 提供对应的中断类型码。外设的中断优先级需要通过 8259A 的预先编程设定。

（5）读/写电路实现 CPU 对 8259A 的读/写操作。一方面把来自 CPU 的初始化命令字（Initialization Command Word，ICW）和操作命令字（Operation Command Word，OCW）存入 8259A 内部端口，用于规定 8259A 的工作方式和控制模式；另一方面也使得 CPU 能够读取 8259A 的内部端口状态信息。

（6）级联缓冲器/比较器用于控制多片 8259A 的级联，以使优先中断等级最多可扩展到 64 级。多片连接时，一个为主片（与 CPU 相连的 8259A），其余为从片。

（7）命令寄存器组包括初始化命令寄存器组和操作命令寄存器组。这两组可编程控制寄存器用于设定或动态改变 8259A 的工作方式和控制模式。

2. 8259A 的引脚特性

8259A 的芯片引脚如图 7.10 所示，各引脚功能说明如下：

（1）$\overline{CS}$：片选信号，输入，低电平有效，用于选通 8259A 芯片。

（2）$D_7 \sim D_0$：双向三态数据总线，用于与 CPU 信息交换。

（3）A_0：地址选择端，常配合$\overline{CS}$引脚分别对 8259A 的 2 个端口进行操作。

（4）$\overline{RD}$和$\overline{WR}$。CPU 用$\overline{RD}$读取 8259A 内部信息，利用$\overline{WR}$对 8259A 进行写操作。

（5）INT 和$\overline{INTA}$。INT 是 8259A 发出中断请求信号；$\overline{INTA}$是 8259A 接收到的中断响应信号，当 8259A 接收到此信号之后需要提供中断类型码给 CPU。

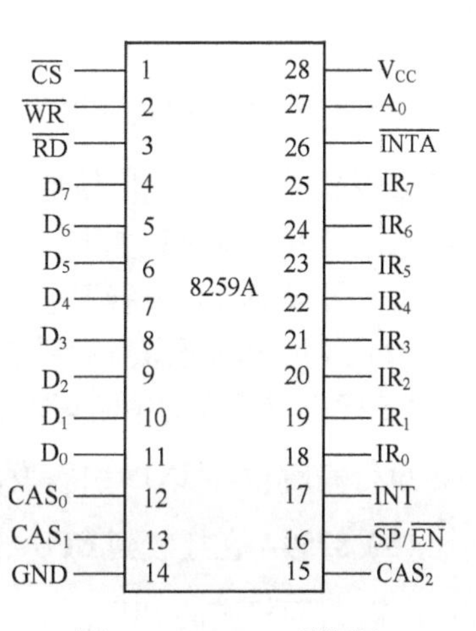

图 7.10 8259A 引脚图

（6）$\overline{SP}/\overline{EN}$（从编程/使能缓冲线）。该引脚具有双向功能，可以作为输入线或输出线。当作为输出线时，8259A 工作在缓冲方式，$\overline{EN}$用作控制缓冲器接收和发送。当作为输入线时，即 8259A 级联使用时，$\overline{SP}=1$ 表示 8259A 为主片；$\overline{SP}=0$ 表示 8259A 为从片。

（7）CAS0、CAS1、CAS2（级联信号线）。当 8259A 为主片时，这 3 根线为输出线，当 CPU 响应中断时，用于输出级联选择代码，选择请求中断的从片；当 8259A 为从片时，这 3 根线是输入线，用于接收主片送来的选择代码。

7.3.3 内部端口寻址与读/写控制

CPU 可以通过 8259A 的 2 个端口实现对其中寄存器的读/写操作。8259A 的端口选择线为 A_0，当 $A_0=0$ 和 $A_0=1$ 时分别对应其内部的 0 口和 1 口。表 7.1 给出了 8259A 内部寄存器读/写操作的控制表，其中 D_4、D_3两位是 ICW（或 OCW）中的标志特征位。该表说明如下：

（1）OCW_2、OCW_3、ICW_1和 IRR、ISR、中断级 BCD 都是通过 0 口来访问的，前 3 个寄存器是只写的，后 3 个是只读的。前 3 个寄存器的访问是通过命令字中引入 2 位标志位 D_4、D_3来区分的。而后 3 个寄存器的读出是由 OCW_3的内容决定的。

（2）对 1 口来访问的 OCW_1、ICW_2、ICW_3、ICW_4和 IMR，前 4 个寄存器只能写入，而 IMR 是只读寄存器。如何访问前 4 个寄存器中的某一个，需要通过严格遵守规定的写入顺序来得到保证。8259A 内部设置了与规定顺序相一致的时序控制逻辑。

表 7.1 8259A 的寄存器读写控制

$\overline{CS}$	A_0	$\overline{WR}$	$\overline{RD}$	D_4	D_3	读写操作
0	0	0	1	0	0	数据总线→OCW_2
0	0	0	1	0	1	数据总线→OCW_3
0	0	0	1	1	×	数据总线→ICW_1
0	1	0	1	×	×	数据总线→OCW_1、ICW_2、ICW_3、ICW_4
0	0	1	0			IRR、ISR、中断级 BCD 码→数据总线
0	1	1	0			IMR→数据总线

7.3.4 8259A 的中断工作过程

8259A 完成初始化后便处于就绪状态,随时可接收外设的中断请求信号。8259A 对外部中断响应及其处理过程如下:

(1) 外设通过信号线 $IR_0 \sim IR_7$发出中断请求,致使中断请求寄存器 IRR 相应位置 1。

(2) 经过中断屏蔽寄存器 IMR 允许的中断请求进入优先权判别,由中断优先权寄存器 PR 决定优先权最高的中断请求从 INT 引脚发出送给 CPU 的 INTR。如果 CPU 开中断,在当前指令执行完后,通过$\overline{INTA}$引脚发出中断响应信号。

(3) 8259A 在接收到 CPU 的第一个$\overline{INTA}$负脉冲信号后,使最高优先级的中断服务寄存器 ISR 位置 1,而相应的 IRR 位清零。8259A 接收到第二个$\overline{INTA}$信号后,向 CPU 提供中断类型码,CPU 接收到中断类型码之后进行相应的中断处理。

(4) 8259A 工作在自动中断结束方式(Automatic End Of Interrupt,AEOI)时,第二个$\overline{INTA}$脉冲信号结束,将使 ISR 中的对应位清零。如果 8259A 不是工作在 AEOI 方式,当中断服务程序结束之后,发出中断结束 EOI 命令,才使 ISR 中的对应位清零。

7.3.5 8259A 编程

8259A 包括 2 类编程:初始化编程和操作编程。8259A 工作之前必须进行初始化,具体要向 ICW 控制字写入初始化信息。当 8259A 工作时,需向 OCW 写入相应的操作命令。

1. 初始化编程

初始化编程是通过写初始化命令字 $ICW_1 \sim ICW_4$来实现的,其写入流程如图 7.11 所示。

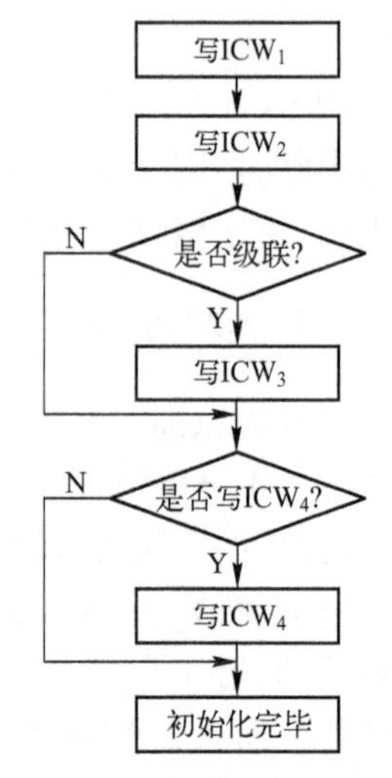

图 7.11 写 ICW 的流程

写 ICW_1命令字的目的有 3 个:一是使 8259A 对中断请求信号边沿检测电路复位,使它仅在中断请求信号由低变高时才能产生中断;二是清除 IMR,并设置中断优先级由高至低的顺序为 $IRQ_0 > IRQ_1 > \cdots > IRQ_7$;三是确定 8259A 是采用单片还是多片级联。前两条实际上就是对 8259A 进行复位。

写 ICW_2命令字的目的是用于设定 8086/8088 模式系统的一个 8 位的中断向量号。

ICW_3的使用与否取决于 8259A 在系统中的数目，若只有 1 片 8259A，则不用 ICW_3；若有多片 8259A 级联，则所有 8259A 都须使用 ICW_3。

ICW_4命令字定义 8259A 工作时用 8080/8085 模式还是 8086/8088 模式，以及中断服务程序是否要送出 EOI 命令，以清除 ISR，允许其他中断。

1）ICW1 的位含义

ICW_1的各位含义如图 7.12 所示。当 $A_0=0$，$D_4=1$ 时，表示是 ICW_1命令字。其中 D_0表示初始化过程要不要写 ICW_4；D_1指明系统中是使用单片还是多片 8259A；D_3说明中断请求信号起作用的触发方式；D_2、$D_7\sim D_5$仅在 8080/8085 模式下使用，通常将它们置为 0。

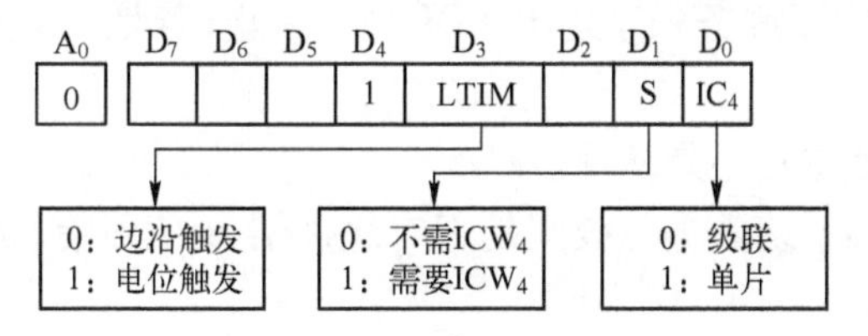

图 7.12 ICW_1位定义

2）ICW2 的位含义

该命令字的位含义如图 7.13 所示，$A_0=1$ 表示 ICW_2写入的地址为奇地址。在 8086/8088 系统中，$T_7\sim T_3$由用户指定，而 $D_2\sim D_0$作为整个中断向量号的低 3 位由系统自动确定和填入。

A_0	D_7	D_6	D_5	D_4	D_3	D_2 D_1 D_0
1	T_7	T_6	T_5	T_4	T_3	系统自动填入

图 7.13 ICW_2的格式

在中断响应周期内，系统根据中断请求编码，自动形成当前服务优先级对应的向量号，在收到第二个$\overline{INTA}$脉冲时，送到数据总线上。

3）ICW3 的位含义

主 8259A 和从 8259A 的命令字 ICW_3是不同的，其格式如图 7.14 所示。

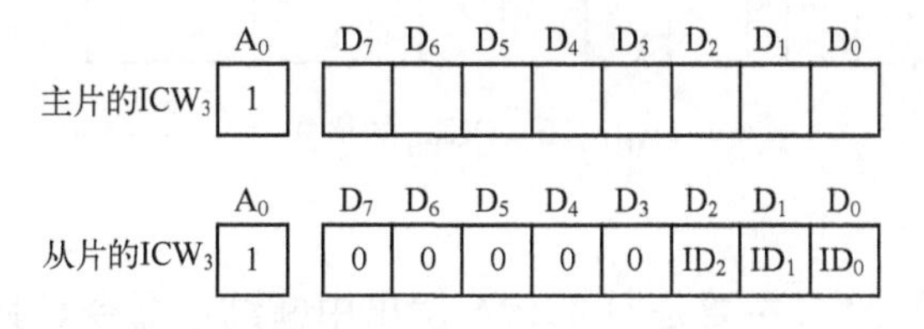

图 7.14 ICW_3的格式

主片 ICW_3的 $D_0\sim D_7$位依次表示 $IR_0\sim IR_7$请求线上有无级联从片，$D_i=1$ 表示对应的 IR_i线上有从片。从片 ICW_3的低 3 位表示从片识别码 $ID_2ID_1ID_0$，依次对应 $IR_0\sim IR_7$的从片编码；$D_7\sim D_3$不起作用，一般设为 0。

4）ICW_4 的位含义

ICW_4格式如图 7.15 所示。

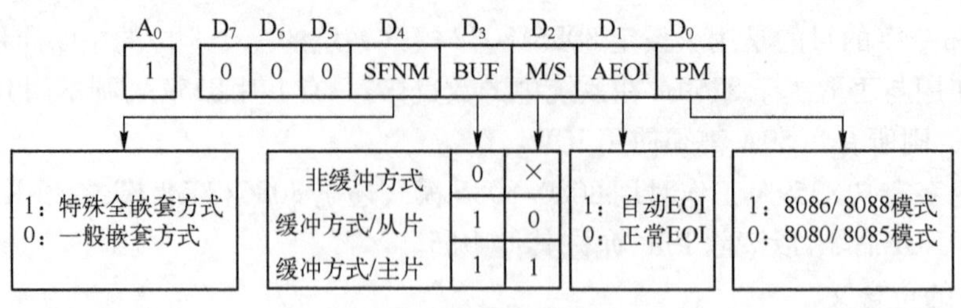

图 7.15　ICW_4的格式

D_0定义处理器模式，为 1 时表示工作在 8086/8088 模式。

D_1用于是否工作在自动 EOI，使得 ISR 自动复位。若为 0，则表示当 8259A 接收中断后将不再接收别的中断，直到中断服务程序送出 EOI 命令为止；若是 1，则表示中断结束后能自动复位 ISR，不必发 EOI 命令。

D_2表示本片 8259A 是主片还是从片。

D_3表示本片 8259A 和系统数据总线间是否有缓冲器，1 表示有，因此必须产生控制信号，以便中断时能打开缓冲器。

D_4表示 8259A 是否处于多片中断控制系统中，若为 1，则其优先级顺序采用特殊全嵌套方式，当某个中断在处理时，屏蔽比本级中断优先级更低的中断；若为 0，则其优先级顺序采用一般嵌套方式，当某个中断在服务时，本级及更低级的中断都被屏蔽。

$D_5 \sim D_7$未用，一般可取 0。

综上，ICW_2、ICW_3和 ICW_4的端口地址均为 $A_0=1$，而 ICW_1的端口地址为 $A_0=0$。初始化编程时，一定要严格按图 7.11 所示的流程完成。

2. 操作命令字与操作方式编程

8259A 经过初始化之后，应该再进行操作编程，这个过程是通过有选择地写操作命令字 $OCW_1 \sim OCW_3$来实现的，写入顺序没有要求。

1）OCW1 的位含义

OCW_1称为中断屏蔽命令字，各个位的含义如图 7.16 所示。某位为 1，表示对应的中断源 IRQ_i被屏蔽；某位为 0，则 IRQ_i被开放。

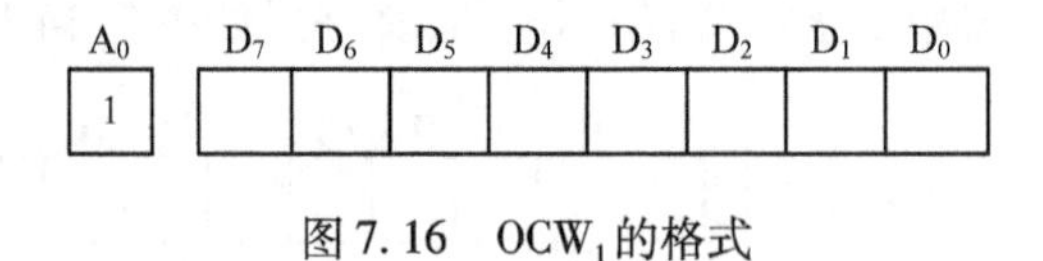

图 7.16　OCW_1的格式

2）OCW2 的位含义

OCW_2为中断方式命令字，主要是对 8259A 发出中断结束命令。其格式如图 7.17 所示，其中 $D_4D_3=00$ 为写入 OCW_2的标志。

其余各位含义如下：

R：中断排队是否循环的标志。R = 1 是优先级循环方式，R = 0 是非循环方式。非循环状态是指 8 个中断请求的优先级固定不变。而优先级循环是指中断源优先级采用左循环轮转方式。

SL：是选择 $L_2L_1L_0$ 编码是否有效的标志。若 SL = 1，则 $L_2L_1L_0$ 选择有效；若 SL = 0，则无效。

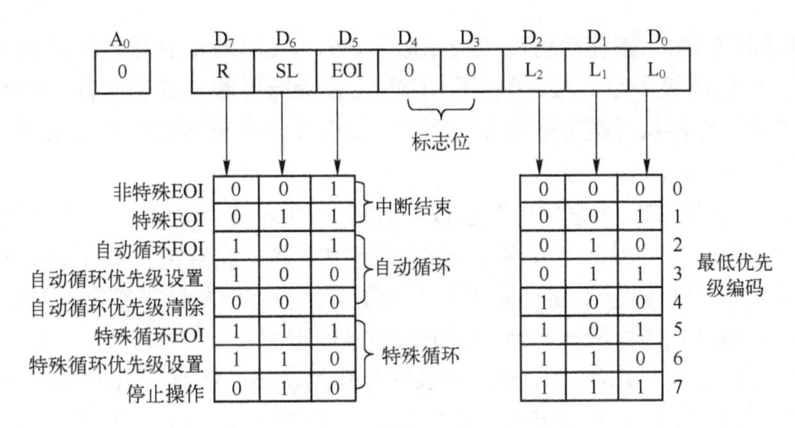

图 7.17　OCW_2的格式

EOI：中断结束命令。该位为 1 时，则复位现行中断级在 ISR 中的相应位。如果 ICW_4的 AEOI 位为 0，必须在中断服务程序的返回指令 IRET 前写一条 OCW_2命令字，以给出 EOI 标志；8259A 得到 EOI 命令后，自动把 ISR 中的对应位复位。

$L_2L_1L_0$：系统中最低优先级的编码。用户可通过此编码来指定最低优先级，用以改变 8259A 复位时 IRQ_0最高、IRQ_7最低的优先级规定。这 3 位还有一个作用，即在 SL=1 时，可以设置选择特殊结束的中断级，使 ISR 中相应位清零。

8259A 的 8 种不同工作方式由 R、SL、EOI 的 3 位组合确定，如图 7.17 所示。

（1）非特殊 EOI 命令。在完全嵌套中断方式中，必须用非特殊 EOI 命令来结束中断，与 $L_2L_1L_0$状态无关。

（2）特殊 EOI 命令。该命令表示中断服务结束时，由 $L_2L_1L_0$编码指定中断的 ISR 相应位复位。

（3）自动循环 EOI 命令。执行该命令将使 ISR 寄存器中最高优先级的相应位复位，并使其轮为最低优先级。当该中断服务完后，别的中断就代替它的位置。

（4）特殊循环 EOI 命令。该命令确定由 $L_2L_1L_0$指定要复位的 ISR 位最低优先级编码。

（5）自动循环优先级设置命令。将使系统在自动结束方式下中断优先级自动循环。

（6）自动循环优先级清除命令。取消自动循环优先级设置。

（7）特殊循环优先级设置命令。该命令可改变系统的中断优先级循环顺序，由 $L_2L_1L_0$设置最低优先级。

3）OCW3 的位含义

该命令字处理状态操作，其格式和位含义如图 7.18 所示。其中 D_4D_3=01 为写入 OCW_3的标志位。

A_0	D_7	D_6	D_5	D_4	D_3	D_2	D_1	D_0
0	0	ESMM	SMM	0	1	P	RR	RIS

图 7.18　OCW_3的格式

各位含义如下：

ESMM、SMM（D_6、D_5）：决定 8259A 是否工作在特殊屏蔽方式，D_6D_5=11 允许特殊屏蔽方式；D_6D_5=10 为撤销特殊屏蔽方式，返回到正常屏蔽方式。

所谓特殊屏蔽方式，是指在执行高级中断服务程序中，如果需要开放较低级的中断，可先利用 OCW_1 将当前的高级中断屏蔽，然后用 OCW_3 设置特殊屏蔽方式。这样，可使 ISR 相应位的功能中止，直到清除特殊屏蔽方式为止。利用 OCW_3 可使中断不受优先级限制，可以人为地为某一较低优先级中断服务。

$P(D_2)$：$D_2=1$ 表明 8259A 采用中断查询方式，$D_2=0$ 表明 8259A 采用非查询方式。所谓查询方式，是指在程序中 CPU 可根据需要随时查询中断源。在查询方式下，8259A 不向 CPU 发 INT 信号，而是靠 CPU 通过不断查询 8259A 来了解是否有中断请求发出和具体的中断请求源。当查询到有中断请求时，就转入为中断请求服务的程序中。

RR、RIS(D_1、D_0)：用于选择读 8259A 内部寄存器的状态。$D_1D_0=10$ 表示读 IRR，$D_1D_0=11$ 表示读 ISR。另外，读取 IMR 不用发 OCW_3 命令，直接对 1 端口进行读操作即可。

3. 8259A 编程举例

【例 7.1】 单片 8259A 系统在 IBM PC/XT 微型计算机中的应用，如图 7.19 所示。

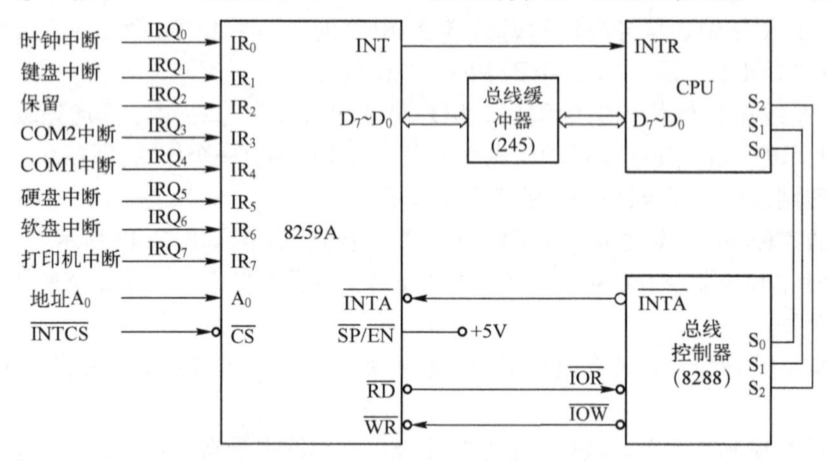

图 7.19 单片 8259A 的中断应用

其中，$\overline{INTCS}$ 为 8259A 的片选地址。IRQ_0 接系统时钟中断；IRQ_1 是键盘中断请求；IRQ_2 是系统保留的；另外 5 个请求信号来自通信电路、磁盘和打印机等外设，依次接至 I/O 通道。系统分配给 8259A 的 I/O 端口地址为 20H 和 21H。8259A 的初始化规定如下：边沿触发方式，缓冲器方式，中断结束为 EOI 命令方式，中断优先权管理采用全嵌套方式。8 级中断源的类型码为 08H ~ 0FH。各中断源的地址分配信息如表 7.2 所示。

表 7.2 8259A 中断源地址与分配表

中 断 源	8259A 引脚	中断类型号
定时器	IRQ_0	08H
键 盘	IRQ_1	09H
保 留	IRQ_2	0AH
串口 2	IRQ_3	0BH
串口 1	IRQ_4	0CH
硬 盘	IRQ_5	0DH
软 盘	IRQ_6	0EH
打印机	IRQ_7	0FH

1）初始化编程

根据系统要求,8259A 初始化编程如下：

```
MO    VAL,00010011B
OUT   20H,AL           ;设ICW1为边沿触发,单片8259A,需要ICW4
MOV   AL,00001000B     ;设ICW2中断类型码基数为08H
OUT   21H,AL
MOV   AL,00001101B     ;设ICW4为8086/8088模式,普通EOI
OUT   21H,AL           ;缓冲方式,全嵌套方式
```

初始化完毕,8259A 处于全嵌套工作方式,可以响应外部中断请求。

2）操作编程

在应用中,可以采用 OCW_1 设置 IMR,以控制各外设申请中断允许或屏蔽,但不要破坏原设定工作方式。如允许 IRQ_0 和 IRQ_1,则可送入以下指令：

```
IN    AL,21H      ;读IMR
AND   AL,0FCH     ;允许IRQ0和IRQ1,其他保持不变
OUT   21H,AL      ;写入ICW1,设定IMR
```

如要读出 IRR 内容以查看申请中断的信号线,这时可先写 OCW_3,再读 IRR：

```
MOV   AL,0AH     ;写入OCW3,读IRR命令
OUT   20H,AL
NOP              ;延时,等待8259A操作结束
IN    AL,20H     ;读出IRR
```

此处采用的是中断非自动结束方式,因此在中断结束前,须对 OCW_2 写入 20H：

```
MOV   AL,20H      ;设置OCW2的值为20H
OUT   20H,AL      ;写入OCW2的端口地址20H
IRET              ;中断返回
```

【例7.2】 如图7.20所示,PC/AT 机中共有2片8259A 用于中断系统:一片为主片;另一片为从片。

主片的端口地址为20H、21H,中断类型码为08H～0FH,从片的端口地址为A0H、A1H,中断类型码为70H～77H。主片的 IR_2 被从片占用,而从片保留了4根中断请求线。从片的 IRQ_0 用于实时时钟中断,IRQ_5 来自协处理器80287(图7.20中未画出)。

1）初始化编程

（1）主片8259A 的初始化：

```
MOV    AL,11H     ;写ICW1,设定边沿触发,级联方式
OUT    20H,AL
NOP               ;延时,等待8259A操作结束,下同
MOV    AL,08H     ;写ICW2,设定IRQ0的中断类型码为08H
OUT    21H,AL
NOP
```

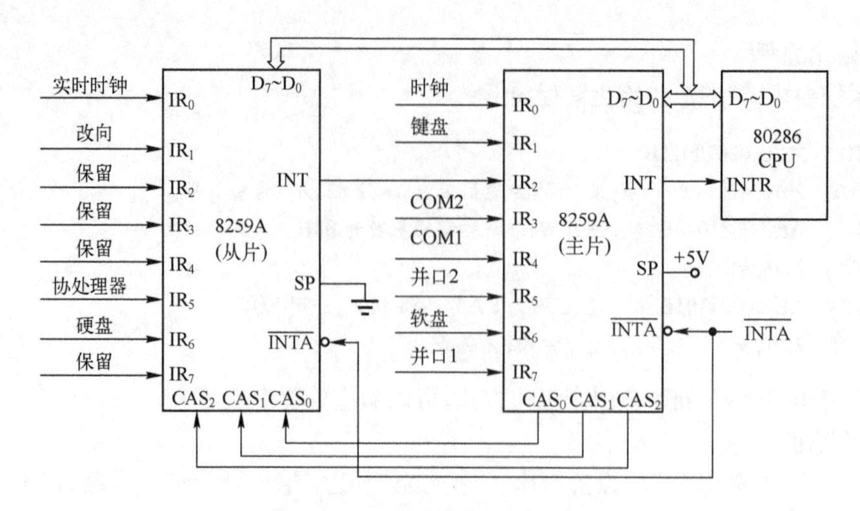

图 7.20　级联 8259A 的中断应用

```
MOV     AL,04H      ;写 ICW3,设定主片 IRQ2 级联从片
OUT     21H,AL
NOP
MOV     AL,11H      ;写 ICW4,设定特殊全嵌套方式,普通 EOI 方式
OUT     2lH, AL
```

（2）从片 8259A 的初始化：

```
MOV     AL,11H      ;写 ICW1,设定边沿触发,级联方式
OUT     0A0H,AL
NOP
MOV     AL,70H      ;写 ICW2,设定从片 IR0 的中断类型码为 70H
OUT     0A1H,AL
NOP
MOV     AL,02H      ;写 ICW3,设定从片级联于主片的 IRQ2
OUT     0A1H,AL
NOP
MOV     AL,01H      ;写 ICW4,设定普通全嵌套方式,普通 EOI 方式
OUT     0A1H,AL
```

2）级联工作编程

当某个从片的外设向 CPU 发出中断请求信号时,主片的优先权控制逻辑使来自从片的更高优先级的中断请求能被主片所识别,并执行相应的中断服务程序。当服务程序结束时,必须用软件检查该中断是否是从片中唯一的中断请求。先向从片发出一个 EOI 命令,清除已完成服务的 ISR 位。向从片发 EOI 命令的汇编代码如下：

```
MOV     AL,20H
OUT     0A0H,AL     ;写从片 EOI 命令
```

然后再读 ISR 的内容,检查它是否为 0,读 ISR 的汇编代码如下：

```
MOV     AL,0BH      ;写入OCW3,读ISR命令
OUT     0A0H,AL
NOP                 ;延时,等待8259A操作结束
IN      AL,0A0H     ;读出ISR
```

如ISR内容不为0,则继续进行从片的中断处理,直到ISR的内容为0,再向主片发出EOI命令,清除与从片相对应的ISR位。

主片发EOI命令:

```
MOV     AL,20H
OUT     20H,AL      ;写主片EOI命令
```

7.4 中断程序设计

7.4.1 中断程序设计方法

80X86微型计算机系统处理各种类型的中断时,都需要根据中断类型码获取中断服务程序的入口地址,以便调用相应的处理程序。所以在进行中断程序设计时,首先设置中断向量表,把对应中断服务程序的入口地址预先放入中断向量表的存储单元,然后再允许中断。

下面以可屏蔽中断为例,介绍中断程序设计的一般过程(此处,中断控制器采用8259A)。

1. 设置中断向量表

在PC系列微型计算机中,若利用8259A处理中断,则还须在设置中断向量表之前,首先保存原中断向量的内容,当用户程序执行完毕,再进行恢复,以避免后续其他类型的程序再次调用该类型中断时出现错误。

设置中断向量表有2种方法:一种是直接利用传送指令访问中断向量表的相应存储单元,并写入中断向量;另一种也可利用DOS系统功能调用INT 21H的35H和25H号功能调用修改中断向量,其中,用35H号功能获取原中断向量,并保存在字变量中,用25H号功能设置新中断的向量,并取代原中断向量,当产生中断之后,转移到新的服务程序中。例如,如果PC/XT微型计算机系统中的IRQ_0(中断向量号为m)响应外部中断,中断后需执行的子程序的过程名为IRQ0_INT,其中断向量表的设置如下:

```
;----------------保存原中断向量的内容------------------------------
INT_SEG     DW      ?
INT_OFF     DW      ?
…
MOV     AH,35H
MOV     AL,m
INT     21H
MOV     INT_SEG,ES          ;保存原中断向量的段基址
MOV     INT_OFF,BX          ;保存原中断向量的偏移量
;----------------重新修改中断向量的内容----------------------------
```

```
CLI                          ;关中断,设置新中断向量
PUSH    DS
MOV     AX,SEG  IRQ0_INT
MOV     DS,AX
MOV     DX,OFFSET  IRQ0_INT
MOV     AH,25H
MOV     AL,m
INT     21H
POP     DS
;---------------恢复原中断向量的内容----------------------------
MOV     AH,25H
MOV     AL,m
MOV     DX,INT_SEG
MOV     DS,DX
MOV     DX,INT_OFF
INT     21H
```

2. 设置中断控制器(8259A)

在响应可屏蔽中断前,还需对中断控制器进行设置。对于由8259A构成的中断系统,必须使IMR的相应位置0,才能允许中断请求。另外,一般应在修改IMR之前保存其内容,并于服务程序执行完毕予以恢复。假设允许IRQ_0响应外部中断,IMR的保存与恢复程序如下:

```
SAVE_IMR    DB    ?
…
IN    AL,21H              ;读出IMR
MOV   SAVE_IMR,AL         ;保存原IMR内容
AND   AL,0FEH             ;允许IRQ0,其他不变
OUT   21H,AL              ;设置新IMR内容
…
;---------------恢复原先的IMR--------------------------------
MOV   AL,SAVE_IMR         ;取出保留的IMR原内容
OUT   21H,AL              ;重写OCW1
…
```

3. 设置中断允许标志位IF

除利用IMR控制某一个或几个中断响应外,还可以通过IF控制所有可屏蔽中断的产生。例如,当不需要中断和不能中断时,可以采用CLI指令关中断;当需要开中断时,可以采用开中断指令STI。

4. 设计中断服务程序

中断服务程序是执行具体中断任务的核心,一般的中断服务程序中通常需要完成以下任务:保护现场、中断服务、恢复现场、8259A中断结束命令、中断返回。一般中断程序的设计框架如下:

```
IRQ0_INT   PROC                  ;中断服务程序
```

```
            PUSH      AX            ;保护现场
            PUSH      BX
            PUSH      CX
            …
            STI                     ;开中断
            …                       ;中断处理
            CLI                     ;关中断
            POP       CX            ;恢复现场
            POP       BX
            POP       AX
            MOV       AL,20H        ;向8259A发送EOI命令
            OUT       20H,AL
            IRET                    ;中断返回
IRQ0_INT    ENDP
```

外部中断服务程序是处理较急迫的事务,因此服务时间应尽量短。这样,可以避免干扰其他中断设备的工作。

7.4.2 中断程序设计举例

1. 软中断程序设计举例

【例7.3】 自定义一个软中断,中断类型号为80H,在中断服务程序中完成ASCII码加偶校验位(第7位)的工作,ASCII码首地址为ABUF,字节数为ALGH,加偶校验位后仍放回原处。

参考程序清单如下:

```
DATA    SEGMENT                              ;定义数据段
        ABUF       DB      'ABCDEFGHIJ1234567890'
        ALGH       EQU  $ - ABUF
DATA    ENDS
STACK   SEGMENT    STACK  'STACK'            ;定义堆栈段
        DB         100DUP(?)
STACK   ENDS
CODE    SEGMENT                              ;定义代码段
        ASSUME     CS:CODE,SS:STACK,DS:DATA
;-------------------------主程序-----------------------------------
START:  MOV    AX,DATA
        MOV    DS,AX
        CLI                              ;关中断,设置中断向量表
        SUB    AX,AX
        MOV    ES,AX                     ;向量表段基址为0H
        MOV    DI,4*80H                  ;计算偏移量
        MOV    AX,OFFSET SOFT_INT
        CLD
```

```
        STOSW                          ;写偏移量
        MOV     AX,SEG SOFT_INT
        STOSW                          ;写段基址
        STI
        …
        INT     80H                    ;软中断
        …
        MOV     AH,4CH                 ;强制返回 DOS
        INT     21H
;-------------------------- 中断服务程序 ----------------------
SOFT_INT    PROC
        PUSH    AX                     ;保护现场
        PUSH    SI
        PUSH    CX
        MOV     CX,ALGH
        MOV     SI,OFFSET ABUF
L2:     MOV     AL,[SI]
        AND     AL,AL                  ;建立标志位 PF
        JP      L1
        OR      AL,80H
        MOV     [SI],AL                ;加入偶校验后写回
L1:     INC     SI
        LOOP    L2
        POP     CX                     ;恢复现场
        POP     SI
        POP     AX
        IRET                           ;中断返回
SOFT_INT ENDP
CODE    ENDS
        END     START
```

2. 硬中断程序设计举例

【例 7.4】 8259A 的 IRQ_0中断请求来自定时器 8253 芯片的通道 0,系统设置每隔 55 ms 便产生一次定时中断,并提供了时钟计时功能的中断服务程序。本程序将替换系统计时程序,使得每次中断显示一串信息。程序显示 5 次后中止,并返回 DOS。

参考程序清单如下:

```
DATA        SEGMENT
MSG         DB      'Timer interrupt! ',0DH,0AH     ;显示的信息
MSG_lgh     EQU     $ - MSG                         ;显示的信息长度
COUNTER     DB      0                               ;中断次数记录单元
INT_SEG     DW      ?                               ;保存原中断服务程序段基址
INT_OFF     DW      ?                               ;保存原中断服务程序偏移量
```

```
INT_IMR  DB       ?                              ;保存原 IMR 内容
DATA     ENDS
STACK    SEGMENT    STACK                        ;堆栈段
         DB       256 DUP(0)
STACK    ENDS
CODE     SEGMENT                                 ;代码段
         ASSUME   CS:CODE,DS:DATA,SS:STACK
START:   MOV      AX,DATA
         MOV      DS,AX
         ;-------------------保存原系统中断的向量--------------------
         MOV      AX,  3508H
         INT      21H
         MOV      INT_SEG,ES
         MOV      INT_OFF,BX
         ;-------------------配置中断向量表新内容--------------------
         CLI                                     ;关中断
         PUSH     DS
         MOV      AX,SEG    self_define
         MOV      DS,AX
         MOV      DX,OFFSET self_define
         MOV      AX,2508H
         INT      21H
         POP      DS
         ;-------------------配置 8259A--------------------
         IN       AL,21H                         ;读出 IMR
         MOV      INT_IMR,AL                     ;暂存 IMR 内容
         AND      AL,0FEH                        ;允许 IRQ0,其他不变
         OUT      21H,AL                         ;设置新 IMR 内容
         MOV      COUNTER,0                      ;设置中断次数初值
         ;-------------------主程序--------------------
         STI                                     ;开中断
L1:      CMP      COUNTER,5                      ;循环等待中断
         JB       L1                             ;中断 5 次退出
         CLI                                     ;关中断
         MOV      AL,INT_IMR                     ;恢复 IMR
         OUT      21H,AL
         ;-------------------恢复原系统中断内容--------------------
         MOV      DX,INT_OFF
         MOV      AX,INT_SEG
         MOV      DS,AX
         MOV      AX,2508H
         INT      21H
         STI                                     ;开中断
```

```
            MOV     AX,4C00H                    ;返回 DOS
            INT     21H
            ;------------------中断服务程序--------------------
self_define PROC
            PUSH    AX                          ;现场保护
            PUSH    BX
            PUSH    CX
            PUSH    DS
            STI                                 ;开中断
            MOV     AX,DATA
            MOV     DS,AX                       ;通常,由外设引起的随机中断中,
                                                 DS 往往是不确定的,故在中断
                                                 程序中须重新设置 DS。
            INC     COUNTER                     ;中断次数加 1
            MOV     BX,OFFSET MSG
            MOV     CX,MSG_lgh
            CALL    DISPLAY                     ;调用显示信息子程序
            CLI                                 ;关中断
            POP     DS                          ;恢复现场
            POP     CX
            POP     BX
            POP     AX
            MOV     AL,20H                      ;发送 EOI 命令
            OUT     20H,AL
            IRET                                ;中断返回
self_define ENDP
            ;------------------显示字符串程序--------------------
DISPLAY     PROC
            PUSH    AX
DISPL:      MOV     AL, [BX]                    ;入口参数:BX = 字符串首址
            CALL    DISPCHAR                    ;CX = 显示字符串个数
            INC     BX
            LOOP    DISPL
            POP     AX
            RET
DISPLAY     ENDP
            ;------------------显示单字符程序(BIOS 功能调用)--------
DISPCHAR PROC                                   ;不能采用 DOS 功能调用
            PUSH    BX
            MOV     BX,0
            MOV     AH,0EH
            INT     10H                         ;BIOS 功能号
            POP     BX
```

```
        RET
DISPCHAR ENDP
CODE    ENDS                        ;代码段结束
        END      START              ;从START标号处开始执行程序
```

习 题 7

7.1 中断的定义是什么？什么是内部中断？什么是外部中断？什么是可屏蔽中断和非屏蔽中断？以 INT n 指令的执行为例,说明中断的执行过程。

7.2 8086 的中断系统共有多少类?

7.3 在中断优先级排队方法中,软件排优方法和硬件排优方法各有什么特点？试举例给出一种基于软件排优的相关硬件组成及其软件实现方法。

7.4 简述 8086 系列微型计算机 CPU 对外部设备可屏蔽中断的响应过程。

7.5 中断向量表的作用是什么？8086 中断服务程序入口地址如何得到?

7.6 试说明开中断指令 STI 和关中断指令 CLI 在中断程序设计中有哪些作用。

7.7 假设某个外设中断源的中断类型码为 20,则其中断服务程序的入口地址应放置在中断向量表的哪几个单元?

7.8 NMI 中断的中断类型码是多少？CPU 如何得到该类型码?

7.9 在 8086 系统的中断过程中,哪些内容将由系统自动进行保护？哪些内容需由用户指定进行保护?

7.10 8086 的中断返回指令 IRET 和子程序返回指令 RET 有何异同?

7.11 已知 SP = 0100H, SS = 0300H, FR = 0240H, 00020H ~ 00023H 单元的内容分别是 40H,00H,00H,01H。同时还已知 INT 8 的偏移量 00A0H,在段基值为 0900H 的代码段内,试指出在执行 INT 8 指令并进入该指令相应的中断服务程序时 SP,SS,IP,CS,FR 和堆栈最上面 3 个字的内容,试用图加以表示。

7.12 试简述可编程中断控制器 8259A 的基本结构及主要功能。

7.13 8259A 芯片中有 IRR、IMR 和 ISR 3 个寄存器,请指出各自作用。

7.14 8259A 只有 2 个 I/O 端口地址,它是如何区别 4 条 ICW 命令和 3 条 OCW 命令的？地址引脚 A_0 =1 读出的是什么?

7.15 在由 8086 CPU 构成的 PC/XT 系统中,8259A 的外部信号请求线 IR_0 外接一个可编程定时器,每隔 10ms 发出一次中断请求,其对应的中断类型码为 90H。另外,整个 CPU 系统外接一个 8 位数据采集器,其数据读端口地址设为 D_port。

设定 8259A 工作在普通全嵌套方式,发送 EOI 命令结束中断,采用边沿触发方式请求中断。假设 8259A 在系统中的 I/O 地址是 FFDCH(A_0 =0)和 FFDDH(A_0 =1)。

(1) 请编写 8259A 的初始化程序段;

(2) 每隔 10ms,CPU 即从数据采集器获取 1B 数据,并进行存储。请设计对应的中断服务子程序、中断向量表设置程序段,并在中断服务子程序内实现采集一个数据并进行存储的功能;

(3) 请设计中断服务子程序,在其内部完成连续采集 36B 数据并存储到一段连续的内存中,内存起始地址为 0100H。

第8章
可编程接口芯片及其应用

8.1 概　　述

随着 VLSI 技术的发展,现有的许多专用或通用接口芯片都采用了可编程结构,芯片的工作方式和接口特性都可以通过编程改变,以适应多种功能的要求。有些接口芯片本身就具有专用 CPU,内部已经固化了控制程序,只要一接收到命令,就能自动执行这个程序,完成一系列复杂的操作,这样的接口通常称为智能接口。由此可见,接口技术已不再是简单数字电路的组合,而是一种软件和硬件相结合的技术。

目前,微型计算机都采用总线结构,各种外设都是通过接口电路与总线连接的。接口电路与系统总线相连时需要考虑的主要问题如下:

(1) 采用何种 I/O 编址方式。接口编址方式有 I/O 与存储器统一编址和 I/O 独立编址两种方式,接口采用何种编址方式,与接口中使用的读/写控制信号有关。当使用存储器读/写信号对接口进行读写操作时,接口就是存储器统一编址方式;而使用输入/输出读/写信号对接口进行读写操作时,则为 I/O 独立编址方式。

(2) 接口电路端口地址如何确定。每一个接口电路内部通常有多个寄存器,而要访问这些寄存器需要占用 CPU 的多个端口地址,因此必须设计地址译码电路,以确定接口电路的寻址范围。设计时应考虑的原则是,不要和操作系统或应用程序已占用的 I/O 端口地址重叠。

(3) 数据总线是否需要驱动。如果系统总线负载较多,为了使数据传输可靠,一般需要在接口电路和系统总线之间加总线驱动器和总线缓冲器。

(4) 与 CPU 控制信号如何连接。接口电路除了与 CPU 读/写信号连接以外,还要根据接口的工作方式(查询、中断、DMA 等),连接相关的控制信号。连接时着重考虑接口电路与 CPU 的信号时序和极性是否匹配,必要时使用有关电路转换。

接口电路与外设一侧连接时情况相对复杂。因为外设种类繁多,信号各有不同,因此为了控制外设正常工作,需要仔细分析外设的工作原理以及传输信号的时序要求,选择或设计相关电路以使 CPU 与外设协调工作。

接口的分类方法很多,但一般按功能特点可分为系统控制接口(DMA 控制器、中断控制器、总线控制器)、通用并行输入/输出接口、通用串行通信接口、专用接口(磁盘接口、网络接口、CRT 接口)等。

随着 VLSI 技术的发展,现在一个芯片已能集成多种接口。如 Pentium 主板就将并行口、串行口、硬盘、软盘、键盘等多种接口集成在一个芯片上,使接口功能、可靠性进一步增强。随着芯片集成度的不断提高,接口向复杂化、多功能化、智能化方向发展是大势所趋。本章主要讨论定时/计数器、并行接口、串行接口以及 A/D 和 D/A 转换器等典型接口芯片。

8.2 定时计数控制接口

定时控制在微型计算机系统中具有极为重要的作用。例如,微型计算机控制系统中常需要定时中断、定时检测、定时扫描,而实时操作系统、多任务操作系统中则需要定时进行进程调度等。IBM PC 系列机的日时钟计时、DRAM 刷新定时和扬声器音调控制等都采用了定时控制技术。

微型计算机系统实现定时功能主要有三种方法。

(1) 软件延时——利用微处理器执行一个延时程序实现。因为微处理器执行每条指令都需要一定时间,所以程序员通过正确地挑选指令和安排循环次数,很容易编写软件延时程序。微处理器执行这个程序将会产生一定的延时时间,这种软件定时方法在实际中经常使用,尤其是在延时时间较短而重复次数又有限的时候。软件定时虽然不需要额外添加硬件电路,但是却占用了大量的 CPU 时间,而且其定时精度也不高。在不同的系统时钟频率下,同一个软件延时程序的定时时间也会相去甚远。

(2) 不可编程的硬件定时——可以采用数字电路中的分频器将系统时钟进行适当分频产生需要的定时信号;也可以采用单稳态电路或简易定时电路(如常用的 555 定时器)由外接电阻、电容的充放电电路控制定时时间。这样的定时电路较简单,利用分频不同或改变电阻阻值、电容容值等,还可使定时时间在一定范围内可调。

(3) 可编程的硬件定时——在微型计算机系统中,常采用软硬件相结合的方法,用可编程定时器芯片构成一个方便灵活的定时电路。这种电路不仅定时值和定时范围可用程序确定和改变,而且具有多种工作方式,可以输出多种控制信号,具有较强的功能。本节将介绍 IBM PC 系列机通常使用的 Intel 公司的 8253 和 8254 可编程定时器。

定时器由数字电路中的计数电路构成,通过记录高精度晶振脉冲信号的个数,输出准确的时间间隔。计数电路也可以用来记录外设提供的具有一定随机性的脉冲信号,主要反映脉冲的个数(进而获知外设的某种状态),所以又称为计数器。例如,微型计算机控制系统中往往使用计数器对外部事件计数。因此,人们就统称它们为定时/计数器。

8.2.1 8253 定时/计数器

8253 可编程定时/计数器是专为 Intel 微处理器系统设计的接口芯片。其主要性能:有 3 个独立的 16 位减法计数器;工作方式可编程控制;计数脉冲频率范围在 0 ~ 2.6MHz 之间;可按二进制或 BCD 码计数;使用单一 +5V 电源。

1. 8253 的内部结构和引脚

8253 的内部结构框图及引脚如图 8.1 所示。由图可见,8253 芯片由数据总线缓冲器、读/写控制逻辑、控制字寄存器及 3 个独立的功能相同的计数器组成。3 个计数器和控制字寄存器通过内部总线相连,内部总线再经缓冲器与 CPU 数据总线相连。

(1) 数据总线缓冲器:三态、双向的 8 位缓冲器,用于将 8253 与系统数据总线相连。CPU 执行 I/O 指令时,缓冲器接收或发送数据,写入 8253 控制字、装入计数初值或读出当前计数值。

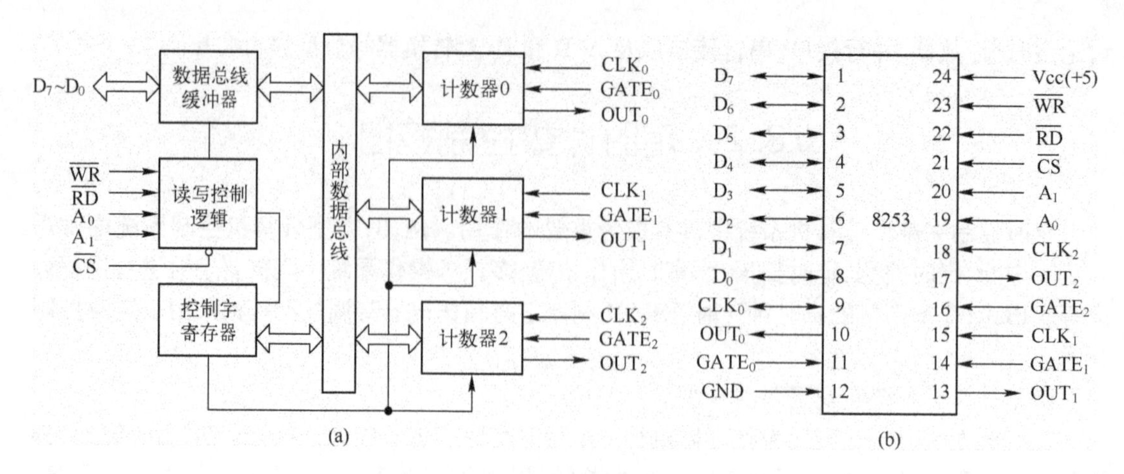

图 8.1　8253 内部结构框图及引脚

（2）读/写控制逻辑：读/写逻辑电路接收来自系统总线的信息，然后产生内部的各种控制信号。信号可允许或禁止读/写逻辑的工作。

（3）控制字寄存器：该寄存器只能写入，不能读出。当地址选择信号 A_1、A_0全为“1”时，它接收并存储来自数据总线缓冲器的信息，确定 8253 中计数器的工作方式或者向计数器装入初值。

（4）计数器 0 ~ 2：这 3 个计数器通道的结构是相同的。每个通道各有一个 16 位可预置减法计数器（二进制或 BCD 计数），每个计数器的工作方式和工作过程完全独立。

2. 8253 的引脚功能

8253 引脚除了电源和地外，其他信号有：

$D_7 \sim D_0$：双向、三态数据线。

$\overline{RD}$、$\overline{WR}$和$\overline{CS}$：分别为读、写和片选信号，均为低电平有效。

A_1、A_0：寻址 3 个计数器和控制寄存器（3 个计数器的控制寄存器共用一个端口地址）。

A_1、A_0，$\overline{RD}$，$\overline{WR}$和$\overline{CS}$的组合可对 8253 的各计数器进行读/写操作，其引脚情况见表 8.1。

表 8.1　8253 各端口的寻址和读写控制

$\overline{CS}$	$\overline{RD}$	$\overline{WR}$	A_1	A_0	读/写操作说明
0	1	0	0	0	对计数器 0 置计数初值
0	1	0	0	1	对计数器 1 置计数初值
0	1	0	1	0	对计数器 2 置计数初值
0	1	0	1	1	对控制寄存器设置控制字或命令字
0	0	1	0	0	从计数器 0 读出计数值
0	0	1	0	1	从计数器 1 读出计数值
0	0	1	1	0	从计数器 2 读出计数值
0	0	1	1	1	无操作
1	×	×	×	×	禁止使用
0	1	1	×	×	无操作

$CLK_0 \sim CLK_2$：计数输入，要求加在 CLK 引脚的脉冲周期大于 380ns。

$GATE_0 \sim GATE_2$：门控输入，当 GATE 引脚为低电平时，禁止计数器工作；只有 GATE 引脚为高电平时，才允许计数器工作。

$OUT_0 \sim OUT_2$：计数器 0～2 的输出，其输出波形取决于工作方式。

3. 8253 的工作方式

对于可编程定时/计数器接口芯片 8253，要使其工作，必须先将控制字写入控制字寄存器，以确定选择的计数通道及其工作方式，写入控制字后，所有控制逻辑电路复位，输出端 OUT 进入初始状态，写控制字的过程亦称为初始化。8253 没有复位引脚，在软件初始化之前，其工作方式、计数值和计数器输出状态都是不定的。

1）控制字

8253 的方式选择控制字格式如图 8.2 所示。

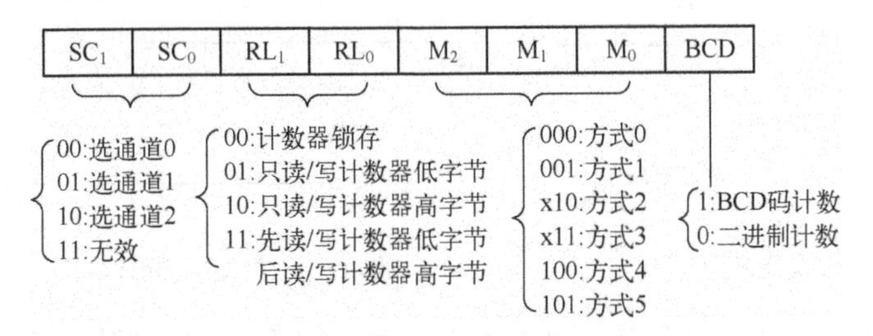

图 8.2　8253 控制字格式

其中最高两位 SC_1、SC_0用于指明写入本控制字的计数器通道。每写一个控制字，只能选择一个通道的工作方式，要设置 3 个通道的工作方式，必须对同一地址（控制寄存器）写入 3 个控制字。RL_1、RL_0用于定义所选计数通道的读/写操作格式。计数器锁存并不影响计数器正常工作。CPU 读取某通道当前计数器前，先向控制寄存器发出锁存该通道命令，计数值即被送入相应锁存器锁存，而计数器继续工作。M_2、M_1、M_0三位用于指定所选计数通道的工作方式。BCD 位是计数码制选择位，用于定义所选通道是按二进制还是按 BCD 码计数。

若选择二进制计数，则其初值范围为 0000H～FFFFH，选 0000H 时计数值最大，为 2^{16}；若选 BCD 码计数，则初值范围为 0000H～9999H，其中 0000H 为最大值，表示 10^4。两种数制的最小值均为 1。

写入控制字后，需要给计数器赋初值，CPU 向 8253 写入的计数初值，要在 CLK 端输入一个正脉冲（一个上升沿加一个下降沿）后才被真正装入指定通道（若在此 CLK 下降沿之前读计数器，则其值是不定的），之后再次输入时钟脉冲（CLK）才开始计数，且每次在脉冲的下降沿减 1 计数。

2）工作方式

8253 中各计数器都有 6 种工作方式可供选择。不同工作方式下，计数/定时启动方式、GATE 信号的作用和 OUT 输出波形等均有所不同。下面分别介绍各种工作方式。

（1）方式 0——计数结束中断方式。这是典型的事件计数用法，要实现计数，必须使 GATE 信号保持高电平。当控制字（Control Word，CW）被写入控制寄存器，则立即使 OUT 输出端为低电平，赋初值后，OUT 保持零，计数器开始计数，直到计数到零时，才变为高电平并保持，直至写入新的控制字或初值。计数器在到零后仍继续计数。

图 8.3 为方式 0 计数波形。实际应用时,常将计数结束时 OUT 信号的上跳沿作为中断请求信号。

方式 0 的工作特点是:

① 计数由软件启动,每次写入计数初值,只启动一次计数。

② 当计数到零时,不能自动恢复计数初值,OUT 输出端保持高电平。

③ 在计数过程中,如 GATE = 0,则暂停计数,直到 GATE 变高后再接着计数,如图 8.4 所示。

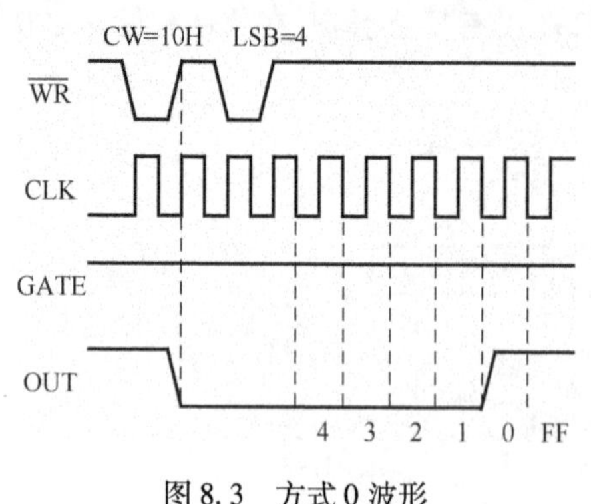

图 8.3　方式 0 波形

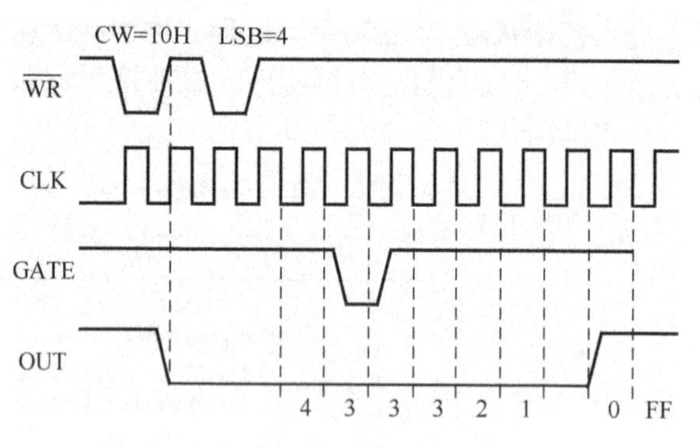

图 8.4　方式 0 波形(GATA 信号变化)

④ 在计数过程中可改变计数值。若是 8 位计数,在写入新的计数值后,计数器按新值开始计数;若是 16 位计数,在写入第一个字节后,计数器停止计数,写入第二个字节后,按新的初值计数。

(2) 方式 1——硬件可重触发的单稳方式。在这种方式下,计数器相当于一个可编程的单稳态电路,触发输入为 GATE 信号,其工作过程如下:

当 CPU 写入控制字之后,OUT 输出高电平。当 CPU 写完计数初值后,计数器并不开始计数,直至 GATE 端来一个上升沿(触发沿)后,在下一个 CLK 脉冲的下降沿则开始计数,OUT 变低,并在计数器到零以前一直维持低电平;计数到零后,OUT 变高。因此,输出一个单稳脉冲;若外部再次触发启动,则可再次产生一个单稳脉冲。如图 8.5 所示。

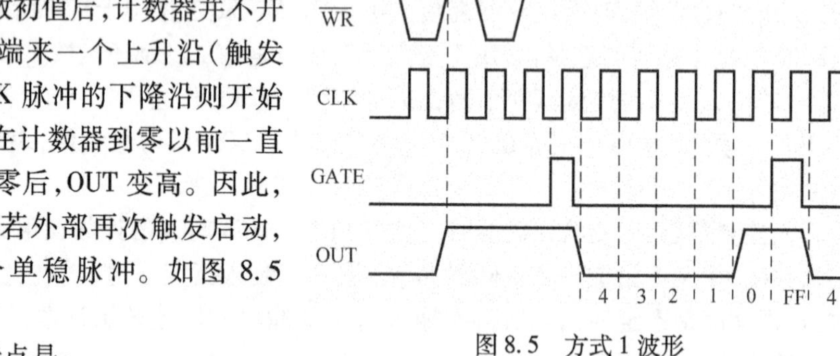

图 8.5　方式 1 波形

方式 1 的主要特点是:

① 可重复触发。当计数到零后,不用再次送计数值,只要给它触发脉冲,即可产生一个同样宽度的单稳脉冲。

② 在计数过程中,若装入新的计数初值,则当前输出不受影响。只有在再次触发后,计数才开始按新值输出脉冲宽度。

③ 在计数过程中,外部的 GATE 触发沿提前到来,则下一个 CLK 脉冲下降沿计数器开始重新计数,这将使输出单稳脉冲比原先设定的计数值加宽了。相当于可重复触发单稳脉冲。如图 8.6 所示。

（3）方式2——n分频方式。CPU写入控制字后，OUT变高。写入计数初值后，计数器从下一个CLK的下降沿开始计数，计数到1时，OUT变低，经过一个CLK周期，OUT恢复为高，且计数器重新开始计数，如图8.7所示。

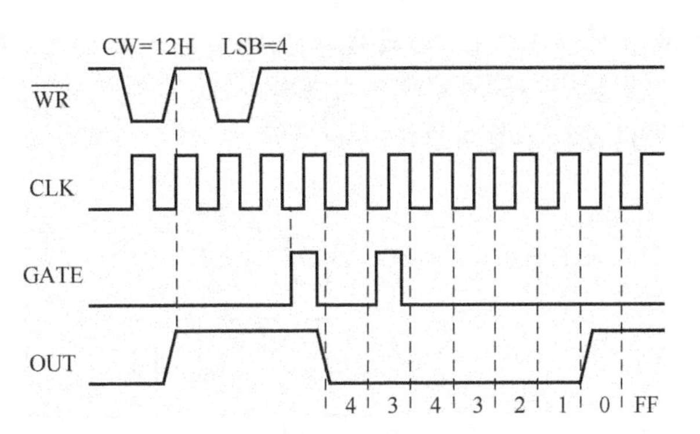

图8.6　方式1波形（GATA信号变化）

方式2的工作特点是：

① 不用重复置数。计数器能够连续工作，输出OUT是输入CLK的n（初值）分频。

② 计数过程可由GATE信号控制。当GATE变成低电平时，则不进行计数，计数器保持当前值不变；在GATE变高后的下一个CLK下降沿计数器会重新装入原计数值，并重新开始计数，如图8.8所示。这样，通过门控信号可实现计数器的同步，称为硬件同步。

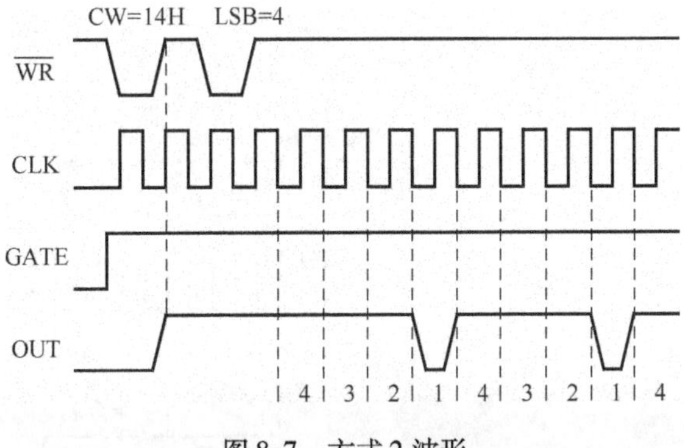

图8.7　方式2波形

③ 计数器写入控制字和计数初值后，如GATE一直处于高电平，那么，在下一个脉冲开始计数器计数。这种通过写入计数初值使计数器同步，则称为软件同步。

④ 计数过程中可改变初值。如果GATE一直处于高电平，则重装计数初值不影响现行计数过程；其响应过程是等本次计数结束时，才会将新的计数初值装入计数器中，使得计数器从新的计数初值开始计数。

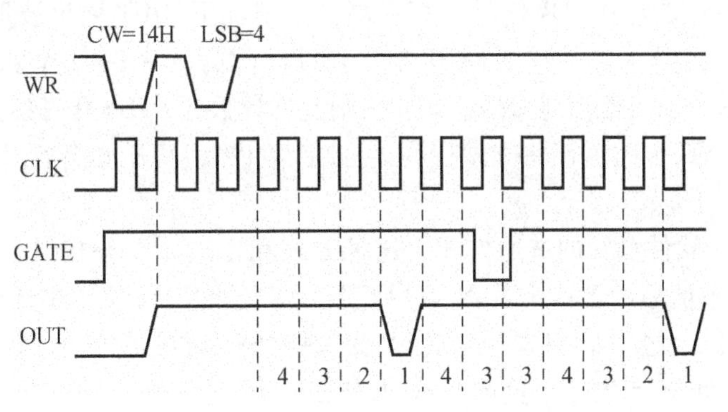

图8.8　方式2波形（GATA信号变化）

（4）方式3——方波方式。方式3和方式2的工作过程类似，两者的主要区别是输出的脉冲宽度不同，在这种方式下，当GATE门控信号有效时，OUT端输出的是方波或近似方波信号，它的典型用法是作波特率发生器使用。

当计数初值n为偶数时，CPU写入控制字后，OUT输出变为高电平。写入计数初值后的下一个CLK脉冲下降沿开始作减1计数，减到$n/2$时，OUT输出变为低电平，计数器执行单元继续执行减1计数，当减到0时，OUT输出又变为高电平，计数器执行单元重新从初值开始计数。只要门控信号GATE为高电平，此工作过程周而复始进行，在OUT输出得到一方波信号，计数过程时序图如图8.9(a)所示。

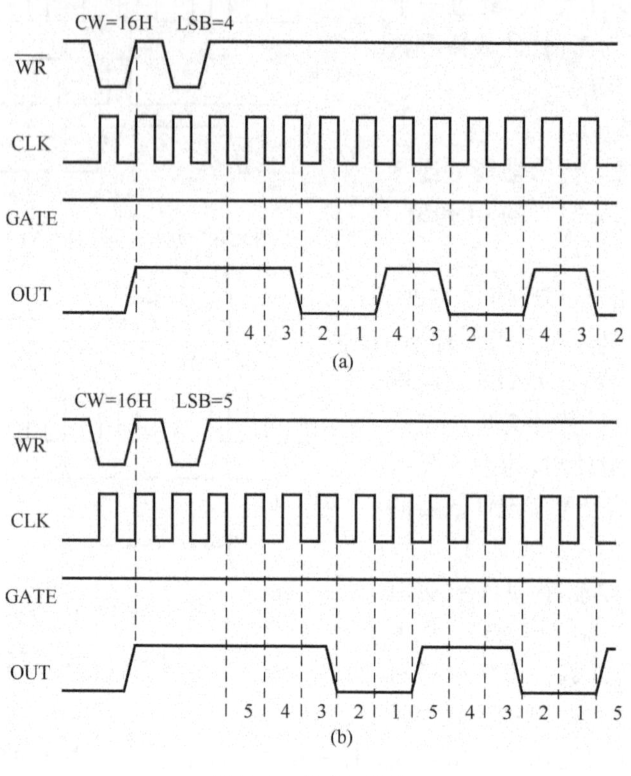

图8.9 方式3波形

当计数初值为奇数时，在门控信号一直为高电平情况下，OUT输出波形为连续的近似方波，高电平持续时间为$(n+1)/2$个脉冲，低电平持续时间为$(n-1)/2$个脉冲，计数过程时序图如图8.9(b)所示。当门控信号GATE=1时，则允许计数，GATE=0时禁止计数。如果在输出为低电平期间，GATE=0，输出将立即变高，停止计数；当GATE变高后，计数器将重新装入初值并开始计数。

(5) 方式4——软件触发的选通方式。这种方式和方式0十分相似。当写入控制字后，输出为高。写入计数值后的下一个CLK脉冲下降沿将立即开始计数(相当于软件启动)，当计数到零后，输出变低，经过一个CLK周期后，又变为高电平，计数器停止计数。可见必须经过$n+1$个CLK脉冲周期，才产生一个负选通脉冲，如图8.10所示。

此方式的特点为只计数一次。当GATE=1时，允许计数；GATE=0时，禁止计数。在计数过程中改变计数初值，则按新计数值重新开始计数。如果是双字节数，则在写入第一字节时停止计数；写入第二字节后，按照新计数值开始计数。

(6) 方式5——硬件触发的选通方式。这种方式与方式1十分相似，只不过计数器计到0时，OUT端产生的是负选通脉冲。当写入控制字后，输出为高。写入计数初值后并不立即开始计数，而是由GATE信号的脉冲上升沿触发启动。当计数到零后时，输出一个CLK周期宽度的负脉冲，然后输出变高，停止计数。直至下次GATE脉冲的触发才能计数，如图8.11所示。

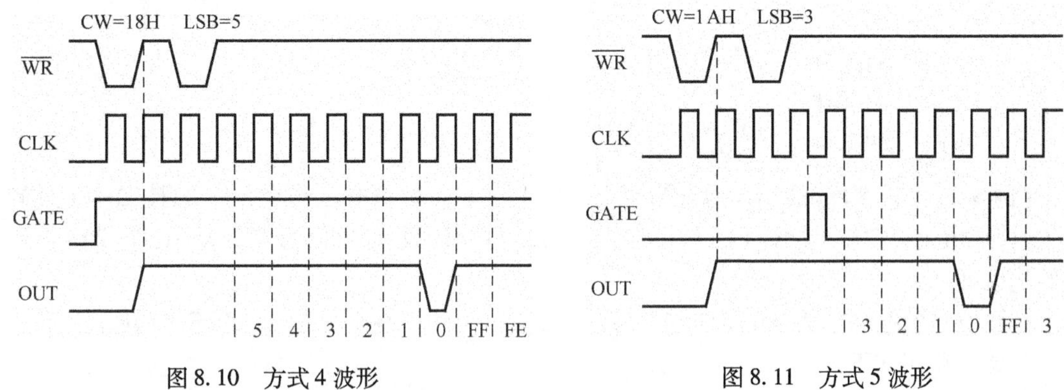

图8.10　方式4波形　　　　图8.11　方式5波形

在计数过程中，如果外部的GATE触发沿提前到来，则下一个CLK脉冲下降沿到来时，计数器将开始重新计数。

综上所述可以看出，对于各种不同的工作方式，作为8253各通道门控信号的GATE端，所起的作用各不相同。在8253的应用中，必须正确使用GATE信号，才能保证各通道的正常工作。

3）8253工作方式小结

8253有6种不同的工作方式。其中：

方式2、4、5的输出波形是相同的，都是宽度为一个CLK周期的负脉冲。但方式2是连续的，方式4是由软件（设置初值）触发启动，而方式5由硬件（门控脉冲）触发启动。

方式5（硬件触发选通）与方式1（硬件重复触发单稳脉冲）的工作方式基本相同，但输出波形不同。方式1为输出 n 个CLK脉冲周期的低有效脉冲（计数过程中输出为低），而方式5输出的是宽度为1个CLK脉冲周期的负脉冲（计数过程输出为高）。

输出端OUT的初始状态，方式0在写入控制字后输出为低电平，其余方式，写入控制字后，输出均变为高电平；6种工作方式中，只有方式2和方式3是连续计数，其他方式都是一次计数，要继续工作需要重新启动，方式0、4由软件启动，方式1、5由硬件启动。

4. 8253的编程及应用

1）8253的初始化编程

要使用8253，必须首先进行初始化编程，初始化编程包括设置通道控制字和送通道计数初值两个方面，控制字写入8253的控制字寄存器，而初始值则写入相应通道的计数寄存器中。

初始化编程包括如下步骤：

（1）写入通道控制字，规定通道的工作方式。

（2）写入计数值，若规定只写低8位，则高8位自动置0，若规定只写高8位，则低8位自动置0。若为16位计数值则分2次写入，先写低8位，后写高8位。

【例8.1】　设8253的端口地址为40H~43H，要使计数器0工作在方式1，仅用8位二进制计数，计数值为100，试对8253进行初始化编程。

控制字为

00010010B = 12H

初始化程序如下：

```
MOV     AL,12H
OUT     43H,AL
MOV     AL,64H
OUT     40H,AL
```

【例 8.2】 设 8253 的端口地址为 40H ~ 43H，要求计数器 0 工作在方式 3，按二—十进制计数，计数值为 2000，计数器 1 工作在方式 0，按二进制计数，计数值为 1234H，试对 8253 进行初始化编程。

计数器 0 的控制字为 00110111B = 37H。计数器 1 的控制字为 01110000B = 70H。

初始化程序如下：

```
;计数器 0
    MOV     AL,37H
    OUT     43H,AL
    MOV     AL,00H
    OUT     40H,AL
    MOV     AL,20H
    OUT     40H,AL
```

```
;计数器 1
    MOV     AL,70H
    OUT     43H,AL
    MOV     AL,34H
    OUT     41H,AL
    MOV     AL,12H
    OUT     41H,AL
```

2）读取 8253 通道中的计数值

8253 可用控制命令来读取相应通道的计数值，由于计数值是 16 位的，而读取的瞬时值要分两次读取，所以在读取计数值之前，要用锁存命令，将相应通道的计数值锁存在锁存器中，然后分两次读入，先读低字节，后读高字节。

当控制字中的 RL_1、RL_0 = 00 时，控制字是将相应通道的计数值锁存的命令字，锁存的计数值在读取完成之后，自动解锁。

假定 8253 端口地址为 40H ~ 43H。如要读通道 1 的 16 位计数器中的计数值，可编程如下：

```
MOV     AL,40H;
OUT     43H,AL          ;锁存计数值
IN      AL,41H
MOV     CL,AL           ;低 8 位
IN      AL,41H
MOV     CH,AL           ;高 8 位
```

3）8253 在 PC 中的应用

PC 的定时通常由 2 部分组成：一部分控制时序产生电路，主要用于 CPU 内部指令的执行过程，如运算器、控制器等 CPU 内部的控制时序；另一部分主要用于外围接口芯片。如 IBM PC/XT 使用了一片 Intel 8253，其 3 个计数通道分别用于日时钟计时、DRAM 刷新定时和控制扬声器发声。图 8.12 为 8253 的连接图。IBM PC/AT 使用与 8253 兼容的 Intel 8254，在 AT 机的连接使用与 XT 机一样。

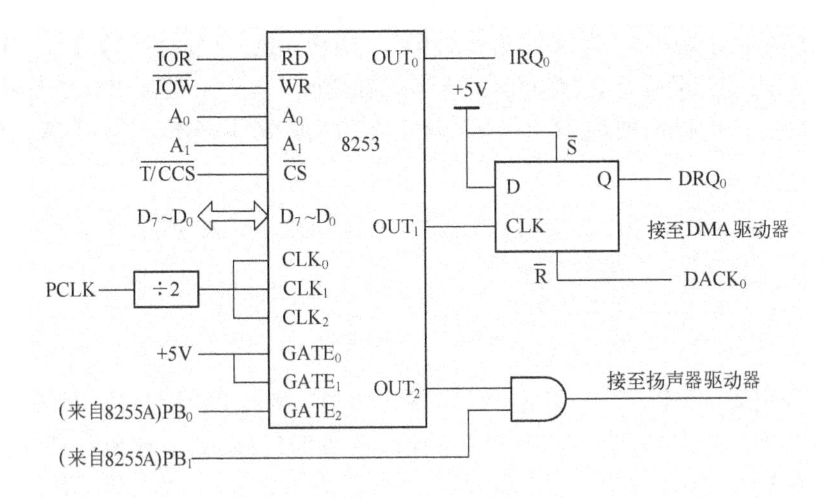

图8.12　8253连接图

根据PC I/O 地址译码电路可知，当 $A_9A_8A_7A_6A_5=00010$ 时，定时/计数器片选信号 $\overline{CS}$ 有效，所以8253的I/O地址范围为040H～05FH 。由片上 A_1A_0 连接方法可知，每个计数器通道的端口地址有8个。而在实际应用中，系统程序仅从中选用了4个地址。作为计数器0、计数器1和计数器2的计数通道地址，分别是40H、41H和42H，而方式控制字的端口地址为43H。其他端口地址为重叠地址，一般不使用。3个计数器通道时钟输入CLK均从时钟发生器PCLK端经二分频得到，频率为1.19318MHz，周期为838ns。下面介绍8253的3个计数通道在PC中的作用。

（1）计数通道0。计数通道0是一个产生实时时钟信号的系统计时器。它的门控 $GATE_0$ 接+5V为常启状态。OUT_0 输出接8259A的 IRQ_0，用作PC中日时钟的中断请求信号。设定时/计数器0工作在方式3，计数值写入0，产生最大的计数初值65536，因此输出信号频率为 $1.19318MHz \div 65536 = 18.206Hz$，即每秒产生18.2次中断，或者说每隔55ms申请一次日时钟中断。其程序如下：

```
MOV     AL,36H      ;设为工作方式3，采用二进制计数，
                     以先低后高字节顺序写入16位数值
OUT     43H,AL      ;写入控制字
MOV     AL,0        ;计数值
OUT     40H,AL      ;写入低字节计数值
OUT     40H,AL      ;写入高字节计数值
```

（2）计数通道1。计数通道1是专门用作动态存储器刷新的定时器。它的门控端 $GATE_1$ 也接+5V为常启状态。OUT_1 输出从低电平变为高电平使触发器置1，Q端输出一正电位信号，作为内存刷新的DMA请求信号，DMA传送结束（一次刷新），由DMA响应信号 $\overline{DACK_0}$ 将触发器复位。

由于PC/XT机使用的是64KB×1位的DRAM芯片，其行列分配为128行×512列，而DRAM每个单元要求在2ms内必须被刷新一次。实际芯片每次刷新操作完成512个单元的

刷新,故经128次刷新操作就能将全部芯片的64KB刷新一遍。由此可以算出每隔2ms÷128=15.625μs进行一次刷新操作,将能保证每个单元在2ms内实现一遍刷新。这样将计数器设置为方式2,计数初值为18,每隔18×0.838μs=15.084μs产生一次DMA请求,满足刷新要求。其程序如下:

```
MOV    AL,54H     ;设为工作方式2,采用二进制,只写入低8位数值
OUT    43H,AL     ;写入控制字
MOV    AL,18      ;计数值为18
OUT    41H,AL     ;写入计数值
```

(3) 计数通道2。在PC中,计数通道2的输出加到扬声器上,控制它发声,作为机器的报警信号或伴音信号。门控$GATE_2$接PC中并行接口电路8255(端口地址为61H)的PB_0位,用它控制通道2的计数过程。输出OUT_2经过一个与门,这个与门受8255的PB_1位控制。由此可见,扬声器可由PB_0或PB_1分别控制发声。如果由PB_1控制发声,此时计数器2不工作,OUT_2为高电平,将由PB_1产生一个振荡信号控制扬声器发声。CPU控制8255A的PB_1的电平变化使扬声器发声称为软件控制发声。但是,由于它会受系统中断的影响,使用不甚方便。

如果由PB_0控制发声,由PB_0通过$GATE_2$控制计数通道2的计数过程,输出OUT_2信号将产生扬声器的声音音调。利用计数通道2工作于方式3输出音频信号来使扬声器发声,称为硬件控制发声。通过改变计数初值,可改变OUT_2输出方波信号的频率,从而改变扬声器发声的音调。

要使计数通道2产生1kHz的方波并送至扬声器发声,其程序段如下:

```
MOV    AL,0B6H    ;设为工作方式3,双字节写
OUT    43H,AL     ;二进制计数
MOV    AX,0533H   ;写计数初值1331
OUT    42H,AL
MOV    AL,AH
OUT    42H,AL
IN     AL,61H     ;取8255A的B端口数据
MOV    AH,AL      ;存入AH中
OR     AL,03H     ;使PB1和PB0位均为1
OUT    61H,AL     ;输出至8255A的B端口,使扬声器发声
```

8.2.2 8254定时/计数器

Intel 8254是8253的改进型,比8253具有更优良的性能,但两者的基本功能相同,硬件组成、外部引脚和编程特性完全兼容。因此,凡是使用8253的地方都可用8254代替,而原来的硬件连接和驱动软件都不必作任何修改。8254包括了8253的所有功能,并且有所增强。

(1) 计数脉冲频率范围扩大,最高可达10MHz。

(2) 增加了一个"读回"工作方式。比8253多了一个读取当前计数值的方法,并能读回状态信息(8253不能)。

8254允许一条读回命令(写入控制端口)锁存最多全部3个计数器的当前计数值和状态

信息。当 $A_0A_1=11$、$\overline{CS}=0$、$\overline{RD}=0$、$\overline{WR}=0$ 时，其读回命令格式如图 8.13 所示（在 8253 中，此为无效命令）。

D_7	D_6	D_5	D_4	D_3	D_2	D_1	D_0
1	1	$\overline{COUNT}$	$\overline{STATUS}$	CNT_2	CNT_1	CNT_0	0

D_5=0：锁存所选计数器的计数值
D_4=0：锁存所选计数器的状态
D_3=0：选择计数器2
D_2=0：选择计数器1
D_1=0：选择计数器0
D_0=0：保留将来扩充用；必须为0

图 8.13　8254 读回命令格式

$\overline{COUNT}$位为 0 时，凡 CNT_2、CNT_1、CNT_0位选中的通道的当前计数值内容均予以锁存，以备 CPU 读取。当某一个计数器被读取后，该计数器自行失锁，但其他计数器并不受其影响。如果对同一个计数器发出多次读回命令，但并不立即读取计数值，那么只有第一次发出的读回命令是有效的，后面的无效。也就是说，以后读取的计数值仅是第一个读回命令所锁存的数。

同样，若$\overline{STATUS}$位为 0，则凡是 CNT_2、CNT_1、CNT_0位指定的计数器通道的状态寄存器内容都将被锁存入相应通道的状态锁存器，供 CPU 读取。状态字格式如图 8.14 所示。

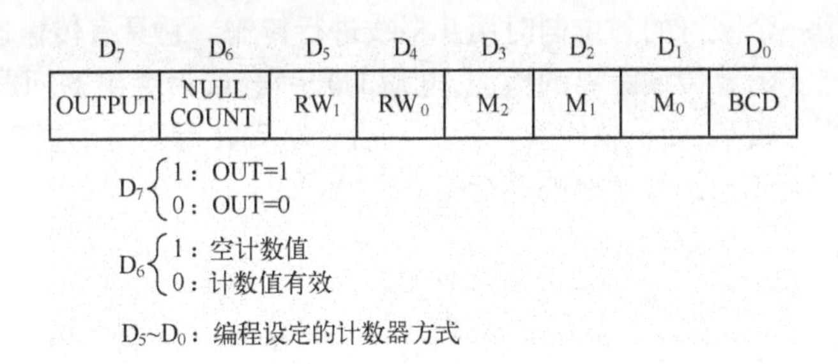

图 8.14　8254 状态字格式

其中 $D_5\sim D_0$的含义与前面 8253 控制字的对应位意义相同。D_7位（OUTPUT）反映了相应计数器通道 OUT 端的现行状态，利用它就可以通过软件来监视计数器输出，减少系统的硬件开销。D_6位（NULL COUNT）指示计数寄存器内容是否已装入计数值，若最后写入计数寄存器的内容已装入计数值，则 D_6位为 0，表示可读计数；若计数寄存器内容未装入计数值，则 D_6位为 1，表示无效计数，读取的计数值将不反映刚才写入的那个新计数值。和对当前计数值内容的读回规则一样，若对同一个状态寄存器发了多次读回命令，但每次命令后并未当即读取其状态，那么除第一次读回命令引起的锁存操作有效外，其余均无效。也就是说，发多次读回命令后读取的状态，总是第一次命令发出时刻计数器的状态。

如果读回命令的 D_5位（$\overline{COUNT}$）、D_4位（$\overline{STATUS}$）都为 0，则被选定计数通道的现行计数值内容和状态同时被锁存，它等价于发出两条单独的计数值和状态的读回命令。表 8.2 列出了 6 条读回命令依次写入但均未紧跟读操作时，各命令执行后的结果。

表 8.2 6条读回命令顺序执行结果

命令									命令作用	执行结果
次序	D_7	D_6	D_5	D_4	D_3	D_2	D_1	D_0		
1	1	1	0	0	0	0	1	0	读回通道0的计数值和状态	锁存通道0的计数值和状态
2	1	1	1	0	0	1	0	0	读回通道1的状态	锁存通道1的状态
3	1	1	1	0	1	1	0	0	读回通道2、1的状态	锁存通道2的状态，但对通道1无效
4	1	1	0	1	1	0	0	0	读回通道2的计数值	锁存通道2的计数值
5	1	1	0	0	0	1	0	0	读回通道1的计数值和状态	锁存通道1的计数值，但对状态无效
6	1	1	1	0	0	0	1	0	读回通道0的状态	命令无效，通道0的状态早已锁存

最后要说明一点，若通道的计数值和状态都已锁存，则该通道第一次读出的将是状态字，而不管先锁存的是计数值还是状态。下一次或下两次再读出的才是计数值(一次还是两次由编程时方式控制字所规定的计数值字节数而定)。以后的读操作又回到无锁存的计数。

8.3 可编程并行接口

并行通信就是把一个字符的各位同时用几根线进行传输。它具有传输速度快、信息率高、但电缆耗费多等特点。随着传输距离的增加，电缆的开销会成为突出的问题，所以，并行通信通常用在传输速率要求较高，而传输距离较短的场合。实现并行通信的接口就是并行接口，前面介绍的74LS244、74LS273都是简单的并行接口芯片。

8.3.1 8255A可编程并行接口芯片

Intel8255A是一个通用的可编程的并行接口芯片，它有3个并行I/O口，又可通过编程设置多种工作方式，价格低廉，使用方便，可以直接与Intel系列的芯片连接使用，在中小系统中有着广泛的应用。

使用8255A可实现以下各项功能：

(1) 并行输入或输出多位数据。

(2) 实现输入数据锁存和输出数据缓冲。

(3) 提供多个通信接口联络控制信号(如中断请求、外设准备好及选通脉冲等)。

(4) 通过读取状态字可实现程序对外设的查询。

显而易见，这些功能适用于很大一部分外设接口的要求，因而并行I/O接口芯片几乎已成为微型计算机中(尤其是单片机)应用最为广泛的一种芯片。

1. 8255A的内部结构

内部结构框图如图8.15所示，8255A由以下几部分组成。

1) 数据端口A、B、C

它有3个数据端口：端口A、端口B、端口C。每个端口都是8位，都可以选择作为输入或输出，但功能上有着不同特点。

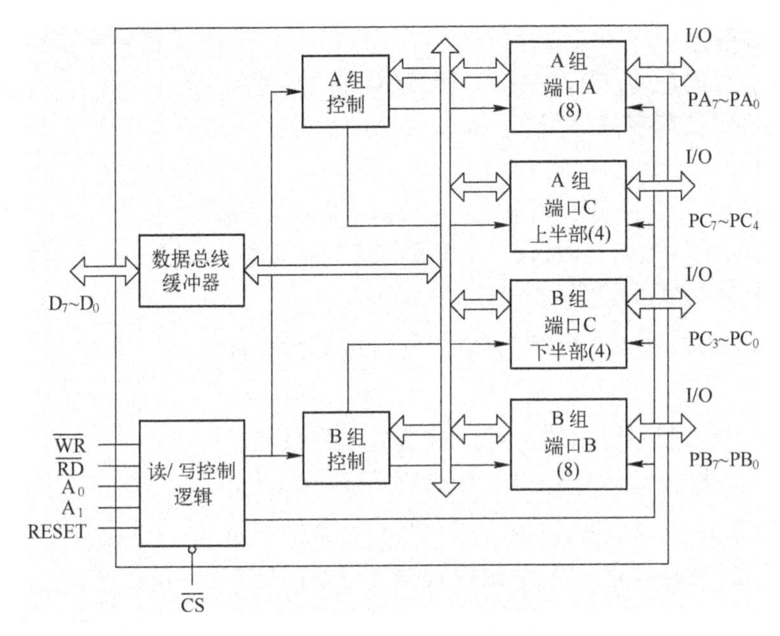

图 8.15　8255A 内部结构框图

(1) 端口 A:1 个 8 位数据输出锁存/缓冲器;1 个 8 位数据输入锁存器。

(2) 端口 B:1 个 8 位数据输入/输出、锁存/缓冲器,1 个 8 位数据输入缓冲器。

(3) 端口 C:1 个 8 位数据输出锁存/缓冲器;1 个 8 位数据输入缓冲器(输入没有锁存)。

通常端口 A 或 B 作为输入/输出的数据端口,而端口 C 作为控制或状态信息的端口,它在“方式”字控制下,可以分成 2 个 4 位的端口,每个端口包含 1 个 4 位锁存器。它们分别与端口 A 和 B 配合使用,可用以作为控制信号输出或作为状态信号输入。

2) A 组和 B 组控制电路

这是两组根据 CPU 的命令控制 8255A 工作方式的电路。它们有控制寄存器,接收 CPU 输出的命令字,然后分别决定两组的工作方式,也可以根据 CPU 的命令字对端口 C 的每一位实现按位“复位”或“置位”。

A 组控制电路控制端口 A 和端口 C 的上半部($PC_7 \sim PC_4$)。

B 组控制电路控制端口 B 和端口 C 的下半部($PC_3 \sim PC_0$)。

3) 数据总线缓冲器

这是一个三态双向 8 位缓冲器,它是 8255A 与系统数据总线的接口。输入/输出数据、输出指令以及 CPU 发出的控制字和外设的状态信息,也都是通过这个缓冲器传送的,通常与 CPU 的双向数据总线相接。

4) 读/写和控制逻辑

它与 CPU 地址总线中的 A_0、A_1 以及有关的控制信号 $\overline{RD}$、$\overline{WR}$、RESET、$\overline{CS}$ 相连,由它控制把 CPU 的控制命令或输出数据送至相应的端口;也由它控制把外设的状态信息或输入数据通过相应的端口送至 CPU。

2. 8255A 的引脚功能

8255A 采用 40 线双列直插式封装(图 8.16)。40 条引脚信号可分为 2 组。

1）CPU 控制信号

（1）$D_0 \sim D_7$：数据总线，双向、三态，是 8255A 与 CPU 之间交换数据、控制字/状态字的总线，通常与系统的数据总线相连。

（2）RESET：复位信号，输入、高电平有效。当 CPU 向 8255A 的 RESET 端发一高电平后，8255A 将复位到初始状态。它清除控制寄存器和置所有端口（A、B、C）到输入方式。

（3）$\overline{CS}$：片选信号，输入。当$\overline{CS}$为低电平时，该 8255A 被选中。

（4）$\overline{RD}$：读信号，输入、低电平有效。$\overline{RD}$为主机发来的读数据脉冲输入端，它控制 8255A 送出数据或状态信息至 CPU。

（5）$\overline{WR}$：写信号，输入、低电平有效。$\overline{WR}$为主机发来的写数据脉冲输入端，它控制把 CPU 输出的数据或命令信息写到 8255A。

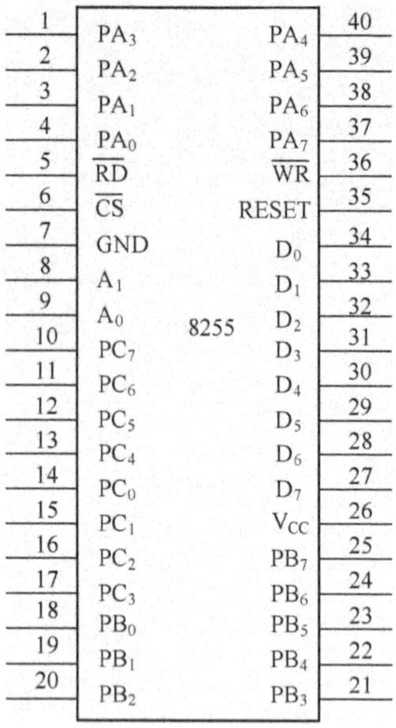

引脚	信号	信号	引脚
1	PA_3	PA_4	40
2	PA_2	PA_5	39
3	PA_1	PA_6	38
4	PA_0	PA_7	37
5	$\overline{RD}$	$\overline{WR}$	36
6	$\overline{CS}$	RESET	35
7	GND	D_0	34
8	A_1	D_1	33
9	A_0	D_2	32
10	PC_7	D_3	31
11	PC_6	D_4	30
12	PC_5	D_5	29
13	PC_4	D_6	28
14	PC_0	D_7	27
15	PC_1	V_{CC}	26
16	PC_2	PB_7	25
17	PC_3	PB_6	24
18	PB_0	PB_5	23
19	PB_1	PB_4	22
20	PB_2	PB_3	21

8255

图 8.16　8255A 引脚信号

（6）A_1、A_0：为端口选择信号，输入。8255A 有 3 个输入/输出端口，且内部还有 1 个控制寄存器，共计 4 个端口。A_1、A_0输入不同时，数据总线 $D_0 \sim D_7$ 将与不同的端口或控制寄存器相连。A_1、A_0和$\overline{RD}$、$\overline{WR}$及$\overline{CS}$组合所实现的各种功能见表 8.3。

表 8.3　8255 端口选择操作

$\overline{CS}$	A_1	A_0	$\overline{RD}$	$\overline{WR}$	$D_7 \sim D_0$数据传输方向
0	0	0	0	1	端口 A→数据总线
0	0	0	1	0	端口 A←数据总线
0	0	1	0	1	端口 B→数据总线
0	0	1	1	0	端口 B←数据总线
0	1	0	0	1	端口 C→数据总线
0	1	0	1	0	端口 C←数据总线
0	1	1	0	1	无效（数据总线为三态）
0	1	1	1	0	数据总线→8255A 控制寄存器
0	×	×	1	1	无效（数据总线为三态）
1	×	×	×	×	禁止（数据总线为三态）

使用时，通常将 A_1、A_0接入 CPU 地址总线的最低 2 位，因而一片 8255A 芯片占用 4 个设备地址，分别对应于端口 A、端口 B、端口 C 和控制寄存器。

2）并行端口信号

（1）$PA_7 \sim PA_0$（双向）：A 端口的并行 I/O 数据线。

（2）$PB_7 \sim PB_0$（双向）：B 端口的并行 I/O 数据线。

（3）$PC_7 \sim PC_0$（双向）：当 8255A 工作于方式 0 时，$PC_7 \sim PC_0$为两组并行 I/O 数据线。当 8255A 工作于方式 1 或方式 2 时 PC 口将有若干条引脚分别作为 A、B 两组端口的联络控制线，此时每根线赋予新的含义。

3. 8255A 芯片的控制字及其工作方式

8255A 中各端口可有 3 种基本工作方式：方式 0，基本输入/输出方式；方式 1，选通输入/输出方式；方式 2，双向传送方式。

端口 A 可处于任何一种工作方式；端口 B 只能工作于 2 种方式（方式 0 和方式 1）；端口 C 常常被分成高 4 位和低 4 位两部分，可分别用来传送数据或控制信息，C 口只能工作在方式 0 或作为端口 A、B 的联络信号。用户可用软件来分别定义 3 个端口的工作方式。

1）8255A 控制字

8255A 有 2 个控制字，均在 A_1、A_0 为 11 的情况下发送，共用一个设备地址。如果控制字的最高位为 1，表示是工作方式控制字（图 8.17）；最高位为 0，则表示是置位/复位控制字，该控制字只对端口 C 有效，其使用格式如图 8.18 所示。工作方式控制字用于规定端口的工作方式，其中的数据位 D_6、D_5、D_4、D_3 对 A 组进行设定，D_2、D_1、D_0 数据位对 B 组进行设定。置位/复位控制字用于对端口 C 的 I/O 引脚的输出进行控制。其中 $D_3 \sim D_1$ 指示输出的位数；D_0 指示输出的值；“0”输出低电平，“1”输出高电平。显然，利用置位/复位控制字可使端口 C 中每一位分别产生输出，而对其他各位不造成影响。

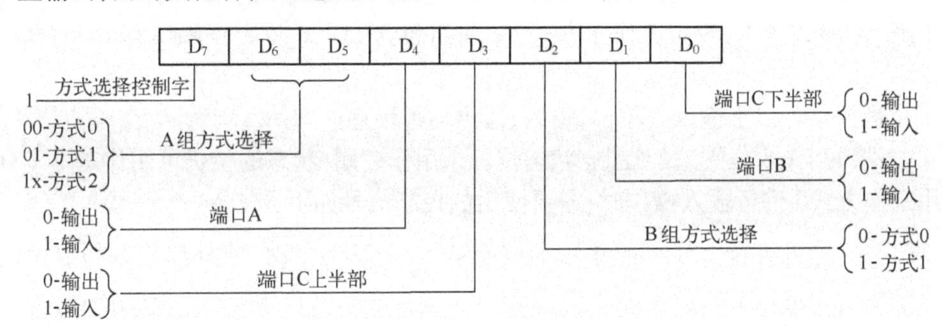

图 8.17 方式选择控制字

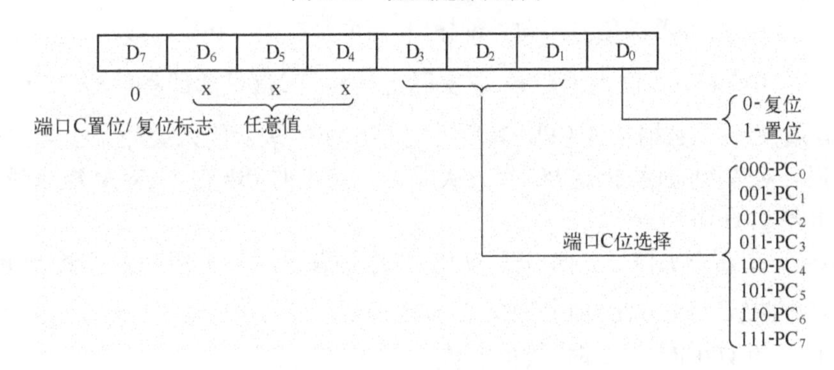

图 8.18 端口 C 置位/复位控制字

例如，要使端口 C 的 $PC_7 = 0$，则控制字为 00001110B，然后使 $PC_6 = 1$，则控制字为 00001101B。设 8255A 控制端口地址为 63H，则程序片段如下：

```
MOV    AL,00001110B;     ;PC7置0的控制字
MOV    DX,63H            ;控制端口地址
OUT    DX,AL             ;置PC7=0
```

```
MOV    AL,00001101B      ;PC6置1的控制字
OUT    DX,AL             ;置PC6=1
```

2）8255A 的工作方式

（1）方式 0——基本输入/输出方式。工作方式 0 是 8255A 中各端口的基本输入/输出方式。它只能完成简单的并行输入/输出操作，CPU 可从指定端口输入信息，也可向指定端口输出信息，如果 3 个端口均处于工作方式 0，则可由工作方式控制字定义 16 种工作方式的组合。这种情况下，端口 C 被分成 2 个 4 位端口，它们可分别被定义为输入或输出端口。CPU 与 3 个端口之间交换数据可直接由 CPU 执行 IN 或 OUT 指令来完成，而不需要提供任何“握手联络”信息，适于用在各种同步并行传送系统中。方式 0 也可以用于查询式传送的场合。这时，可令一个数据端口作为状态/控制口，另两个数据端口作为数据输入/输出口，利用状态/控制口来配合数据输入/输出口的操作。例如，设端口 A 和 B 为数据口，端口 C 的高 4 位为控制输出口，低 4 位为状态输入口，则使端口 C 与端口 A 或 B 配合，即可以实现查询式传送。

（2）方式 1——选通的输入/输出方式。工作方式 1 称为选通输入/输出方式。在这种工作方式下，端口 A 和 B 输入/输出数据时，必须利用端口 C 提供的选通信号和应答信号（握手信号），而这些信号与端口 C 的各位有着规定的对应关系。方式 1 的主要特点为：

① 两组端口（A 和 B）都可工作于方式 1。每组包含 1 个 8 位数据端口和 1 个 4 位控制/数据端口。

② 8 位数据口可以是输入或输出，输入、输出均带锁存。

③ 4 位端口用作 8 位端口的控制/状态位。未用作控制/状态的位仍可用作基本 I/O 位。

采用工作方式 1 进行输入操作时，需要使用的控制信号如下：

① $\overline{STB}$——选通信号。由外部输入，低电平有效。$\overline{STB}$有效时，将外部输入的数据锁存到所选端口的输入锁存器中。对 A 组来说，指定 PC_4来接收向端口 A 输入的$\overline{STB}$信号；对 B 组来说，指定 PC_2用来接收向端口 B 输入的$\overline{STB}$信号。

② IBF——输入缓冲器满信号。向外部输出，高电平有效。IBF 有效时，表示由输入设备输入的数据已占用该端口的输入锁存器，它实际上是对$\overline{STB}$信号的回答信号，待 CPU 执行 IN 指令时，$\overline{RD}$有效，将输入数据读入 CPU，其后沿把 IBF 置 0，表示输入缓冲器已空，外设可继续输入后续数据。对 A 组来说，指定 PC_5作为从端口 A 输出的 IBF 信号；对 B 组来说，指定 PC_1作为从端口 B 输出的 IBF 信号。

③ INTR——中断请求信号。向 CPU 输出，高电平有效。在 A 组和 B 组控制电路中分别设置一个内部中断触发器 $INTE_A$和 $INTE_B$，前者由$\overline{STB_A}$（PC_4）控制置位，后者由$\overline{STB_B}$（PC_2）控制置位。置 1 时，允许中断；置 0 时，禁止中断。

当任一组中的$\overline{STB}$有效时，则把 IBF 置 1，表示当前输入缓冲器已满，并由$\overline{STB}$后沿置 1 各组的 INTE，于是输出 INTR 有效，向 CPU 发出中断请求信号。待 CPU 响应这一中断请求，可在中断服务程序中安排 IN 指令读取数据后将 IBF 置 0，外设才可继续输入后续数据。显然，8255A 中的端口 A 和端口 B 均可工作于工作方式 1 完成输入操作功能，经这样定义的端口状态如图 8.19 所示。

从图 8.19 中可看出，当端口 A 和端口 B 同时被定义为工作方式 1 完成输入操作时，端口

C 的 $PC_5 \sim PC_0$被用作控制信号，只有 PC_7和 PC_6位可完成数据输入或输出操作，因此这实际上可构成 2 种组合状态：端口 A、B 输入，PC_7、PC_6输入；端口 A、B 输出，PC_7、PC_6输入。

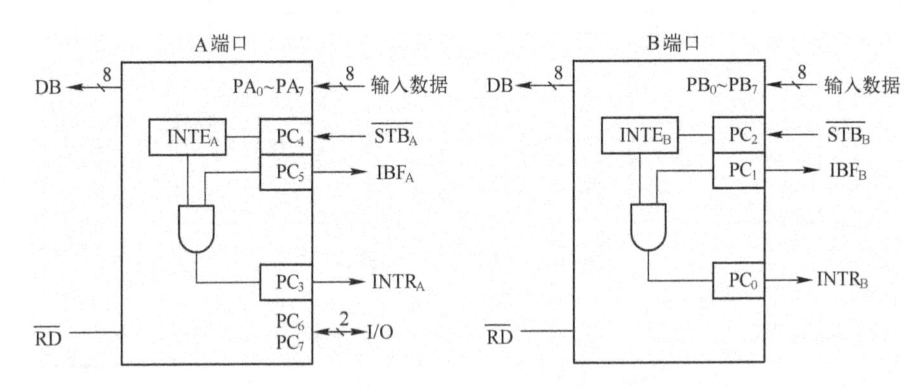

图 8.19 方式 1 输入端口

采用工作方式 1 也可完成输出操作，这时需要使用的控制信号如下：

① $\overline{OBF}$——输出缓冲器满信号。向外部输出，低电平有效。$\overline{OBF}$有效时，表示 CPU 已将数据写入该端口正等待输出。当 CPU 执行 OUT 指令，$\overline{WR}$有效时，表示将数据锁存到数据输出缓冲器，由$\overline{WR}$的上升沿将$\overline{OBF}$置为有效。对于 A 组，规定 PC_7用作从端口 A 输出的$\overline{OBF}$信号；对于 B 组，规定 PC_1用作端口 B 输出的$\overline{OBF}$信号。

② $\overline{ACK}$——外部应答信号。由外部输入，低电平有效。$\overline{ACK}$有效，表示外部设备已收到由 8255A 输出的 8 位数据，它实际上是对$\overline{OBF}$信号的回答信号。对于 A 组，指定 PC_6用来接收向端口 A 输入的$\overline{ACK}$信号；对于 B 组，指定 PC_2用来接收向端口 B 输入的$\overline{ACK}$信号。

③ INTR——中断请求信号。向 CPU 输出，高电平有效。对于端口 A，内部中断触发器 $INTE_A$由 PC_6（$\overline{ACK_A}$）置位；对于端口 B，$INTE_B$由 PC_2（$\overline{ACK_B}$）置位。置 1 时，允许中断；置 0 时，禁止中断。当$\overline{ACK}$有效时，$\overline{OBF}$被复位为高电平，并将相应端口的 INTE 置 1，于是 INTR 输出高电平，向 CPU 发出输出中断请求，待 CPU 响应该中断请求，可在中断服务程序中安排 OUT 指令继续输出后续字节。对于 A 组，指定 PC_3作为由端口 A 发出的 INTR 信号；对于 B 组，指定 PC_0作为由端口 B 发出的 INTR 信号。

如果将 8255A 中的端口 A 和端口 B 均定义为工作方式 1，完成输出操作功能。端口 C 的 PC_6、PC_7和 $PC_3 \sim PC_0$被用作控制信号，只有 PC_4、PC_5两位可完成数据输入或输出操作。因此可构成 2 种组合状态：端口 A、B 输出，PC_4、PC_5输入；端口 A、B 输入，PC_4、PC_5输出。经这样定义的端口状态如图 8.20 所示。

（3）方式 2——双向传输方式。工作方式 2 称为选通的双向传送方式。外设既可从 8255A 获取数据，也可向 8255A 发送数据。传输过程既可工作于查询方式，也可工作于中断方式。8255A 中只允许端口 A 处于工作方式 2，可用来在两台处理机之间实现双向并行通信。其有关的控制信号由端口 C 提供，并可向 CPU 发出中断请求信号。当端口 A 工作于方式 2 时，允许端口 B 工作于方式 0 或方式 1 完成输入/输出功能。方式 2 的主要特点是：

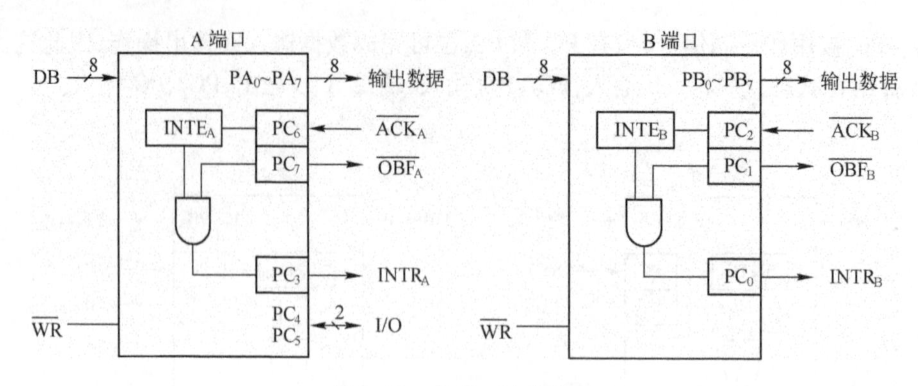

图 8.20　方式 1 输出端口

① 仅限于端口 A。

② 1 个双向 8 位数据总线端口(A)和 1 个 5 位控制/状态端口(C)。

③ 输入和输出均是锁存的。

端口 A 工作于方式 2 的端口状态如图 8.21 所示。由图可看出,端口 A 工作于方式 2 所需要的 5 个控制信号分别由端口 C 的 $PC_7 \sim PC_3$来提供。如果端口 B 工作于方式 0,那么 $PC_2 \sim PC_0$可用作数据输入/输出;如果端口 B 工作于方式 1,那么 $PC_2 \sim PC_0$用来作端口 B 的控制信号。端口 A 工作于方式 2 所需控制信号如下:

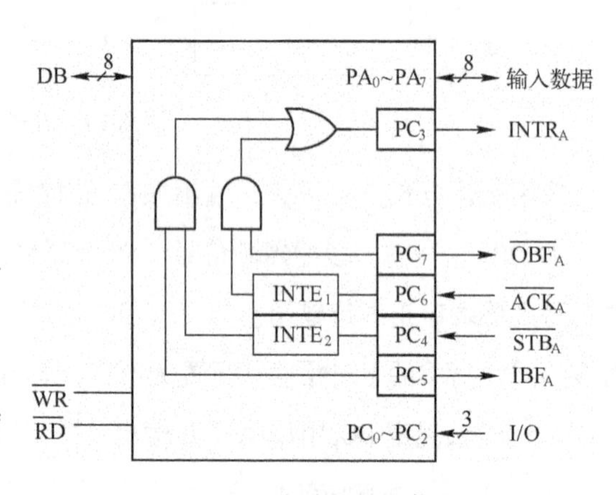

图 8.21　方式 2 端口信息

① $\overline{OBF_A}$——输出缓冲器满信号。向外部输出,低电平有效。$\overline{OBF_A}$有效,表示要求输出的数据已锁存到端口 A 的输出锁存器中,正等待向外部输出。CPU 用 OUT 指令输出数据时,由$\overline{WR}$信号后沿将$\overline{OBF_A}$置成有效。系统规定端口 PC_7用作由端口 A 输出的$\overline{OBF_A}$信号。

② $\overline{ACK_A}$——应答信号。由外部输入,低电平有效。$\overline{ACK_A}$有效,表示外设已收到端口 A 输出的数据,由$\overline{ACK_A}$后沿将$\overline{OBF_A}$置成无效(高电平),表示端口 A 输出缓冲器已空,CPU 可继续向端口 A 输出后续数据。它实际上是$\overline{OBF_A}$的回答信号。系统规定端口 PC_6用来接收输入的$\overline{ACK_A}$信号。

③ $\overline{STB_A}$——数据选通信号。由外部输入,低电平有效。$\overline{STB_A}$有效,将外部输入的数据锁存到数据输入锁存器中,系统规定端口 PC_4用来接收输入的$\overline{STB_A}$信号。

④ IBF_A——输入缓冲器满信号。向外部输出,高电平有效。IBF_A有效时,表示外部已将数据输入到端口 A 的数据输入锁存器中,等待向 CPU 输入,它实际上是对$\overline{STB_A}$的回答信号。系统规定端口 PC_5用作输出的 IBF_A信号。

⑤ $INTR_A$——中断请求信号。向 CPU 输出,高电平有效。

无论是进行输入还是输出操作,都利用 $INTR_A$向 CPU 发出中断请求。对于输出操作,

$\overline{ACK_A}$有效时将内部触发器 $INTE_1$置1，当$\overline{OBF_A}$被置成无效时，表示输出缓冲器已空，向 CPU 发出输出中断请求（$INTR_A$有效），待 CPU 响应该中断请求可在中断服务程序中继续输出后续数据，对于输入操作，当$\overline{STB_A}$有效，外部将数据送入端口 A 的输入锁存器后，使 IBF_A有效，$\overline{STB_A}$的后沿将内部触发器 $INTE_2$置1，向 CPU 发出输入中断请求（$INTR_A$有效），待 CPU 响应该中断请求可在中断服务程序中安排 IN 指令读入从端口 A 输入的数据。系统规定端口 PC_3用作 $INTR_A$信号。

4. 8255A 的初始化编程

8255A 是计算机外围接口芯片中典型的一种，主要用于接口扩展、外设扩展应用等。对 8255A 编程，首先应对 8255A 进行初始化，即向 8255A 写入控制字，规定 8255A 的 A 口、B 口、C 口的工作方式，如果需要中断，则用置位/复位控制字将中断允许标志置位。然后根据任务要求向 8255A 送入数据或从 8255A 读出数据。

【例 8.3】 某系统要求使 8255A 的 A 口工作在方式 0 输入，B 口方式 0 输出，C 口高 4 位方式 0 输出，C 口低 4 位方式 0 输入。

控制字为

```
10010001B  即 91H
```

初始化程序如下：

```
MOV     AL,91H
OUT     CTRL_PORT,AL
```

【例 8.4】 设并行接口芯片 8255A 的 A 口工作于方式 2 输出，且 2 个中断允许位 PC_4和 PC_6置位，B 口工作于方式 1 输入，并要求 PC_2置位来开放中断。则初始化程序如下：

```
MOV     AL,0C6H
OUT     CTRL_PORT,AL        ;设置工作方式
MOV     AL,09H
OUT     CTRL_PORT,AL        ;PC4置位,A 口输入允许中断
MOV     AL,ODH
OUT     CTRL_PORT,AL        ;PC6置位,A 口输出允许中断
MOV     AL,05H
OUT     CTRL_PORT,AL        ;PC2置位;B 口输入允许中断
```

8.3.2 并行打印机接口

打印机是微型计算机系统中主要的硬复制输出设备，利用它可以打印字母、数字、文字、字符和图形。当前流行的打印机主要有针式打印机、喷墨打印机和激光打印机，它们的内部结构和控制原理各不相同。如按外部接口特性分，可分为串行打印机和并行打印机。这两种打印机与 CPU 的接口方法不同。串行打印机采用 RS－232－C 串行接口标准，由 CPU 向打印机发送串行数据，经输入缓冲器和串/并转换后进行数据打印。目前使用的大多是并行打印机，所以本节只讨论并行打印机的接口方法。

1. 打印机的主要接口信号与时序

并行打印机通常都是采用 Centronics 并行接口标准。在 Centronics 标准定义的信号线中，最主要的是 8 位并行数据线，2 根握手联络信号线$\overline{STB}$、$\overline{ACK}$，1 根忙线 BUSY。

以 TPμP－40P 微型打印机为例：

$D_7 \sim D_0$——数据总线，双向，三态。

$\overline{STB}$——数据选通触发脉冲，输入控制信号线，打印机在其上升沿读入数据。

$\overline{ACK}$——应答脉冲，输出状态信号线，“低”表示数据已被打印机接收，而且打印机准备好接收下一个数据。常用作打印机的中断申请信号。

BUSY——输出状态信号线，“高”表示打印机正“忙”，不能接收数据，通常用作状态信号供 CPU 查询。

其他还有在线、出错、缺纸等状态信号。打印机的工作时序如图 8.22 所示。工作过程：当 CPU 通过接口要求打印机打印数据时，先要查看忙信号 BUSY。不忙（即 BUSY＝0）时，才能向打印机输出数据。在把要打印的数据送到数据线上后，发选通信号$\overline{STB}$通知打印机；打印机收到选通信号后，先发“忙”（即 BUSY＝1）信号，再从接口接收数据。当数据接收完并存入内部的打印机缓冲器后，便送出响应信号$\overline{ACK}$（宽度为 5μs 的负脉冲），同时使忙信号 BUSY 失效，表示打印机已准备好接收新数据。通常将$\overline{ACK}$信号用作打印机的中断申请信号。

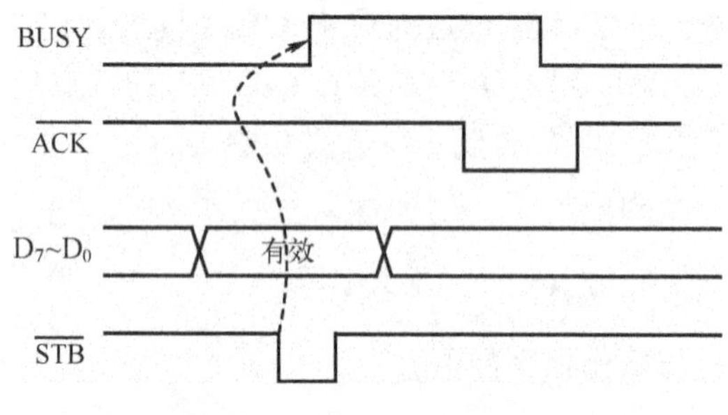

图 8.22　打印机数据传输时序

2. 查询方式打印字符串

利用 8255A 的 A 端口与微型打印机相连，将内存数据缓冲区 BUFF 中的字符打印输出。

CPU 通过 8255A 与打印机的基本接口硬件连线如图 8.23 所示。由图可知，PC_7充当打印机的选通信号，通过对 PC_7的置位/复位来产生选通。同时，由 PC_0来接收打印机发出的“BUSY”信号作为能否输出的查询。故 8255A 的端口 C 工作在方式 0，上半部输出，下半部输入；8255A 的端口 A 作为数据通道，工作在方式 0，输出；B 口未用。

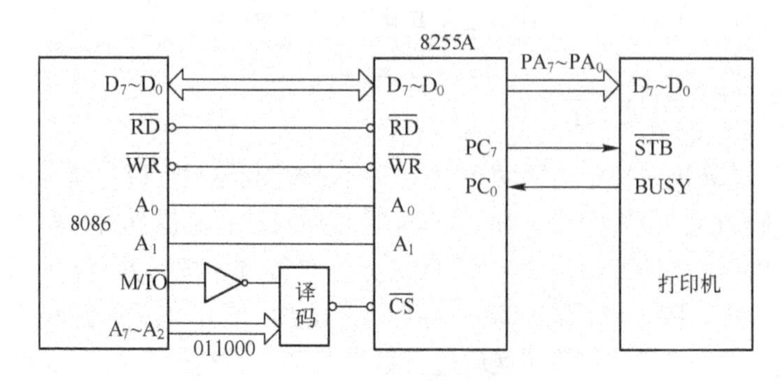

图 8.23　8255A 与打印机接口图

8255A 的方式选择控制字为 10000001B，即 81H。

PC_7 置位控制字为 00001111B，即 0FH。

PC_7 复位控制字为 00001110B，即 0EH。

设 8255A 的 4 个口地址分别为 60H、61H、62H、63H。

打印程序如下：

```
DATA    SEGMENT
        BUFF        DB  'This is a print program! ',0DH,0AH,'$'
DATA    ENDS
STACK   SEGMENT   PARA   STACK   'STACK'
        DW          100 DUP(?)
STACK   ENDS
CODE    SEGMENT
        ASSUME   CS:CODE,DS:DATA,SS:STACK
START:  MOV         AX,DATA
        MOV         DS,AX
        MOV         SI,OFFSET   BUFF
        MOV         AL,81H          ;8255A 初始化,A 口方式 0,输出
        OUT         63H,AL          ;C 口高位方式 0 输出,低位方式 0 输入
        MOV         AL,0FH
        OUT         63H,AL          ;使 PC7 置位,即使选通无效
WAIT:   IN          AL,62H
        TEST        AL,01H          ;检测 PC0 是否为 1,即是否忙
        JNZ         WAIT            ;为忙则等待
        MOV         AL,[SI]
        CMP         AL,'$'          ;是否结束符
        JZ          EXIT            ;是则返回 DOS
        OUT         60H,AL          ;不是结束符,则从 A 口输出
        MOV         AL,0EH
        OUT         63H,AL          ;使 PC7 复位
        NOP
        MOV         AL,0FH
        OUT         63H,AL          ;使 PC7 置位,产生选通信号
        INC         SI              ;修改指针,指向下一个字符
        JMP         WAIT
EXIT:   MOV         AH,4CH
        INT         21H
CODE    ENDS
        END         START
```

3. 中断方式打印字符串

将上例中 8255A 的工作方式改为方式 1，采用中断方式将 BUFF 开始的缓冲区中的 100 个字符从打印机输出。

中断方式打印时,8255A 与打印机的基本接口如图 8.24 所示。由硬件连线可以分析出,8255A 的 4 个口地址分别为 60H、61H、62H、63H。8255A 的端口 A 作为数据通道,工作在方式 1、输出。PC_6作为$\overline{ACK}$信号输入端,而 PC_3 作为 INTR 信号输出端,连接到 8259A 的中断请求信号输入端 IR_0。假设其中断类型码为 80H,对应的中断向量放在中断向量表从 200H 开始的 4 个单元中。打印机需要的数据选通($\overline{STB}$)信号由 CPU 控制 PC_0来产生。这时 PC_7($\overline{OBF}$)未用,故将其悬空。

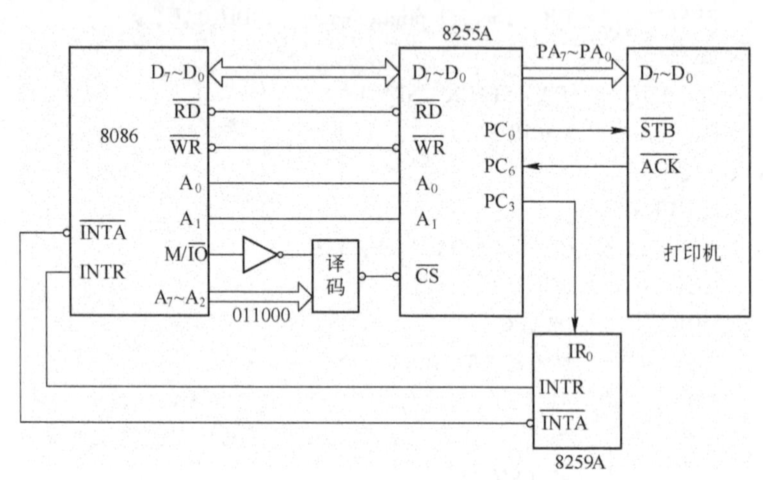

图 8.24　中断方式硬件连线

输出字符时,CPU 通过对 PC_0置 1/置 0 命令产生输出数据选通脉冲,把端口 A 的数据送到打印机。当打印机接收并打印字符后,发出$\overline{ACK}$应答信号,由此信号清除 8255A 的$\overline{OBF}$信号(此处未用),并使 8255A 产生新的中断请求. 如果 CPU 的中断是开放的,则响应中断,进入中断服务程序,再输出一个待打印的字符。在需要打印时,首先调用打印初始化子程序,对 8255A 中断向量表等进行初始化。之后 CPU 响应打印机中断申请,并在中断服务程序中输出给打印机一个字符。

8255A 的方式选择控制字为 10101XX0B。

A 口工作在方式 1,输出;C 口上半部工作在方式 0,输入,下半部工作在方式 0,输出。

PC_0置位控制字为 00000001B,即 01H。

PC_0复位控制字为 00000000B,即 00H。

PC_6置位控制字为 00001101B,即 0DH,允许 8255A 的 A 口输出中断。

初始化程序如下:

```
MOV     AL,0A8H
OUT     63H,AL                  ;设置 8255A 的控制字
MOV     AL,01H
OUT     63H,AL                  ;使选通无效,STB置 1
XOR     AX,AX
MOV     DS,AX
MOV     AX,OFFSET   PRTINTR
```

```
        MOV     WORD PTR [0200H],AX
        MOV     AX,SEG  PRTINTR
        MOV     WORD PTR [0200H],AX    ;将中断服务程序入口地址送到中断
                                        向量表
        MOV     AL,0DH
        OUT     63H,AL                 ;PC6置1,使8255A的A口输出允许
                                        中断
        MOV     DI,OFFSET  BUFF        ;设置地址指针
        MOV     CX,99                  ;设置计数初值
        MOV     AL,[DI]
        OUT     60H,AL                 ;输出一个字符
        INC     DI
        MOV     AL,00H
        OUT     63H,AL                 ;产生选通,STB置0
        INC     AL
        OUT     63H,AL                 ;撤销选通,STB置1
        STI                            ;开中断
  NEXT: HLT                            ;等待中断
        LOOP    NEXT                   ;修改计数器的值,指向下一个要输
                                        出的字符
        HLT
```

中断服务程序如下:

```
  PRTINTR   PROC
          MOV     AL,[DI]
          OUT     60H,AL               ;从A口输出一个字符
          MOV     AL,00H
          OUT     63H,AL               ;产生选通,STB置0
          INC     AL
          OUT     63H,AL               ;撤销选通,STB置1
          INC     DI                   ;修改地址指针
          IRET                         ;中断返回
          PRTINTR ENDP
```

8.3.3 键盘接口

1. 矩阵式键盘

在微型计算机系统中,键盘是一种最常用的外设。可以用来制造键盘的按键开关有多种,最常用的有机械式、电容式、薄膜式和霍尔效应式等。机械式开关较便宜,但压键时会产生触点抖动,即在触点可靠地接通前会通断多次,而且长期使用后可靠性会降低。电容式开关没有抖动问题,但需要特制电路来测电容的变化。薄膜式开关可做成很薄的密封单元,不易受外界潮气或环境污染,常用于微波炉、医疗仪器或电子秤等设备的按键。霍尔效应按键是一种无机

械触点的开关,具有很好的密封性,平均寿命高达1亿次甚至更高,但开关机制复杂,价格昂贵。

对于大多数的键盘,为减少引线,按键通常被排成行和列的矩阵。下面以机械式开关构成的16个键的键盘为例,来讨论键盘接口的工作原理,这种原理对采用其他类型的开关的键盘也是适用的。

设16个键分别为十六进制数字0~9和A~F,键盘排列、连线及接口电路如图8.25所示。16个键排成4行×4列的矩阵,接到8255A的端口C上。其中端口C的上半部接矩阵的4条行线,端口C的下半部接矩阵的4条列线。在无键压下时,由于接到+5V上的上拉电阻的作用,列线被置成高电平。按下某一键后,该键所在的行线和列线接通。这时如果向被压下键所在的行线上输出一个低电平信号,则对应的列线将呈现低电平。当从C口下半部读取列线信号时,便能检测到该列线上的低电平,从而确定哪个键被按下。

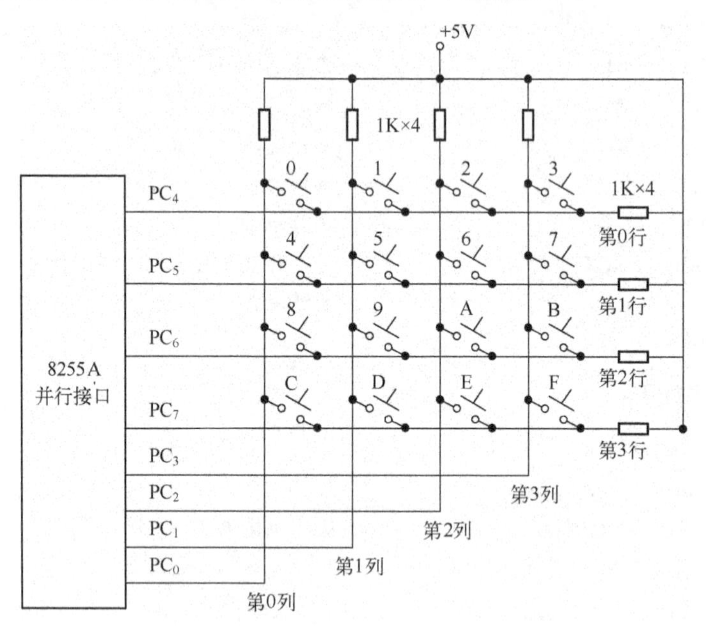

图8.25　8255A用作矩阵键盘接口

2. 键盘的处理方式

键盘的工作方式一般有定时扫描和中断扫描2种。中断扫描方式是在有键按下时产生中断信号,CPU在中断服务程序中执行键盘扫描及功能处理,一般通过专用芯片(如可编程键盘显示器控制器8279)实现。定时扫描一般是利用定时器产生定时中断(如20ms)、CPU响应中断后对键盘进行扫描,或软件定时扫描,并在有键按下时转入键功能处理程序。按键的识别通常有2种方法:行反转法和行扫描法。

行反转法:程序先令行线接口工作在输出方式、列线接口工作在输入方式。并使行线输出全零,然后读入列线值,如果此时有键按下,则使对应列值为零;然后程序再令列线接口工作在输出方式而行线接口工作在输入方式,并使列线输出全零,然后读入行线值,则闭合键对应的行值为零。因此,当一个键被按下时,可以读到一对唯一的行值和列值。由于反转法是通过行列颠倒两次扫描来识别闭合键的,所以需要两个可编程的双向I/O端口,故图8.25所示的

8255A 端口 C 的上、下半部可分别用作键盘的行线和列线。

行扫描法：程序使某行为低电平、其余行为高电平，然后读入并查询列值。如果列值中有某位为低电平，则说明行列交叉点处的键被按下。否则扫描下一行，直到扫描完全部行线。在实际应用时，一般先快速检查键盘中是否有键按下，然后再具体确定按下的是哪个键。为此，先使所有行输出都为零，检查列线输入是否有零。如果有的话，此时由于不能确定闭合键所在的行，因此再用行扫描法来具体定位。如果读得数据全部为1，则说明无键闭合。硬件上通常将 8255A 端口 C 的上半部、下半部分别用作键盘的行线和列线，上半部工作在输出方式，下半部工作在输入方式，如图 8.25 所示。

完整的键盘管理程序包括键扫描、消除抖动、键译码等内容。识别键盘上哪个键被按下的过程称为键盘扫描，键盘的扫描通常包含以下几步：①检测是否所有键都松开了，若没有则反复检测；②当所有键都松开了，再检测是否有键按下，若无键按下则反复检测；③若有键按下，要消除键抖动，确认有键按下；④对按下的键进行编码，将该键的行列信号转换成十六进制码，由此确定哪个键被按下，如出现多键按下的情况，只有在其他键均释放后，仅剩一个键闭合时，才把此键当作本次按下的键；⑤该键释放后，再回到②。

当检测到有键按下后，必须消除键抖动。消除键抖动的常用方法是在检测到有键按下后，延长一定时间（通常为20ms），再检查该键是否仍被按下。若是，才能认定该键被接上了，而不是干扰。对于图 8.25 所示的键盘接口电路，已知被按下的键所在的行号（0 ~ 3）和列号（0 ~ 3）后，就能得到该键的扫描码。例如，对于数字 0，它位于 0 行、0 列，压下“0”键时，由矩阵键盘和 C 口的连接可知 PC_4 位和 PC_0 位为 0，其余位为 1，所以数字 0 的编码为 11101110B，即 0EEH；对于数字 9，处于 2 行 1 列，按下“9”键时，PC_6 位和 PC_1 位为 0，其余位为 1，所以数字 9 的编码为 10111101B，即 0BDH。其余各键的编码也可类似地求得。将这些编码值列成表放在数据段中，用查表程序来查对，便能确定哪个键被按下。

下面是用行扫描法实现键盘检测、去抖动、键值编码和确定键名的汇编语言程序，其中 8255A 的端口地址为 60H ~ 63H。程序运行后，若返回值 AH = 0，表示已读到有效的键值，并在 AL 中存有 0 ~ F 键的十六进制代码；若 AH = 1，则表示出错。

```
;图 8.25 所示接口电路的键盘扫描码表
         ;0     1     2     3     4     5     6     7
TAB      DB  0EEH,0EDH,0EBH,0E7H,0DEH,0DDH,0DBH,0D7H
         ;8     9     A     B     C     D     E     F
         DB  0BEH,0BDH,0BBH,0B7H,07EH,07DH,07BH,077H
;行扫描法代码段
         MOV    DX,63H            ;指向控制口
         MOV    AL,10000001B
         OUT    DX,AL             ;方式0,C口上半部输出、下半部输入
         MOV    DX,62H
         MOV    AL,00H
         OUT    DX,AL             ;向所有行送0,即向C口上半部输出0
;查C口下半部(列值),看是否所有键均松开
WAIT_REL: IN    AL,DX             ;键盘状态读入C口下半部
          AND   AL,0FH            ;查低4位,即C口下半部(列值)
```

```
            CMP   AL,0FH              ;是否都为1(各键均松开)?
            JNE   WAIT_REL            ;否,继续查
    ;各键均已松开,再查是否有键按下
            MOV   AL,00H
            OUT   DX, AL              ;向所有行送0
WAIT_ PRE:  IN    AL,DX
            AND   AL,0FH
            CMP   AL,0FH              ;查低4位,判断是否有键按下
            JE    WAIT_PRE            ;无,等待
    ;有键按下,延时20ms,消抖动
            MOV   CX,16EAH
    DELAY:  LOOP  DELAY               ;延时20ms
    ;再查键是否仍被按下
            IN    AL,DX
            AND   AL,0FH
            CMP   AL,0FH
            JE    WAIT_PRE            ;已松开,转出等待按键
    ;一行一行扫描,确定哪一个键被按下
            MOV   AL,0EFH
            MOV   CL,AL
NEXT_ROW:   OUT   DX,AL               ;向第0行输出低电平,即使PC4=0
            IN    AL,DX
            AND   AL,0FH              ;得到C口下半部的列值
            CMP   AL,0FH
            JN    EENCODE             ;列值不均为1,表示有键按下,转去编码
            ROL   CL,01               ;均为1,表示本行无键按下,使下一行输出0
            MOV   AL,CL
            JMP   NEXT_ROW            ;查看下行
  ;对按键的行列值编码
  ENCODE:   MOV   BX,OFFSET TAB       ;建立地址指针,先指向0键对应的地址
            MOV   SI, BX
            IN    AL,DX               ;从C口读入行列号
  NEXT:     CMP   AL,[BX]             ;读入的行列值与表中查得的相等吗?
            JE    DONE                ;相等,转出
            INC   BX                  ;不等,指向下一个(键值较大者)地址
            SUB   BX,SI
            CMP   BX,000FH
            JBE   NEXT                ;若地址小于等于0FH,则继续查
            MOV   AH,01               ;若键值大于F,则AH中置出错码01
            JMP   EXIT                ;退出
  DONE:     SUB   BX,SI
            MOV   AL,BL               ;BL中存有键的十六进制代码
            MOV   AH,00               ;AH=0,读到有效键值
```

```
EXIT:      HLT
```

8.3.4 LED 数码显示接口

显示器是最常用的输出设备。特别是发光二极管(LED)显示器,由于结构简单、价格便宜、接口容易,因而在微型计算机测控系统中得到广泛的应用。

1. LED 显示器

简单的 LED 显示器有 LED 状态显示器(俗称发光二极管)、LED 七段显示器(俗称数码管)和 LED 十六段显示器。发光二极管用于显示系统的两种状态;数码管用于显示数字;LED 十六段显示器用于字符显示。下面重点介绍 LED 七段显示器。

数码管由 8 个发光二极管(以下简称字段)构成,通过不同的组合可用来显示数字 0 ~ 9,字符 A ~ F、H、L、P、R、U、Y 等符号及小数点“.”。数码管的外形结构如图 8.26(a)所示。数码管又分为共阳极和共阴极 2 种类型,其结构分别如图 8.26(b)和图 8.26(c)所示。

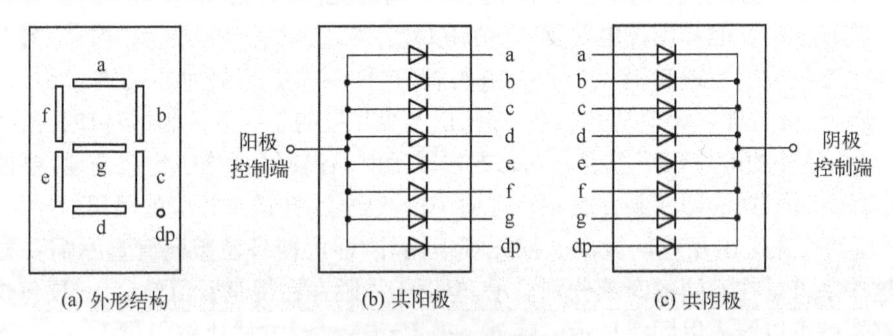

图 8.26　数码管结构图

共阳极数码管中 8 个发光二极管的阳极连接在一起。通常,公共阳极接高电平(一般接电源),其他管脚接段驱动电路输出端。当某段驱动电路的输出端为低电平时,该端所连接的字段导通并点亮。根据发光字段的不同组合可显示出各种数字或字符。此时,要求段驱动电路能吸收额定的段导通电流,还需根据外接电源及额定段导通电流来确定相应的限流电阻。同理,共阴极数码管中 8 个发光二极管的阴极连接在一起,公共阴极接低电平(一般接地),其他管脚接段驱动电路输出端。

要使数码管显示相应的数字或字符,必须使段数据口输出相应的字型编码。对照图 8.26(a),字型码各位定义见表 8.4。

表 8.4　数码管各段与输出口各位的对应关系

输出口各位	D_7	D_6	D_5	D_4	D_3	D_2	D_1	D_0
数码管各段	dp	g	f	e	d	c	b	a

如使用共阳极数码管,数据位为 0 表示对应字段亮,数据位为 1 表示对应字段暗;而使用共阴极数码管,数据位为 0 表示对应字段暗,数据位为 1 表示对应字段亮。如要显示“0”,共阳极数码管的字型编码应为 11000000B(即 C0H);共阴极数码管的字型编码应为 00111111B(3FH)。依此类推,可求得数码管各个字型的编码。将数字 0 ~ 9 等的编码顺序排列,定义为一个数据表,称为“段码表”:

TAB　DB　3FH,06H,5BH,4FH,66H,6DH,7DH,07H,7FH,6FH,77H,7CH,39H,5EH,79H,71H
;共阴极 LED,同相输出,显示字符 0 ~ F

或　TAB　DB　C0H,0F9H,0A4H,0B0H,99H,92H,82H,0F8H,80H,90H,88H,83H,0C6H,0A1H,86H,
8EH　;共阳极 LED,同相输出,显示字符 0 ~ F

2. LED 显示器接口

七段数码管有静态显示和动态显示 2 种方式,下面将分别加以介绍。

静态显示是指数码管显示某一字符时,相应的发光二极管恒定导通或恒定截止。这种显示方式的各位数码管相互独立,公共端固定接地(共阴极)或接正电源(共阳极)。每个数码管的 8 个字段分别与 8 位 I/O 口输出的一位相连。I/O 口只要有段码输出,相应字符就显示出来,并保持不变,直到 I/O 口输出新的段码。如要显示多位,则需要多个 8 位 I/O 端口,且每位数码管都应有各自的锁存、译码及驱动器。微型计算机通过对位、段的相应控制实现多位静态显示。采用静态显示方式,较小的电流即可获得较高的亮度,且占用 CPU 时间少,编程简单,显示便于监测和控制。但其硬件电路复杂、功耗大、成本高,只适合于显示位数较少的场合。

动态显示是一位一位地轮流点亮各位数码管,这种逐位点亮显示器的方式称为位扫描。通常,各位数码管的段选线相应地并联在一起,由一个 8 位的 I/O 口控制,各位的位选线(共阴极或共阳极)由另外的 I/O 口线控制。动态方式显示时,各数码管分时轮流选通,要使其稳定显示,必须采用扫描方式,即在某一时刻只选通一位数码管,并送出相应的段码,在另一时刻选通另一位数码管,并送出相应的段码。依此规矩循环,即可使各位数码管显示需要显示的字符。虽然这些字符是在不同的时刻分别显示,但由于人眼存在视觉暂留效应,只要每位显示间隔时间足够短就可以给人以同时显示的感觉。采用动态显示方式比较节省 I/O 口,硬件电路也较静态显示简单,但其亮度不如静态显示方式,而且在显示位数较多时,CPU 要依次扫描,占用 CPU 较多时间。

在多个 LED 动态显示电路中,把阴(阳)极控制端连接到一个输出端口,即位控端口,而把数码显示段连接到另一个输出端口,亦称段控端口。由于点亮 LED 需要较大的电流(每段为 5 ~ 20mA),所以,在接口中需要增加驱动电路,如图 8.27 中的同相驱动器 7407 和 75451。

在图 8.27 中,8255A 的端口 A 用来输出显示字符,即段控端口。设 TAB 为 LED 段码表的首地址,那么要显示的数字的地址正好为起始地址加数字值,其地址中存放着对应于该数字值的显示代码。例如,要显示“7”,则它所对应的显示代码在 TAB + 7 这个单元中,利用 80X86 换码指令 XLAT,可方便地实现数字到显示代码的译码。

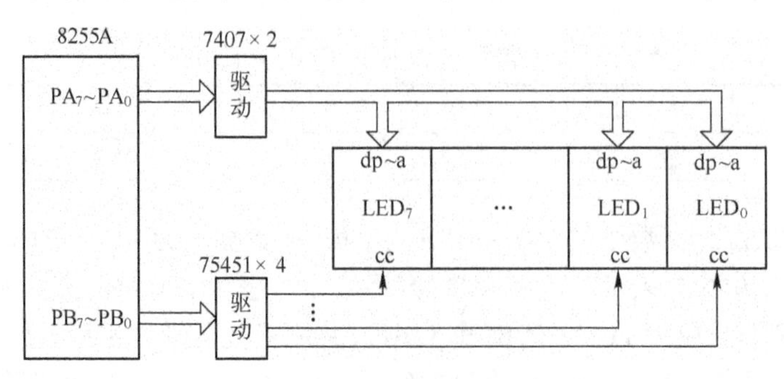

图 8.27　LED 动态显示接口

8255A 的端口 B 用来控制 LED 的显示位，即位控端口。在软件的设计上通过扫描法逐个接通 8 位 LED，把端口 A 输出的代码送到相应的位上去显示，以减少硬件开支。这时，8255A 端口 A 送出的一个代码尽管各个 LED 都收到了，但由于端口 B 只有一位输出低电平，所以只有一个 LED 的相应段能够导通而显示数字，其他 LED 并不亮。这样，端口 A 依次输出段选码，端口 B 依次选中一位 LED，就可以在各位上显示不同的数据。利用眼睛的视觉惯性，当采用一定的频率循环地往 8 位 LED 输送显示代码和扫描代码时，就可见到稳定的数字显示。这种 LED 显示方式称为动态刷新。刷新一遍的显示子程序如下：

```
TAB      DB 3FH,06H,…,71H              ;0～F 的段码表(共阴极 LED)
BUF      DB 8 DUP(?)                   ;显示缓冲区
             :
DISPLAY  PROC FAR
         MOV      SI,OFFSET BUF        ;指向缓冲区首地址
         MOV      CL,7FH               ;使最左边 LED 亮
DISI:    MOV      AL,[SI]              ;AL 中为要显示的字符
         MOV      BX,OFFSET TAB        ;段码表首址送 BX
         XLAT                          ;段码送 AL
         MOV      DX,PORTA             ;段码送段控端口 A:PORTA
         OUT      DX,AL
         MOV      AL,CL                ;位扫描码送位控端口 B:PORTB
         MOV      DX,PORTB
         OUT      DX,AL
         CALL     DELAY                ;延时 1ms
         CMP      CL,0FEH              ;扫描到最右边 LED?
         JZ       QUIT                 ;是，则已显示一遍，退出
         INC      SI                   ;否，则指向下一位 LED
         ROR      CL,1                 ;位码指向下一位
         JMP      DISI                 ;显示下一位 LED
QUIT:    RET
DISPLAY  ENDP
```

8.4　串行通信和串行接口

8.3 节所述的并行接口是支持并行数据传输即并行通信的，而许多 I/O 器件与 CPU 交换信息，或计算机与计算机之间交换信息时，是通过一对导线或通信通道来传送信息的。这时，每次只传送 1 位信息，每位都占据一个规定长度的时间间隔，这种数据一位一位顺序传送的通信方式称为串行通信。

与并行通信相比，串行通信具有传输线少、成本低的特点，特别适合远距离传送；其缺点是速度慢，若并行传送 n 位数据需时间 T，则串行传送的时间至少为 nT。

8.4.1 串行通信的基本概念

1. 串行接口

串行接口有许多种类，典型的串行接口如图 8.28 所示，它包括 4 个主要寄存器，即控制寄存器、状态寄存器、数据输入寄存器及数据输出寄存器。

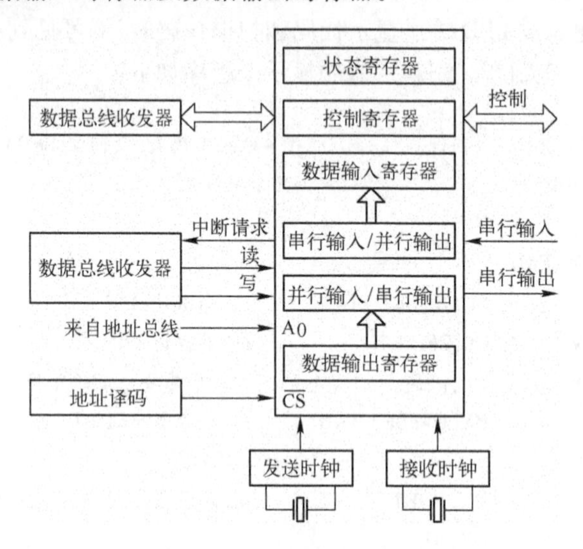

图 8.28 串行接口典型结构

控制寄存器用来接收 CPU 送给此接口的各种控制信息，而控制信息决定接口的工作方式。状态寄存器的各位称为状态位，每一个状态位都可以用来指示传输过程中的某一种错误或者当前传输状态。数据输入寄存器总是和串行输入/并行输出移位寄存器配对使用的。在输入过程中，数据一位一位从外部设备进入接口的移位寄存器，当接收完一个字符以后，数据就从移位寄存器送到数据输入寄存器，再等待 CPU 来取走。输出的情况和输入过程类似，在输出过程中，数据输出寄存器和并行输入/串行输出移位寄存器配对使用。当 CPU 往数据输出寄存器中输出一个数据后，数据便传输到移位寄存器，然后一位一位地通过输出线送到外设。

CPU 可以访问串行接口中的 4 个主要寄存器。从原则上说，对这 4 个寄存器可以通过不同的地址来访问，不过，因为控制寄存器和数据输出寄存器是只写的，状态寄存器和数据输入寄存器是只读的，所以，可以用读信号和写信号来区分这 2 组寄存器，再用 1 位地址来区分 2 个只读寄存器或 2 个只写寄存器。由于这种串行接口控制寄存器的参数是可以用程序来修改的，所以称为可编程串行接口。

2. 串行通信数据的传送方式

在串行通信中，数据在通信线上的传送方式有 3 种：单工通信、半双工通信和全双工通信。

（1）单工（Simplex）通信：这种方式只允许数据按一个固定的方向传输数据，如图 8.29（a）所示，A 只作为数据发送器，B 只作为数据接收器，不能进行反方向传输。

（2）半双工（Half – Duplex）通信：这种方式允许两个方向传输数据，但 A、B 间有且仅有一条通信线路，不能同时传输，只能交替进行，A 发 B 收或 B 发 A 收，如图 8.29（b）所示。在这种情况下，为了控制线路换向，必须对两端设备进行控制，以确定数据流向。这种协调可以靠增加接口的附加控制线来实现,也可用软件约定来实现。在不工作时,一般让A、B双方均处于接收状态,以便随时响应对方的呼叫,组成一个单方向传输的通信线路。

(3) 全双工(Full - Duplex)通信:这种方式允许两个方向同时进行数据传输,A收B发的同时可A发B收,如图8.29(c)所示。显然,两个传输方向的资源必须完全独立,A与B都必须有独立的接收器和发送器,从A到B和从B到A的数据通路也必须完全分开(至少在逻辑上是分开的)。

这3种数据传输方式尽管在收发控制上有差别,但作为数据发送和接收的基本原理是相同的。

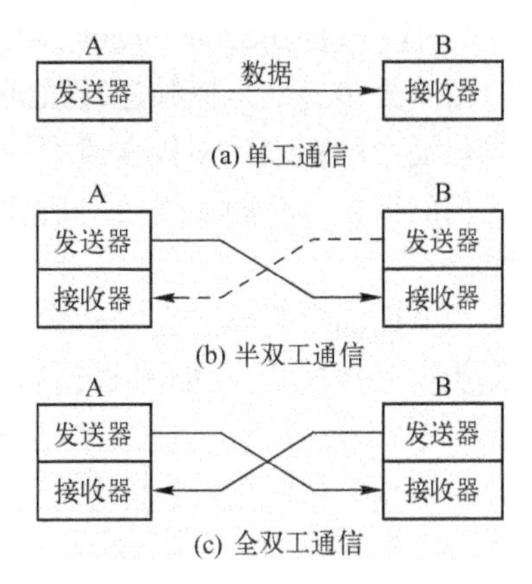

图8.29 串行通信方式

3. 串行通信数据的收发方式

在串行通信中数据的收发可采用异步和同步两种基本的工作方式。

1) 异步通信(Asynchronous Data Communication)方式

所谓异步通信,是指通信中2个字符的时间间隔是不固定的,而在同一字符中的2个相邻代码间的时间间隔是固定的。异步通信的格式如图8.30所示。用一个起始位表示字符开始,用停止位表示字符的结束,在起始位和停止位之间是n位字符及奇偶校验位。这种由起始位表示字符的开始,停止位表示字符的结束所构成的一串数据,称为帧。由图8.30可见,1帧数据的各位间的时间间隔是固定的,而相邻2帧的数据其时间间隔是不固定的。可见,异步通信时字符是一帧一帧传送的,接收设备在收到起始信号之后只要在一个字符的传输时间内能和发送设备保持同步就能正确接收,每帧字符的传送靠起始位来同步。

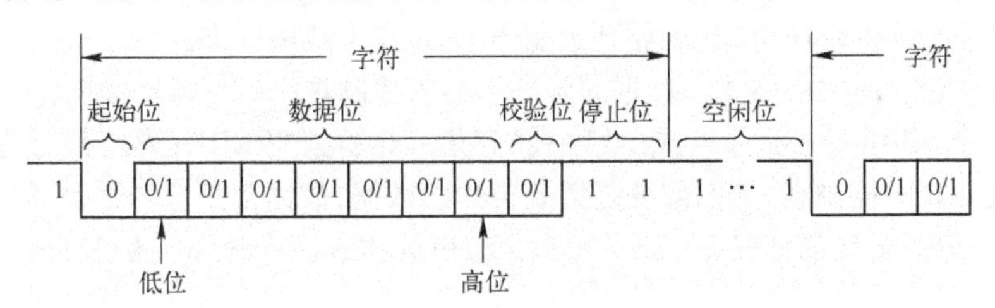

图8.30 异步通信格式

在异步通信传送每帧数据时,都需先发出一个逻辑“0”信号,表示传输字符的开始。紧接着起始位之后,传输字符。字符通常采用ASCII码,从最低位开始传送,靠时钟定位。其中7位为字符,1位为奇/偶校验位。数据位加上这一位后,使得“1”的位数应为偶数(偶校验)或奇数(奇校验),以此来校验数据传送的正确性。停止位是一个字符数据的结束标志,可以是1位、1.5位、2位的高电平。空闲位处于逻辑“1”状态,表示当前线路上没有数据传送。

波特率(Baud rate)是衡量数据传送速率的指标。表示每秒钟传送的二进制位数,用位/秒(b/s)来表示。例如数据传送的速率为120字符/s,每个字符(帧)包含10位数据,则其传送波特率为10×120=1200b/s=1200波特。有时也用“位周期”表示传输速度,位周期是波特率的倒数。通常,异步通信的波特率在50~9600波特之间,高速的可达19200波特。在串行通信中大都采用异步通信,它允许发送端和接收端的时钟误差或波特率误差可达4%~5%。

2）同步通信(Synchronous Data Communication)方式

由于异步通信是按帧进行数据传送的,每传送一个字符都必须配上起始位、停止位,这就使异步通信的有效数据传送速度降低。为了提高速度,就要求取消这些标志位,这就引出了同步通信的概念。在同步通信时所使用的数据格式根据控制规程分为面向字符及面向比特的2种。

(1) 面向字符型的数据格式。面向字符型的同步通信数据格式可采用单同步、双同步及外同步3种数据格式,如图8.31所示。

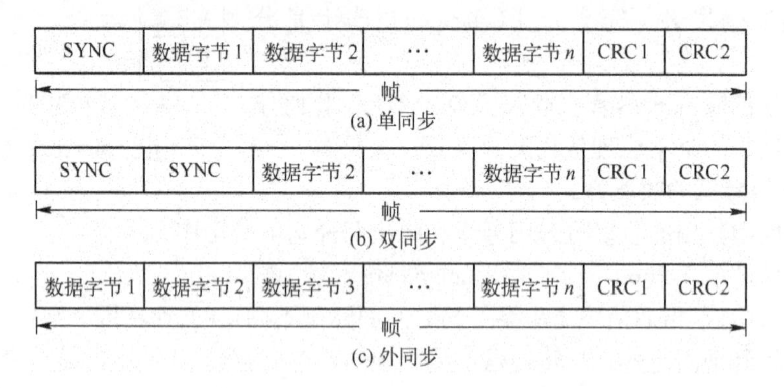

图8.31 面向字符型的同步通信格式

单同步是指在传送数据之前先传送一个同步字符"SYNC",接收端检测到该同步字符后开始接收数据,双同步则先传送两个同步字符"SYNC"后才开始接收数据。外同步通信的数据格式中没有同步字符,而是用一条专用控制线来传送同步字符,使接收端及发送端实现同步。当每一帧信息结束时均用2B的循环控制码CRC作为结束标志。

(2) 面向比特型的数据格式。根据同步数据链路控制规程(SDLC),面向比特型的数据以帧为单位传输,每帧由6个部分组成。第一部分是开始标志"7EH";第二部分是1B的地址场;第三部分是1B的控制场;第四部分是需要传送的数据,数据都是位的集合;第五部分是2B的循环控制码CRC;最后部分又是"7EH",作为结束标志。面向比特型的数据格式如图8.32所示。

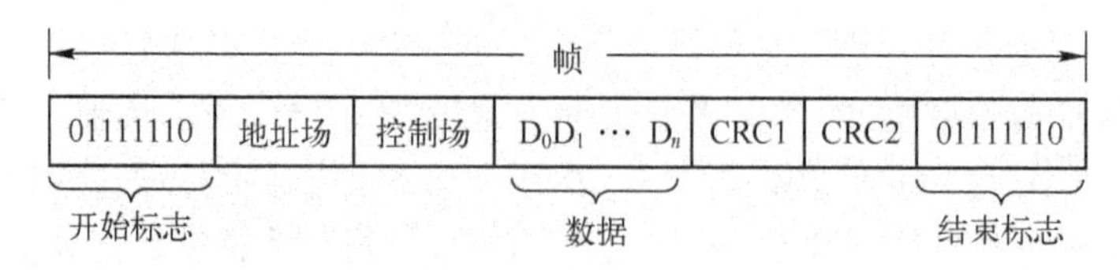

图8.32 面向比特型的同步通信格式

在SDLC规程中不允许在数据段和CRC段中出现6个"1",否则会被误认为是结束标志。因此要求在发送端进行检验,当连续出现5个"1",则立即插入1个"0",到接收端要将这个插入的"0"去掉,恢复原来的数据,保证通信的正常进行。

通常,异步通信速率比同步通信低。高同步通信速率可达到800kb/s,因此适用于传送信息量大、要求传送速率很高的系统中。但同步通信要求用精确的同步时钟来控制发送端和接收端之间的同步,因为发送端和接收端之间时钟信号的微弱差异,在长时间的通信中都将产生累积误差,导致通信失败,所以同步通信的硬件较复杂。

4. 信号的调制和解调

计算机的通信是一种数字信号的通信,即传送的数据都是以“0”“1”序列组成的数字信号。这种数字信号包含从低频到高频的极其丰富的谐波成分,它要求传输线的频带很宽。但在目前长距离的通信中,为了降低成本,常常是利用普通电话线进行信息传递,而电话线的频带宽度有限,通常不超过3kHz。所以,简单地直接使用电话线去传送数字信号,就会造成信号的畸变。

为了保证信号传送的可靠性,在长距离通信中,常常采用调制/解调器来保证信号品质。调制器(Modulator)把数字信号转换为模拟信号,经过传输线传送到目的地后,再用解调器(Demodulator)检测此模拟信号,再把它转换成数字信号,如图8.33所示。通常把调制和解调电路做在一起,构成调制/解调器。在串行通信中,要用一对调制/解调器来实现信号转换。

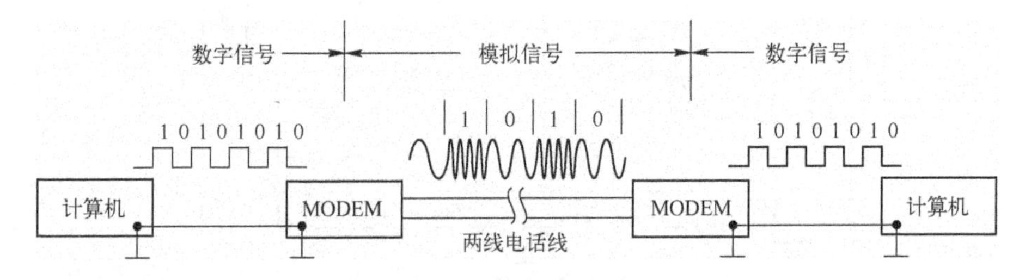

图8.33　信号的调制与解调示意图

调制的实现方法很多,按照调制技术的不同,可分为调频(FM)、调幅(AM)和调相(PM)3种。它们分别按传输数字信号的变化规律去改变载波(即音频模拟信号 $A\sin(2\pi ft+\varphi)$)的频率、幅度和相位,使之随数字信号的变化而变化。而在数字调制中,由于数字信号离散取值的特点,一般是用数字电路组成的电子开关,像扳键一样来控制载波的频率、振幅和相位的变化。因此在数据通信中又常将调频、调幅和调相这3种调制方法分别称为移频键控(Frequency Shift Keying,FSK)法、移幅键控(Amplitude Shift Keying,ASK)法和移相键控(Phase Shift Keying,PSK)法。移频键控式是其中常用的一种,其实现原理如图8.34所示。它把数字信号的“1”和“0”调制成不同频率的模拟信号,这2个不同频率的模拟信号分别由电子开关控制,在运算放大器的输入端相加,而电子开关由要传输的数字信号(即数据)控制。当信号为“1”时,控制上面的电子开关1导通,送出一串高频模拟信号;当信号为“0”时,控制下面的电子开关2导通,送出一串低频模拟信号,于是在运算放大器的输出端,就得到了调制后的模拟信号,它可以在远距离电话线上传输。已调制的信号到了接收端,必须经过解调器再将不同频率的音频

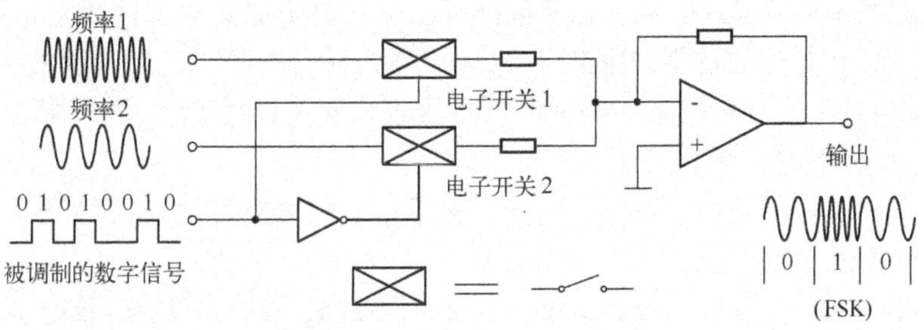

图8.34　移频键控法原理图

模拟信号转换为原来的数字信号。

5. RS－232－C 接口

串行接口标准是指计算机数据终端设备(DTE)的串行接口电路与调制解调器 MODEM 等数据通信设备(DCE)之间的连接标准。在串行通信接口标准中,通常采用 RS－232－C 接口。RS－232－C 是一种由美国 EIA(Electronic Industries Association)协会公布和推荐为国际通用的电压控制的异步串行总线接口标准。它实际上是一个 25 芯的 D 型连接器,如图 8.35(b)所示。其每一个引脚都有标准规定,且对信号电平也有标准规定。图 8.35(a)是其最基本的常用信号规定。

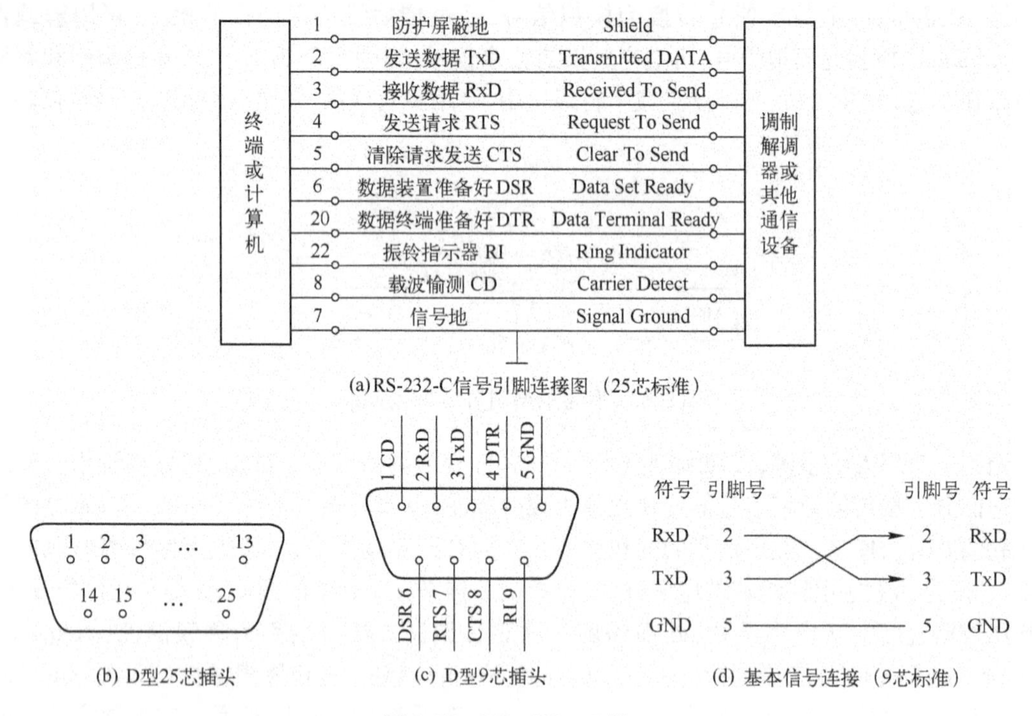

图 8.35 RS－232－C 接口

目前,在普通微型计算机中常用 9 芯 D 型连接器,如图 8.35(c)所示。凡是符合 RS－232－C 标准的计算机或外设,都把它们往外发送的数据线连至 9 芯连接器的 3 号引脚,接收的数据线连到 2 号引脚,即在进行通信时,一方的接收数据线应与另一方的发送数据线相连,如图 8.35(d)所示。

对于任何具备 RS－232－C 接口的设备都可以不需要附加其他硬件而与计算机相连接。微型计算机之间的串行通信就是按照 RS－232－C 标准设计的接口电路实现的。如果使用一根电话线进行通信,那么计算机和 MODEM 之间的连线就是根据 RS－232C 标准连接的。其连接及通信原理如图 8.36 所示。

在串行通信中,除了数据线和地线外,为了保证信息的可靠传送,还有若干联络控制信息线互相连接,这些联络控制线有:

(1) 请求发送(Request To Send,$\overline{\text{RTS}}$)。当发送器已经做好了发送的准备,为了了解接收方是否做好了接收的准备,是否可以开始发送,就向对方输出一个有效的$\overline{\text{RTS}}$信号,以等待对

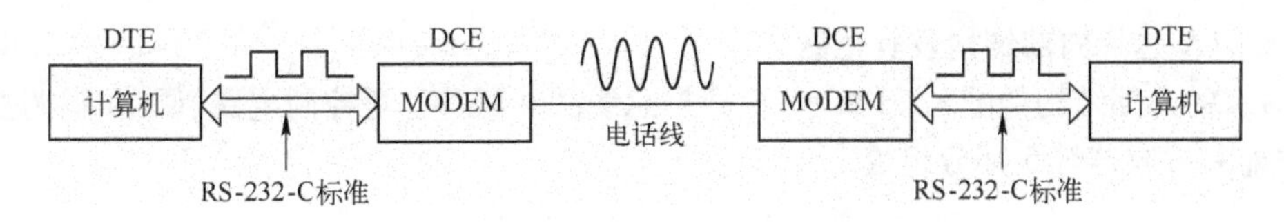

图 8.36 RS-232-C 接口通信原理

方的回答。

(2) 准许发送(Clear To Send,$\overline{\text{CTS}}$)。当接收方做好了接收的准备,在接收到发送方送来$\overline{\text{RTS}}$信号后,就以有效的$\overline{\text{CTS}}$信号作为回答。

(3) 数据终端准备好(Data Terminal Ready,$\overline{\text{DTR}}$)。通常当某一个站的接收器已做好了接收的准备,为了通知发送器可以发送,就向发送器送出一个有效的$\overline{\text{DTR}}$信号。

(4) 数据装置准备好 (Data Set Ready,$\overline{\text{DSR}}$)。当发送方接收到接收方进来的有效的$\overline{\text{DTR}}$信号,在发送方做好了发送的准备后,就向接收方送出一个有效的$\overline{\text{DSR}}$信号作为回答。

振铃指示器 RI 和载波检测 CD 作为调制解调器输出到接收方的信号,通知接收方准备接收数据。通常用于电话网路中。

RS-232-C 除了对信号引脚的定义作了规定外,对信号电平标准也有规定,即采用负逻辑规定逻辑电平; -5 ~ -15V 规定为“1”,而将 +5 ~ +15V 规定为“0”。可以实现 TTL 与 RS-232-C 标准之间电平转换的芯片有很多,图 8.37 采用的是 ICL232,它的工作电源为单一 +5V。在图 8.35(d)所示的三线方式下,一个 ICL232 芯片可以实现两组串口信号的电平交换。

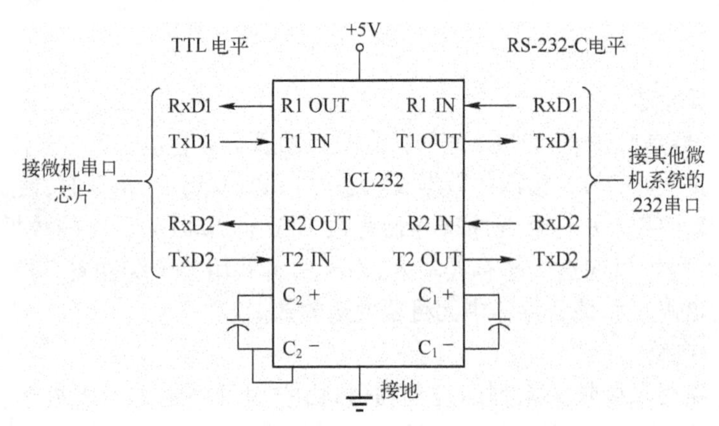

图 8.37 TTL 与 RS-232-C 电平转换

8.4.2 可编程串行通信接口芯片 8251A

8251A 是一个可编程的通用串行输入/输出接口,通过编程可以使 CPU 以同步或异步方式与外部设备进行串行通信。它能将并行输入的 8 位数据变换成逐位输出的串行数据;也能将串行输入数据变换成并行数据,一次传送给处理机,因此广泛应用于长距离通信系统及计算机网络。

1. 8251A 芯片内部结构及其功能

8251A 的内部结构如图 8.38 所示,由数据总线缓冲器、读/写控制电路、调制/解调控制电路、发送器和接收器等 5 部分组成。

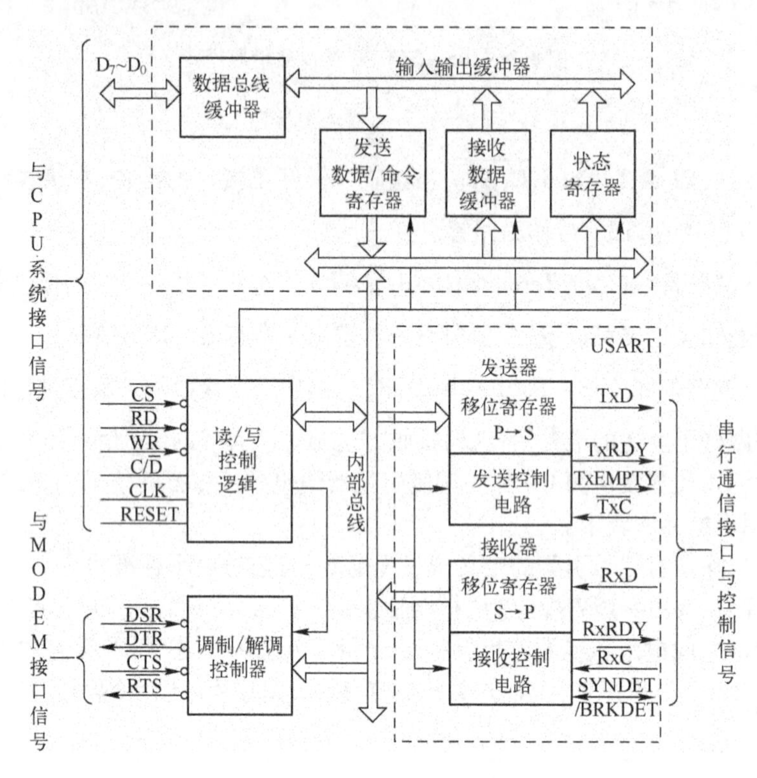

图 8.38　8251A 内部结构图

1）数据总线缓冲器

数据总线缓冲器是 CPU 与 8251A 之间信息交换的通道。它包含 3 个 8 位缓冲寄存器,其中 2 个用来存放 CPU 向 8251A 读取的数据及状态,当 CPU 执行 IN 指令时,便从这 2 个寄存器中读取数据字及状态字。另一个缓冲寄存器存放 CPU 向 8251A 写入的数据或控制字。当 CPU 执行 OUT 指令时,可向这个寄存器写入,由于两者共用一个缓冲寄存器,这就要求 CPU 在向 8251A 写入控制字时,该寄存器中无将要发送的数据。

2）读/写控制电路

读/写控制电路用来接收一系列的控制信号,由它们可确定 8251A 处于什么状态,并向 8251A 内部各功能部件发出有关的控制信号,因此它实际上是 8251A 的内部控制器。

3）调制/解调控制电路

当使用 8251A 实现远距离串行通信时,8251A 的数据输出端要经过调制器将数字信号转换成模拟信号,数据接收端收到的是经过解调器转换来的数字信号,因此 8251A 需要与调制解调器直接相连。

4）发送器

8251A 的发送器包括发送缓冲器、发送移位寄存器(并/串转换)及发送控制电路 3 部分,CPU 需要发送的数据经数据发送缓冲器并行输入,并锁存到发送缓冲器中。如果采用同步方式,则在发送数据之前,发送器将自动送出1个(单同步)或2个(双同步)同步字符(SYNC)。然后,逐位串行输出数据。如果采用异步方式,则由发送控制电路在其首尾加上起始位及停止位,然后从起始位开始,经移位寄存器从数据输出线TxD逐位串行输出,其发送速率由$\overline{\text{TxC}}$收到的发送时钟频率决定。

当发送器做好发送数据准备时,由发送控制电路向CPU发出TxRDY有效信号,CPU立即向8251A并行输出数据。如果8251A与CPU之间采用中断方式交换信息,则TxRDY作为向CPU发出的发送中断请求信号。待发送器中的8位数据发送完毕时,由发送控制电路向CPU发出TxEMPTY有效信号,表示发送器中移位寄存器已空。因此,发送缓冲器和发送移位寄存器构成发送器的双缓冲结构。

5)接收器

8251A的接收器包括接收缓冲器、接收移位寄存器及接收控制电路3部分。

外部通信数据从RxD端,逐位进入接收移位寄存器中。如果是同步方式,则要检测同步字符,确认已经达到同步,接收器才可开始串行接收数据,待一组数据接收完毕,便把移位寄存器中的数据并行置入接收缓冲器中;如果是异步方式,则应识别并删除起始位和停止位。这时RxRDY线输出高电平,表示接收器已准备好数据,等待向CPU输出。8251A接收数据的速率由$\overline{\text{RxC}}$端输入的时钟频率决定。接收缓冲器和接收移位寄存器构成接收器的双缓冲结构。

8251A芯片为28引脚双列直插式封装,其引脚排列如图8.39所示。对8251A主要信号引脚的功能说明如下:

(1) $D_0 \sim D_7$——双向数据总线,三态,可以和微型计算机的数据线直接相连。

(2)与读/写控制电路相关的信号如下:

RESET——复位信号。向8251A输入,高电平有效。RESET有效,迫使8251A中各寄存器处于复位状态,收、发线路上均处于空闲状态。

CLK——主时钟。CLK信号用来产生8251A内部的定时信号。对于同步方式,CLK必须大于发送时钟($\overline{\text{TxC}}$)和接收时钟($\overline{\text{RxC}}$)频率的30倍。对于异步方式,CLK必须大于发送和接收时钟的4.5倍。8251A规定CLK频率要在0.74~3.1MHz范围内。

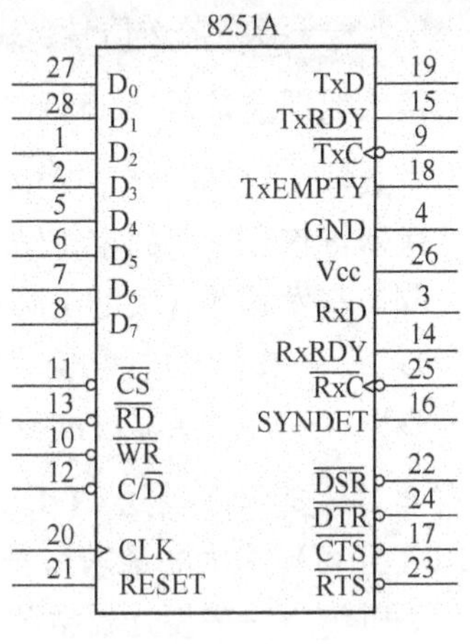

图8.39 8251A引脚信号

$\overline{\text{CS}}$——片选信号。由CPU输入,低电平有效。$\overline{\text{CS}}$有效,表示该8251A芯片被选,通常由8251A的高位端口地址译码得到。

$\overline{\text{RD}}$和$\overline{\text{WR}}$——读和写控制信号。由CPU输入,低电平有效。

C/$\overline{\text{D}}$——控制/数据信号。C/$\overline{\text{D}}$=1,表示当前通过数据总线传送的是控制字或状态信息;C/$\overline{\text{D}}$=0,表示当前通过数据总线传送的是数据;均可由一位地址码来选择。由$\overline{\text{CS}}$、C/$\overline{\text{D}}$、$\overline{\text{RD}}$和$\overline{\text{WR}}$信号组合起来可确定8251A的操作,如表8.5所示。

表 8.5　8251A 读/写操作方式

$\overline{\text{CS}}$	C/$\overline{\text{D}}$	$\overline{\text{RD}}$	$\overline{\text{WR}}$	操　作
0	0	0	1	读数据,CPU←8251A
0	1	0	1	读状态,CPU←8251A
0	0	1	0	写数据,CPU→8251A
0	1	1	0	写控制字,CPU→8251A
0	×	1	1	8251A 数据总线浮空
1	×	×	×	8251A 未被选数据总线浮空

(3) 与调制解调有关的引脚信号如下:

$\overline{\text{DTR}}$——数据终端准备好信号,向调制解调器输出,低电平有效。$\overline{\text{DTR}}$有效,表示 CPU 已准备好接收数据,它由软件定义。8251A 的操作命令控制字中 DTR 位为 1 时,输出$\overline{\text{DTR}}$为有效信号。

$\overline{\text{DSR}}$——数据装置准备好信号。由调制解调器输入,低电平有效。$\overline{\text{DSR}}$有效,表示调制解调器或外设已准备好发送数据,它实际上是对$\overline{\text{DTR}}$的回答信号。CPU 可利用 IN 指令读入 8251A 状态寄存器内容,检测$\overline{\text{DSR}}$位状态,当 DSR = 1 时,表示$\overline{\text{DSR}}$有效。

$\overline{\text{RTS}}$——请求发送信号。向调制解调器输出,低电平有效。$\overline{\text{RTS}}$有效,表示 CPU 已准备好发送数据,可由软件定义。8251A 的操作命令控制字中 RTS 位为 1 时,输出$\overline{\text{RTS}}$有效信号。

$\overline{\text{CTS}}$——清除发送信号。由调制解调器输入,低电平有效。$\overline{\text{CTS}}$有效,表示调制解调器已做好接收数据准备,只要 8251A 的操作命令控制字中 TxEN 位为 1,$\overline{\text{CTS}}$有效时,发送器才可串行发送数据。它实际上是对$\overline{\text{RTS}}$的回答信号。如果在数据发送过程中使$\overline{\text{CTS}}$无效,即 TxEN 为 0,发送器将正在发送的字符结束时停止继续发送。

(4) 与发送器有关的引脚信号如下:

TxD——数据发送线,输出串行数据。

TxRDY——发送器已准备信号,表示 8251A 的发送数据缓冲器已空。输出信号线,高电平有效。只要允许发送(TxEN 为 1 及$\overline{\text{CTS}}$端有效),则 CPU 就可向 8251A 写入待发数据。TxRDY 还可作为中断请求信号用。待 CPU 向 8251A 写入一个字符后,TxRDY 便变为低电平。

TxEMPTY——发送器空闲信号,表示 8251A 的发送移位寄存器已空。输出信号线,高电平有效。当 TxEMPTY = 1 时,CPU 可向 8251A 的发送缓冲器写入数据。

TxRDY 及 TxEMPTY 两信号所表示发送器的状态见表 8.6。

表 8.6　8251A 发送器状态

TxRDY	TxEMPTY	发送器状态
0	0	发送缓冲器满,发送移位寄存器满
1	0	发送缓冲器空,发送移位寄存器满
1	1	发送缓冲器空,发送移位寄存器空
0	1	不可能出现

$\overline{TxC}$——发送器时钟信号,是外部输入线。对于同步方式,$\overline{TxC}$的时钟频率应等于发送数据的波特率。对于异步方式,由软件定义的发送时钟是发送波特率的1倍(×1)、16倍(×16)或64倍(×64),在要求1倍的情况时,$\overline{TxC}$≤64kHz;16倍情况时,$\overline{TxC}$≤310kHz;64倍情况时,$\overline{TxC}$≤615kHz。

(5)与接收器有关的引脚信号如下:

RxD——数据接收线,输入串行数据。

RxRDY——接收器已准备好信号,表示接收缓冲寄存器中已接收到一个数据符号,等待向CPU输入。若8251A采用中断方式与CPU交换数据,则RxRDY信号用作向CPU发出的中断请求。当CPU取走接收缓冲器中数据后,同时将其变为低电平。

SYNDET/BRKDET——双功能的检测信号,高电平有效。对于同步方式,SYNDET是同步检测端。若采用内同步,当RxD端上收到1个(单同步)或2个(双同步)同步字符时,SYNDET输出高电平,表示已达到同步,后续接收到的便是有效数据。若采用外同步,外同步字符从SYNDET端输入,当SYNDET输入有效,表示已达到同步,接收器可开始接收有效数据。对于异步方式,BRKDET用于检测线路是处于工作状态还是断缺状态。当RxD端上连续收到8个“0”信号,则BRKDET变成高电平,表示当前处于数据断缺状态。

$\overline{RxC}$——接收器时钟,由外部输入。这时钟频率决定8251A接收数据的速率。若采用同步方式,则接收器时钟频率等于接收数据的频率;若采用异步方式,则可用软件定义接收数据的波特率,情况与发送器时钟$\overline{TxC}$相似。一般情况下,接收器时钟应与对方的发送器时钟相同。

2. 8251A芯片的控制字及其工作方式

可编程串行通信接口芯片8251A在使用前必须进行初始化,以确定它的工作方式、传送速率、字符格式以及停止位长度等,可使用的控制字如下:

1)方式选择控制字

方式控制字的使用格式如图8.40所示。

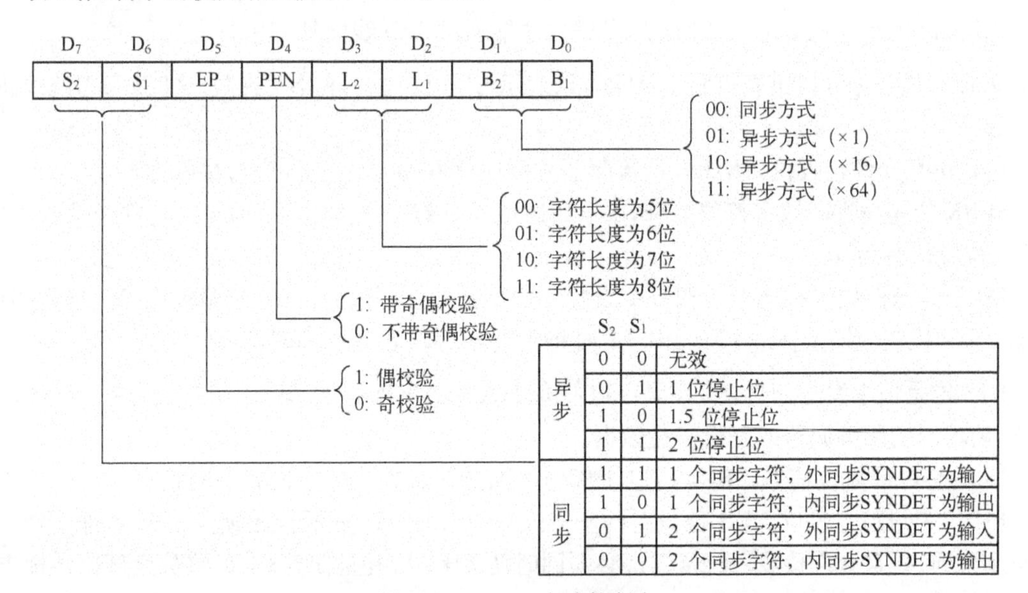

图8.40 8251A方式控制字

B_2B_1 位用来定义 8251A 的工作方式是同步方式还是异步方式，如果是异步方式还可由 B_2B_1 的取值来确定传送速率。×1 表示输入的时钟频率与波特率相同，允许发送和接收波特率不同，$\overline{RxC}$和$\overline{TxC}$也可不相同，但是它们的波特率系数必须相同；×16 表示时钟频率是波特率的 16 倍，×64 表示时钟频率是波特率的 64 倍。因此通常称 1、16 和 64 为波特率系数，它们之间存在如下关系：

发送/接收时钟频率 = 发送/接收波待率 × 波特率系数

L_2L_1 位用来定义数据字符的长度，可为 5、6、7 或 8 位。

PEN 位用来定义是否带奇偶校验，称作校验允许位。在 PEN = 1 情况下，由 EP 位定义是采用奇校验还是偶校验。

S_2S_1 位用来定义异步方式的停止位长度(1 位、1.5 位或 2 位)。对于同步方式，S_1 位用来定义是外同步(S_1 = 1)还是内同步(S_1 = 0)，S_2位用来定义是单同步(S_2 = 1)还是双同步(S_2 = 0)。

2) 操作命令控制字

使用格式如图 8.41 所示。

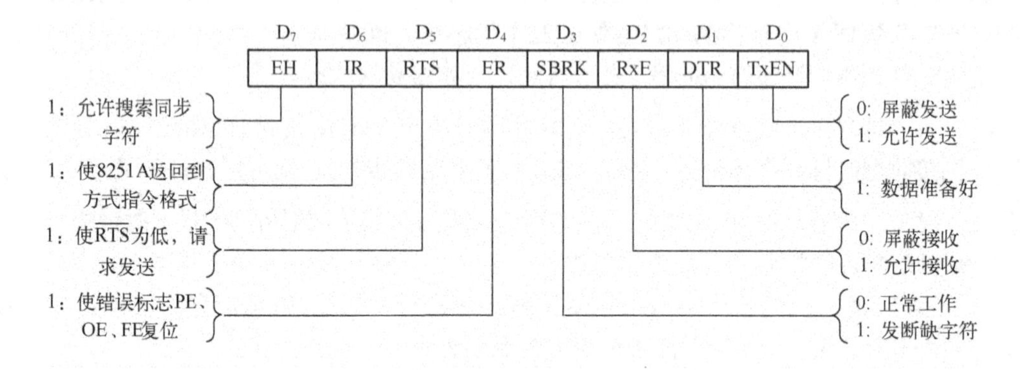

图 8.41　8251A 操作命令控制字

TxEN 位是允许发送位，TxEN = 1，发送器才能通过 TxD 线向外部串行发送数据。

DTR 位是数据终端准备好位。DTR = 1，表示 CPU 已准备好接收数据，这时$\overline{DTR}$引线端输出有效。

RxE 位是允许接收位。RxE = 1，接收器才能通过 RxD 线从外部串行接收数据。

SBRK 位是发送断缺字符位。SBRK = 1，通过 TxD 线一直发送“0”信号。正常通信过程中 SBRK 位应保持为“0”。

ER 位是清除错误标志位。8251A 设置 3 个出错标志，分别是奇偶校验标志 PE、越界错误标志 OE 和帧校验错误标志 FE。ER = 1 时将 PE、OE 和 FE 标志同时清零。

RTS 位是请求发送信号。RTS = 1，迫使 8251A 输出$\overline{RTS}$有效，表示 CPU 已做好发送数据准备，请求向调制解调器或外设发送数据。

IR 位是内部复位信号。IR = 1，迫使 8251A 回到接收方式选择控制字的状态。

EH 位为跟踪方式位。EH 位只对同步方式有效，EH = 1，表示开始搜索同步字符，因此对于同步方式，一旦允许接收(RxE = 1)，必须同时使 EH = 1，并且使 ER = 1，清除全部错误标志，才能开始搜索同步字符。从此以后所有写入的 8251A 的控制字都是操作命令控制字。只有外部复位命令 RESET = 1 或内部复位命令 IR = 1 才能使 8251A 回到接收方式选择控制字状态。

3）工作状态字

CPU 可在 8251A 工作过程中利用 IN 指令读取当前 8251A 的工作状态字，其使用格式如图 8.42 所示。

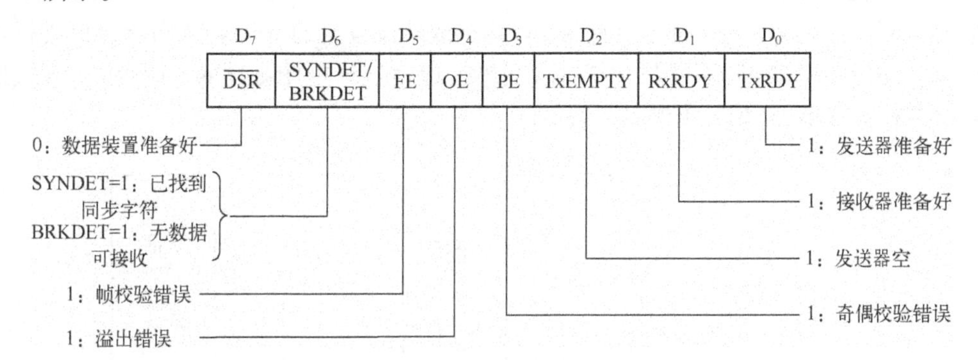

图 8.42 8251A 工作状态字

PE 是奇/偶错标志位。PE = 1 表示当前产生了奇/偶错。它不中止 8251A 的工作。

OE 是溢出错标志位。OE = 1，表示当前产生了溢出错，CPU 没有来得及将上一字符读走，下一字符又来到 RxD 端，它不中止 8251A 继续接收下一字符，但上一字符将被丢失。

FE 是帧校验错标志位。FE 只对异步方式有效。FE = 1，表示未检测到停止位，不中止 8251A 工作。

上述 3 个标志允许用操作命令控制字中的 ER 位复位。

TxRDY 位是发送准备好标志，它与引线端 TxRDY 的意义有些区别。TxRDY 状态标志为"1"只反映当前发送数据缓冲器已空；而 TxRDY 引线端为"1"，除发送数据缓冲器已空外，还有 2 个附加条件，即$\overline{CTS}$和 TxEMPTY = 1。

在数据发送过程中，通常 TxRDY 状态位供 CPU 查询，TxRDY 引线端可用作向 CPU 发出的中断请求信号。

RxRDY 位、TxEMPTY 位和 SYNDET/BRKDET 位与同名引线端的状态完全相同，可供 CPU 查询。

$\overline{DSR}$是数据装置准备好位。$\overline{DSR}$ = 0，表示外设或调制解调器已准备好发送数据，这时输入引线端$\overline{DSR}$有效。

CPU 可在任意时刻用 IN 指令读 8251A 状态字，这时 C/$\overline{D}$ 引线端应输入为"1"，在 CPU 读状态期间，8251A 将自动禁止改变状态位。

对 8251A 进行初始化编程，必须在系统复位之后，总是先使用方式选择控制字，并且必须紧跟在复位命令之后。如果定义 8251A 工作于异步方式，那么必须紧跟操作命令控制字进行定义，然后才可开始传送数据。在数据传送过程中，可使用操作命令字重新定义，或使用状态控制字读取 8251A 的状态，待数据传送结束，必须用操作命令控制字将 IR 位置"1"，向 8251A 传送内部复位命令后，8251A 才可以重新接收方式选择命令字，改变工作方式完成其他传送任务。

如果是采用同步工作方式,那么在方式选择控制字之后应输出同步字符,在1个或2个同步字符之后再使用操作命令控制字,以后的过程同异步方式。

8.4.3 8251A的编程及应用

1. 8251A的初始化

采用8251A实现串行接口通信,须通过计算机或外设各自的RS－232串行接口进行。每个RS－232串行接口采用一片8251A芯片,其串行通信连线框图如图8.43所示。可采用异步或同步方式实现单工、双工或半双工通信。

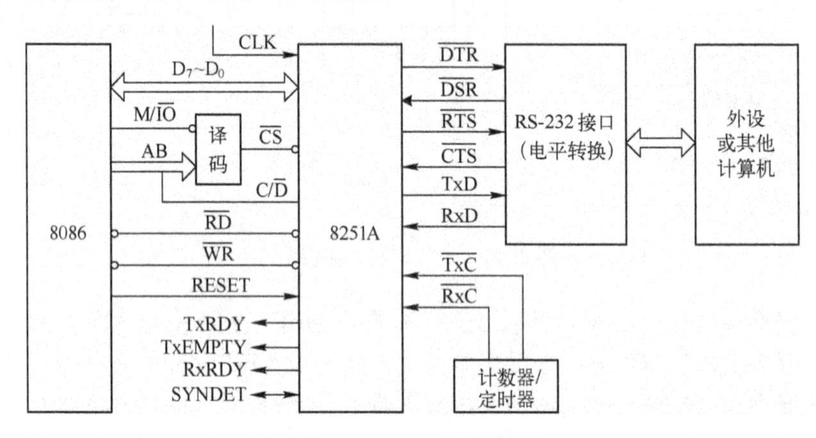

图8.43 串口通信边线框图

在传送数据前必须对8251A进行初始化,才能确定发送方与接收方的通信格式,以及通信的时序,从而保证准确无误地传送数据。由于3个控制字没有特征位,且工作方式控制字和操作命令控制字放入同一个端口,因而要求按一定顺序写入控制字,不能颠倒。

8251A初始化编程的操作过程可用流程图来描述,如图8.44所示。

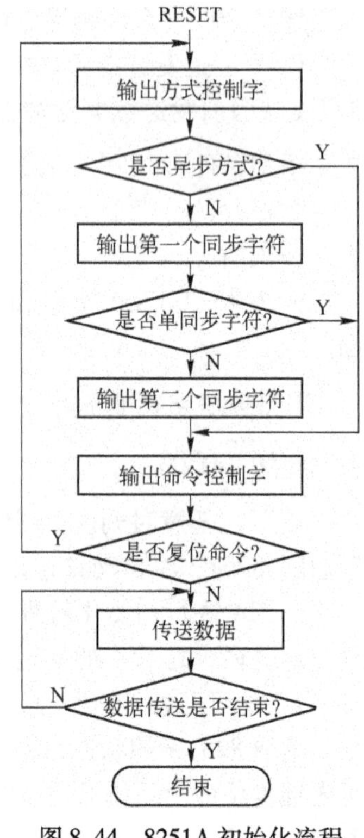

图8.44 8251A初始化流程

【例8.5】 编写一段通过8251A采用查询方式接收数据的程序。要求8251A定义为异步传输方式,波特率系数为64,采用偶校验,1位停止位,7位数据位。设8251A的数据端口地址为DATA51,控制/状态寄存器端口地址为CTRL51。

程序如下:

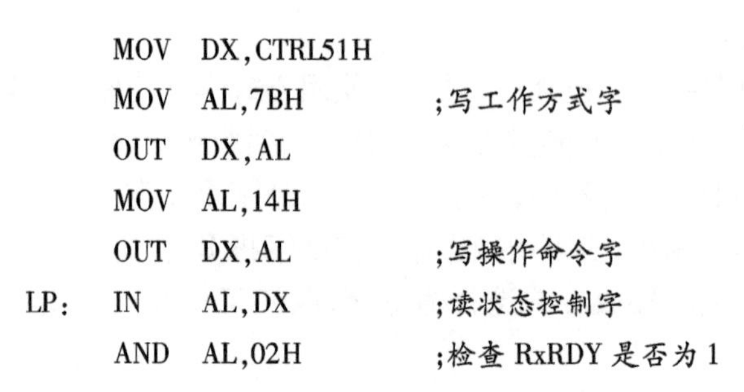

```
        MOV   DX,CTRL51H
        MOV   AL,7BH          ;写工作方式字
        OUT   DX,AL
        MOV   AL,14H
        OUT   DX,AL           ;写操作命令字
LP:     IN    AL,DX           ;读状态控制字
        AND   AL,02H          ;检查RxRDY是否为1
```

```
JZ      LP
MOV     DX,DATA51
IN      AL,DX
```

2. 8251A 和 CPU 的通信方式

1）查询方式

【例 8.6】 若采用查询方式发送数据,且假定要发送的字节数据放在 TAB 开始的数据区中,且要发送的字节个数放在 BX 中,则发送数据的程序如下:

```
TAB     DB 1,2,3,4,5,6,…
             :
START: CLD                      ;清方向标志(按递增方式调整指针)
       MOV    DX,CTRL51
       LEA    SI,TAB
WAIT:  IN     AL,DX
       TEST   AL,01H            ;检查 TxRDY 是否为 1
       JZ     WAIT              ;若为 0,则继续等待
       PUSH   DX
       MOV    DX,DATA51
       LODSB
       OUT    DX,AL             ;否则发送一个字节
       POP    DX
       DEC    BX
       JNZ    WAIT
```

同样,在初始化程序后,也可以用查询方式实现接收数据。

【例 8.7】 下面是一个接收数据程序,假设接收后的数据送入 BUF 开始的数据存储区中。

```
              :
       MOV    SI,OFFSET BUF
       MOV    DX,CTRL51
WAIT:  IN     AL,DX             ;读入线路状态寄存器
       TEST   AL,38H            ;检查是否有任何错误产生
       JNZ    ERROR             ;如有,转出错处理
       TEST   AL,02H            ;否则检查数据是否准备好,即 RxRDY 是否为 0
       JZ     WAIT              ;若 RxRDY 为 0,继续等待检测
       MOV    DX,DATA51
       IN     AL,DX             ;否则接收一个字节
       AND    AL,7FH            ;保留低 7 位
       MOV    [SI],AL           ;送数据缓冲区
       INC    SI
       MOV    DX,CTRL51
       JMP    WAIT
```

```
ERROR:          :
```

2）中断方式

【例 8.8】 利用中断方式可实现 8251A 和 CPU 的串行通信。假设系统以查询方式发送数据，以中断方式接收数据。波特率系数为 16，1 位停止位，7 位数据位，奇校验。

程序如下：

```
MOV   DX,CTRL51
MOV   AL,01011010B        ;写工作方式控制字
OUT   DX,AL
MOV   AL,14H              ;写操作命令控制字
OUT   DX,AL
```

当完成对 8251A 的初始化后，接收端便可进行其他工作，接收到一个字符后，便自动执行中断服务程序。

中断服务程序如下：

```
INT_RECE  PROC
                  :                   ;保护现场
          MOV     DX,CTRL51
          IN      AL,DX
          MOV     AH,AL               ;保存接收状态
          MOV     DX,DATA51
          IN      AL,DX               ;读入接收到的数据
          AND     AL,7FH
          TEST    AH,00111000B        ;检查有无错误产生
          JZ      STORED
          MOV     AL,'? '             ;出错的数据用'?'代替
STORED:   MOV     DX,SEG BUF
          MOV     DS,DX
          MOV     BX,OFFSET BUF
          MOV     [BX],AL             ;存储数据
          MOV     AL,20H
          OUT     20H,AL              ;将 EOI 命令发给中断控制器 8259A
                  :                   ;恢复现场
          IRET
INT_RECE  ENDP
```

8.5 模拟通道接口

8.5.1 概述

随着计算机技术的飞速发展，计算机已经不再是简单的计算工具，它的应用已渗透到各行

各业。人们用微型计算机实现有效的自动控制,在计算机应用领域,特别是在实时控制系统中,常常需要把外界连续变化的物理量(如温度、压力、流量、速度等)转换成数字量送入计算机中进行加工、处理;同样,也需要将经过计算机处理的数字量转化为连续变化的模拟量,用以控制、调节一些执行机构,实现对被控对象的控制。若输入是非电量的模拟信号,则还需要通过传感器将其转换成电信号。这种由模拟量转换成数字量或由数字量转换为模拟量的过程,通常称为模/数、数/模转换。实现这类转换的器件称为模/数(A/D)转换器和数/模(D/A)转换器。A/D 转换器接口通常也称为模入通道接口或 A/D 接口,D/A 转换器接口称为模出通道接口或 D/A 接口,两部分合称模拟通道接口。目前,A/D 和 D/A 都可分别用一块芯片来实现,甚至可与 CPU 做在一起(如 Intel 80196)。这种高集成度的芯片使其可靠性大大提高,成本下降,而应用则更加简单。

图 8.45 是具有模拟量输入和模拟量输出的计算机控制系统。由图可见,A/D 和 D/A 转换是将计算机应用于生产过程以实现有效测控必不可少的环节,因此如何实现 A/D、D/A 转换器与计算机的接口,也就成为计算机控制系统设计中一项十分重要的工作。本节将从应用的角度,介绍几种典型的 A/D、D/A 转换器件的原理及其与 CPU 的接口设计。

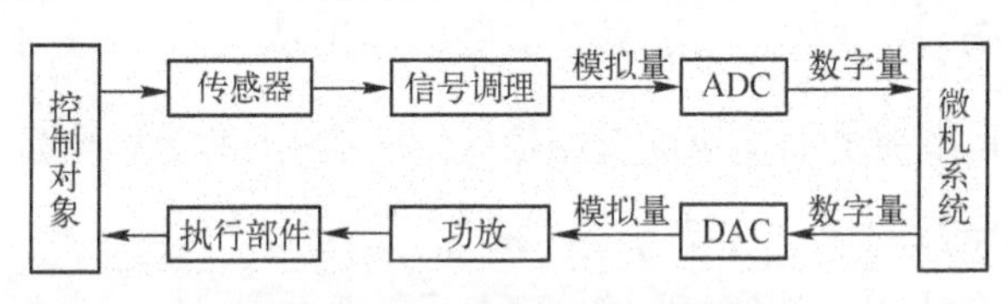

图 8.45　计算机控制系统组成框图

8.5.2　D/A 转换器及其与 CPU 的接口

1. D/A 转换器原理

D/A 转换器是利用电阻网络和模拟开关,将多位二进制数 D 转换为与之成比例的模拟量的一种转换电路。因此输入应是一个 n 位二进制数,它可以按二进制数转换为十进制数的通式展开为 $D = D_{n-1} \times 2^{n-1} + D_{n-2} \times 2^{n-2} + \cdots + D_1 \times 2^1 + D_0 \times 2^0$。而输出应当是与输入的数字量成比例的模拟量 A,$A = KD = K(D_{n-1} \times 2^{n-1} + D_{n-2} \times 2^{n-2} + \cdots + D_1 \times 2^1 + D_0 \times 2^0)$,式中的 K 为转换系数。其转换过程是把输入的二进制数中为 1 的每一位代码,按其权值的大小,转换成相应的模拟量,然后将各位转换以后得到的模拟量,经求和运算放大器相加,其和便是与被转换数字量成正比的模拟量,从而实现了数/模转换。一般的 D/A 转换器输出 A 是正比于输入数字量 D 的模拟电压量,比例系数 K 为一个常数,单位为伏特。

D/A 转换器的种类繁多,按转换原理的不同,可分为权电阻 DAC、T 形电阻 DAC、倒 T 形电阻 DAC 和权电流 DAC 等。不同 DAC 的差别主要表现在采用了不同的解码网络。倒 T 形电阻解码网络 D/A 转换器是目前使用最为广泛的一种形式,与权电阻解码网络相比,倒 T 形电阻解码网络所用的电阻阻值只有两种,其中串联臂为 R,并联臂为 2R,便于制造和扩展位数。其电路结构如图 8.46 所示。

当输入数字信号的任何一位是 1 时,对应开关便将 2R 电阻接到运放反相输入端,而当其为 0 时,则将电阻 2R 接地。由图 8.46 可知,按照虚短、虚断的近似计算方法,求和放大器反相输入端的电位为虚地,所以无论开关合到哪一边,都相当于接到了“地”电位上。在图示开关

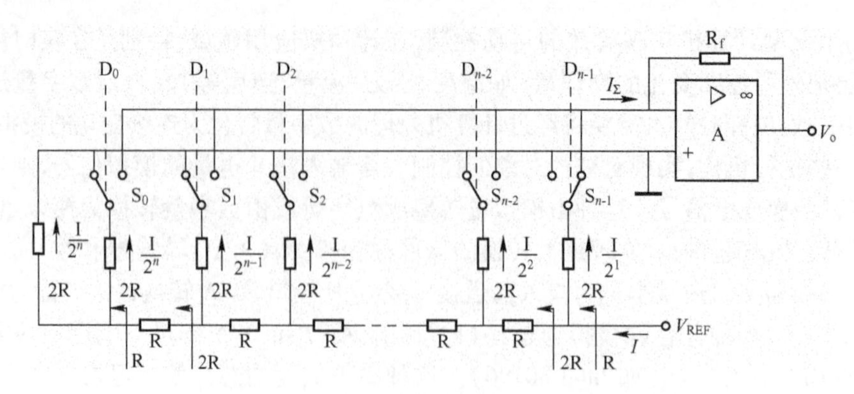

图 8.46 R－2R 倒 T 形电阻网络 D/A 转换电路

状态下,从最左侧将电阻折算到最右侧,先是 2R//2R 并联,电阻值为 R,再和 R 串联,又是 2R,一直折算到最右侧,电阻值仍为 R,则可写出电流 I 的表达式为:$I=\frac{V_{REF}}{R}$。

只要 V_{REF}选定,电流 I 为常数。流过每个支路的电流从右向左,分别为$\frac{I}{2^1}$、$\frac{I}{2^2}$、$\frac{I}{2^3}$、…。当输入的数字信号为 1 时,电流流向运放的反相输入端,当输入的数字信号为 0 时,电流流向地,可写出$\sum I$ 的表达式为$\sum I=\frac{I}{2}D_{n-1}+\frac{I}{4}D_{n-2}+\cdots+\frac{I}{2^{n-1}}D_1+\frac{I}{2^n}D_0$

在求和放大器的反馈电阻 R_f等于 R 的条件下,输出模拟电压为

$$V_0=-R_f\sum I=-R_f\left(\frac{I}{2}D_{n-1}+\frac{I}{4}D_{n-2}+\cdots+\frac{I}{2^{n-1}}D_1+\frac{I}{2^n}D_0\right)$$

$$=-\frac{R_f}{R}\cdot\frac{V_{REF}}{2^n}(D_{n-1}2^{n-1}+D_{n-2}2^{n-2}+\cdots+D_1 2^1+D_0 2^0)=-\frac{V_{REF}}{2^n}D$$

该结果表明,在 V_{REF}不变且 $R_f=R$ 时,输出的模拟信号 V_0与输入的数字信号的大小成正比。倒 T 形电阻解码网络数/模转换的结果不仅与输入的二进制数 $D=D_{n-1}D_{n-2}\cdots D_1D_0$成正比,还与运放的反馈电阻 R_f、基准电压 V_{REF}和解码网络的电阻 R、$2R$ 有关。因为解码网络电阻是芯片内部参数,所以实际使用中,只能通过调整 R_f和 V_{REF}来实现 DAC 的调零和调满刻度值的目的。有的芯片将 R_f也做到芯片内部,这时只能通过调整 V_{REF}实现。当然也可以在芯片外再加入一个小的可变电阻到 R_f支路中去进行调整。

2. D/A 转换器的基本参数

D/A 转换器的性能常用一组基本参数来反映,主要有分辨率、转换精度和转换时间。

1) 分辨率

分辨率是用以说明 D/A 转换器在理论上可达到的精度。用于表征 D/A 转换器对输入微小量变化的敏感程度,显然输入数字量位数越多,输出电压可分离的等级越多,即分辨率越高。所以实际应用中,往往用输入数字量的位数表示 D/A 转换器的分辨率。此外,D/A 转换器的分辨率也定义为电路所能分辨的最小输出电压 V_{LSB}(最低位为 1,其余各位都为 0 时所对应的电压值)与最大输出电压 V_m(输入数字代码所有各位为 1 时,所对应的电压值)之比来表示,即

$$分辨率=\frac{V_{LSB}}{V_m}=\frac{-\frac{V_{REF}}{2^n}}{-\frac{V_{REF}}{2^n}(2^n-1)}=\frac{1}{2^n-1}$$

上式说明,输入数字代码的位数 n 越多,分辨率越小,分辨能力越高。例如,DAC0832 8 位 D/A 转换器的分辨率为

$$\frac{1}{2^8-1}=\frac{1}{255}\approx 0.003922$$

2）转换误差

D/A 转换器实际能达到的转换精度取决于转换误差的大小,转换误差表示 D/A 转换器实际转化特性与理想特性之间的最大偏差。转换误差可用输出电压满度值的百分数表示,也可用最低有效位(LSB)的倍数表示。例如,转换误差为 0.5LSB,用以表示输出模拟电压的绝对误差等于当输入数字量的 LSB 为 1,其余各位均为 0 时输出模拟电压的 1/2。转换误差又分静态误差和动态误差。产生静态误差的原因有:基准电源 V_{REF} 的不稳定,运放的零点漂移,模拟开关导通时的内阻和压降以及电阻网络中阻值的偏差等。动态误差则是在转换的动态过程中产生的附加误差,它是由于电路中的分布参数的影响,使各位的电压信号到达解码网络输出端的时间不同所致。由此可见,要获得高精度的 D/A 转换器,仅选择高分辨率是不够的,还必须选择高稳定度的基准电压源 V_{REF} 和低零点漂移的运算放大器才能达到要求。

3）速度参数

D/A 的速度参数主要是建立时间,是衡量 DAC 转换速度快慢的一个重要参数,它是指 DAC 的数字输入有满刻度值的变化(输入由全 0 变为全 1 或全 1 变为全 0)时,其输出模拟信号电压(或电流)达到满刻度值的 0.5LSB 时所需要的时间。对电流输出形式的 DAC,其建立时间是很短的;而电压输出型的 DAC,其建立时间主要是其输出运放所需的响应时间。一般 DAC 的建立时间为几纳秒至几微秒。

3. 典型的 D/A 转换器集成芯片

D/A 转换器的种类繁多,在目前常用的 D/A 芯片中,从数据传输的方式看,可以分为并行输入 DAC、串行输入 DAC 以及串/并输入 DAC;从数码位数上看,有 8 位、10 位、12 位、16 位等;在输出形式上,有电流输出和电压输出;从内部结构上,又可分为含数据输入寄存器和不含数据输入寄存器。对内部不含数据输入寄存器的芯片,亦即不具备数据的锁存能力,是不能直接与系统总线连接的。在这类芯片(如 AD7520、AD7521 等)与 CPU 连接时,要在其与 CPU 之间增加数据锁存器(如 74LS273)。而内部已包含数据输入寄存器的 D/A 转换器芯片可直接与系统总线相连,常见的有 DAC0832、DAC1210 等。

各种类型不同的 DAC 与 CPU 的接口技术各有所不同,但它们的基本功能和使用方法是相同的,故以下仅介绍应用较多的 D/A 转换芯片 DAC0832 以及 DAC1210。

1）DAC0832

DAC0832 是应用较广泛的 8 位双缓冲 D/A 转换芯片,采用 CMOS 工艺和 R－2R T 形电阻解码网络,转换结果以一对差动电流输出,要想得到模拟电压输出,必须外接运算放大器。

(1）性能指标。

① 分辨率:8 位。

② 转换时间:1μs。

③ 满刻度误差:±1LSB。

④ 单电源:+5 ~ +15V,功耗 20mW。

⑤ 基准电压:-15 ~ +15V。

⑥ 数据输入电平与 TTL 电平兼容。

(2) DAC0832 内部结构及外部引脚。

DAC0832 的内部逻辑结构如图 8.47 所示,主要包括一个 T 形电阻网络的 8 位 D/A 转换器和两级锁存器,第一级锁存器是 8 位的数据输入寄存器,由控制信号 ILE、$\overline{CS}$和$\overline{WR_1}$ 控制;第二级锁存器是 8 位的 DAC 寄存器,由控制信号$\overline{WR_2}$ 和$\overline{XFER}$控制。DAC0832 的模拟输出为差动电流信号,因此,要想得到模拟电压输出,必须外接运算放大器。

DAC0832 是 20 个引脚的双列直插式芯片,其引脚图如图 8.48 所示。各引脚功能如表 8.7 所示。

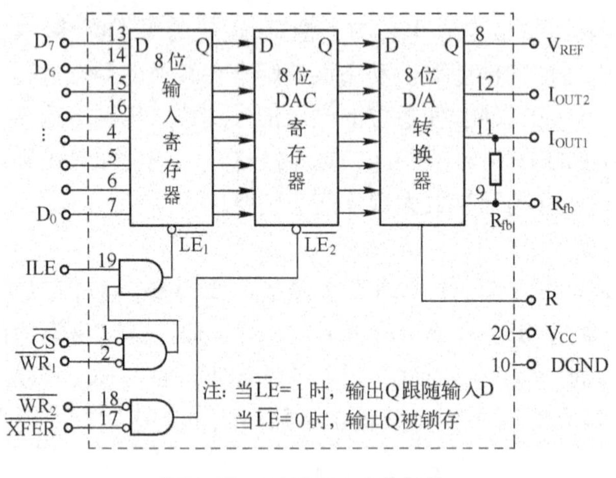

图 8.47 DAC0832 内部结构

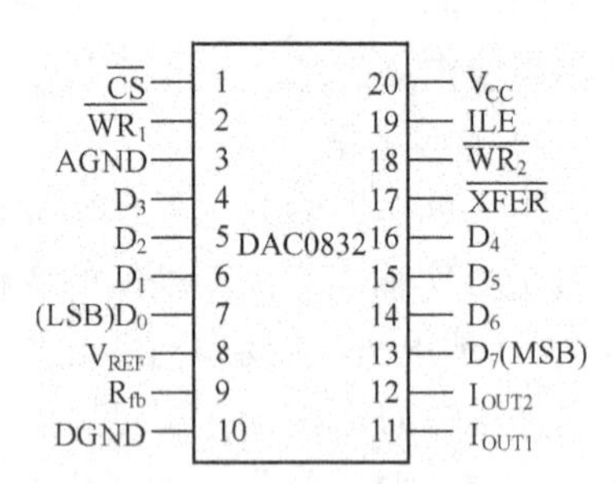

图 8.48 DAC0832 引脚

表 8.7 DAC 0832 的引脚功能

引脚	功 能	引脚	功 能
$D_{0\sim7}$	8 位数据输入,可直接与 CPU 数据总线相连	V_{CC}	电源输入
ILE	允许输入锁存,高电平有效	I_{out1},I_{out2}	电流输出线,$I_{out1}+I_{out2}$ = 常数
$\overline{CS}$	片选信号,低电平有效	AGND	模拟信号地
$\overline{WR_1}$	输入寄存器写选通信号,低电平有效	DGND	数字信号地
$\overline{WR_2}$	DAC 寄存器写选通信号,低电平有效	R_{fb}	反馈电阻输出端,接运算放大器的输出
$\overline{XFER}$	数据传送控制信号,低电平有效	V_{REF}	基准电压输入,此电压越稳定模拟输出精度越高

(3) DAC0832 的工作方式。根据对 DAC 0832 的输入锁存器和 DAC 寄存器的不同的控制方法,DAC0832 有如下 3 种工作方式:

① 直通方式 。输入寄存器和 DAC 寄存器都接成数据跟随的方式,称为直通方式。此时提供给 DAC 的数据必须来自锁存端口,如图 8.49(a)所示,数据来自 8255A 的 A 口输出,程序段如下:

```
MOV   DX,200H        ;设 8255A 的 A 口地址为 200H
OUT   DX,AL          ;AL 中数据送 A 口锁存并转换
```

② 单缓冲方式。程序控制输入寄存器和 DAC 寄存器中的一个,而另一个接成直通方式,称为单缓冲方式。此方式适用于只有一路模拟量输出或几路模拟量非同步输出的情形。参考电路如图 8.49(b)所示,程序段如下:

```
MOV   DX,100H        ;DAC0832 的地址为 100H
OUT   DX,AL          ;AL 中数据送 DAC 转换
```

③ 双缓冲方式。分别控制输入寄存器和 DAC 寄存器。此方式适用于多路 D/A 同时输出的情形,使各路数据分别锁存于各输入寄存器,然后同时(相同控制信号)打开各 DAC 寄存器、实现同步转换. 参考接线如图 8.49(c)所示,程序段如下:

```
MOV   DX,100H        ;DAC0832 的输入锁存器的地址为 100H(A0 =0)时,CS =0
OUT   DX,AL          ;AL 中数据送输入锁存器
MOV   DX,101H        ;DAC0832 的 DAC 锁存器的地址为 101H(A0 =1)时,XFER =0
OUT   DX,AL          ;数据写入 DAC 锁存器并转换,此句中 AL 的值可为任意值
```

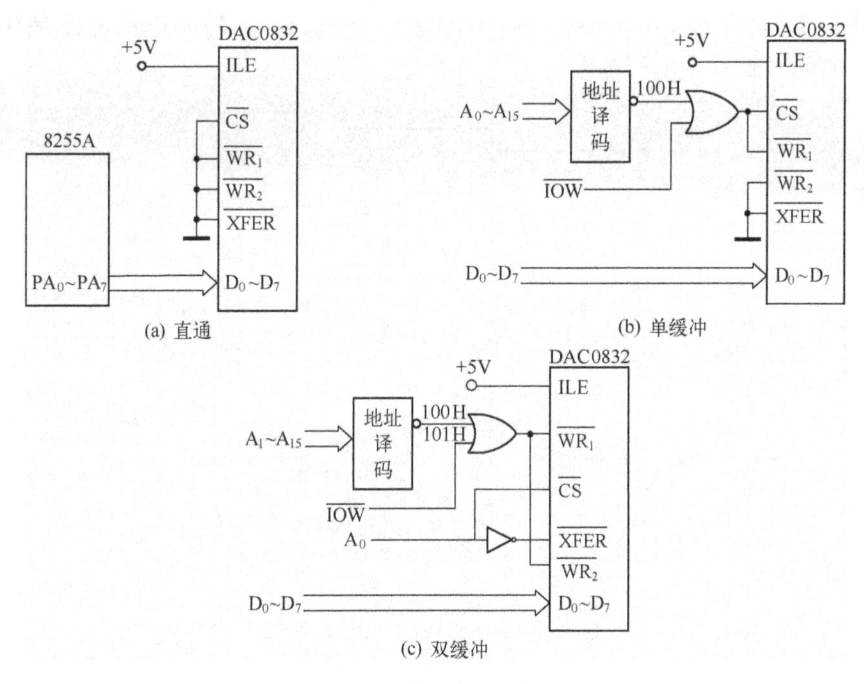

图 8.49 DAC0832 工作方式

(4) DAC0832 的输出方式。DAC0832 直接得到的转换输出信号是模拟电流 I_{OUT1} 和 I_{OUT2},其中 $I_{OUT1} + I_{OUT2}$ = 常数,而在微型计算机系统中通常需要电压信号。这时,可用运算放大器将其转换为单极性或双极性的输出电压。

① 单极性输出。如图 8.50(a)所示,这时得到的电压 V_0 是单极性,极性与 V_{REF} 相反。对应数字量 00H ~ FFH 的模拟电压 V_0 的输出范围是 $0 \sim -V_{REF}$,其转换公式为 $V_0 = -(D/2^8) \times V_{REF}$。

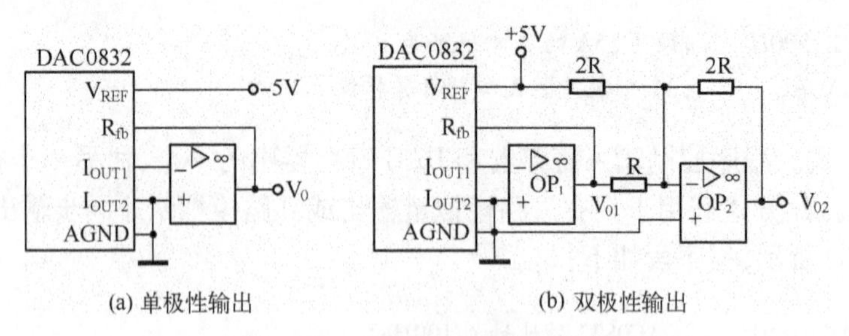

(a) 单极性输出　　　(b) 双极性输出

图 8.50　DAC0832 的输出方式

② 双极性输出。如要输出双极性电压,应在输出端再加一级运算放大器作为偏移电路,如图 8.50(b)所示,图中的单极性输出电压 V_{01} 经运放 OP_2 电平偏移、放大后,对应数字量 00H ~ FFH 的模拟电压 V_{02} 输出范围是 $-V_{REF} \sim +V_{REF}$,其转换公式为 $V_{02} = -[(D-2^7)/2^7] \times V_{REF}$。

(5) DAC0832 的应用实例。单缓冲工作方式是 DAC0832 较典型的应用方式,由前述可知,DAC0832 在单缓冲方式下可以直接与系统总线相连,可将它看作一个输出端口。每向该端口送一个 8 位数据,其输出端就会有相应的输出电压。可以通过编写程序,利用 D/A 转换器产生各种不同的输出波形,如锯齿波、三角波、方波、正弦波等。

【例 8.9】 根据图 8.51 的电路连接,编写一个输出锯齿波的程序,周期任意,DAC0832 工作在单缓冲方式,端口地址为 280H。其中 V_1 为单极性输出端,输出电压范围是 0 ~ -5V。V_{OUT} 为双极性输出端,输出电压范围是 +5 ~ -5V。

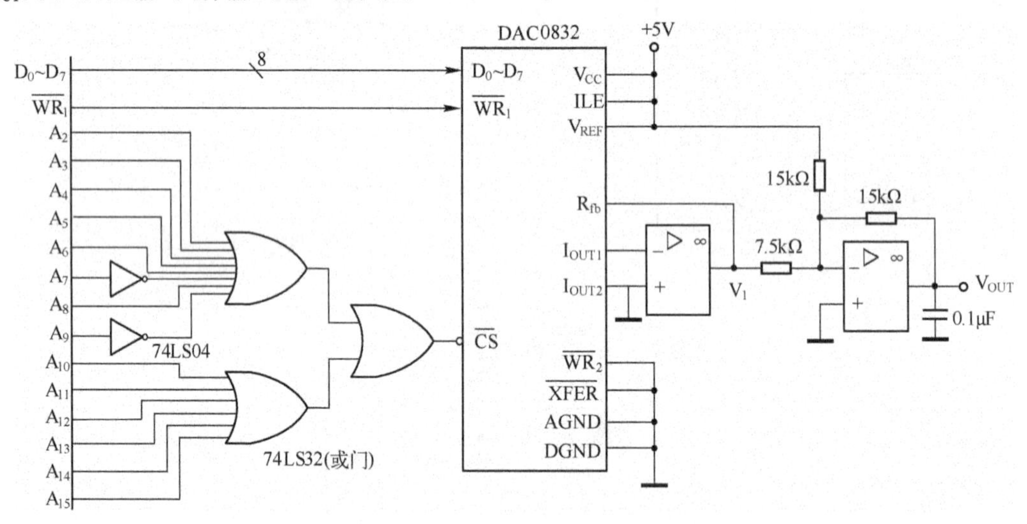

图 8.51　DAC0832 与 8086/8088 微型计算机系统的硬件连接图

编程思路:正向锯齿波的规律是电压从最小值开始逐渐上升,上升到最大值时立刻跳变为最小值,如此反复。反向锯齿波正好相反,先从最小值跳变为最大值,然后逐渐下降到最小值。所以只要从 0 开始往 DAC0832 输出数据,每次加 1,直到达到最大值 FFH,然后从 0 开始下一个周期。这个过程的循环执行即可在 DAC0832 输出端得到一个正向锯齿波。下面是一个产生正向锯齿波的程序段:

```
MOV   DX,280H        ;端口地址 280H 送 DX
MOV   AL,0           ;初始值送 AL
```

```
NEXT: OUT   DX,AL       ;输出数字量到 D/A 转换器 DAC0832
      INC   AL          ;数字量加 1
      JMP   NEXT        ;循环
```

程序产生的锯齿波不是平滑的波形,而是有 255 个小台阶,通过加滤波电路可以得到较平滑的锯齿波输出,还可以通过软件实现对输出波形周期和幅度的调整。

【例 8.10】 已知 DAC0832 输出电压 V_{OUT} 的范围为 0 ~ 5V,现希望输出 1 ~ 4V,周期任意的正向锯齿波。DAC0832 与微型计算机的硬件连接如图 8.51 所示,试编程实现。

编程思路:已知当输出为 5V 时,输入数字量为最大值 255,则 1V 电压对应的数字量 = 1 × 255/5 = 51 = 33H;4V 电压对应的数字量 = 4 × 255/5 = 204 = CDH。

程序段为:

```
        MOV   DX,280H     ;DAC0832 的端口地址 280H 送 DX
NEXT1:  MOV   AL,33H      ;最低输出电压对应的数字量送 AL
NEXT2:  OUT   DX,AL       ;输出数字量到 DAC0832
        INC   AL          ;数字量加 1
        CALL  DELAY       ;调用延时子程序
        CMP   AL,0CDH     ;到最大值(输出 4V 电压)否?
        JNA   NEXT 2      ;若没有到最大值继续输出
        JMP   NEXT1       ;达到最大输出则重新开始下一个周期
          ::
DELAY   PROC              ;延时子程序,延时常数可修改
        MOV   CX,100
DELAY1: LOOP  DELAY1
        RET
DELAY   ENDP
```

本设计中,不仅实现了波形幅度的调整,而且通过延时子程序中设置不同的延时常数,还可以实现输出信号周期的调整。

2) DAC1210

(1) DAC1210 的内部结构及引脚功能。DAC1210 是 12 位 D/A 转换芯片,电流建立时间为 1μs,单电源(+5 ~ +15V)工作,参考电压最大为 ±25V,25mW 低功耗,输入信号端与 TTL 电平兼容。它的内部结构与引脚情况如图 8.52 所示。

由图 8.52 可见,DAC1210 的基本结构与 DAC0832 相似,也是由两级缓冲寄存器组成。主要差别在于它是 12 位数码输入,为了便于和广泛应用的 8 位 CPU 接口,它的第一级寄存器分成 1 个 8 位输入寄存器和 1 个 4 位输入寄存器,以便利用 8 位数据总线分两次将 12 位数据写入 DAC 芯片。这样 DAC1210 内部就有 3 个寄存器,需要 3 个端口地址,为此,内部提供了 3 个 $\overline{LE}$ 信号的控制逻辑。

对各控制输入信号,须说明一下 $BYTE_1/\overline{BYTE_2}$ 的作用。它是写字节 1/字节 2 的控制信号,当 $BYTE_1/\overline{BYTE_2}$ = 1 时,同时写 8 位输入寄存器和 4 位输入寄存器;当 $BYTE_1/\overline{BYTE_2}$ = 0 时,不写 8 位输入寄存器,只写 4 位输入寄存器。

当 CPU 数据总线宽度大于或等于 12 位时,DAC1210 的使用与 DAC0832 差不多,而当

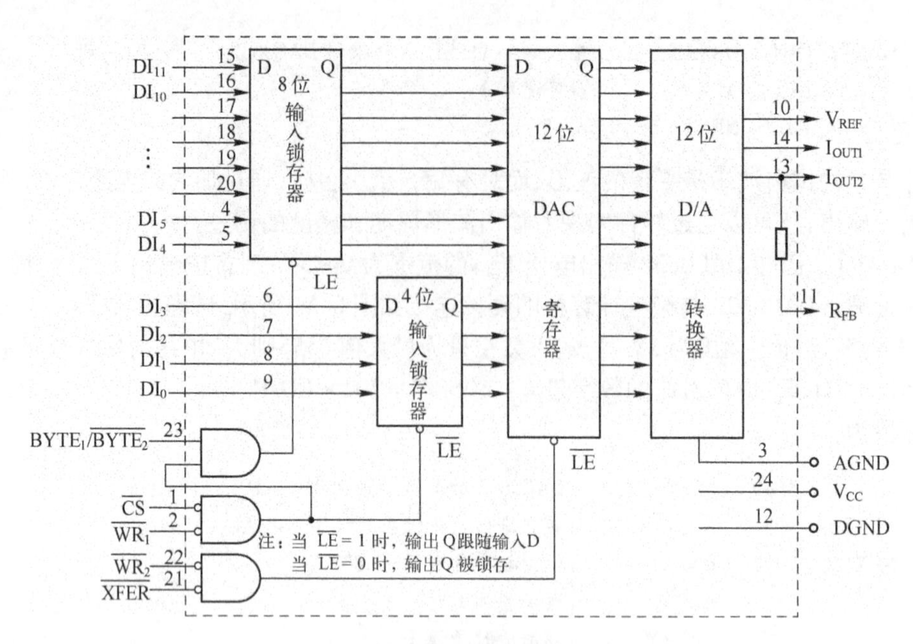

图 8.52 DAC1210 的内部结构与外部引脚

CPU 数据总线宽度只有 8 位时，其使用差别主要有如下 2 点：

① 两次写入数据的顺序，一定要先写高 8 位到 8 位输入寄存器，后写低 4 位到 4 位输入寄存器。原因是 4 位寄存器，$\overline{LE}$端只受$\overline{CS}$、$\overline{WR_1}$ 控制，两次写入都使 4 位寄存器的内容更新，而 8 位寄存器的写入与否是可以受 $BYTE_1/\overline{BYTE_2}$ 控制的。

② 由于输入数字码要分两次送入芯片，如果采用单缓冲方式（这时只能使 12 位 DAC 寄存器直通），芯片将有短时间的不确定输出，因此 DAC1210 与 8 位相接时，必须工作在双缓冲方式下。

（2）DAC1210 与 CPU 的连接。DAC1210 和 CPU 连接时，如果 CPU 的数据总线位数大于或等于 D/A 转换器位数，这类接口最简单。只需要将 DAC1210 的 12 位数据线 $DI_0 \sim DI_{11}$ 与微型计算机系统总线的 12 位数据线 $D_0 \sim D_{11}$ 对应连接即可。此时 $BYTE_1/\overline{BYTE_2}$ 一直接高电平，通过控制 DAC1210 的$\overline{CS}$和$\overline{WR_1}$ 引脚，由 8 位输入锁存器和 4 位输入锁存器同时完成 12 位数据的第一级锁存，再通过控制 DAC1210 的$\overline{WR_2}$、$\overline{XFER}$引脚，由 12 位 DAC 寄存器完成 12 位数据的第二级锁存，并开始 D/A 转换。这与 DAC0832 的双缓冲工作方式相同，通过对输入控制信号的控制，也可实现单缓冲工作方式和直通工作方式。

如果微型计算机系统的数据总线 $D_0 \sim D_7$ 为 8 位，那么 DAC1210 的数据线与系统数据总线的连接如图 8.53 所示。微型计算机系统的数据总线 $D_0 \sim D_7$ 与 DAC1210 的高 8 位数据线 $DI_4 \sim DI_{11}$ 对应连接，即 D_0 与 DI_4 连接，D_1 与 DI_5 连接，D_2 与 DI_6 连接，依此类推；同时系统数据总线的低 4 位 $D_0 \sim D_3$ 与 DAC1210 的低 4 位数据线 $DI_0 \sim DI_3$ 对应连接，即 D_0 与 DI_0 连接，D_1 与 DI_1 连接，D_2 与 DI_2 连接，D_3 与 DI_3 连接。

通过 $BYTE_1/\overline{BYTE_2}$ 引脚来控制 12 位数据的传输，具体分 3 步进行：第一步先使 $BYTE_1/\overline{BYTE_2}=1$，通过执行 OUT 命令并送出 12 位数据的高 8 位，控制$\overline{CS}$或者$\overline{WR_1}$ 由低电平变为高

电平,使8位输入锁存器和4位输入锁存器的$\overline{LE}$由高电平变为低电平,则8位输入锁存器锁存12位数据的高8位,同时4位输入锁存器锁存高8位数据中的低4位(该4位数据无效);第二步使 $BYTE_1/\overline{BYTE_2}=0$,则8位输入锁存器锁存的12位数据的高8位不再变化,通过执行OUT命令,送出12位数据的低4位,控制$\overline{CS}$或者$\overline{WR_1}$由低电平变为高电平,通过逻辑电路使4位输入锁存器的LE由高电平变为低电平,则4位输入锁存器锁存12位数据的低4位(替换了第一步中锁存的4位数据),至此8位输入锁存器和4位输入锁存器分别锁存了12位数据的高8位和低4位;第三步通过执行OUT命令控制$\overline{WR_2}$或者$\overline{XFER}$由低电平变为高电平,使12位DAC寄存器的$\overline{LE}$由高电平变为低电平,同时锁存输出12位数据,并开始D/A转换,一段时间后输出模拟信号。

(3) DAC1210的应用实例。DAC1210与8位微型计算机系统的硬件连接如图8.53所示,已知DAC1210分配3个端口地址,分别是200H~202H,对应译码器的有效信号分别是$\overline{Y_0}$、$\overline{Y_1}$、$\overline{Y_2}$。当$\overline{Y_0}=0$时,$\overline{Y_1}=\overline{Y_2}=1$,$BYTE_1/\overline{BYTE_2}=1$,执行OUT指令时,$\overline{IOW}$有效;12位数据的高8位数据被写入DAC1210的高8位输入锁存器和低4位输入锁存器;当$\overline{Y_1}=0$时,$\overline{Y_0}=\overline{Y_2}=1$,$BYTE_1/\overline{BYTE_2}=0$,执行OUT指令时,$\overline{IOW}$有效,8位输入锁存器锁存的高8位数据不变,12位数据的低4位数据被写入DAC1210的4位输入锁存器,原来写入的内容被冲掉;当$\overline{Y_2}=0$时,$\overline{Y_0}=\overline{Y_1}=1$,12位DAC寄存器的$\overline{LE}$由高电平变为低电平,执行OUT指令时,$\overline{IOW}$有效,12位DAC寄存器锁存输出12位数据,并开始D/A转换,一段时间后自动输出转换结果即模拟信号。由于DAC1210为电流输出,因此接运放OP_1使之成为负电压输出,再加运放OP_2进行极性变换,使之成为正向电压输出。

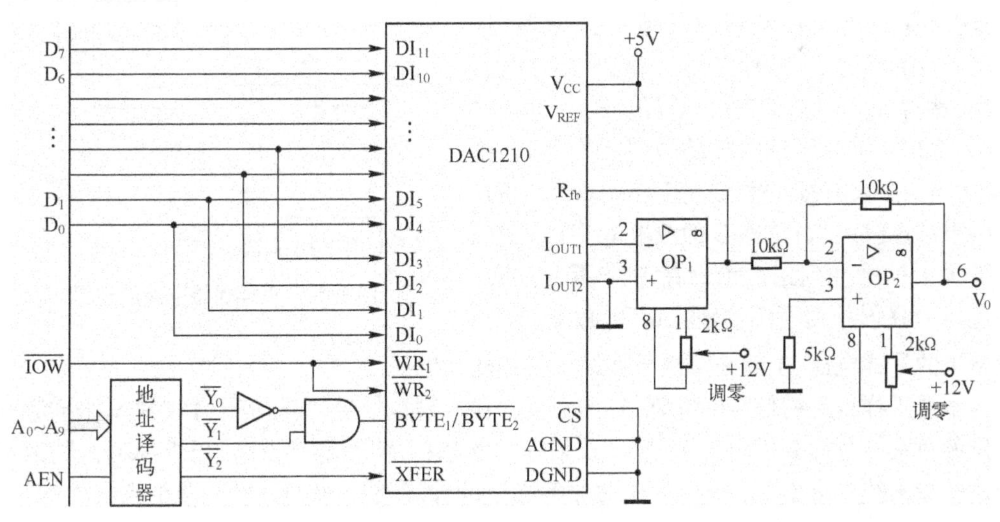

图8.53 DAC1210与8086/8088微型计算机系统的硬件连接图

其程序如下:

```
MOV  AX,328H     ;设待转换的12位数据为328H
MOV  BL,AL       ;保存低4位到BL
```

```
MOV  CL,4
SHR  AX,CL          ;把待转换的12位数据的高8位全部右移到AL中
MOV  DX,200H
OUT  DX,AL          ;送出12位数据的高8位到8位输入锁存器并锁存
MOV  AL,BL          ;取12位数据的低4位到AL中
MOV  DX,201H
OUT  DX,AL          ;送出12位数据的低4位到4位输入锁存器并锁存
MOV  DX,202H
OUT  DX,AL          ;使12位DAC寄存器锁存12位数据并开始D/A转换
```

8.5.3 A/D 转换器及其与 CPU 的接口

1. A/D 转换的基本概念

A/D 转换器的功能是将输入的模拟电压转换为输出的数字信号,即将模拟量转换成与其成比例的数字量。一个完整的 A/D 转换过程,包括采样、保持、量化、编码 4 个部分。在具体实施时,常把这 4 个步骤合并进行。例如,采样和保持是利用同一电路连续完成的。量化和编码是在转换过程中同步实现的,而且所用的时间又是保持的一部分。

1) 采样和保持

采样是将一个时间上连续变化的模拟量转化为时间上断续变化的(离散的)模拟量,或者说是把一个时间上连续变化的模拟量转化为一个脉冲串,脉冲的幅度取决于输入模拟量的幅值。保持是将采样得到的模拟量保持不变,使之等于采样控制脉冲存在的最后瞬间的采样值。

采样保持电路如图 8.54 所示。它由 MOS 管采样开关、保持电容 C 和运放构成的跟随器组成。采样控制信号 S = 1 时,T 导通,V_i向 C 充电,V_C 和 V_o跟踪 V_i 变化,即对 V_i采样。S = 0 时,T 截止,V_o将保持前一瞬间采样的数值不变。只要 C 的漏电电阻、跟随器的输入电阻和 MOS 管 T 的截止电阻都足够大(可忽略 C 的放电电流),V_o就能在下次采样脉冲到来之前保持基本不变。实际中进行A/D 转换时所用的输入电压,就是这种保持下来的采样电压,也就是每次采样结束时的输入电压。

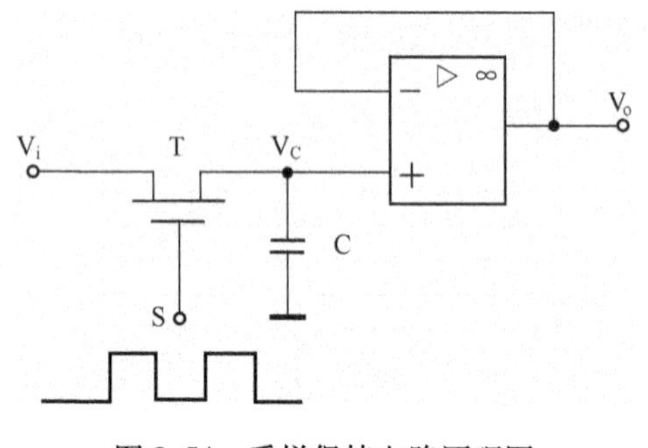

图 8.54 采样保持电路原理图

为了使采样得到的信号能准确、真实地反映输入模拟信号,实际应用中必须对采样频率提出一定的要求。显然采样周期 T 越小,即采样频率越高,精确度就越高,当 T→0 时,则数字系统变成连续系统。事实上,T 过小,会增加不必要的计算负担,而 T 过长,会带来很大的误差。理论和实践都证明,要满足采样定理

$$f_s \geqslant 2f_{imax}$$

式中:f_s为采样频率;f_{imax}为输入信号 V_i的最高次谐波分量的频率。

满足采样定理后,采样保持得到的输出信号在经过信号处理后便可还原成原来的模拟输入信号。实际中采样频率f_s一般取输入信号 V_i频率f_{imax}的 4 ~5 倍,即$f_s = (4 \sim 5)f_{imax}$。

2）量化和编码

为了使采样得到的离散的模拟量与 n 位二进制码的 2^n 个数字量一一对应，还必须将采样后离散的模拟量归并到 2^n 个离散电平中的某一个电平上，这样的一个过程称为量化。量化后的值再按数制要求进行编码，以作为转换完成后输出的数字代码。量化和编码是所有 A/D 转换器不可缺少的核心部分之一。

数字信号具有在时间上离散和幅度上断续变化的特点。这就是说，在进行 A/D 转换时，任何一个被采样的模拟量只能表示成某个规定最小数量单位的整数倍，所取的最小数量单位称为量化单位，用 Δ 表示。若数字信号最低有效位用 LSB 表示，1LSB 所代表的数量大小就等于 Δ，即模拟量量化后的一个最小分度值。把量化的结果用二进制码，或是其他数制的代码表示出来，称为编码。这些代码就是 A/D 转换的结果。

既然模拟电压是连续的，那么它就不一定是 Δ 的整数倍，在数值上只能取接近的整数倍，因而量化过程不可避免地会引入误差。这种误差称为量化误差。将模拟电压信号划分为不同的量化等级时通常有只舍不入法和四舍五入法两种，其中只舍不入法的量化误差相差较大。例如把 0～1V 的模拟电压转换成 3 位二进制代码，取最小量化单位 $\Delta = 1/8$V，并规定凡模拟量数值在 0～1/8V 之间时，都用 0Δ 替代，用二进制数 000 来表示；凡数值在（1/8～2/8）V 之间的模拟电压都用 1Δ 代替，用二进制数 001 表示，依此类推。这种量化方法带来的最大量化误差可能达到 Δ，即 1/8V。若用 n 位二进制数编码，则所带来的最大量化误差为$1/2^n$V。

为了减小量化误差，通常采用四舍五入法来划分量化电平。在划分量化电平时，基本上是取第一种方法 Δ 的 1/2，在此取量化单位 $\Delta = 2/15$V。将输出代码 000 对应的模拟电压范围定为 0～1/15V，即 $0 \sim 1/2\Delta$；（1/15～3/15）V 对应的模拟电压用代码用 001 表示，对应模拟电压中心值为 $1\Delta = 2/15$V；依此类推。这种量化方法的量化误差可减小到 $1/2\Delta$，即 1/15V。这是因为在划分的各个量化等级时，除第一级（0～1/15V）外，每个二进制代码所代表的模拟电压值都归并到它的量化等级所对应的模拟电压的中间值，所以最大量化误差自然不会超过 $1/2\Delta$。

3）A/D 转换器的分类

按转换过程，A/D 转换器可大致分为直接型 A/D 转换器和间接型 A/D 转换器。直接型 A/D 转换器能把输入的模拟电压直接转换为输出的数字代码，而不需要经过中间变量。常用的电路有并行比较型和反馈比较型 2 种。间接 A/D 转换器是把待转换的输入模拟电压先转换为一个中间变量，如时间 T 或频率 F，然后再对中间变量量化编码，得出转换结果。A/D 转换器的大致分类如下所示。

- A/D 转换器
  - 直接型
    - 并行比较型
    - 反馈比较型
      - 计数型
      - 逐次逼近型
  - 间接型
    - 电压—时间型（V－T 型）……双积分型
    - 电压—频率型（V－F 型）

上述各种 ADC 各有优缺点。积分型特别是双积分型 ADC 转换精度高，抗干扰能力强，但转换速度慢，一般应用在精度要求高而速度要求不高的场合，如测量仪表等。V/F 转换式 ADC 在转换线性度、精度、抗干扰能力和积分输入特性等方面有独特的优点，且接口简单，占用计算机资源少；缺点是转换速度低。目前，VF 转换成 ADC 在一些输出信号动态范围较大或传输距离较远的低速过程的模拟输入通道中，获得了越来越多的应用。计数式 ADC 最简单，但转换速度很慢。并行转换型 ADC 速度最快，但成本最高。逐次逼近型 ADC 转换速度和精度都比较高，且比较简单，价格不高，所以在微型计算机应用系统中最常用。下面将对单片集成 ADC 电路中应用最广的逐次逼近型 A/D 转换器的工作原理予以介绍。

2. 逐次逼近型 A/D 转换器原理

逐次逼近型 A/D 转换器属于直接型 A/D 转换器，它能把输入的模拟电压直接转换为输出的数字代码，而不需要经过中间变量。转换过程相当于天平秤量物体重量的过程，不过这里不是加减砝码，而是通过 D/A 转换器及寄存器加减标准电压，使标准电压值与被转换电压平衡。这些标准电压通常称为电压砝码。

逐次逼近式 A/D 转换器的内部结构框图如图 8.55 所示，它主要由逐次逼近寄存器、D/A 转换器、电压比较器、控制逻辑和时钟电路等组成。比较的过程首先是取最大的电压砝码，即寄存器最高位为 1 时的二进制数所对应的 D/A 转换器输出的模拟电压，将此模拟电压 U_A 与输入电压 U_I 进行比较，当 U_A 大于 U_I 时，最高位置 0；反之，当 U_A 小于 U_I 时，最高位 1 保留，再将次高位置 1，转换为模拟量与 U_I 进行比较，确定次高位 1 保留还是去掉。依此类推，直到最后一位比较完毕，寄存器中所存的二进制数即为 U_I 对应的数字量。

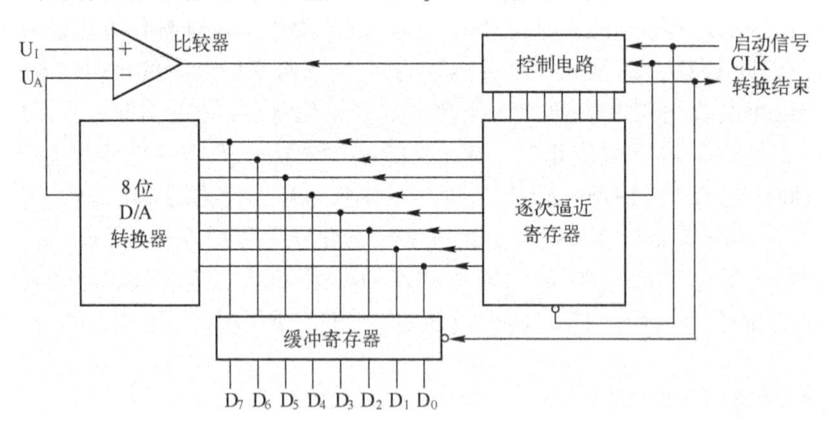

图 8.55　逐次逼近 A/D 转换器内部结构框图

以上过程可以用图 8.56 加以说明，图中是将模拟电压 U_I 转换为 4 位二进制数的过程，电压砝码依次为 800mV、400mV、200mV 和 100mV，转换开始前先将寄存器清零，所以加给 D/A 转换器的数字量全为 0。当转换开始时，通过 D/A 转换器送出一个 800mV 的电压砝码与输入电压比较，由于 $U_I < 800\text{mV}$，将 800mV 的电压砝码去掉，再加 400mV 的电压砝码，$U_I > 400\text{mV}$，于是保留 400mV 的电压砝码，再加 200mV 的砝码，$U_I > 400\text{mV} + 200\text{mV}$，200mV 的电压砝码也保留；再加 100mV 的电压砝码，因 $U_I < 400\text{mV} + 200\text{mV} + 100\text{mV}$，故去掉 100mV 的电压砝码。最后寄存器中获得的二进制码 0110，即为 U_I 对应的二进制数。将此数字输出，即完成其 A/D 转换过程。

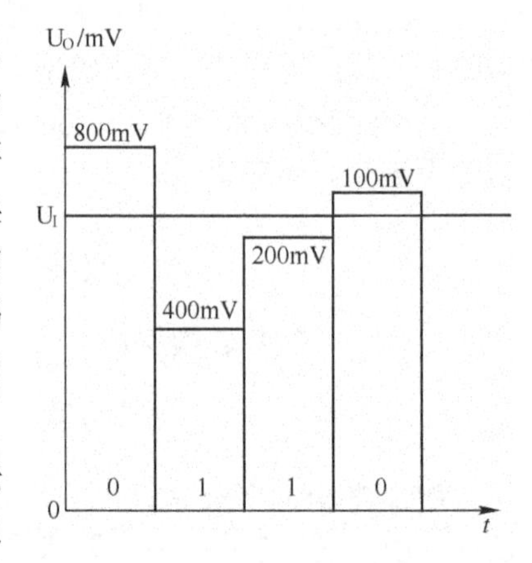

图 8.56　逐次逼近 A/D 转换器的逼近过程示意图

3. A/D 转换器的性能参数

和 D/A 转换器一样，A/D 转换器也有 3 种最主要的性能参数：分辨率、转换精度和转换时间。

1）分辨率

分辨率是指 A/D 转换器能分辨的最小模拟输入量。通常用能转换成的数字量的位数来表示，如 8 位、10 位、12 位、16 位等。位数越高，分辨率越高。例如，对于 8 位 A/D 转换器，当输入电压满刻度为 5V 时，其输出数字量的变化范围为 0～255，转换电路对输入模拟电压的分辨能力为 5V/255＝19.5mV。模拟输入电压低于此值，转换器不予响应。

2）转换精度

转换精度是指与数字输出量所对应的模拟输入量的实际值与理论值之间的差值。A/D 转换电路中与每一个数字量对应的模拟输入量并非是单一的数值，而是一个范围 Δ。例如：对满刻度输入电压为 5V 的 12 位 A/D 转换器，Δ＝5V/FFFH＝1.22mV，定义为数字量的最小有效位 LSB。若理论上输入的模拟量 A，产生数字量 D，而实际输入模拟量 $A\pm\Delta/2$ 产生还是数字量 D，则称此转换器的精度为 ±0.5LSB。目前常用的 A/D 转换器的精度为(1/4～2)LSB。

3）转换时间

转换时间是指 A/D 转换器完成一次 A/D 转换所需要的时间，即从发出启动转换命令信号到转换结束信号有效之间的时间间隔。转换时间的倒数称为转换速率（或称转换频率，即 1s 时间内能完成转换的次数）。例如，ADC0809 的转换时间为 100μs，其转换频率为 10kHz。

4）量程

量程是指 A/D 转换器所能转换的模拟输入电压的变化范围。A/D 转换器的模拟输入电压分为单极性和双极性两种。通常单极性输出的模拟电压输入范围为 0～＋5V，0～＋10V 或 0～＋20V；双极性输出的模拟电压输入范围为 －5～＋5V，－10～＋10V。

4. 典型的集成 A/D 转换器芯片

为了满足各种需求，当前国内外各半导体器件生产厂家设计生产出了各种各样的 ADC 芯片。尽管目前 A/D 转换芯片的品种、型号很多，其内部功能强弱、转换速度快慢、转换精度高低有很大的差别，但从 A/D 转换器的外部特性看，无论哪种芯片，都必不可少地要包括以下 4 种基本信号引脚端：

（1）模拟信号输入端。用来输入待转换的模拟量（一般是模拟电压），有单极性和双极性、单通道和多通道之分。对于多个模拟通道，A/D 转换芯片提供了选择通道的地址线，一次只能转换一个通道输入的模拟信号。

（2）数字量输出端。用来输出模拟量转换后的数字量，有并行和串行输出之分。对于并行输出而言，数字量输出线的根数表示该 A/D 转换芯片的分辨率。如果 A/D 转换芯片没有三态数据输出锁存器，那么需要在 A/D 转换器和 CPU 的数据总线之间增加三态锁存器（如可用 74LS273 等）才能连接；反之，可直接与 CPU 的数据总线连接。如果 A/D 转换器数字量输出线的宽度（如 12 位）大于 CPU 的数据总线的宽度（如 8 位），那么 CPU 要分两次读取 A/D 转换后的数字量（先读 12 位的低 8 位，再读高 4 位），然后把两次读取的数字量组合成一个数字量。

（3）启动 A/D 转换输入端。启动转换的控制方式分电平控制方式和脉冲控制方式。对脉冲启动转换的 ADC 芯片，只要在其启动转换引脚上施加一个宽度符合芯片要求的脉冲信号,就能启动 A/D 转换并自动完成转换。如果是电平启动,则必须在整个 A/D 转换期间,保持有效启动电平不变,否则,不能得到正确的转换结果。

(4) 转换结束输出端。A/D 转换结束后,由转换结束输出引脚输出有效电平(即在转换期间为低电平,转换结束就输出高电平;或在转换期间为高电平,转换结束就输出低电平),表示转换结束,CPU 可读取转换后的数字量。根据实际情况,对转换结束信号的检测和转换后数字量的读取一般可采用查询方式、中断方式等。

除此之外,各种不同型号的芯片可能还会有一些其他各不相同的控制信号端。

1) ADC0809

ADC0809 是一个典型的逐次逼近式 8 位 CMOS 型 A/D 转换器,片内有 8 路模拟选通开关、三态输出锁存器以及相应的通道地址锁存与译码电路。它可实现 8 路模拟信号的分时采集,转换后的数字量输出是三态的,可直接与 CPU 数据总线相连接。在多点巡回检测、过程控制和运动控制中应用十分广泛。

(1) 性能指标。

① 分辨率:8 位。

② 满刻度误差: ±1LSB。

③ 转换时间:取决于芯片的时钟频率,当典型工作时钟为 500kHz 时,转换时间为 128μs。

④ 模拟电压输入范围:单极性 0 ~ 5V;双极性 ±5V, ±10V(需要外加电路)。

⑤ 单电源: +5V,功耗 15mW。

⑥ 8 个模拟输入通道,可在程序控制下对任意通道进行 A/D 转换。

⑦ 正脉冲启动转换,上升沿锁存通道并使所有内部寄存器清零,下降沿使 A/D 转换开始。

⑧ 使用时不需要进行零点和满刻度调节。

(2) ADC0809 内部结构及外部引脚。ADC0809 的内部逻辑结构如图 8.57 所示,主要包括模拟电压输入选择部分、转换器部分和输出部分。输入为 8 个可选通的模拟量 IN0 ~ IN7。至于 ADC 转换器接收哪一路输入由地址 A、B、C 控制的 8 路模拟开关实现。同一时刻,

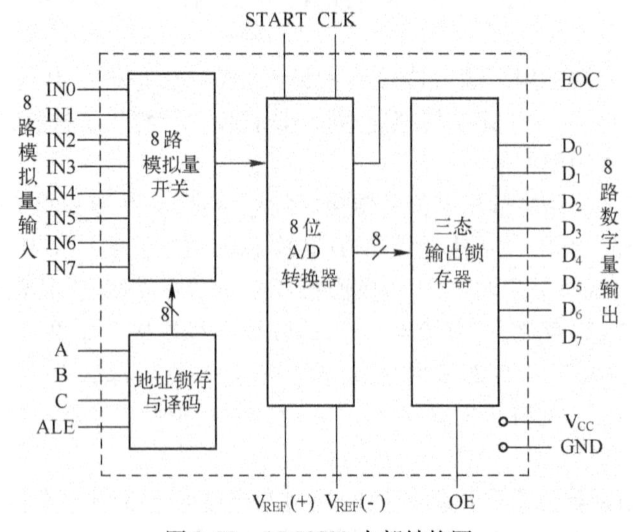

图 8.57 ADC0809 内部结构图

ADC0809只接收一路模拟量输入,不能同时对8路模拟量进行模/数转换。8位A/D转换器可将输入的模拟量转化为8位数字信号。模数转换开启时刻由START端控制。A/D转换器转换的数字量锁存在三态输出锁存器中。当模/数转换结束时发出EOC信号,由OE控制端控制转换数字量的输出。

ADC0809芯片为28引脚双列直插式封装,其引脚排列见图8.58。对ADC0809主要信号引脚的功能说明如下:

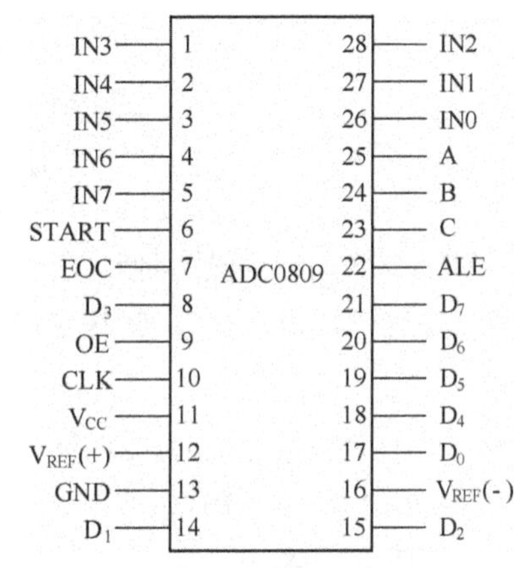

图8.58 ADC0809引脚

① IN7~IN0:模拟量输入通道。ADC0809对输入模拟量的要求主要有:通常为单极性信号,电压范围0~5V,若信号过小还需进行放大。另外,在A/D转换过程中,模拟量输入的值不应变化太快,因此,对应变化速度快的模拟量,在输入前应增加采样保持电路。

② A、B、C:地址线。A为低位地址,C为高位地址,用于对模拟通道进行选择。CBA的值即为通道号,如CBA=011则表示选择IN3路输入。

③ ALE:地址锁存允许信号。在ALE上跳沿,将A、B、C锁存到地址锁存器中。

④ START:转换启动信号。START上跳沿时,所有内部寄存器清零;START下跳沿时,开始进行A/D转换;在A/D转换期间,START应保持低电平。

⑤ D_7~D_0:数据输出线。其为三态缓冲输出形式,可以和微型计算机的数据线直接相连。

⑥ OE:输出允许信号。用于控制三态输出锁存器向微型计算机输出转换得到的数据。OE=0,输出数据线呈高阻;OE=1,输出转换的数据。

⑦ CLK:时钟信号。ADC0809的内部没有时钟电路,所需时钟信号由外界提供,因此有时钟信号引脚。通常使用频率为500Hz的时钟信号。频率范围为10~1280kHz。

⑧ EOC:转换结束状态信号。EOC=0,正在进行转换;EOC=1,转换结束。该状态信号既可作为查询的状态标志,又可作为中断请求信号使用。

⑨ V_{CC}: +5V电源。

⑩ V_{REF}:参考电压。参考电压用来与输入的模拟信号进行比较,作为逐次逼近的基准。典型值为+5V($V_{REF(+)}$ = +5V,$V_{REF(-)}$ =0V)。

(3) ADC0809的工作过程。ADC0809的工作时序如图8.59所示,由时序图可以看出ADC0809的工作过程。首先CPU发出3位通道地址信号C、B、A;在通道地址信号有效期间,使ALE引脚上产生一个由低到高的电平变化,即脉冲上升沿,它将输入的3位通道地址C、B、A锁存到内部地址锁存器。ALE的下降沿不影响地址锁存器原来锁存的数据;然后给START引脚加上一个由高到低变化的电平,即脉冲下降沿,启动A/D转换;A/D转换期间,输出引脚EOC呈现低电平,一旦转换结束,EOC变为高电平;CPU在检测到EOC变为高电平后,输出一个正脉冲到OE端,然后读取转换后的8位数字量。

通常情况下ADC0809的ALE引脚和START端短接使用,短接后先使该引脚为低电平,当通道地址C、B、A信号输出后,CPU往该引脚发送一个正脉冲,其上升沿锁存地址,下降沿启动转换。通道地址线C、B、A与CPU的连接有3种方式:与CPU的数据总线相连;与地址总线相连;与高、低电平相连。

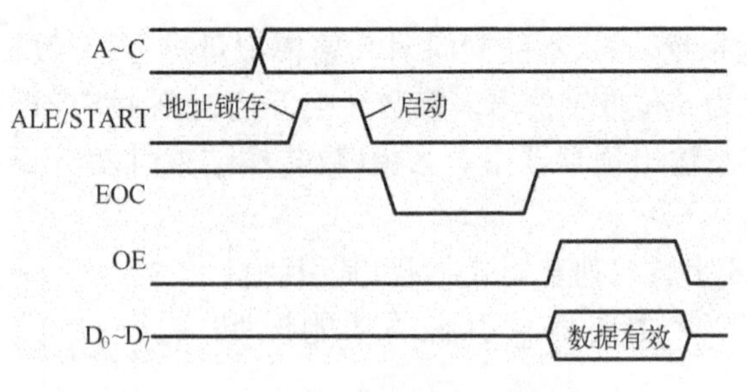

图 8.59　ADC0809 的工作时序

ADC0809 的通道选择地址 C、B、A 分别与 CPU 的数据总线 D_2、D_1、D_0 相连，如图 8.60(a)所示。要进行转换的模拟通道号由 AL 的最低 3 位确定，与 DX 无关。其启动转换程序段如下：

```
MOV  AL,×××××110B     ;通道号=110,即选择 IN6 路输入
MOV  DX,100H          ;100H~101H 均可
OUT  DX,AL
```

通道地址也可由地址总线输入，如图 8.60(b)所示。ADC0809 的通道地址引脚 C、B、A 分别与地址总线的 A_2、A_1、A_0 连接。因此要进行转换的模拟通道号由 DX 的低 3 位确定，而与 AL 值无关，其启动转换程序段如下：

```
MOV  DX,106H     ;100H~107H 分别对应通道 IN0~IN7
OUT  DX,AL       ;AL 值任意,只利用地址译码和写信号
```

ADC0809 启动转换后，根据芯片转换结束引脚 EOC 与 CPU 的连接情况，CPU 可选择延时、查询、中断等方式读取转换后的数字量。延时方式就是在启动 A/D 转换后等待一段时间(大于 A/D 转换时间)后，使 OE=1，然后直接读取转换后的数字量。这种方式不利用 EOC 信号，即 EOC 悬空。查询方式就是在启动 A/D 转换后，查询 EOC 的值，当检测到 EOC 变为高电平后，即可知转换结束。然后使 OE=1，读取转换后的数字量。图 8.60(a)中，EOC 信号经缓冲器由 D_0 读入 CPU。查询方式读取模/数转换结果的程序段如下：

```
       MOV   DX,100H
WAIT:  IN    AL,DX       ;AL 中的 D0 位为 EOC
       TEST  AL,01H
       JZ    WAIT
       MOV   DX,101H
       IN    AL,DX       ;转换结果读入 AL 中
```

中断方式就是在启动 A/D 转换后，EOC 由低电平变为高电平引起 CPU 的一个外部中断，然后由 CPU 的中断服务子程序来读取转换后的数字量。如图 8.60(b)所示，EOC 通过 8259 的 IR_2 申请中断。

(4) ADC0809 的应用实例。ADC0809 主要用于数据采集系统中，可以实现对 8 路模拟输入信号的循环数据采集。以图 8.61 为例，试编写 8 路模拟量的循环数据采集程序。设采集的 8 位数字量存放到 BUF 为首地址的内存单元中。

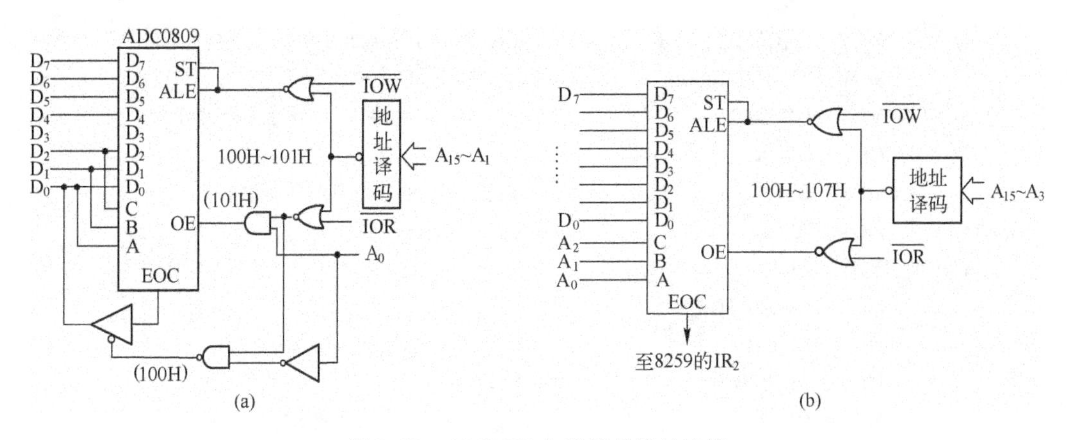

图 8.60　ADC0809 与系统总线的连接

如图 8.61 所示，8255 的地址为 200H ~ 203H。A、C 2 个端口均工作在方式 0，B 口没有用到。A 口 8 位输入，读入转换后的 8 位数字量；C 口上半部输入，用 PC_7 检测转换结束信号 EOC 的状态；C 口下半部输出，PC_2、PC_1、PC_0 分别连接 ADC0809 的模拟通道地址选择端 ADDC、ADDB、ADDA，PC_3 连接 ADC0809 的地址锁存信号 ALE 和启动转换信号 START，按图 8.59 所示的时序进行工作。ADC0809 的读允许信号 OE 直接接高电平 +5V，转换完毕即 EOC 由低电平变为高电平后，可直接读取转换后的 8 位数字量。CLK 时钟端输入 500kHz。实验时，可用一个 10kΩ 电位器连接在模拟信号输入端，若用万用表测得模拟通道 IN_0 的电压为 1V，则通过 ADC0809 采集到的数字量应该为 1V × 255/5V = 51 = 33H。

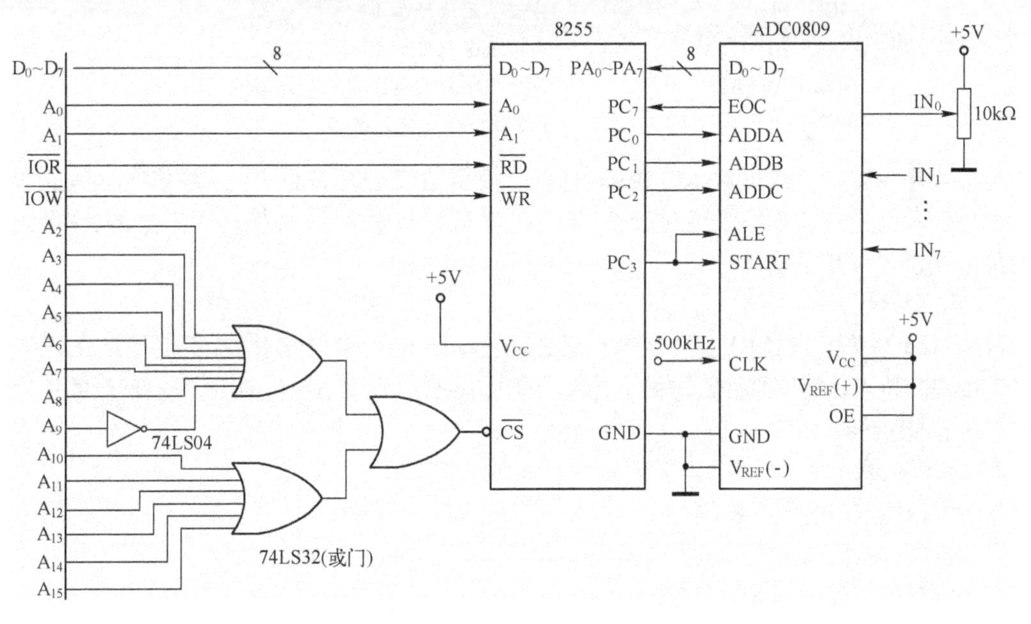

图 8.61　ADC0809 与微型计算机系统的硬件连接图

8086 数据采集程序段如下：

```
BUF    DB8 DUP(?)          ;存放采集数据的内存单元
       :
```

```
        MOV   SI,OFFSET BUF        ;取数据首单元 BUF 的偏移地址给 SI
        MOV   AL,10011000B         ;初始化 8255,A、C 口方式 0
        MOV   DX,203H              ;A 口和 C 口上半部输入,C 口下半部输出
        OUT   DX,AL
        MOV   BL,0                 ;模拟量通道号,开始指向第 0 路 IN0
        MOV   CX,8                 ;共采集 8 个模拟量通道
AGAIN:  MOV   AL,BL
        MOV   DX,202H
        OUT   DX,AL                ;送模拟量通道地址,使 ALE = START = 0
        MOV   AL,07H               ;8255 的 PC3 位置 1,送 ALE 信号(上升沿)
        MOV   DX,203H              ;C 口的按位置位/复位采用 8255 控制口
        OUT   DX,AL
        MOV   AL,06H               ;8255 的 PC3 位置 0,送 START 信号(下降沿)
        OUT   DX,AL                ;启动 ADC0809 的 A/D 转换
        MOV   DX,202H
WAIT1:  IN    AL,DX                ;读 8255 的 C 口上半部
        AND   AL,80H               ;取 PC7,即取 ADC0809 的 EOC 状态
        JZ    WAIT1                ;如果 EOC = 0,转换未结束则等待
        MOV   DX,200H              ;如果 EOC = 1,转换结束则从 A 口读数据
        IN    AL,DX
        MOV   [SI],AL              ;将转换后的数字量送存储器
        INC   SI                   ;存储单元地址加 1
        INC   BL                   ;模拟通道地址加 1
        LOOP  AGAIN                ;若未采集完则再采集下一路数据
        HLT                        ;8 路数据采集完则暂停
```

上述程序每执行一次可对 ADC0809 的 8 路模拟通道进行数据采集,并依次存放到 BUF 开始的存储单元中。该程序是通过查询 EOC 的状态来判断 A/D 转换是否结束的,中断或者延时的方法读者可自行设计。

2) MAX1166

MAX1166 是美国 MAXIM 公司生产的逐次逼近型 16 位 A/D 转换器,它不仅具有分辨率高、转换速度快的特点,而且功耗低、体积小、接口方便、电路简单、动态特性良好,具有广泛的用途。

(1) 性能指标。

① 分辨率:16 位。

② 并行数据输出接口:8 位。

③ 转换时间:5μs。

④ 精度:最大线性误差 ±2LSB。

⑤ 内部参考源电压:4.096V。

⑥ 外部参考源电压输入范围:+3.8 ~ +5.25V。

⑦ 模拟电压输入范围:+4.75 ~ +5.25V。

⑧ 数字电压输入范围:+2.7 ~ +5.25V。

(2) MAX1166 内部结构及外部引脚。MAX1166 内部结构框图如图 8.62 所示,该芯片除

集成了逐次逼近寄存器、高精度比较器和控制逻辑外，还集成了时钟、4.096V 精密参考源和接口电路，MAX1166 的数据总线为 8 位，因此与目前广泛使用的 8 位微处理器连接非常方便。

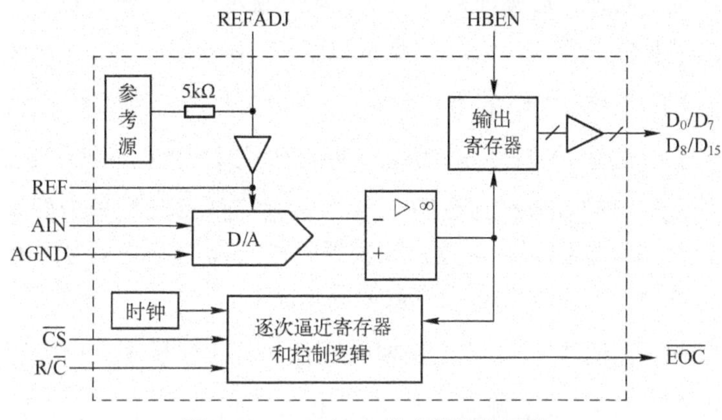

图 8.62　MAX1166 的内部结构框图

MAX1166 共有 20 个引脚，图 8.63 为其引脚排列图，这些引脚大体可分为 3 类。

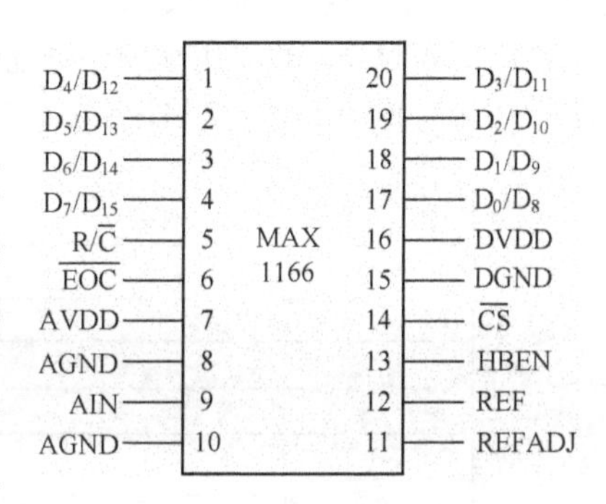

图 8.63　MAX1166 的引脚

第一类是电源类：模拟电源 AVDD 和数字电源 DVDD 应分别通过 0.1μF 钽电容与模拟地和数字地相连接，一般接单电源 +5V。而数字地 DGND 和两个模拟地 AGND 通常共地。

第二类为模数信号类：AIN 为模拟信号输入端；$D_0/D_8 \sim D_7/D_{15}$ 为数字量并行输出口，把转换后的 16 位数据分两次(2B)读出。

第三类是控制信号类：$\overline{CS}$输入为转换启动端，当该引脚出现下降沿脉冲时启动转换；$R/\overline{C}$（输入）为读取结果/模数转换控制端，当 $R/\overline{C}=0$ 时，进行 A/D 转换。当 $R/\overline{C}=1$ 时，读取 A/D 转换后的结果；$\overline{EOC}$（输出）用于指示转换结束，当检测到$\overline{EOC}=1$ 时，表示正在进行 A/D 转换，当检测到$\overline{EOC}=0$ 时，表示本次 A/D 转换结束，可读取转换后的 16 位数字量；HBEN（输入）用来控制从总线读出的数据是转换结果的高字节还是低字节，当 HBEN =1 时，读取的转换结果是高 8 位，当 HBEN =0 时，读取的转换结果是低 8 位；REFADJ 为参考电源选择端，该端通过 0.1μF 钽电容与模拟地相接时，选择内部参考电源模式，而当其直接与模拟电源相接时，选择外部参考电源模式；REF 为参考电源输入/输出端，选择内部参考电源时，该脚应通过 4.7μF 钽电容接模拟地，而选择外部参考电源时，该脚为外部参考电源输入端。

(3) MAX1166 的工作过程。MAX1166 的一次转换过程可分为 3 个阶段，即转换准备阶段、模/数转换阶段和转换结果输出阶段。图 8.64 为其转换时序图。具体工作过程如下：

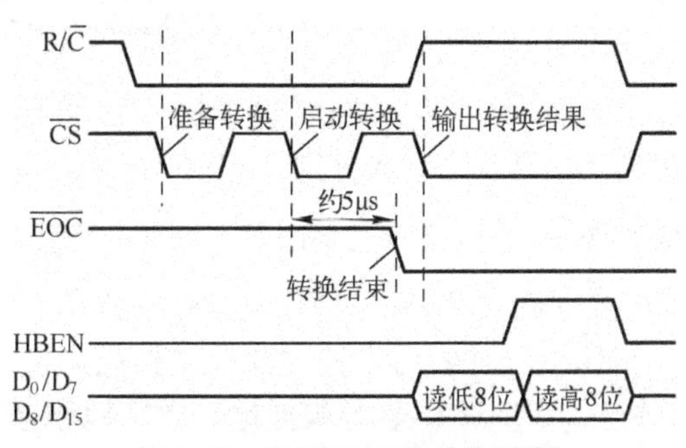

图 8.64　MAX1166 的转换时序

首先将 $R/\overline{C}$管脚置低电平，然后在$\overline{CS}$脚输

入脉冲信号，MAX1166 会在$\overline{CS}$的第一个脉冲信号的下降沿进入工作状态，并在$\overline{CS}$的第二个脉冲信号下降沿启动 A/D 转换。此脉冲信号的宽度最小应为 40ns。转换过程中，$\overline{EOC}$脚为高电平，并在经过约 5μs 转换完成后，$\overline{EOC}$脚电平变低以指示转换完成。当$\overline{EOC}$脚输出为低电平时，若将 R/$\overline{C}$脚置为高电平，系统将在$\overline{CS}$的第三个脉冲的下降沿把转换结果输出到数据总线上。

在数据转换过程中，通过检测$\overline{EOC}$脚的输出电平即可判断数据的转换状态。当$\overline{EOC}$输出为高电平时，表示数据转换仍在进行，此时不能读取数据；而当$\overline{EOC}$输出为低电平时，表明数据转换已经结束，此时可以读取数据。设置并行数据输出选择位 HBEN 为高电平，则可读取数据高 8 位；而设置 HBEN 为低电平则可读取数据低 8 位。

MAX1166 有 2 种工作模式，即稳定工作模式和低功耗工作模式。可由管脚 R/$\overline{C}$ 在$\overline{CS}$第二个脉冲下降沿的状态来决定选择哪种工作模式，R/$\overline{C}$ 为低电平时，选择正常工作模式，为高电平时选择低功耗工作模式。

（4）MAX1166 的应用实例。下面以 MAX1166 与 8086 微型计算机系统的接口为例，介绍 16 位 A/D 转换器的接口设计方法。硬件连接如图 8.65 所示。

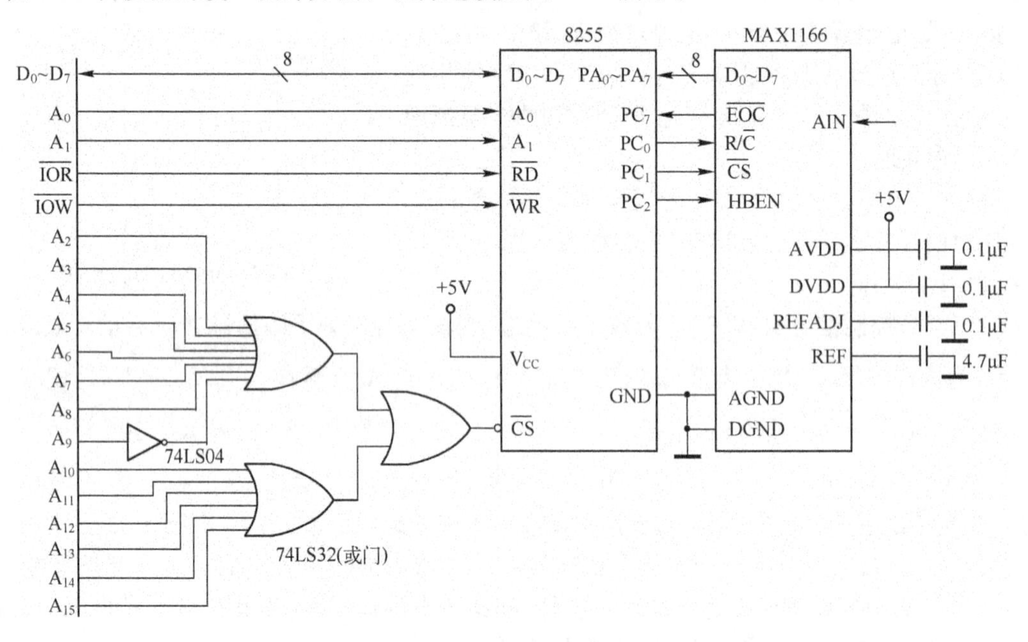

图 8.65　MAX1166 与微型计算机系统的硬件连接图

由图 8.65 可见，8255 的端口地址为 200H ~ 203H，设 A 口和 C 口均工作在方式 0，B 口没有用到。A 口 8 位输入分别与 MAX1166 的 8 根数字量输出线 D_0/D_8 ~ D_7/D_{15}对应连接，用于读取转换结果；C 口的上半部 PC_7与$\overline{EOC}$连接，用于读取并检测$\overline{EOC}$状态；C 口的下半部 PC_0与 R/$\overline{C}$连接，用于控制 R/$\overline{C}$；PC_1与$\overline{CS}$连接，用于控制$\overline{CS}$，按 MAX1166 工作时序产生脉冲信号；PC_2与 HBEN 连接，用于控制读取转换结果的高 8 位或低 8 位；AVDD 和 DVDD 均接 +5V 电源，并通过 0.1μF 电容与模拟地和数字地相连接，DGND 和两个模拟地 AGND 共地连接；REF-ADJ 和 REF 分别通过 0.1μF 和 4.7μF 电容与接地，采用内部参考电源。

编程实现连续采集10个数据存放到BUF为首的字单元中。程序段如下：

```
        BUF   DW 10 DUP(?)      ;存放采集数据的内存单元
              :
              :
        MOV   SI,OFFSET BUF     ;取数据首单元BUF的偏移地址给SI
        MOV   AL,10011000B      ;初始化8255,A、C口方式0
        MOV   DX,203H           ;A口和C口上半部输入,C口下半部输出
        OUT   DX,AL
        MOV   CX,10             ;共采集10次
AGAIN:  MOV   AL,04H
        MOV   DX,203H
        OUT   DX,AL             ;使PC2=0,即HBEN=0,先读低8位
        MOV   AL,00H
        MOV   DX,203H
        OUT   DX,AL             ;使PC0=0,即R/C̄
        MOV   AL,03H
        MOV   DX,203H
        OUT   DX,AL             ;使PC1=1,即CS=1
        NOP                     ;延时大于40ns,使CS的脉冲宽度为40ns
        NOP
        NOP
        MOV   AL,02H
        MOV   DX,203H
        OUT   DX,AL             ;PC1=CS=0,给CS第一个脉冲,下降沿有效,准备转换
        NOP
        NOP
        NOP
        MOV   AL,03H
        MOV   DX,203H
        OUT   DX,AL             ;PC1=1,即CS=1
        NOP
        NOP
        NOP
        MOV   AL,02H
        MOV   DX,203H
        OUT   DX,AL             ;PC1=CS=0,给CS第二个脉冲,下降沿有效,启动转换
        MOV   DX,202H
WAIT1:  IN    AL,DX             ;读PC7,即读EOC状态
        AND   AL,80H
        JNZ   WAIT1             ;若EOC=1,则等待,若EOC=0,则转换结束
        MOV   AL,01H
        MOV   DX,203H
```

```
OUT  DX,AL          ;使 PC0 =1,即 R/C̄ =0,准备读数据
MOV  AL,03H
MOV  DX,203H
OUT  DX,AL          ;使 PC1 =1,即 CS =1
NOP
NOP
NOP
MOV  AL,02H
MOV  DX,203H
OUT  DX,AL          ;使 PC1 =CS =0,给 CS 第三个脉冲下降沿,输出转换结果
MOV  DX,200H
IN   AL,DX          ;从 A 口读取低 8 位数据到 AL,因这时 HBEN =0
MOV  BL,AL          ;暂存低 8 位数据到 BL
MOV  AL,05H
MOV  DX,203H
OUT  DX,AL          ;PC2 =1,即 HBEN =1,再读高 8 位
NOP
NOP
NOP
MOV  DX,200H
IN   AL,DX          ;从 A 口读取高 8 位数据到 AL,因这时 HBEN =1
MOV  BH,AL          ;暂存高 8 位数据到 BH
MOV  [SI],BX        ;把转换结果 16 位数据送内存单元存放
INC  SI             ;修改内存单元地址
INC  SI
LOOP AGAIN          ;共采集 10 次,若未完,则转 AGAIN 继续
HLT                 ;10 个数据采集完则暂停
```

习 题 8

8.1 8253 芯片共有几种工作方式？每种方式各有什么特点？

8.2 8253 每个通道的最大定时值是多少？当定时值超过最大值时，应该如何应用？

8.3 某系统中 8253 芯片的通道 0 ~ 2 和控制端口地址分别为 8000H ~ 8003H。定义通道 0 工作在方式 2，CLK_0 = 2MHz，要求输出 OUT_0 为 1kHz 的速率波；定义通道 1 工作在方式 0，CLK_1 输入外部计数事件，每计满 100 个向 CPU 发出中断请求。试写出 8253 通道 0 和通道 1 的初始化程序。

8.4 某系统中 8253 芯片的通道 0 ~ 通道 2 和控制字端口号分别为 8000H ~ 8003H，定义通道 0 工作在方式 3，CLK_0 = 5MHz，要求输出 OUT_0 为 lkHz 的方波；定义通道 1 工作在方式 4，用 OUT_0 作计数脉冲，计数值为 1000，计数器计到 0，向 CPU 发中断请求，CPU 响应这一中断后继续写入计数值 1000，重新开始计数，保持每秒向 CPU 发出一次中断请求，请编写初始化程序，并画出硬件连接图。

8.5 试说明 8253 定时和计数功能在实际系统中的应用。这两者之间有何联系和差别？

8.6　定时和计数有哪几种实现方法？各有什么特点？

8.7　试说明定时/计数器芯片Intel8253的内部结构。

8.8　定时/计数器芯片Intel8253占用几个端口地址？各个端口分别对应什么？

8.9　什么叫并行接口与串行接口？它们各有什么作用？

8.10　8255A有几种工作方式？各有何特点？

8.11　试分析8255A方式0、方式1和方式2的主要区别，并分别说明它们适合于什么应用场合。

8.12　当8255A的A口工作在方式2时，其端口B适合于什么样的功能？写出此时各种不同组合情况的控制字。

8.13　若8255A的端口A定义为方式0，输入；端口B定义为方式1，输出；端口C的上半部定义为方式0，输出。试编写初始化程序(8255A的口地址为80H~83H)。

8.14　假设一片8255A的使用情况如下：A口为方式0输入，B口为方式0输出。此时连接的CPU为8086，地址线的A_1、A_2分别接至8255A的A_0、A_1，而芯片的$\overline{CS}$来自$A_3A_4A_5A_6A_7$ = 00101，试确定8255A的端口地址并完成初始化程序。

8.15　现有两种简单外设：一组8位开关和一组8位LED灯。试用8255A作为接口芯片，读取8位开关的状态，当开关闭合时，LED灯点亮。当开关断开时，LED灯不亮。试画出硬件连线图并编制程序(8255A的口地址为80H~83H)。

8.16　串行通信有哪几种数据传送方式？各有什么特点？

8.17　什么叫同步通信方式？什么叫异步通信方式？各有什么优缺点？

8.18　什么叫波特率？波特率与接收时钟频率关系如何？

8.19　计算机通信中为什么需要采用调制解调器？

8.20　假定8251的端口地址为0200H~0201H，试画出其与8086最小系统的硬件连线图。若利用查询方式由此8251发送当前数据段、偏移地址为BUFFER的顺序50B，试编制此程序。

8.21　两台PC通过COM1端口进行串行通信，试设计电路图并编写汇编语言程序。

8.22　D/A转换器和A/D转换器的作用分别是什么？其主要性能参数有哪些？

8.23　DAC0832有哪几种工作方式？每种工作方式各适用于什么场合？

8.24　要求某计算机控制系统输出0~5V模拟电压对外部控制对象进行控制，输出的电压误差不超过6mV，那么至少应该选用多少位的D/A转换器才能满足要求？

8.25　对于一个12位的D/A转换器，如果它输出的电压范围是0~5V，现在要求D/A转换器输出3.6V电压，那么CPU输出给D/A转换器的12位数字量是多少？

8.26　试采用DAC0832设计一个固定频率的正弦波信号发生器，画出与8086微型计算机系统总线的硬件连接图，说明设计思路并编写主要程序段。DAC0832的端口地址自选。

8.27　对于8位、12位和16位的A/D转换器，当输入电压范围为0~5V时，其量化间隔分别为多少？

8.28　要求某电子秤的秤重范围为0~500g，测量误差小于0.05g，至少应该选用分辨率为多少位的A/D转换器？现有8位、10位、12位、14位和16位可供选择。

8.29　根据用户要求，需要在PC的扩展槽上扩展一块8位8路的A/D采集卡，A/D转换芯片采用ADC0809。试设计此采集卡的硬件电路，并编制8路数据采集的采集子程序，采集的数据应送到以BUFFER为首地址的8个内存单元中。

第9章

总线技术

总线和微处理器、存储器、输入/输出接口构成了计算机的硬件基础,是微型计算机体系结构的重要组成部分,是微型计算机系统与接口设计、使用者应该了解和熟悉的技术。本章介绍总线的基本知识,具体介绍系统总线 ISA、局部总线 PCI 及外部总线 USB 等。

9.1 总线概述

9.1.1 总线和总线标准

1. 总线

总线(Bus)是连接计算机各部件(运算器、控制器、存储器及I/O设备)并进行信息传输的一组公共信号线,它的功能是为各部件提供传输各种信息的公共通道,它的核心是总线仲裁逻辑控制。

采用总线结构,可实现微型计算机系统的模块化,从而简化系统结构,增加系统配置的灵活性,降低系统的成本,提高系统的可靠性,便于各部件和设备的扩充及更新等。目前的微型计算机系统均采用总线结构。对于连接到总线上的多个设备而言,任何一个设备发出的信号可以被连接到总线上的所有其他设备接收,但在同一时间段内,连接到总线上的多个设备中只能有一个设备主动进行信号的发送,其他设备只能处于被动接收的状态。

2. 总线标准

为便于不同厂家的模块能灵活地组成系统并具有通用性,形成了总线标准。该标准是指芯片之间、扩展卡之间以及系统之间,通过总线进行连接和传输信息时,应该遵守的一些协议与规范。采用总线标准,可使各模块接口芯片相对独立,为计算机接口的软件和硬件设计提供了便利。

总线标准的主要特性包括以下几个方面:

(1) 功能特性。指总线的每根信号线功能,它确定引脚名称与功能,以及它们相互作用的协议等,通常用时序和状态描述信息交换的方式与流向的管理规定。

(2) 电气特性。定义总线的每根信号线的电压有效值,规定信号的逻辑电平、最大负载能力和信号线传输方向。一般规定送入 CPU 的信号为输入信号(IN),从 CPU 发出的信号为输出信号(OUT)。如地址总线是输出线,数据总线是双向传送的信号线,这两类信号线都是高电平有效。每根控制总线基本都是单向的,有从 CPU 发出的,也有进入 CPU 的;有高电平有效的,也有低电平有效的。总线的电平都要符合 TTL 电平的定义。

(3) 时间特性。定义每根信号线的时序,也就是每根信号线在什么时间有效。只有规定了总线上各信号有效的时序关系,CPU 才能正确无误地操作。

(4) 机械特性。指总线的物理连接方式,它规定总线模块尺寸、总线插头、引脚数目、引脚排列、边沿连接器的规格和位置等。

9.1.2 总线分类

1. 总线的层次结构

在微型计算机系统中,通常采用多种总线形式共存。如 Pentium Ⅱ及 Pentium Ⅲ主板主要有 ISA 总线、PCI 总线以及 AGP 总线等,其典型系统总线层次如图 9.1 所示。

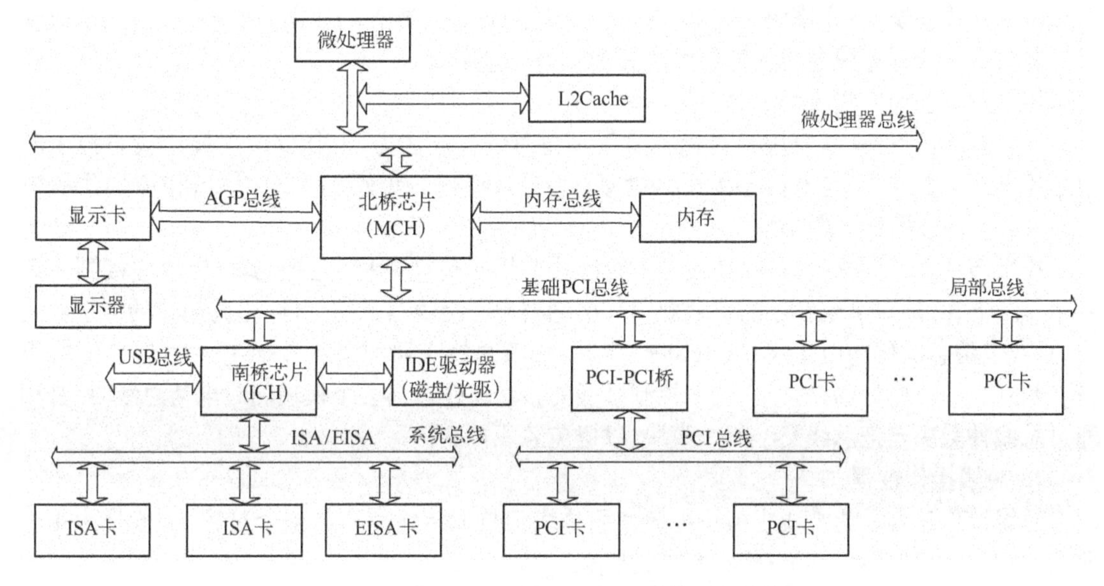

图 9.1 典型微型计算机系统的总线层次结构

2. 总线的分类

按总线的层次结构可将总线分为 4 类。

(1) 处理器总线(又称芯片总线)。主要由微处理器芯片引脚信号组成的总线,用来连接 CPU 和控制芯片,包括数据线、地址线和控制线。该总线负载能力较弱,不能挂接较多器件。

(2) 系统总线(又称板级总线)。是微型计算机系统内各种插件板与系统主板之间相互连接的总线,是微型计算机的重要组成部分,其表现形式是位于主板上的一个个可扩展的系统插槽,这些插槽上总线信号是用户扩展 I/O 模块的基础。系统总线大多是标准总线,如 ISA 总线等。

(3) 局部总线(以 PCI 总线为主)。是介于 CPU 总线和系统总线之间的一级总线。它有两侧:一侧直接面向 CPU 总线;另一侧面向系统总线,通过桥接电路连接。由于局部总线离 CPU 更近,因此,外部设备通过它与 CPU 之间的数据传输速率将大大加快。随着 PC 技术的快速发展,后来又出现了 PCI Express、Hyper Transport 及 InfiniBand 等高速总线。

(4) 外部总线(又称通信总线)。它是用来连接外部设备的总线,是微型计算机系统之间、微型计算机系统与外部设备之间的通信总线,用于设备级互连,如 RS－232C/RS－485、

USB、IEEE1394、VXI 等。RS-232C/RS-485 是传统的串行通信总线标准，USB、IEEE1394 是近几年发展并流行起来的新一代通用串行总线，VXI 总线是微型计算机与智能仪器之间的总线。

9.1.3 总线操作

1. 总线主设备和总线从设备

连接到总线上的模块按照其对总线的控制能力可以分为 2 类：总线主设备和总线从设备。

（1）总线主设备（主模块）：是指在获得总线控制权后，能启动数据的传输、发出地址或读写控制命令并控制总线上的数据传送过程的模块，包括 CPU、DMA 控制器或其他外围处理器（如数值数据处理器、输入/输出处理器等）。

（2）总线从设备（从模块）：是指本身不具备总线控制能力，但能够对总线主设备提出的数据请求作出响应，接受主设备发出的地址（并进行译码）和读写命令并执行相应操作的模块，包括内存模块、I/O 接口等。

在微型计算机系统中，总线连接若干个模块并用于传送信息。由于多个模块连接到一条共用总线上，必须对每个发送的信息规定其信息类型和接收信息的部件，协调信息的传送。通常，总线上信息的传输由主模块（Master）启动，一条总线上可以有多个具有主模块功能的设备，但在同一时刻只能有一个主模块控制总线的传输操作。当多个模块同时申请总线时，必须通过总线仲裁决定把总线交给哪个模块，以避免总线冲突。

2. 总线操作过程

总线操作过程是指总线主模块申请使用总线到数据传输完毕的整个过程，一般分为 4 个阶段：总线请求和仲裁；寻址；传输数据；结束。

（1）总线请求和仲裁阶段。当系统总线上有多个主模块时，需要使用总线的主模块向总线仲裁机构提出总线请求，由总线仲裁机构决定下一个总线操作周期的总线使用权分配给哪个提出请求的模块。如果总线上只有一个主模块，则不需要此阶段。

（2）寻址阶段。取得总线使用权的主模块通过总线发出本次要访问的从模块的存储器或 I/O 端口地址以及相关的命令，启动参与本次传输的从模块。

（3）数据传输阶段。在主模块控制下，进行主模块与从模块之间或各从模块之间的数据传输，数据由源模块发出经数据总线传入目的模块。

（4）结束阶段。主从模块的有关信息均从总线上撤除，让出总线，为进入下一个总线操作周期做准备。

对于包含 DMA 控制器或多处理器的系统，完成一个总线操作周期这 4 个阶段是必不可少的；而对于只有一个主模块的单处理机系统，实际上不存在总线的请求、分配和撤除过程，总线始终归处理机控制，此时总线传输周期只需要寻址和传输数据 2 个阶段。

9.1.4 总线性能指标

总线的性能主要从 3 个方面衡量。

（1）总线频率。总线的工作频率，以 MHz 为单位，指总线每秒能传输数据的次数。它是总线工作速率的一个重要参数，工作频率越高，速度越快。

（2）总线宽度。指一次能同时传输的数据位数，用位表示。如16位总线和32位总线，分别指能同时传输16位和32位数据。

（3）总线带宽。又称总线最大数据传输速率，指在单位时间内总线可传输的数据总量，用每秒能传输的字节数来衡量，单位为MB/s。总线带宽与总线宽度和总线频率的关系为

$$\text{总线带宽}=(\text{总线宽度}/8)\times\text{总线频率}$$

总线宽度越宽、工作频率越高，则总线带宽越大。这三者的关系类似于高速公路上车流量和车道数、车速的关系，车道数越多、车速越高，则车流量越大。

可见，衡量总线性能的重要指标是总线带宽，它定义了总线本身所能达到的最高传输速率。但实际带宽会受到总线布线长度、总线驱动器/接收器性能及连接在总线上的模块数量等因素的影响。这些因素将造成信号在总线上的延时和畸变，使总线最高传输速率受到限制。

【例9.1】 PCI总线宽度为32位，总线频率为33.3MHz，则

$$\text{PCI总线的总线带宽}=32\text{b}\times33\text{MHz}=1065\text{Mb/s}=133\text{MB/s}$$

9.2 系统总线

随着微型计算机系统的发展，系统总线本身一直在向着更宽（数据总线位数更多）、更快的方向发展。不同的应用领域，流行着不同的系统总线，例如，PC中使用IBM PC/XT总线、ISA总线，工业上使用的STD总线及PC104总线等。

9.2.1 ISA总线

ISA（Industry Standard Architecture，工业标准体系结构）总线是Intel公司、IEEE和EISA集团联合在62线的PC总线基础上再扩展36线而开发出的一种系统总线。ISA总线将数据线扩展到16位，地址线扩展到24位，同时增加了中断线和16位的DMA通道，ISA总线的工作频率为8MHz，最高数据传输速度为5MB/s。

ISA总线的特点是采用独立于CPU的时钟，从而解脱了总线对CPU的束缚，使得CPU可以使用比总线频率更高的时钟频率，给CPU的更新换代带来方便。同时，ISA总线是一个开放结构，提供了外设与微处理器挂接的规范化接口，便于系统的模块化设计。

1. PC总线引脚定义

IBM－PC/XT使用的总线称为PC总线，它是8位的ISA总线，共有62根线。PC总线的引脚定义及排列如图9.2中的AB槽所示。插件板分A、B两面，A面为元件侧，引脚编号为$A_1\sim A_{31}$，B面编号为$B_1\sim B_{31}$。

62根信号线共分为5类，即地址线、数据线、控制线、辅助线与电源线。

1）地址线$A_{19}\sim A_0$（20根）

地址线用来指示内存地址或I/O寻址，在系统总线周期中由CPU驱动，在DMA周期由DMA控制器驱动。对I/O寻址时只使用$A_9\sim A_0$，I/O地址范围规定为000H～3FFH，可用AEN线来限定。

2）数据线$D_7\sim D_0$（8根）

双向数据线用来在CPU与存储器、I/O端口之间传输数据，可由$\overline{\text{IOW}}$或$\overline{\text{MEMW}}$、$\overline{\text{MEMR}}$或

$\overline{IOR}$来选通数据。

3) 控制线(21 根)

(1) AEN:地址允许信号,输出,高电平有效。如果处于 DMA 控制周期中,此信号可以用来在 DMA 期间禁止 I/O 端口的地址译码。

(2) ALE:地址锁存允许信号,输出,高电平有效。该信号由 8288 总线控制器提供,作为 CPU 地址的有效标志,其下降沿用来锁存地址 $A_{19} \sim A_0$。

(3) $\overline{IOR}$:I/O 读命令,低电平有效,用来把选中 I/O 设备的数据读到数据总线上。

(4) $\overline{IOW}$:I/O 写命令,低电平有效,用来把数据总线上的数据写入被选中的 I/O 设备端口。

(5) $\overline{MEMR}$:存储器读命令,输出,低电平有效,用来把选中的存储单元的数据读到数据总线上。

(6) $\overline{MEMW}$:存储器写命令,输出,低电平有效,用来把数据总线上的数据写入到存储单元。

(7) $IRQ_2 \sim IRQ_7$:中断请求线,输入,高电平有效,用来把外部 I/O 设备的中断请求信号经过中断控制器 8259 传送给 CPU,IRQ_2级别最高,信号的上升沿触发请求,并保持有效高电平,直到 CPU 响应。

(8) $DRQ_1 \sim DRQ_3$:DMA 请求,输入,用来把 I/O 设备发出的 DMA 请求,通过系统板上的 DMA 控制器,产生一个 DMA 周期。DRQ_0级别最高,被系统用作刷新动态存储器。

(9) $DACK_1 \sim DACK_3$:DMA 应答,输出,用来应答 DMA 请求,当应答信号到达时,允许 DMA 控制器占用总线,并进入 DMA 工作周期。

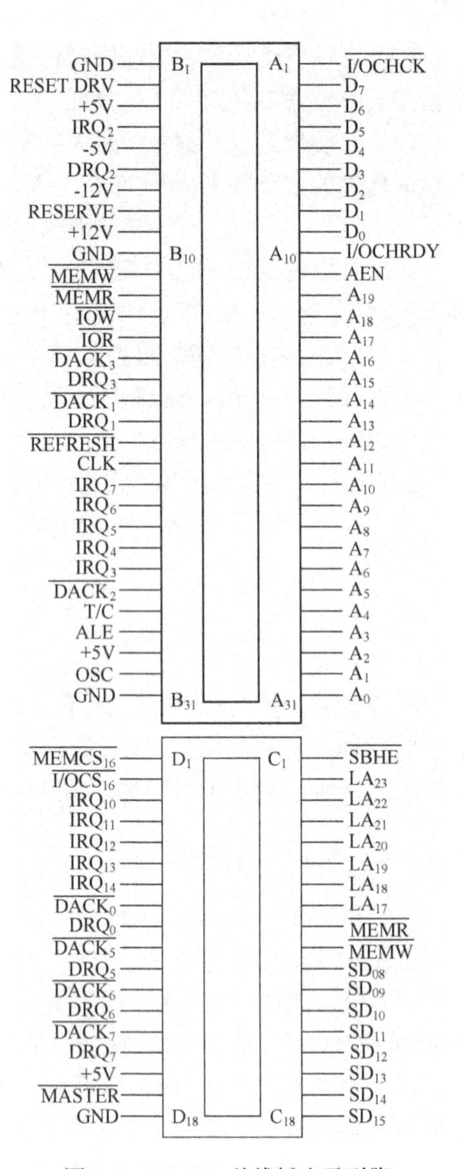

图 9.2 PC/ISA 总线插座及引脚

(10) RESET DRV:系统复位信号,输出,该信号为接口提供复位信号,使各接口置于初始状态。

(11) T/C:DMA 终止计数,输出,该信号是一个高电平脉冲,表明 DMA 传送的数据已达到其程序预置的字节数,用于结束一次 DMA 数据块传送。

4) 状态线(2 根)

(1) $\overline{I/O\ CHCK}$:输入/输出通道检查,输入,有效低电平用来表明接口插件或系统板存储器出错,它将产生一次不可屏蔽中断。

(2) I/O CHRDY:I/O 通道准备就绪,输入,高电平表示“就绪”。该信号线可供低速 I/O 或存储器请求延长 CPU 的总线周期。该低速设备在被选中、且收到读或写命令时,把此信号线的电平拉低;在准备就绪时,使此信号线变为高电平。但信号线变低的时间不能超过 10 个时钟周期。

5）时钟信号线和电源线(8 根)

OSC 和 CLK 时钟是系统提供给插件的同步时钟，此外，还有 ±12V、+5V 和 GND 地线等。

2. ISA 总线引脚定义

ISA 总线是在 PC 总线的基础上再扩充 36 线而成的，所以 16 位的 ISA 总线共包含 98 根信号线。

对于 62 线插槽，PC 总线和 ISA 总线是兼容的，ISA 总线的扩展部分在于后 36 线，36 个引脚被分为 C、D 两面，引脚编号为 $C_1 \sim C_{18}$ 和 $D_1 \sim D_{18}$。ISA 总线 36 芯插槽如图 9.2 中的 CD 槽所示。

36 线的引脚共分为以下 4 类。

1）地址线 $LA_{17} \sim LA_{23}$

非锁存地址线，它与系统地址总线 $A_0 \sim A_{19}$ 一起为系统提供 16MB 的寻址空间，$LA_{17} \sim LA_{19}$ 与原来的 PC 总线的地址线是重复的。这些信号在 ALE 为高电平时有效。

2）数据线 $SD_{08} \sim SD_{15}$

8 位双向数据线，用于 16 位数据传送时传送高 8 位数据。

3）控制线

(1) $\overline{SBHE}$：数据高位允许信号，当其为低电平时表示数据总线 $SD_{08} \sim SD_{15}$ 传送的是高位字节数据。

(2) $\overline{MEMCS_{16}}$：存储器 16 位片选信号，输入，低电平有效，表示当前的数据传送周期是具有一个等待状态的存储器读写周期。

(3) $\overline{I/OCS_{16}}$：I/O16 位片选信号，输入，低电平有效，表示当前的数据传送周期是具有一个等待状态的 I/O 接口读写周期。

(4) $IRQ_{10} \sim IRQ_{15}$：中断请求输入线，其中 IRQ_{13} 留给数字协处理器使用。原 PC 总线的 IRQ_2 引脚，在 ISA 总线上变为 IRQ_9。优先权从高到低的顺序为 $IRQ_9 \sim IRQ_{12}$、IRQ_{14}、IRQ_{15}、$IRQ_3 \sim IRQ_7$。

(5) DMA 请求信号 DRQ_0、$DRQ_5 \sim DRQ_7$ 及其响应信号 $\overline{DACK_0}$、$\overline{DACK_5} \sim \overline{DACK_7}$：$DRQ_0$ 为最高优先级。

(6) 存储器读命令 $\overline{MEMR}$ 和存储器写 $\overline{MEMW}$ 命令信号线：这两个选通线对所有的存储空间都有效。

(7) $\overline{MASTER}$：输入信号，它和 DRQ 共同作用，使通道上的 DMA 控制器获得对系统总线的控制。

(8) $\overline{OWS}$：原 PC 总线的 B_8 引脚，在 ISA 总线上为 $\overline{OWS}$。零等待状态，此信号通知微处理器，当前访问总线周期不需插入等待状态。

4）电源和地线

+5V、GND。

9.2.2　STD 总线

STD 总线是 1978 年由美国 Pro－Log 公司推出的、面向工业控制的标准系统总线，1987 年被批准为国际标准 IEEE - 961。它采用一系列高可靠性的措施,使该总线构成的工业控制机可以长期工作在恶劣环境下。

STD 总线工控机是工业型计算机,STD 总线的 16 位总线性能满足嵌入式和实时性应用要求,特别是它的小板尺寸、垂直放置无源背板的直插式结构、丰富的工业 I/O 模板、低成本、低功耗、扩展的温度范围、可靠性和良好的可维护性设计,使其在空间和功耗受到严格限制的、可靠性要求较高的工业自动化领域得到了广泛应用。

随着 32 位微处理器的出现,通过附加系统总线与局部总线的转换技术,1989 年由美国的 EAITECH 公司推出新的 STD32 总线,与原 STD 总线兼容,同时还适合于 32 位 CPU 系统。

STD 总线是 56 条信号线的并行底板总线,按功能可分为 4 类:

(1) 8 根双向数据线(引脚 7 ~ 14,16 位标准中还包括 16,18,20,22,24,26,28 和 30)。

(2) 16 根地址线(引脚 15 ~ 30,16 位标准中还包括 7 ~ 14)。

(3) 22 根控制线(引脚 31 ~ 52)。

(4) 10 根电源线(引脚 1 ~ 6 和 53 ~ 56)。

STD 总线具有以下特点:

(1) 高可靠性。产品的平均无故障间隔率高。

(2) 小板结构。便于按功能划分模块,提供较大的设计灵活性,且抗干扰、抗振动、抗断裂能力强。

(3) 适应性强。支持 Intel、Motorrola、Zilog、NSC 等多家公司的 8/16 位微处理器。

(4) 采用开放式组态结构。开放式的灵活组态,使用户可根据自己的需要利用模块构筑系统,易于扩充和维护。

(5) 可应用于分散型控制系统中,进入工业网络。

9.2.3 PC/104 总线

PC/104 总线是 1992 年由美国 AMPRO 等公司推出的嵌入式 PC 所用的总线标准。PC/104 总线系统取消了主板,采用模块化小板结构,有 2 个总线插头,其中 P1 有 64 个引脚,P2 有 40 个引脚,共有 104 个引脚,PC/104 由此得名。PC104 有两个版本:8 位和 16 位,分别与 PC 和 PC/AT 相对应。PC104PLUS 则与 PCI 总线相对应。

PC/104 模块本质上就是尺寸缩小的 ISA 总线板卡。它的总线与 ISA 在 IEEE - P996 中定义基本相同。所有 PC/104 总线信号定义和功能与它们在 ISA 总线相应部分是完全相同的,104 根线分为地址线、数据线、控制线、时钟线、电源线 5 类。

PC/104 与普通 PC 总线控制系统的主要不同是:

(1) 小尺寸结构:标准模块的机械尺寸是 3.6 英寸 ×3.8 英寸,即 90mm ×96mm。

(2) 堆栈式连接:去掉总线背板和插板滑道,总线以“针”和“孔”形式层叠连接,这种层叠封装有极好的抗振性。

(3) 减少总线负荷:减少元件数量和电源消耗,4mA 总线驱动即可使模块正常工作,每个模块 1 ~ 2 瓦能耗。

PC/104PLUS 是专为 PCI 总线设计的,可以连接高速外接设备。它包括了 PCI 规范 2.1 版要求的所有信号。为了向下兼容,PC/104PLUS 保持了 PC/104 的所有特性。PC/104PLUS 规范包含了 ISA 和 PCI 2 种总线标准,所以向其他 PC 一样,可以双总线并存。

PC/104 总线系统的小板结构,变形小,抗振动,易散热,故障率低,适合工业现场环境使用,广泛应用于智能仪器和数字控制设备中。

9.3 PCI 局部总线

为了充分发挥 Pentium 微处理器的资源,为其配置高性能、高带宽的总线,Intel、IBM、Compag 等多家公司于 1993 年联合制定了 PCI 总线标准。PCI 总线的全称是外围部件互连(Peripheral Component Interconnect),它是 32 位并能扩展至 64 位的总线。当前,PCI 已成为计算机系统中广泛采用的主流局部总线。

9.3.1 PCI 总线的特点

1. 高性能

PCI 总线提供32 位数据宽度,可升级到64 位。时钟频率为33MHz 和66MHz,传输速率可从132MB/s(33MHz 时钟、32 位数据通路)升级到528MB/s(66MHz、64 位数据通路),满足了当前及以后相当长一段时间内 PC 传输速率的要求。PCI 总线支持读/写突发方式,确保总线不断载满数据。这种突发传输方式,可实现从一个地址开始连续传输大量数据,传输量不受限制,大大减少了地址传输和译码环节,使 PCI 的传输速度接近处理器总线的速度,从而有效利用总线的传输率。PCI 控制器有多级缓冲,当 CPU 要访问 PCI 总线设备时,它可以将一批数据快速写入 PCI 的缓冲器中,在这些数据不断写入 PCI 设备的过程中,CPU 可同时执行其他的操作,这种并发工作提高了微型计算机系统的性能。

2. 兼容性好、扩展性强

PCI 能适应多种机型。由于 PCI 采用独立于 CPU 的设计结构,使它不受 CPU 的限制,因而 PCI 扩充卡可以插到任何一个有 PCI 总线的系统上去。

PCI 也能兼容各类总线,如与 ISA 总线兼容。PCI 设计中考虑了和其他总线的配合使用,能通过各种“扩展桥”兼容和连接此前已有的多种总线,构成一个层次化的多总线系统。

PCI 控制器提供中间缓冲器功能,将 CPU 子系统与外设分开,使用户可以增设多种外设,因而 PCI 总线可支持的外设多达 10 台。

特别是在 PCI 总线上还可以挂接 PCI 控制器,增加新的 PCI 总线,形成多条 PCI 总线系统。每条总线上又可连接若干设备,因而系统具有很强的扩展性。

3. 低成本

PCI 芯片将大量系统功能,如内存、高速缓存和控制器等高度集中,节省连接逻辑电路,并采用地址、数据复用总线,使其连接其他部件的引脚数目减少至 50 个以下,这就使得 PCI 系统的价格较低。

4. 自动配置

PCI 扩充卡具有“即插即用”(Plug and Play)的功能。在每个 PCI 设备中都有 256B 的空间被用来存放自动配置信息。当 PCI 扩充卡插入系统时,无需人工设置 DIP 开关或跳线,系统 BIOS 自动根据读到的有关该扩充卡的信息进行自动配置。

9.3.2 PCI总线的系统结构

PCI是先进的高性能局部总线,可同时支持多组外部设备,为CPU及高速外设提供数据传输通道,进行总线之间数据传输的调度管理。它不仅可以提高网络接口卡和硬盘等设备的性能,还能满足图形及各种高速外部设备的要求。在当前的计算机系统中,通常采用以PCI为主的层次化总线结构,如图9.1所示,包括CPU总线、PCI总线、ISA/EISA总线,它们共同构成了多层次的局部总线。

系统中,CPU总线是最快的总线,它连接外部高速缓存这样与CPU最密切、速度也最快的部件。

PCI系统中包括2个桥接器:Host/PCI桥和PCI/ISA桥。

Host/PCI桥也称为北桥,连接CPU、主存储器、高速图形接口AGP和基础PCI总线,北桥内含高速缓存控制器、存储器控制器和PCI控制器。PCI控制器是一个复杂的管理部件,一方面协调和仲裁CPU与各种外设之间的数据传输,并提供缓冲功能和即插即用功能,使CPU能访问系统中的PCI设备,另一方面提供规范的总线信号。

与北桥相连的基础PCI总线上连接访问相对频繁、速度也较快的部件,但其负载有限,所以,基础PCI总线还连接各种扩展桥。

PCI/ISA桥也称为南桥,连接基础PCI到ISA或EISA总线。南桥中还包含了中断控制器、DMA控制器、USB主控制器和IDE控制器等功能部件。

除了北桥和南桥外,PCI系统中还常常有其他总线扩展桥。扩展桥使PCI可连接其他总线,如ISA、EISA、MCA等,从而可使PCI连接适合此前已有总线的各种外设,增加了PCI的兼容性。此外,由于每条总线所能承载的设备数量有限,因此PCI系统中还常有PCI-PCI桥,这种桥用来扩展PCI,从而形成多层次的PCI系统结构。

9.3.3 PCI总线的信号定义

PCI总线的信号线包括2类:必备的和可选的,如图9.3所示。左边的总线信号是32位操作必不可少的,右边则多数是扩展为64位操作时的信号。可以看出,PCI局部总线采用了数据/地址复用技术,只有一条物理通道,分时传送数据与地址信息,这就使得总线引脚大为减少,从而降低了成本。在ISA总线中,地址总线与数据总线是分别引出的,这是两者之间一个非常明显的差别。

1. PCI总线的引脚

32位PCI总线有62对引脚位置,其中的2对用作定位缺口,故实际上只有60对引脚,它们分成A、B两面,类似ISA总线,类似ISA的元件在A面,PCI的元件在B面,且引脚间距比ISA小得多。

PCI总线设备有主控设备与从设备或目标设备的区别,PCI接口至少需要47个引脚用于单一目标设备(Target-only Device),或者49个引脚用于主控设备(Master)处理数据和地址、接口控制、属性及系统功能等。

2. PCI总线信号

PCI总线信号如图9.3所示。

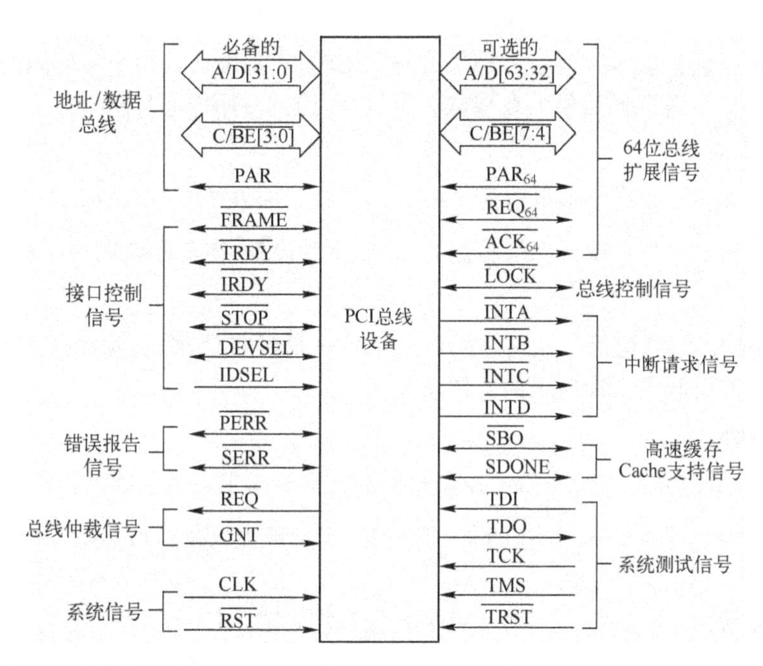

图9.3　PCI总线信号

1）地址/数据总线

A/D[31:0]:地址/数据复用信号。在$\overline{\text{FRAME}}$有效的第一个时钟,用来传送32位地址,称为地址期;在$\overline{\text{IRDY}}$和$\overline{\text{TRDY}}$同时有效时,用来传送32位数据,称为数据期。一个PCI总线的传输中包含一个地址期和一个或多个数据期,数据期可一次传输多个字节,取决于字节使能信号C/$\overline{\text{BE[3:0]}}$。

C/$\overline{\text{BE[3:0]}}$:总线命令/字节使能信号。在地址期,C/$\overline{\text{BE[3:0]}}$传送PCI总线命令;在数据期,C/$\overline{\text{BE[3:0]}}$传送字节使能信号,用来指出32位数据线上,哪些字节为有效数据,C/$\overline{\text{BE[0]}}$对应字节0(最低字节),C/$\overline{\text{BE[x]}}$=0,则字节x有效。

PAR:奇偶校验信号。它对AD[31:0]和C/$\overline{\text{BE[3:0]}}$进行奇偶校验的校验位。

2）接口控制信号

$\overline{\text{FRAME}}$:帧周期信号。它由当前主设备驱动,表示总线传输的开始和持续,$\overline{\text{FRAME}}$失效说明传输进入最后一个数据期。

$\overline{\text{IRDY}}$:主设备准备好信号。当与$\overline{\text{TRDY}}$同时有效时,才能完成数据传输,否则进入等待周期。在写周期,该信号有效,表示数据已由主设备提交到AD总线上;在读周期,该信号有效,表示主设备已准备好接收数据。

$\overline{\text{TRDY}}$:从设备准备好信号。表示从设备准备好传输数据。在写周期,该信号有效表示从设备已准备好接收数据;在读周期,该信号有效表示数据已由从设备提交到AD总线上;$\overline{\text{IRDY}}$和$\overline{\text{TRDY}}$中的任一个无效都为等待周期。

$\overline{\text{STOP}}$:停止信号。从设备要求主设备停止当前数据传送。

$\overline{\text{DEVSEL}}$:设备选择信号。该信号是从设备发出的,表示确认其为当前访问的从设备。

IDSEL:初始化设备选择信号。在参数配置读/写访问时用作芯片选择。

3) 错误报告信号

$\overline{\text{PERR}}$:数据奇偶校验错误报告信号。一个主设备只有在响应$\overline{\text{DEVSEL}}$信号和完成数据期后,才报告一个$\overline{\text{PERR}}$。当发现奇偶检验错时,必须驱动设备,使其在该数据后接收两个数据期的数据。

$\overline{\text{SERR}}$:系统错误报告信号。该信号的作用是报告地址奇偶错、特殊命令序列中的数据奇偶错以及其他可能引起灾难性后果的系统错误。

4) 总线仲裁信号

$\overline{\text{REQ}}$:总线请求信号。表示当前主设备向仲裁方提出请求占用总线。

$\overline{\text{GNT}}$:总线请求允许。这是对$\overline{\text{REQ}}$的应答信号,表示该主设备获得总线控制权。

5) 系统信号

CLK:PCI 系统总线时钟信号。对所有 PCI 设备均为输入信号。

$\overline{\text{RST}}$:复位信号。$\overline{\text{RST}}$有效时,所有寄存器、计数器以及所有信号都处于初始状态。

6) 中断请求信号

PCI 总线共有 4 条中断请求线,分别是$\overline{\text{INTA}}$、$\overline{\text{INTB}}$、$\overline{\text{INTC}}$和$\overline{\text{INTD}}$。中断信号在 PCI 中为可选项,中断信号低电平有效,使用漏极开路方式驱动,此类信号的建立和撤销与时钟不同步。对于单功能设备,只有一条中断线,而多功能设备最多可有 4 条中断线。如果一个设备要实现一个中断,就定义为$\overline{\text{INTA}}$;要实现两个中断就定义为$\overline{\text{INTA}}$和$\overline{\text{INTB}}$,依此类推。所谓多功能,就是将几个相互独立的功能集中在一个设备中。

7) 高速缓存 Cache 支持信号

这 2 个信号用于支持 PCI 系统中的主存储器和高速缓存配合工作。

$\overline{\text{SBO}}$:测试高速缓存后的返回信号。该信号有效,表示支持高速缓存写操作。

SDONE:高速缓存测试完成信号。该信号有效,表示对高速缓存的测试完成。

8) 系统测试信号

PCI 总线提供 5 个系统测试信号,分别是 TCK 时钟测试、TDI 测试数据输入、TDO 测试数据输出、TMS 测试模式选择和$\overline{\text{TRST}}$测试复位。

9) 64 位总线扩展信号

A/D[63:32]:地址/数据扩展信号。64 位数据传输时,在地址期,这些引脚传输高 32 位地址;在数据期,这些引脚传输高 32 位数据。

$\text{C}/\overline{\text{BE}[7:4]}$:高 32 位命令/字节允许扩充信号。64 位数据传输时,在地址期,传输 CPU 等主设备向从设备发送命令的高 4 位;在数据期,传输对应高 32 位数据的字节允许信号。

PAR_{64}:高 32 位的奇/偶校验信号,是 A/D[63:32]和 $\text{C}/\overline{\text{BE}[7:4]}$的校验位。

$\overline{\text{REQ}_{64}}$:64 位传输请求。主设备请求进行 64 位传输的信号。

$\overline{\text{ACK}_{64}}$:64 位传输允许信号。是从设备发出的对$\overline{\text{REQ}_{64}}$的应答信号。

9.4 通用串行总线

9.4.1 通用串行总线概述

通用串行总线(Universal Serial Bus,USB)是一个外部总线标准,用于规范计算机与外部设备的连接和通信。其基本思想是采用通用连接器、自动配置、热插拔技术和相应的软件,实现资源共享和外设的简单快速连接,提供设备共享接口以解决 PC 与外部设备连接的通用性。USB 接口可连接 127 种外设,如鼠标和键盘等。USB 是由 Intel 等多家公司共同开发的,2008年已公布了 USB3.0 版本。USB 已成功替代串口和并口,成为当今微型计算机与大量智能设备的必配接口。

USB 主要具有以下特点:

(1) 速度快。USB1.1 有全速(Full Speed)和低速(Low Speed)两种方式,主模式为全速模式,传输速率为 12Mb/s,另外为了适应一些不需要很大吞吐量和很高实时性的设备,如鼠标等,USB 还提供低速方式,速率为 1.5Mb/s;USB2.0 为高速(High Speed)方式,速率达到480Mb/s,适用于一些视频输入/输出产品,并替代 SCSI 接口标准;USB3.0 为超速(Super Speed)方式,速率提高到 5.0Gb/s。

(2) 支持热插拔。用户在使用外接设备时,只需要简单地插上插座即可,不需要关闭电源,真正“即插即用”。

(3) 易于扩展。USB 采用树状结构,通过集线器(Hub),可以连接多达 127 个外设。采用单一形式的连接头和连接电缆,实现了统一的数据通用接口。

(4) 节省系统资源。USB 只占用系统的一个端口和一个中断,使用自己的保留中断号,不涉及中断请求冲突问题,不会同其他设备争用微型计算机的有限资源。

(5) 使用灵活。USB 提供了控制传输、同步传输、中断传输和批量传输 4 种传输模式,以适应各种不同设备的要求。

(6) 供电。USB 接口提供了内置电源,为连接的低压设备提供电压 +5V、最大电流500mA 的电源,不需要额外的供电。

9.4.2 USB 系统的拓扑结构及软硬件组成

1. USB 系统的拓扑结构

USB 系统采用级联星形拓扑结构,如图 9.4 所示。USB 系统由 USB 主机控制器(HOST)/根集线器(Hub)、USB 集线器和 USB 设备 3 部分组成。在 PC 平台上的 USB 中,PC 就是主机和根 Hub,用户可以将设备和下级 Hub 与之连接。而这些附加的 Hub 又可以连接更下一级的 Hub 和设备,从而构成了星形结构。在 USB 协议 1.1 中,一个 USB 的拓扑网络最多可以支持 4 个 Hub 层(包括最后一级设备后共 5 层)以及 127 个外设。而在 USB 协议 2.0 中,对于 Hub 层的支持已经达到了 6 层(包括最后一级设备后共 7 层)。

2. USB 系统的硬件组成

1) USB 主机控制器和根集线器

主机控制器(HOST)在主板芯片组里,用来控制整个 USB 设备,负责产生传输处理,其功

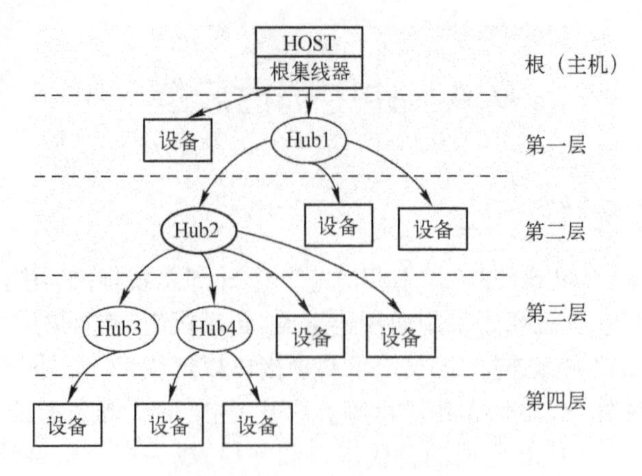

图 9.4　USB 系统拓扑结构

能由硬件和软件综合实现;根集线器(Hub)由一个控制器和中继器组成,综合于主机系统内部,完成对传输的初始化和设备的接入。

2) USB 集线器

除了根集线器,USB 系统还支持附加的集线器(USB Hub),它允许 USB 系统进行扩展,USB 集线器为所有 USB 设备提供端口,Hub 是 USB 即插即用技术中的核心部分,完成 USB 设备的添加、删除和电源管理等功能。

3) USB 设备

USB 设备是指采用 USB 总线的外设,如鼠标、键盘、打印机等,为系统提供了具体功能。设备与设备之间无法实现直线通信,只有通过主机控制器(HOST)的管理与调节才能够实现数据的互相传送。

USB 一般分为高、中和低速设备。

高速:25 ~ 500Mb/s,视频、硬盘。

中速:12Mb/s,移动存储设备、网络设备、压缩低质量的视频。

低速:1.5Mb/s,鼠标、键盘、游戏杆。

3. USB 系统的软件组成

USB 系统的软件一般由 3 个主要模块组成,如图 9.5 所示。

(1) 通用主控制驱动程序(USB Host Controller Driver, UHCD),处于软件结构的最底层,用来管理和控制 USB 主控制器。USB 主控制器是一个可编程硬件接口,UHCD 用来实现与主控制器通信及对其控制的一些细节。

(2) USB 驱动程序(USB Driver, USBD),处于软件结构的中间层,用来实现 USB 总线的驱动、带宽的分配、管道建立和控制管道的管理等。通常操作系统已提供 USBD 支持。

(3) USB 设备驱动程序(又称客户驱动程序和客户软件),处于软件结构的最上层,用来实现对特定 USB 设备的管理和驱动。USB 设备驱动程序是 USB 系统软件和 USB 应用程序之间的接口。当设计一种新 USB 设备时,需要编写相应的设备驱动程序。

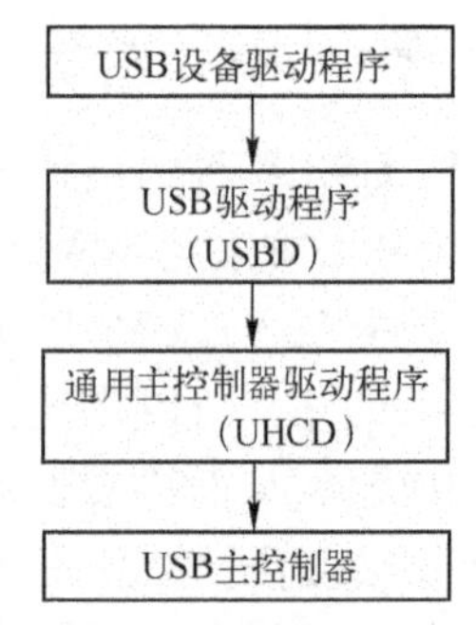

图 9.5　系统软件的层次结构

4. USB系统软硬件的完整构成

图9.6演示了一个完整的USB系统的软硬件组成以及它们之间的联系。

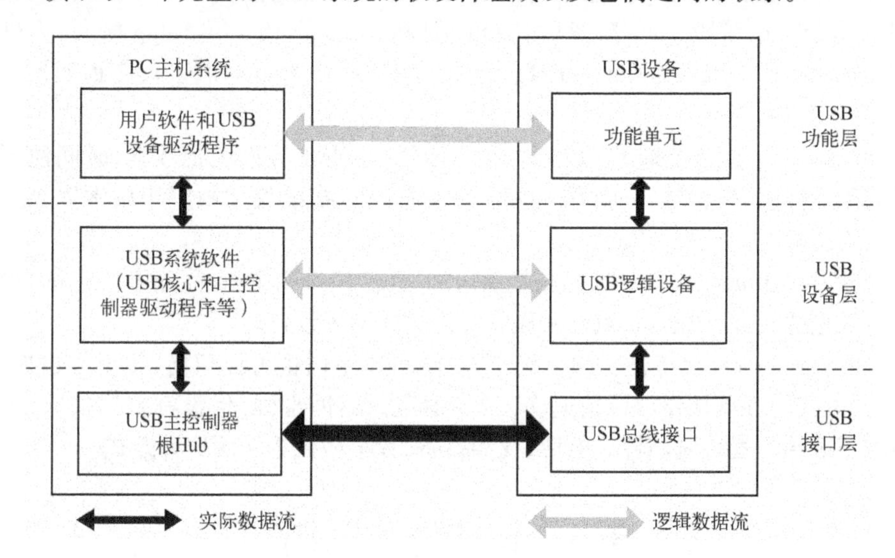

图9.6 完整的USB系统构成

如图9.6所示,USB系统的软硬件资源可以分为3个层次,即功能层、设备层和接口层。接口层涉及的是具体的物理层,主要实现物理信号和数据包的交互,也就是在主机端的USB主控制器和设备端的USB总线接口之间传输实际的数据流。设备层主要提供USB基本的协议栈,执行通用的USB的各种操作和请求命令,从逻辑上讲,就是USB系统软件与USB逻辑设备之间的数据交换。功能层提供每个USB设备所需的特定的功能,主机端的这个功能由用户软件和设备类驱动程序提供,而设备端就由功能单元来实现,它们之间的这种联系可看作是逻辑上的数据流。

5. USB的物理接口

USB的电缆有4根线,USB插座有2种形式:A型和B型。如图9.7所示,两根线是电源线和地线(+5V和GND),提供给USB设备工作电源;另外两根是数据线D+和D_-,数据线为一对双绞线,是半双工的。在整个系统中,数据速率是一定的,要么中速(12MB/s),要么低速(1.5MB/s),连接电缆长度小于5m。

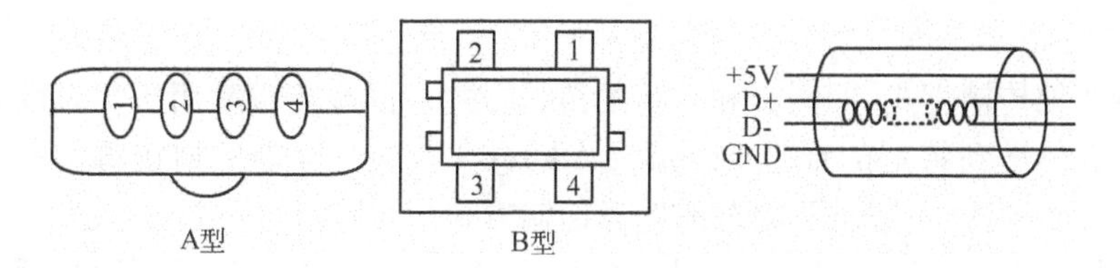

图9.7 USB接口与电缆

9.4.3 USB的数据传输模式

根据USB设备的使用特点及其对系统资源需求的不同,在USB规范中规定了以下4种不同的数据传输模式:控制传输、批传输、中断传输和等时传输。

（1）控制（Control）传输：控制传输是双向的，主要用于读取设备配置信息及状态、设置设备地址及属性、发送控制命令等。这个传输模式的数据量很小，且实时性要求不高。控制传输有2～3个阶段：Setup阶段、Data阶段（可有可无）和Status阶段。在Setup阶段，主机送命令给设备；在Data阶段，传输的是Setup阶段所规定的数据；在Status阶段，设备返回握手信号给主机。

（2）批（Bulk）传输：批传输可以单向，也可以双向，用于传输大批数据，时间性不强但须确保数据的正确性（传输出错，则重传）的场合。打印机、扫描仪和数字相机常以批传输方式与主机相连接。

（3）中断（Interrupt）传输：中断传输是单向的，且仅输入到主机，用于不固定的、少量数据且要求实时处理的场合，如键盘、鼠标及操纵杆之类的输入设备。

（4）等时（Isochronous）传输：等时（同步）传输可以单向也可以双向，用于传输连续、实时的数据，这种方式的特点是要求传输速率固定（恒定），时间性强，但没有差错校验，因而不能保证传输的正确性。麦克风、喇叭、电话、视频设备、数字相机等采用这种方式。

9.5 其他外部总线

9.5.1 IEEE 1394 高性能串行总线

IEEE 1394是1993年由Apple公司首先提出的，称为火线（FireWire），1995年IEEE（国际电气和电子工程师协会）将其作为一个正式的工业标准推出，全称为IEEE 1394高性能串行总线标准（IEEE 1394 High Performance Serial BUS Standard），并与USB一起作为一种新的总线标准加以推广。这种接口标准定义了数据的传输协定及连接系统，可用较低的成本达到较高的性能，增强了计算机与外设，如硬盘、打印机、扫描仪以及其他电子产品，如数码相机、DVD播放机、视频电话等的连接能力。

IEEE 1394具有以下特点：

（1）通用性强。IEEE 1394采用树型或菊花链结构，以级联方式在一个接口上最多可以连接63个不同种类的设备。

（2）传输速率高。IEEE 1394a能够以100Mb/s、200Mb/s和400Mb/s的速率传送动画、视频、音频信息等大容量数据，IEEE 1394b的传输速率可以提升到800Mb/s、1.6Gb/s甚至3.2Gb/s。

（3）支持2种传输方式，即同步和异步的传输方式。同步传输常用于实时性任务，而异步传输则是将数据传送到特定的地址（Explicit Address）。这一标准的协议称为等时同步（Isosynchronous）。设备可以根据需要动态地选择传输方式，总线自动完成带宽分配。

（4）总线提供电源。IEEE 1394标准的信号线采用6芯电缆，其中4条线分别做成两对双绞线，用来传输信号，另外2条线为电源线，可以向被连接的设备提供4～10V和1.5A的直流电源。

（5）支持点对点传输。任何两个支持IEEE 1394的设备可以直接连接，不需要通过计算机控制。例如，在计算机关闭的情况下，仍可以将DVD播放机与数字电视连接起来。

（6）连接简单、使用方便。IEEE 1394采用设备自动配置技术，支持热插拔和即插即用。

9.5.2　AGP 总线

Intel 公司为了解决高速视频或高品质画面的显示，在 1997 年又推出了一种高速图形接口的局部总线标准——AGP 总线。

AGP(Accelerated Graphics Port，加速图形端口)总线是对 PCI 总线的扩展和增强，但 AGP 接口只能为图形设备独占，不具有一般总线的共享特性。采用 AGP 接口，允许显示数据直接取自系统主存储器，而无需先预取至视频存储器中。通过系统设置，图形控制器可以从系统主存中划出一部分空间用于保存 AGP 数据。

AGP 总线的主要特点如下：

(1) 数据读写流水线操作。流水线化(pipelining)是 AGP 提供的仅针对主存的增强协议。由于采用了流水线操作，因此减少了内存等待时间，提高了数据传送速度。

(2) 数据传输率大大提高。AGP 使用 66.6MHz PCI Revision 2.1 规范作为基线，使用 32 位数据总线和双时钟技术的 66.6MHz 时钟。双时钟技术允许 AGP 在一个时钟周期内传输双倍的数据(一个时钟的上升沿和下降沿都传送数据)，从而达到 133MHz 的操作速率，即有效传输率可达 4×133=532MB/s。如果使用 PCI 总线仅为 33 MHz。

(3) 直接内存执行。AGP 允许三维纹理数据(数据量极大)不存入拥挤的帧缓冲区(即图形控制器内存)，而将其放入系统内存，从而释放帧缓冲区和带宽供其他功能使用。这种允许显示卡直接操作内存的技术称为直接内存执行(Direct Memory Execute，DIME)。

(4) 地址信号与数据信号分离。采用边带信号传送技术，在总线上实现地址和数据的多路复用，从而把整个 32 位的数据总线留出来给图形加速器。

(5) 并行操作。允许在处理器访问内存的同时，显示卡访问 AGP 内存，显示带宽也不与其他设备共享，从而进一步提高了系统性能。

9.5.3　CAN 总线

CAN(Controller Area Network，控制器局域网络)属于现场总线(Field Bus)的范畴，是一种有效支持分布式控制系统的串行通信总线。CAN 是由以研发和生产汽车电子产品著称的德国 BOSCH 公司开发的，并最终成为国际标准(ISO11898)，是国际上应用最广泛的现场总线之一。CAN 由于其高性能、高可靠性以及良好的错误检测能力而越来越受到人们的重视，已经在汽车业、航空业、工业控制、安全防护等领域中得到了广泛应用。

1991 年 CAN 总线技术规范(协议 2.0 版)制定并发布。该技术规范共包括 A 和 B 两个部分。其中 2.0A 给出了 CAN 报文标准格式，而 2.0B 给出了标准的和扩展的 2 种格式。CAN 协议规定的网络结构模型以国际标准化组织规定的开放系统互连模型(ISO－OSI)为基础。考虑到现场总线的应用特点，CAN 协议规定的网络系统结构由 ISO－OSI 七层结构中的三层组成，即物理层、数据链路层和应用层。

CAN 总线已经成为在仪表装置通信的新标准。它提供高速数据传送，在短距离(40m)条件下具有高速(1Mb/s)数据传输能力，而在最大距离 10km 时具有低速(5Kb/s)传输能力，极适合在高速的工业自控应用上。CAN 总线可在同一网络上连接多种不同功用的传感器(如位置、温度或压力等)。

CAN 总线与其他总线相比有如下特点：

（1）它是一种多主总线，即每个节点机均可成为主机，且节点机之间也可进行通信。

（2）通信介质可以是双绞线、同轴电缆或光导纤维，通信速率可达1Mb/s。

（3）CAN总线通信接口中集成了CAN协议的物理层和数据链路层功能，可完成对通信数据的成帧处理，包括位填充、数据块编码、循环冗余校验、优先级判别等项工作。

（4）CAN协议的一个最大特点是废除了传统的站地址编码，而代之以对通信数据块进行编码。采用这种方法的优点是可使网络内的节点个数在理论上不受限制，数据块的标识码可由11位或29位二进制数组成，因此可以定义211或229个不同的数据块，这种按数据块编码的方式，还可使不同的节点同时接收到相同的数据，这一点在分步式控制中非常重要。

（5）数据段长度最多为8B，可满足通常工业领域中控制命令、工作状态及测试数据的一般要求。同时，8B不会占用总线时间过长，从而保证了通信的实时性。

（6）CAN协议采用CRC检验并可提供相应的错误处理功能，保证了数据通信的可靠性。

（7）CAN总线所具有的卓越性能、极高的可靠性和独特设计，特别适合测控系统。

习 题 9

9.1　什么是总线标准？试简述总线标准4个特性的含义。

9.2　微型计算机系统中总线的层次结构是怎样的？一般分为哪几类总线？

9.3　总线操作过程是怎样的？

9.4　总线有哪些主要的性能参数？

9.5　简述ISA、PCI总线的特点。

9.6　PCI局部总线的信号线有多少根？可分为哪几组功能信号？

9.7　USB的数据传输类型有哪些？各有什么特点？

9.8　为什么引入AGP接口？它有什么特点？

9.9　IEEE 1394的主要特点是什么？

9.10　试比较IEEE 1394和USB总线的异同。

第10章

嵌入式系统基础

在当前数字信息技术和网络技术高速发展的后PC时代，嵌入式系统的应用已经广泛渗透到工业、军事、医疗以及日常生活等各个领域。嵌入式技术具有广阔的应用前景，嵌入式产品无处不在，它将对人类的生产和生活起到极其重要的推动作用。本章主要对嵌入式系统的定义、特点、组成、嵌入式微处理器及软件结构等方面进行介绍，以建立对嵌入式系统的初步认识。

10.1 嵌入式系统的基本概念

10.1.1 嵌入式系统的定义

嵌入式系统从应用角度出发，它是20世纪70年代以后计算机发展的一个分支。随着嵌入式系统的发展，对嵌入式系统的定义多种多样。常见的定义有：

(1) IEEE(国际电气和电子工程师协会)对嵌入式系统的定义是“用于控制、监视或者辅助操作机器和设备的装置”。

(2) 按照历史性、本质性、普遍性要求，嵌入式系统应定义为“嵌入到对象体系中的专用计算机系统”。

(3) 目前较流行的定义：嵌入式系统是以应用为中心，以计算机技术为基础，软件硬件可裁减，适应应用系统对功能，在可靠性、成本、体积和功耗等方面有严格要求的专用计算机系统。

简单地说，嵌入式系统是嵌入到目标体系中的专用计算机系统。嵌入性、专用性和计算机系统是嵌入式系统的3个基本要素。实际上，嵌入式系统是把计算机直接嵌入到应用系统中，它融合了计算机软件、硬件技术以及通信技术和微电子技术，是上述技术综合发展过程中的一个标志性成果。

10.1.2 嵌入式系统的组成

嵌入式系统虽然在不同的应用场合有所不同，但其核心的计算机系统与通用的计算机系统一样，由硬件和软件组成，如图10.1所示。

嵌入式系统硬件主要包括嵌入式微处理器、通用接口、存储系统、通信接口及人—机交互接口等。硬件环境是整个嵌入式操作系统和应用程序运行的硬件平台，不同的应用通常有不同的硬件环境。硬件平台的多样性是嵌入式系统的一个主要特点。

嵌入式系统软件主要包括驱动层、操作系统层(OS)和应用层。驱动层处于硬件层和软件

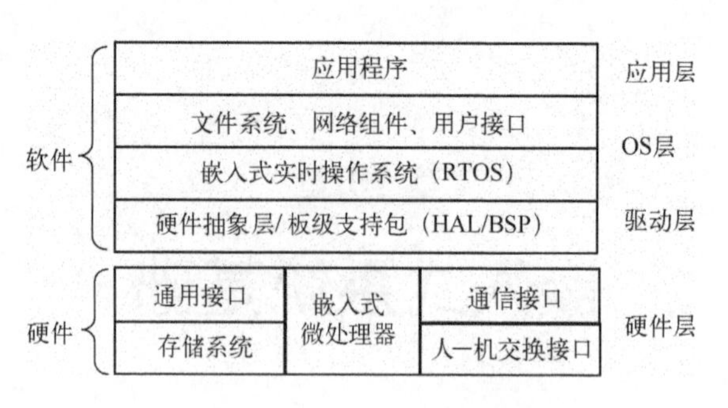

图 10.1　嵌入式系统组成

层之间，称为硬件抽象层（Hardware Abstract Layer，HAL）或板级支持包（Board Support Package，BSP），与 PC 的基本输入/输出系统（Basic Input Output System，BIOS）相似。不同的嵌入式微处理器、不同的硬件平台或不同的操作系统，BSP 也不同。

操作系统层（OS）包括嵌入式实时操作系统（RTOS）、文件系统、网络组件、用户接口等。可以说，嵌入式实时操作系统是嵌入式软件的核心，它在复杂的嵌入式系统中发挥着非常重要的作用，通过操作系统来管理、控制内存、多任务和周边资源等。根据具体的应用要求，可以不使用操作系统，或可以有选择地使用文件系统、网络组件和用户接口。现代高性能嵌入式系统应用越来越广泛，操作系统使用成为必然发展趋势。

嵌入式应用程序运行于操作系统之上，利用操作系统提供的机制完成特定功能的嵌入式应用。不同的系统需要设计不同的嵌入式应用程序。

10.1.3　嵌入式系统的特点

嵌入式系统作为一个专用计算机系统，与通用计算机相比，有以下明显的特点：

（1）专用的计算机系统。嵌入式系统的软件和硬件都是面向特定应用对象和任务设计的，具有很强的专用性和多样性。它的多样性体现在基本计算机系统架构上，针对不同的应用领域，系统结构不尽相同，处理器、硬件平台、操作系统、应用软件等种类繁多。它的专用性体现不嵌入式微处理器的专用性，嵌入式微处理器一般根据特定的应用设计，通常都具有功耗低、体积小、集成度高等特点，能够把通用 CPU 中许多由板卡完成的任务集成在芯片内部，从而有利于嵌入式系统设计小型化，移动能力大大增强，与网络的耦合也越来越紧密。嵌入式系统的硬件和软件在满足具体应用的前提下，应该使系统最为精简，将成本控制在一个适当的范围内。这就要求软、硬件可裁剪。

（2）技术综合性。嵌入式系统是将先进的计算机技术、电子技术、通信网络技术和半导体工艺与各领域的具体应用相结合的产物。这一特点决定了它是一个技术密集、资金密集、高度分散、不断创新的知识集成系统。

（3）较长的生命周期。嵌入式系统和具体应用有机地结合在一起，它的升级换代也和具体产品同步进行。因此，嵌入式系统产品一旦进入市场，一般具有较长的生命周期。

（4）实时性和可靠性。大多数嵌入式系统对实时性和可靠性都有要求：嵌入式的实时性要求体现在嵌入式系统需要对外部事件迅速做出反应；嵌入式的可靠性要求体现在嵌入式系统设计中要使用一些硬件和软件机制来保证系统的可靠性，如硬件的看门狗、软件的内存保护和重启机制等。

(5) 软件代码固化。为了提高执行速度和系统可靠性,嵌入式系统中的软件一般都固化在 Flash 型存储器芯片中,而不是存储于外部的磁盘等载体中。

(6) 设计需要专用开发工具和环境。嵌入式系统本身不具备自主开发能力,即使设计完成以后,用户通常也不能对其中的程序功能进行修改,必须有一套交叉开发工具和环境才能进行开发。嵌入式系统的开发工具和环境由软件和硬件组成,软件包括交叉编译器、模拟器、调试器和集成开发环境等,硬件包括在线仿真器、在线调试器和片上调试器等。

10.1.4 嵌入式系统的应用领域

嵌入式系统经过几十年的发展已经应用到各个领域中,并在各个领域的产业化方面发挥着重要作用。其主要应用如图 10.2 所示。

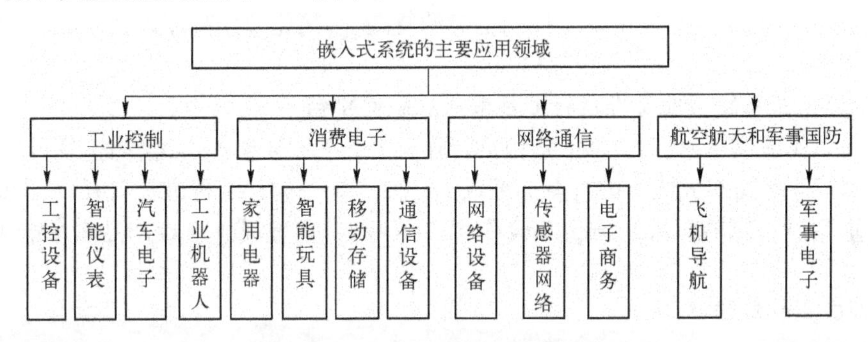

图 10.2 嵌入式系统的主要应用领域

1. 工业控制

各种智能测量仪表、数控装置、可编程控制器、控制机、分布式控制系统、现场总线仪表及控制系统、工业机器人、机电一体化机械设备、汽车电子设备等,广泛采用微处理器/控制器芯片级、标准总线的模板级及系统嵌入式计算机。

2. 消费电子

我国各种信息家电产品,如数字电视机、机顶盒、数码相机、VCD、DVD、音响设备、可视电话、家庭网络设备、洗衣机、电冰箱、智能玩具等,广泛采用微处理器/微控制器及嵌入式软件。随着市场的需求和技术的发展,传统手机逐渐发展成为融合了 PDA、电子商务和娱乐等特性的智能手机,我国的移动通信市场潜力巨大,发展前景看好。

3. 网络通信

Internet 的发展,产生了大量网络基础设施、接入设备、终端设备的市场需求,这些设备中大量使用嵌入式系统。

4. 航空航天和军事国防

嵌入式系统最早应用在军事和航空航天领域,目前主要应用在各种武器控制系统(如火炮控制、导弹控制、智能炸弹制导引爆装置)、坦克、舰艇、轰炸机等陆海空各种军用电子装备,雷达、电子对抗军事通信装备,野战指挥作战用各种专用设备等系统中。

5. 其他

各类收款机、POS 系统、商用终端、防盗系统、各种银行专业外围设备以及各种医疗电子仪器等,无一不用到嵌入式系统。可以说,嵌入式系统无处不在,有着广阔的发展前景。

10.1.5 嵌入式系统的发展趋势

信息时代使得嵌入式产品获得了巨大的发展契机，而网络技术的日益成熟，不仅为嵌入式市场展现了美好前景，注入了新的生命，同时也对嵌入式系统技术，特别是软件技术，提出了新的挑战，如支持日趋增长的功能密度、灵活的网络连接、轻便的移动应用、多媒体的信息处理、低功耗和友好的人机界面等。因此，未来嵌入式系统具有如下几大发展趋势。

1. 需要强大的硬件开发工具和软件包的支持

随着嵌入式技术的不断发展，嵌入式系统的应用领域也越来越广泛，使嵌入式产品逐渐向多功能方向发展。嵌入式开发是一项系统工程，因此，要求嵌入式系统厂商不仅要提供嵌入式软硬件系统本身，同时还需要提供强大的硬件开发工具和软件包的支持。在软件方面采用实时多任务编程技术和交叉开发工具来控制功能的复杂性，简化应用程序设计，保证软件质量和缩短开发周期。

2. 制定嵌入式系统行业标准及行业性嵌入式硬件平台

目前，嵌入式系统还没有统一的、规范的行业标准，但是随着嵌入式系统应用领域的不断扩展，在不同行业之间形成统一的行业标准成为必然。统一的行业标准具有开放、设计技术共享、软硬件重用、构件兼容、维护方便和合作生产等特点，是增强行业性产品竞争能力的有效手段。

3. 联网成为必然趋势

嵌入式设备为了适应网络发展的要求，必然要求硬件上提供各种网络通信接口，同时也需要提供相应的通信组网协议软件和物理层驱动软件。新一代的嵌入式处理器已经开始内嵌网络接口，除了支持 TCP/IP 协议，有的还支持 IEEE1394、USB、CAN、Bluetooch 或 IrDA（红外接口）通信接口中的一种或几种。

4. 提供友好的多媒体人机界面

嵌入式产品之所以应用如此广泛，重要因素之一是它能提供非常友好的用户界面，即支持自然的人—机交互、图形化、多媒体的嵌入式人—机界面。其操作简便、直观。

5. 嵌入式系统向新的嵌入式计算模型方向发展

（1）支持可编程的嵌入式系统。嵌入式系统可进行二次开发，如采用嵌入式 Java 技术，可动态加载和升级软件，增强嵌入式系统功能。

（2）支持分布式计算，可以与其他嵌入式系统或通用计算机系统互联，构成分布式计算环境。

10.2 嵌入式硬件系统

10.2.1 嵌入式系统的基本硬件组成

嵌入式系统的硬件由嵌入式微处理器、存储器、电源模块、各种输入/输出接口、通信模块、人—机接口、总线以及外部设备等组成。嵌入式系统的硬件层以嵌入式微处理器为核心，再加上电源电路、时钟电路和存储电路等，构成嵌入式核心模块，即嵌入式最小系统。对于复杂的嵌入式系统可以在最小模式下根据应用需求进行扩展，以最少成本满足应用系统的要求。

图10.3给出了典型嵌入式系统硬件组成。

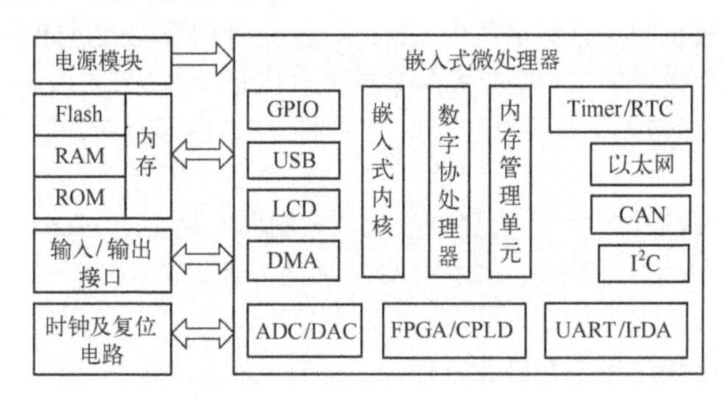

图10.3 典型嵌入式系统硬件组成

嵌入式微处理器以片上系统(System on a Chip,SoC)技术为多,通常包括嵌入式内核、数字协处理器、内存管理器(MMU)、各个通信接口(CAN总线接口、以太网接口、USB接口、I^2C总线接口以及UART/IrDA接口等)、通用的GPIO接口、定时器Timer/RTC、液晶显示器LCD、ADC/DAC和DMA控制器等模块。目前,常用的处理器为ARM微处理器,在信息处理能力要求比较高的场合,可以采用DSP进行信号处理。

存储器的类型包括ROM、RAM、Flash。一般操作系统和应用程序固化在ROM中,大量数据信息可存于RAM或Flash中,Flash以可擦写次数多、存储速度快、容量大及价格便宜等优点在嵌入式领域得到广泛应用。

随着EDA技术的发展,嵌入式系统硬件也常采用可编程逻辑阵列技术,即现场可编程门阵列(Field Programmable Gates Array,FPGA)或复杂可编程逻辑器件(Complex Programmable Logic Device,CPLD),使得系统具有可编程的功能,极大地提高了系统的在线升级、换代能力。

电源模块主要为嵌入式微处理器及周边硬件电路提供电源,数字电路常用的电压为1.85V、±2.5V、3.3V、±5V等,而模拟电路常用的电压为±5V、±12V、±15V、±24V等。

输入/输出接口一般用于嵌入式系统接收来自传感器、变送器、开关等监测部件的输出信号,或向伺服机构输出控制信号。

嵌入式系统的总线一般集成在嵌入式微处理器中。从微处理器的角度来看,总线可分为片外总线(如PCI、ISA等)和片内总线(如AMBA、AVAION、OCP和WISHBONE等)。选择总线和嵌入式微处理器密切相关。

10.2.2 嵌入式微处理器

1. 嵌入式微处理器体系结构

每个嵌入式系统至少包含一个嵌入式微处理器。嵌入式微处理器体系结构可采用冯·诺依曼(Von Neumann)结构或哈佛(Harvard)结构;指令系统可采用精简指令集系统(Reduced Instruction Set Computer,RISC)或复杂指令集系统(Complex Instruction Set Computer,CISC)。

1) 冯·诺依曼结构

冯·诺依曼结构也称为普林斯顿结构,是一种将程序指令存储器和数据存储器合并在一起的存储器结构,如图10.4所示。程序指令存储地址和数据存储地址指向同一个存储器的不同物理位置,因此程序指令和数据的宽度相同,如Intel公司的8086微处理器的程序指令和数据都是16位宽。

将指令和数据存放在同一存储空间中，统一编址，指令和数据通过同一总线访问。

处理器在执行任何指令时，都要先从存储器中取出指令解码，再取操作数执行运算。这样，即使单条指令也要耗费几个甚至几十个时钟周期，在高速运算时，在传输通道上会出现瓶颈效应。

目前，使用冯·诺依曼结构的中央处理器和微控制器有很多，如Intel公司的8086系列微处理器、ARM公司的ARM7、MIPS公司的MIPS系列微处理器等。

2）哈佛结构

哈佛结构是一种将程序指令存储和数据存储分开的存储器结构，如图10.5所示。其主要特点是程序指令和数据存储在不同的存储空间中，即程序存储器和数据存储器是两个相互独立的存储器，每个存储器独立编址、独立访问。

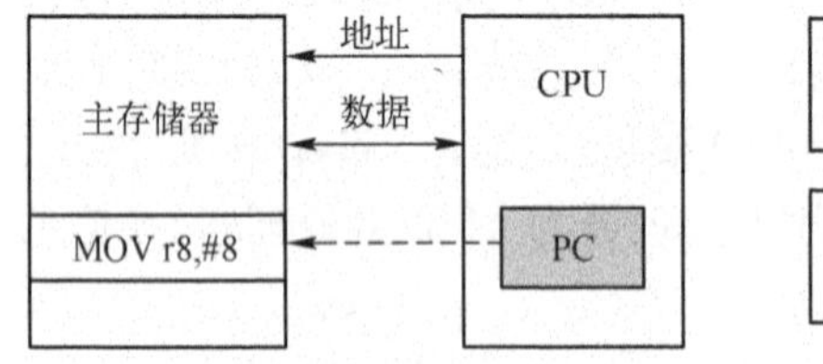

图10.4 冯·诺依曼体系结构

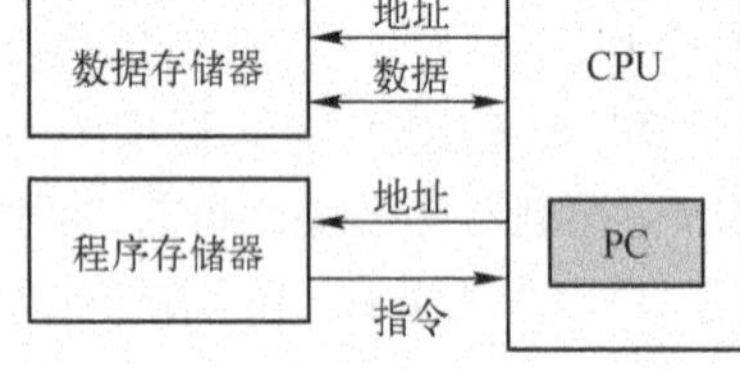

图10.5 哈佛体系结构

由于程序和数据存储器在两个分开的物理空间中，可以使指令和数据有不同的数据宽度，并且取指和执行能完全重叠。

与之相对应的是系统中设置的两条总线（程序总线和数据总线），允许在一个机器周期内同时获取指令字（来自程序存储器）和操作数（来自数据存储器），从而提高了执行速度，使数据的吞吐率提高了1倍，数据的移动和交换更加方便，尤其提供了较高的数字信号处理性能。

目前使用哈佛结构的中央处理器和微控制器有很多，除了所有的DSP处理器，还有Motorola公司的MC68系列、Zilog公司的Z8系列、Atmel公司的AVR系列和ARM公司的ARM9、ARM10和ARM11系列微处理器等。

2. 嵌入式微处理器分类

嵌入式系统硬件部分的核心是嵌入式微处理器，广义上可以将其分为4类，如图10.6所示。

1）嵌入式微控制器

嵌入式微控制器（Embedded Microcontroller Unit，EMU），通常也称为微控制器（Microcontroller Unit，MCU）或单片机。

嵌入式微控制器一般以某一种微处理器内核为核心，芯片内部集成ROM/EPROM、RAM、Flash、定时/计数器、I/O口、A/D、D/A、串行口、PWM（脉宽调制）、总线及总线逻辑等各种必要功能模块和外设，达到计算机的基本硬件配置。近几年，单片机的集成度更高，将通用的USB、CAN及以太网等现场总线接口集成于芯片内部。

微控制器的最大特点是单片化、体积小、抗电磁辐射，从而使能耗和成本下降，可靠性提高。微控制器被广泛应用在仪器仪表、通信、航天和家电等领域。目前，嵌入式微控制器的品种和数量很多，比较具有代表性的产品有MCS-8051系列、P51XA、MCS-251、MCS-96/196/

296、MC68HC05/11/12/16 等。

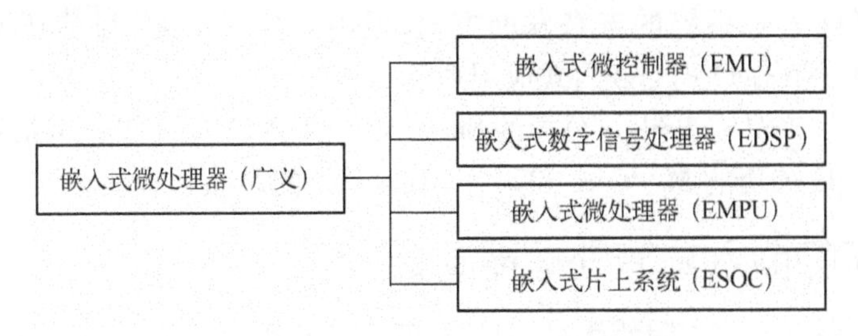

图 10.6 嵌入式微处理器分类

2）嵌入式数字信号处理器

嵌入式数字信号处理器(Embedded Digital Signal Processor,EDSP),有时也简称为 DSP,是专门用于嵌入式系统的数字信号处理器。嵌入式 DSP 是对普通 DSP 的系统结构和指令系统进行了特殊设计,使其更适合 DSP 算法、编译效率更高、执行速度更快。嵌入式 DSP 有两个发展来源:一是把普通 DSP 的处理器经过单片化和 EMC(电磁兼容)改造,增加片上外设,形成嵌入式 DSP,如 TI 公司的 TMS320C2000/C5000 等;二是在通用单片机或 SOC(片上系统)中增加 DSP 协处理器,如 Intel 公司的 MCS－296。

嵌入式 DSP 在数字滤波、FFT、频谱分析等仪器上,使用较为广泛。当然,不同方式形成的嵌入式 DSP 具有不同的应用方向。单片化的嵌入式 DSP 主要应用在各种带智能逻辑的消费类产品、生物信息识别终端、带加/解密算法的键盘、ADSL 接入、实时话音解压系统、虚拟现实显示等需要大量 DSP 运算的嵌入式应用中。而在单片机或 SOC 中增加 DSP 协处理器,主要目的是增强嵌入式芯片的 DSP 运算能力,提高嵌入式处理器的综合性能。

嵌入式 DSP 中比较有代表性的产品有 TI 公司的 TMS320 系列和 Motorola 公司的 DSP56000 系列。

3）嵌入式微处理器

嵌入式微处理器(Embedded Micro Processor Unit,EMPU),也称为嵌入式微处理器单元。这类微处理器是专门为嵌入式应用而设计的,在设计阶段已充分考虑了处理器应该对实时多任务有较强的支持能力;处理器结构可扩展,可以满足不同应用需求的嵌入式产品;处理器内部集成了测试逻辑,便于测试;为了满足嵌入式应用的特殊要求,在工作温度、抗电磁干扰、可靠性等方面做了各种增强设计,因此,具有体积小、质量轻、功耗低、成本低及可靠性高的优点。通常狭义上所讲的嵌入式微处理器就是专门指这种类型的微处理器。

目前,典型的嵌入式微处理器产品有 ARM、MIPS、Power PC、Motorola68K 等。

4）嵌入式片上系统

嵌入式片上系统(Embedded System On Chip,ESOC),简称为 SOC,是 20 世纪 90 年代后出现的一种新型的嵌入式集成器件。片上系统实质上就是在一个硅片上实现一个系统。将各种通用处理器内核、具有知识产权的标准部件、标准外设作为片上系统设计公司的标准器件,这些标准器件通常以标准的 VHDL 等硬件语言描述,存储在器件库中。用户只需定义出其整个应用系统,仿真通过后就可以将设计图交给半导体工厂制作样品。这样,除个别无法集成的器件外,整个嵌入式系统基本上可以集成到一块或几块芯片中。应用系统电路将变得特别简洁,不仅减小了系统的体积和功耗,而且提高了系统的可靠性和设计生产效率。

它的最大特点是成功地实现了软件和硬件的无缝结合，直接在处理器的片内嵌入了操作系统。SOC 代表了嵌入式系统的未来发展方向，但由于费用问题，目前还不可能完全取代 EMU、EDSP、EMPU 等其他形式的嵌入式应用系统。

比较典型的 SOC 产品有 Philips 公司的 Smart xA。另外还有一些通用系列，如 Siemens 公司的 TriCore、Motorola 公司的 M－Core 和某些 ARM 系列的产品。

10.2.3 主流的嵌入式微处理器简介

嵌入式微处理器有许多不同的体系，即使在同一体系中也可能具有不同的时钟速度和总线数据宽度，集成不同的外部接口和设备。据不完全统计，目前全世界嵌入式微处理器的品种总量已经超过千种，有几十种嵌入式微处理器体系。主流的体系有 ARM、MIPS、PowerPC、X86 和 SH 等。嵌入式微处理器的选择是由具体的应用所决定的。

1. ARM 微处理器

ARM 是 Advanced RISC Machines（高级精简指令系统处理器）的缩写，也是设计 ARM 处理器的公司的简称。

ARM 微处理器采用 RISC 体系结构，体积小、功耗低、成本低、性能高，支持 Thumb（16 位）/ARM（32 位）双指令集，能很好地兼容 8 位/16 位器件，大量使用寄存器，指令执行速度更快，大多数数据操作都在寄存器中完成，寻址方式灵活简单，执行效率高，指令长度固定。除此之外，ARM 微处理器还使用地址自动增加或减少来优化程序中的循环处理，使用 LDM/STM 批量传输数据指令等一些特别的技术，在保证高性能的同时尽量减小芯片体积，降低芯片功耗。

1）ARM 体系结构版本

ARM 体系结构从最初开发到现在有了很大的改进，并仍在完善和发展。为了清楚地表达每个 ARM 应用实例所使用的指令集，ARM 公司定义了 6 种主要的 ARM 指令集体系结构版本，以版本号 V1～V6 表示。

V1～V3 版架构用于 ARM6 内核及更早的系列；V4 版架构是目前应用最广的 ARM 体系结构，ARM7，ARM8、ARM9 和 StrongARM 都采用该架构；ARM10 和 Xscale 都采用 V5 版架构；V6 版架构是 2001 年发布的，首先在 2002 年春季发布的 ARM11 处理器中使用。在降低耗电量的同时，还强化了图形处理性能。通过追加有效进行多媒体处理的 SIMD（Single Instruction，Multiple Data，单指令多数据）功能，将话音及图像的处理功能提高了 4 倍。

2）ARM 微处理器系列

ARM 公司开发了许多系列的 ARM 微处理器内核，目前常见的系列产品主要有 ARM7、ARM9、ARM9E、ARM10E、SecurCore 和 ARM11 等，此外还有与 Intel 公司合作实现的 Strong-ARM 和 XScale 系列等。每一个系列的 ARM 微处理器都有各自的特点和应用领域。

（1）ARM7 系列：ARM7 内核采用冯·诺依曼体系结构，数据和指令使用同一条总线，执行 ARM v4 指令集，主要应用于对功耗和成本要求比较苛刻的消费类产品。其最高主频可以达到 130MIPS。

ARM7 系列包括 ARM7TDMI、ARM7TDMI－S、ARM720T、ARM7EJ 等多种内核。其中，ARM7TDMI 是目前使用最广泛的 32 位嵌入式 RISC 处理器之一，属低端 ARM 处理器核。主要应用于工业控制、Internet 设备、网络和调制解调器设备、移动电话等多种多媒体和嵌入式应用。TDMI 的基本含义如下。

T:支持16位压缩指令集 Thumb;

D:支持片上 Debug;

M:内嵌硬件乘法器(Multiplier);

I:嵌入式 ICE,支持片上断点和调试点。

ARM7TDMI 由于采用 RISC 的原理设计,故具有指令精炼、代码少、译码结构简单、集成门数少、功耗低等特点。

ARM7TDMI 的主要特点如下:

① 32 位嵌入式 RISC 处理器;

② 3 级指令流水线;

③ 32 位 ARM 指令集,兼容 16 位 Thumb 指令集;

④ 支持 32 位、16 位、8 位数据类型;

⑤ 支持协处理器;

⑥ 实时中断处理系统。

(2) ARM9 系列:ARM9 系列包括 ARM920T、ARM922T 和 ARM940T 3 种类型,主要应用于无线设备、仪器仪表、安全系统、机顶盒、高端打印机、数字照相机和数字摄像机等。ARM9 具有以下特点。

① 5 级流水线,指令执行效率更高;

② 提供 1.1MIPS/MHz 的哈佛结构;

③ 支持 32 位 ARM 指令集和 16 位 Thumb 指令集;

④ 支持 32 位的高速 AMBA 总线接口;

⑤ 全性能的 MMU,支持 Windows CE、Linux、Palm OS 等多种主流嵌入式操作系统;

⑥ 支持数据 Cache 和指令 Cache,具有更高的指令和数据处理能力。

(3) ARM9E 系列:ARM9E 是 ARM9 的一个扩充。ARM9E 系列微处理器为可综合处理器,使用单一的处理器内核提供微控制器、DSP、Java 应用系统的解决方案,从而极大地减少了芯片的面积和系统的复杂程度。ARM9E 系列微处理器提供了增强的 DSP 处理能力,非常适合需要同时使用 DSP 和微控制器的应用场合。

ARM9E 系列包含 ARM926EJ - S、ARM946E - S 和 ARM966E - S 3 种类型,主要应用于下一代无线设备、数字消费品、成像设备、工业控制、存储设备和网络设备等领域。

(4) ARMl0E 系列:ARMl0E 系列处理器具有高性能、低功耗的特点。它所采用的新的体系使其在所有 ARM 产品中具有最高的指令执行速度和系统主频。ARM10E 系列处理器采用了新的节能模式,提供了 64 位读取/写入(load/store)体系,支持包括向量操作的满足 IEEE 754 的浮点运算协处理器,系统集成更加方便,拥有完整的硬件和软件开发工具。

ARMl0E 系列包含 ARM1020E、ARM1022E 和 ARM1026EJ - S 3 种类型,主要应用于下一代无线设备、数字消费品、成像设备、工业控制、通信和信息系统等领域。

(5) SecurCore 系列:SecurCore 系列处理器提供了基于高性能的 32 位 RISC 技术的安全解决方案。SecurCore 系列处理器除了具有体积小、功耗低、代码密度大和性能高等特点外,还具有它自己的特别优势,即提供了安全解决方案的支持。

SecurCore 系列包含 SecurCore SCl00、SecurCore SC110、SecurCore SC200 和 SecurCore

SC210 4 种类型,主要应用于一些对安全性要求较高的应用产品及应用系统,如电子商务、电子政务、电子银行业务、网络和认证系统等领域。

(6) ARM11E 系列:ARM11 系列微处理器是 ARM 公司近年推出的新一代 RISC 处理器,它是 ARM 新指令架构—ARMv6 的第一代设计实现。该系列主要有 ARM1136J、ARM1156T2 和 ARM1176JZ 3 种类型,分别针对不同应用领域。

ARMv6 架构是根据下一代的消费类电子、无线设备、网络应用和汽车电子产品等需求而制定的。ARM11 的媒体处理能力和低功耗特点,特别适用于无线和消费类电子产品;其高数据吞吐量和高性能的结合非常适合网络处理应用;另外,在实时性能和浮点处理等方面 ARM11 也可以满足汽车电子应用的需求。可以预言,基于 ARMv6 体系结构的 ARM11 系列处理器将在上述领域发挥巨大的作用。

(7) Intel 的 StrongARM: SA－1100 处理器是采用 ARM 体系结构高度集成的 32 位 RISC 微处理器。它融合了 Intel 公司的设计和处理技术以及 ARM 体系结构的电源效率,采用在软件上相容 ARM V4 架构,同时具有 Intel 技术优点的架构。Intel StrongARM 处理器是便携型通信产品和消费类电子产品的理想选择,已成功应用于多家公司的掌上计算机系列。

(8) Intel 的 Xscale:该处理器是基于 ARMv5TE 体系结构的解决方案,是一款全性能、高性价比、低功耗的处理器,也是 Intel 目前主要推广的一款 ARM 微处理器。它支持 16 位的 Thumb 指令和 DSP 指令集,已应用在数字移动电话、个人数字助理(PDA)和网络产品等场合。

ARM7、ARM9、ARM9E 和 ARM10 为 4 个通用处理器系列,每一个系列提供一套相对独特的性能来满足不同应用领域的需求;SecurCore 系列专门为安全要求较高的应用而设计;Intel 的 Xscale 和 StrongARM 也是应用非常广泛的嵌入式处理器系列。

2. PowerPC 微处理器

PowerPC 微处理器是早期 Motorola 公司和 IBM 公司联合为 Apple 公司的 Mac 机开发的 CPU 芯片,商标权同时属于 IBM 公司和 Motorola 公司,并成为了两家公司的主导产品。苹果笔记本电脑和苹果的台式机一样,并不采用 Intel 或 AMD 之类的处理器,而是采用了 PowerPC 处理器。尽管他们的产品不一样,但都采用 PowerPC 的内核。这些产品大都用在嵌入式系统中。

PowerPC 微处理器属于精简指令集计算机系统(RISC)。PowerPC 架构是 64 位的架构,允许地址空间和定点数计算扩充到 64 位,而且支持 64 位模式和 32 位模式之间的动态切换。在 32 位模式下,64 位 PowerPC CPU 可以执行为 32 位 PowerPC CPU 编译的二进制应用代码。PowerPC 的指令集是 32 位固定长度,提供一套通用寄存器用于定点数的计算和内存地址计算,PowerPC 还提供单独一套浮点寄存器用于浮点数据的运算。PowerPC 架构将程序控制、定点数计算、浮点数计算分开,因此多个功能单元可以并行独立执行不同的指令。

IBM 公司的 PowerPC 微处理器芯片产品有 4 个系列,分别是 4xx 综合处理器、4xx 处理器核、7xx 高性能 32 位处理器和 9xx 超高性能 64 位处理器。

Motorola 公司迄今为止共生产了 6 代 PowerPC 产品,即 G1、G2、G3、G4、G5 和 G6,Motorola 公司生产的 PowerPC 微处理器芯片产品编号前有“MPC”前缀,如 G5 中的 MPC855T,G6 中的 MPC860DE～MPC860P 等。

由此可见,PowerPC 系列处理器的品种较多,它们的功率消耗、体积、集成度、价格的差别悬殊,既有通用处理器,又有嵌入式控制器和内核,应用范围非常广泛,从高端工作站、服务器到桌面计算系统，从消费类电子产品到大型通信设备，都有着广泛的应用。

3. MIPS 微处理器

MIPS(Microprocessor without Interlocked Pipeline Stages，无内部互锁流水级微处理器)是世界上很流行的一种 RISC 处理器，由 MIPS 技术公司所开发。MIPS 技术公司是美国一家设计高性能、高档次嵌入式 32/64 位微处理器芯片的公司，在 RISC 处理器方面占有重要地位，它采用精简指令集计算机结构来设计芯片。MIPS 是出现最早的商业 RISC 架构芯片之一，新的架构集成了所有原来 MIPS 指令集，并增加了许多更强大的功能。MIPS 也是一种处理器的内核标准。MIPS 体系结构具有良好的可扩展性，并且能够满足超低功耗微处理器的需求。

MIPS 处理器的机制是尽量利用软件办法避免流水线中的数据相关问题。它最早是在 20 世纪 80 年代初期由斯坦福(Stanford)大学 Hennessy 教授领导的研究小组研制出来的。MIPS 技术公司的 R 系列就是在此基础上开发的 RISC 工业产品的微处理器。这些系列产品为很多计算机公司采用，构成各种工作站和计算机系统。

20 世纪 90 年代末，MIPS 体系结构进入了一个全新的时期——成为嵌入式处理器市场上的领先体系结构。MIPS 处理器的系统结构及设计理念比较先进，强调软件和硬件协同提高性能，同时简化硬件设计，其指令系统经过通用处理器指令体系 MIPS I ~ MIPS V 的升级，嵌入式指令体系 MIPS 16、MIPS 32 到 MIPS 64 的发展已经十分成熟。此外，为了使嵌入式设计人员更加方便地应用 MIPS 处理器，MIPS 技术公司推出了一套集成的开发工具——MIPS IDF (MIPS Integrated Development Framework)。

在嵌入式方面，MIPS K 系列微处理器是目前仅次于 ARM 的用得最多的处理器之一，其应用领域覆盖游戏机、路由器、激光打印机、掌上计算机以及机顶盒等各个方面。

10.3 嵌入式软件系统

10.3.1 概述

嵌入式软件就是基于嵌入式系统设计的软件，专门从事硬件的驱动、控制或界面处理，以提升硬件产品的价值，是嵌入式系统产品不可缺少的重要部分。

1. 嵌入式软件特点

嵌入式软件是计算机软件的一种，除具有软件的一般特性外，同时还具有其自身特点：

(1) 具有独特的实用性。嵌入式软件是为嵌入式系统服务的，这就要求它与外部硬件和设备联系紧密。嵌入式系统以应用为中心，嵌入式软件是应用系统，根据应用需求定向开发，面向产业、面向市场，需要特定的行业经验。每种嵌入式软件都有自己独特的应用环境和实用价值。

(2) 应有灵活的适用性。嵌入式软件通常可以认为是一种模块化软件，它应该能非常方便、灵活地运用到各种嵌入式系统中，而不会破坏或更改原有的系统特性和功能。首先它要小巧，不能占用大量资源；其次要使用灵活，应尽量优化配置，减小对系统的整体继承性，升级更换灵活方便。

(3) 规模小，开发难度大。嵌入式软件的规模一般比较小，多数在几 MB 以内，但开发的难度大，需要开发的软件可能包括板级初始化程序、驱动程序、应用程序和测试程序等。嵌入式软件一般都要涉及低层软件的开发,应用软件的开发也是直接基于操作系统的。这需要开发人员具有扎实的软、硬件基础,能灵活运用不同的开发手段和工具,具有较丰富的开发经验。

(4) 实时性和可靠性要求高。大多数嵌入式系统都是实时系统,有实时性和可靠性的要求。这两方面除了与嵌入式系统的硬件(如嵌入式微处理器的速度、访问存储器的速度和总线等)有关外,还与嵌入式系统的软件密切相关。

嵌入式实时软件对外部事件做出反应的时间必须要快,在某些情况下还需要是确定的、可重复实现的,不管当时系统内部状态如何,都是可预测的(Predictable)。

嵌入式实时软件需要有处理异步并发事件的能力。在实际环境中,嵌入式实时系统处理的外部事件不是单一的,这些事件往往同时出现,而且发生的时刻也是随机的,即异步的。

嵌入式实时软件需要有出错处理和自动复位功能,应采用特殊的容错、出错处理措施,在运行出错或死机时能自动恢复先前的运行状态。

(5) 程序一体化。嵌入式软件是应用程序和操作系统两种软件的一体化程序。

2. 嵌入式软件分类

(1) 按通常的软件分类,嵌入式软件可分为系统软件、支撑软件和应用软件3大类。

① 系统软件:控制、管理计算机系统资源的软件,如嵌入式操作系统、嵌入式中间件(CORBA,JAVA)等。

② 支撑软件:辅助软件开发的工具软件,如系统分析设计工具、仿真开发工具、交叉开发工具、测试工具、配置管理工具和维护工具等。

③ 应用软件:是面向特定应用领域的软件,如手机软件、路由器软件、交换机软件和飞行控制软件等。这里的应用软件除包括操作系统之上的应用外,还包括低层的软件,如板级初始化程序、驱动程序等。

(2) 按运行平台分类,嵌入式软件可分为运行在开发平台(如PC的Windows)上的软件和运行在目标平台上的软件。

① 运行在开发平台上的软件:设计、开发及测试工具等。

② 运行在目标平台即嵌入式系统上的软件:嵌入式操作系统、应用程序、低层软件及部分开发工具代理。

(3) 按嵌入式软件结构分类,嵌入式软件可分为循环轮询系统、前后台系统、单处理器多任务系统和多处理器多任务系统等几大类。

3. 嵌入式软件体系结构

嵌入式软件的体系结构如图10.7所示,包括驱动层、操作系统层、中间件层和应用层。

1) 驱动层

驱动层是直接与硬件打交道的一层,它对操作系统和应用提供所需驱动的支持。该层主要包括3种类型的程序:

(1) 板级初始化程序:这些程序在嵌入式系统上电后,初始化系统的硬件环境,包括嵌入式微处理器、存储器、中断控制器、DMA和定时器等的初始化。

(2) 与系统软件相关的驱动:这类驱动是操作系统和中间件等系统软件所需的驱动程序,它们的开发要按照系统软件的要求进行。目前,操作系统内核所需的硬件支持一般都已集成在嵌入式微处理器中,因此操作系统厂商提供的内核驱动一般不用修改。开发人员主要需要编写的相关驱动程序有网络、键盘、显示和外存等的驱动程序。

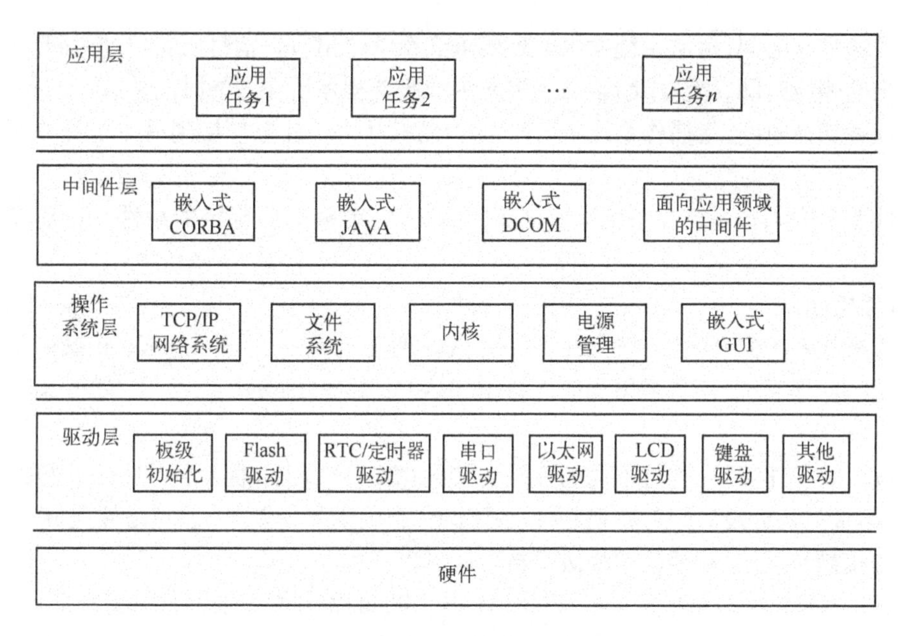

图10.7 嵌入式软件体系结构

(3) 与应用软件相关的驱动:与应用软件相关的驱动不一定需要与操作系统连接,这些驱动的设计和开发由应用决定。

2) 操作系统层

操作系统层包括嵌入式内核、嵌入式TCP/IP网络系统、嵌入式文件系统、嵌入式GUI系统和电源管理系统等部分。其中嵌入式内核是基础和必备的部分,其他部分要根据嵌入式系统的需要来决定。

3) 中间件层

目前,在一些复杂的嵌入式系统中也开始采用中间件技术,主要包括嵌入式CORBA、嵌入式JAVA、嵌入式DCOM和面向应用领域的中间件软件。

4) 应用层

应用层软件主要由多个相对独立的应用任务组成,每个任务完成特定的工作,由操作系统调度各个任务的运行。

10.3.2 嵌入式操作系统

嵌入式操作系统就是应用于嵌入式系统的操作系统。在复杂嵌入式系统中,嵌入式操作系统发挥着重要的作用,它是嵌入式应用软件的开发软平台,用户的应用程序都是建立在嵌入式操作系统之上的。嵌入式操作系统主要负责嵌入系统的全部软件和硬件资源的分配、调度工作,控制协调任务间的冲突。引入嵌入式操作系统将大大提高嵌入式系统的功能,方便嵌入式应用软件的设计开发。

1. 嵌入式操作系统的主要特点

1) 实时性

许多嵌入式系统的应用都有实时性要求,因此多数嵌入式操作系统都具有实时性的技术指标,例如:

(1) 系统响应时间，指从系统发出处理要求到系统给出应答信号所花费的时间。

(2) 中断响应时间，指从中断请求到进入中断服务程序所花费的时间。

(3) 任务切换时间，指操作系统将 CPU 的控制权从一个任务切换到另一个任务所花费的时间。

实时性要求嵌入式系统在系统事先规定的时间内，能够响应确定的事件并正确完成处理工作。

2) 可移植性

嵌入式操作系统的开发，一般先在某一种微处理器上完成。例如在 80x86 系列微处理器上开发成功的操作系统，还有考虑如何能移植到 ARM 系列、Power PC 系列、MIPS 系列微处理器上运行。

不同嵌入式操作系统，支持不同的板级支持包(BSP)或硬件抽象层(HAL)。板级支持包内的程序，与接口及外设等硬件密切相关。操作系统应该设计成尽可能与硬件无关，这样在不同平台上移植操作系统，只要改变板级支持包就可以了。

另外，组成操作系统的内核，有一部分代码与 CPU 的寄存器、堆栈、标志寄存器(或称为程序状态字)、中断等密切相关，这部分代码通常用汇编语言编写，移植时要用新的 CPU 平台对应的指令书写。

嵌入式系统开发过程中，一旦选定了硬件平台，就要考虑准备使用的操作系统能否方便地移植到该硬件平台。

3) 内核小型化

操作系统内核是指操作系统中靠近硬件并且享有最高运行优先权的代码。为了适应嵌入式系统存储空间小的限制，内核应该尽量小型化。例如，嵌入式操作系统 VxWorks 内核最小可裁剪到 8KB；μC/OS - Ⅱ 内核约为 5KB。

4) 可裁剪

为了适应各种应用需求的变化，嵌入式操作系统还应该具有可裁剪和可伸缩的特点。嵌入式操作系统除了内核之外，往往还有几十个乃至上百个功能模块代码，用来适应不同硬件平台和具体应用的要求。开发人员要根据硬件平台的限制和功能/性能的要求，对组成嵌入式操作系统的功能模块代码进行增删，去除所有不必要的功能模块代码，最终编译成一个满足具体设计要求的、精简的操作系统目标代码。例如，操作系统在设计时，应该支持尽可能多的外设，因此操作系统带有大量的外设驱动程序。而具体到某一应用场合的硬件平台，实际上可能只使用了几个外设，只要保留这几个外设对应的驱动程序即可，其他所有的外设驱动程序都应该被删减掉。但是，删剪的另一个例子是把操作系统支持的图形接口函数、文件处理函数、支持复杂数据结构的函数等，分别设计成不同的代码文件，如果具体应用中不使用这些函数，则应在编译操作系统时将它们对应的代码文件裁减掉。

可裁剪就是指编译之前对嵌入式操作系统的功能模块代码进行增加和删除，有时也被称为操作系统可定制。为操作系统增加功能模块通常是在应用开发时，增加新的外设，而操作系统本身没有这种外设对应的驱动程序，则需要另外开发。

除了上述内容，嵌入式操作系统还应该具有以下特点：操作系统可靠性高，能够满足那些无人值守、长期连续运行环境的要求；操作系统是可配置的；操作系统的函数是可重入的等。

2. 嵌入式操作系统的分类

近年来,嵌入式操作系统得到了飞速的发展,从支持8位微处理器到16位、32位甚至64位微处理器;从支持单一品种的微处理器芯片到支持多品种的微处理器芯片;从只有内核到除了内核外还提供其他功能模块,如文件系统、TCP/IP网络系统和窗口图形系统等。同时,嵌入式操作系统的品种也在不断地变化:早期嵌入式系统应用领域有限,嵌入式操作系统品种比较少,一般没有考虑特定应用领域的需求;随着嵌入式系统应用领域的扩展,目前嵌入式操作系统的市场在不断细分,出现了针对不同领域的产品,这些产品按领域的要求和标准提供特定的功能。

(1) 从应用角度可分为通用性嵌入式操作系统和专用型嵌入式操作系统。

① 常见的通用性嵌入式操作系统有Linux、VxWorks、Windows CE等。

② 常见的专用嵌入式操作系统有Smart Phone、Pocket PC、Android等。

(2) 从实时性角度可分为实时嵌入式操作系统和非实时嵌入式操作系统。

① 实时嵌入式操作系统:具有强实时特点,主要面向控制、通信等领域,如WindRiver公司的VxWorks,ISI的pSOS,QNX系统软件公司的QNX,ATI公司的Nucleus等。

② 非实时嵌入式操作系统:一般只具有弱实时特点,主要面向消费类电子产品,包括PDA、移动电话、机顶盒、电子书、WebPhone等,如Windows CE、版本众多的嵌入式Linux和微软面向手机应用的Smart Phone操作系统。

3. 嵌入式操作系统内核功能

内核是嵌入式操作系统的基础,也是必备的部分。它提供任务管理,内存管理,通信、同步与互斥机制,中断管理,时间管理及任务扩展等功能。内核还提供特定的应用编程接口,但目前没有统一的标准。

(1) 任务管理:任务管理是内核的核心部分,具有任务调度、创建任务、删除任务、挂起任务、解挂任务和设置任务优先级等功能。

(2) 内存管理:嵌入式操作系统的内存管理比较简单,通常不采用虚拟存储管理,而采用静态内存分配和动态内存分配(固定大小内存分配和可变大小内存分配)相结合的管理方式。有些内核利用MMU机制提供内存保护功能。

(3) 通信、同步和互斥机制:这些机制提供任务间以及任务与中断处理程序间的通信、同步和互斥功能,一般包括信号量、消息、事件、管道、异步信号和共享内存等功能。

(4) 中断管理:为方便中断处理程序的开发,中断管理负责管理中断控制器,负责中断现场保护和恢复,用户的中断处理程序只需处理与特定中断相关的部分,并按一般函数的格式编写中断处理程序。

(5) 时间管理:时间管理提供高精度、应用可设置的系统时钟。该时钟是嵌入式系统的时基。时间管理还提供日历时间,负责与时间相关的任务管理工作,如任务对资源有限等待的计时、时间片轮转调度等,提供软定时器的管理功能等。

(6) 任务扩展功能:任务扩展功能就是在内核中设置一些Hook的调用点,在这些调用点上内核调用应用设置的、应用自己编写的扩展处理程序,以扩展内核的有关功能。

4. 主流嵌入式操作系统简介

在嵌入式操作系统发展过程中,至今仍然流行的操作系统有几十种。以下介绍几种最常用的嵌入式操作系统。

1）VxWorks

VxWorks 操作系统是美国 WindRiver 公司于 1983 年设计开发的一种嵌入式实时操作系统（RTOS），目前已发展到 VxWorksV6.9 版。其良好的持续发展能力、高性能的内核以及友好的用户开发环境，在嵌入式实时操作系统领域占据领先地位。它以高性能、可裁剪、高可靠性和实时性被广泛应用于通信、军事、航空、航天等高精尖技术及实时性要求极高的领域中，如卫星通信、军事演习、弹道制导和飞机导航等。在美国 F－16、FA－18 战斗机、B－2 隐身轰炸机和“爱国者”导弹上，甚至 1997 年 4 月在火星表面登陆的火星探测器上，都使用了 VxWorks 操作系统。

VxWorks 是目前嵌入式系统领域中使用最广泛、市场占有率最高的商用实时嵌入式操作系统，可以移植到多种处理器，如 x86、Motorola MC68xxx、MIPS RX xxx、Power、StrongARM、ARM 等。VxWorks 具有多达 1800 个功能强大的应用程序接口（API），采用 GNU 的编译和调试器，系统的可靠性非常高。

2）QNX

QNX 是加拿大 QNX 公司的产品，QNX 是在 x86 体系上开发成功的，然后移植到 68xxx 等处理器上。

QNX 是一个实时、可扩展的操作系统，它部分遵循了 POSIX 相关标准，POSIX（Portable Operating System Interface）表示可移植操作系统接口。QNX 提供了一个很小的微内核以及一些可选的配合进程，其内核仅提供 4 种服务：进程调度、进程间通信、底层网络通信和中断处理。其进程在独立的地址空间运行。所有的其他 OS 服务，都实现为协作的用户进程，因此 QNX 内核非常小巧（QNX4.x 大约为 12KB），而且运行速度极快。

QNX 具有强大的图形界面功能，适于作为机顶盒、手持设备、GPS 等设备的实时操作系统使用。

3）Windows CE

Windows CE 操作系统是微软公司于 1996 年发布的一种嵌入式操作系统，目前已发展到 Windows CE 7。Windows CE 的主要应用领域有 PDA 市场、Pocket PC、Smart Phone、工业控制、医疗等。

为在 Windows CE 操作系统上进行应用软件开发，微软公司提供了 Embedded Visual Basic（EVB）、Embedded Visual C＋＋（EVC）、Visual Studio.NET 等工具，它们是专门针对 Windows CE 操作系统的开发工具。

现在微软公司又推出了针对移动设备应用的 Windows Mobile 操作系统，包括 Pocket PC、Smart Phone 及 Media Centers 三大平台体系，面向个人移动电子消费市场。

4）嵌入式 Linux

嵌入式 Linux（Embedded Linux）是指对标准 Linux 经过小型化裁剪处理之后，能够固化在容量只有几 KB 或者几 MB 的存储器芯片或者单片机中，适合于特定嵌入式应用场合的专用 Linux 操作系统。

嵌入式 Linux 现在已有许多版本，包括：强实时的嵌入式 Linux 版本，如新墨西哥工学院的 RT－Linux 和堪萨斯大学的 KURT－Linux；一般的嵌入式 Linux 版本，如 μCLinux 和 Pocket Linux 等。其中 μCLinux 是针对没有 MMU 的处理器而设计的，它不能使用虚拟存储管理技术，它对内存的访问是直接的，程序访问地址都是实际物理地址。

嵌入式 Linux 主要特点有：

（1）广泛的硬件支持。Linux 能够支持 x86、ARM、MIPS、ALPHA、PowerPC 等多种体系结构，目前已经成功移植到几十种微处理器上；支持大量的外围硬件设备，有着丰富的驱动程序资源。

（2）内核高效稳定、易于定制裁剪。Linux 内核小、功能强大、运行稳定、效率高。Linux 的内核设计非常精巧，分成进程调度、内存管理、进程间通信、虚拟文件系统和网络接口等5大部分，其独特的模块机制可以根据用户的需要，实时地将某些模块插入内核或从内核中移走。这些特性使得 Linux 系统内核可以裁剪得非常小巧，满足嵌入式系统的需要。

（3）开放源代码，软件丰富。Linux 是开放源代码的自由操作系统，为用户提供了最大限度的自由度。Linux 的软件资源十分丰富，在 Linux 上开发嵌入式应用软件一般不用从头做起，而是可以选择一个类似的自由软件作为原型，在其上进行二次开发。

（4）优秀的开发工具。嵌入式 Linux 为开发者提供了一套完整的工具链（Tool Chain），它利用 GNU 的 gcc 做编译器，用 gdb、kgdb、xgdb 做调试工具，能够很方便地实现从操作系统内核到用户态应用软件各个级别的调试。

（5）完善的网络通信和文件管理机制。支持所有标准的 Internet 网络协议，并且很容易移植到嵌入式系统当中。此外，Linux 还支持 ext2、fat16、fat32、romfs 等文件系统，这些都为开发嵌入式系统应用打下了良好的基础。

5）μC/OS－Ⅱ

μC/OS－Ⅱ是源代码公开的实时嵌入式操作系统。μC/OS－Ⅱ提供了嵌入式系统的基本功能，其核心代码短小精悍。μC/OS－Ⅱ对于大型商用嵌入式系统而言，相对比较简单。

μC /OS－Ⅱ是一个完整的、可移植、可固化、可裁剪的抢占式实时多任务内核。μC/OS－Ⅱ的绝大部分代码是用 ANSI 的 C 语言编写的，还有一小部分是汇编代码，使之可供不同架构的微处理器使用。至今，从8位到64位，μC/OS－Ⅱ已运行在超过40种不同架构上的微处理器上手机、路由器、集线器、不间断电源、飞行器、医疗设备及工业控制等领域。

μC/OS－Ⅱ的鲜明特点就是源代码公开，便于移植和维护，稳定性和可靠性都很强。

10.4 嵌入式应用系统开发

10.4.1 嵌入式系统开发流程

在嵌入式系统的应用开发中，整个系统的开发过程如图10.8所示。

1. 硬件平台的选择

对于嵌入式应用系统的开发，处理器及硬件平台的选定是非常重要的。开发人员必须从众多的嵌入式微处理器中选择一种最适当的产品作为嵌入式系统的控制核心，才能够兼具低成本和高性能的优势。

在选择微处理器时要考虑的主要因素有以下几个方面。

（1）处理性能：一个处理器的性能取决于多方面因素，如时钟频率、内部寄存器的大小等。选取目标不是在于挑选速度最快的处理器，而是在于选取能够完成任务要求的处理器和 I/O 子系统。

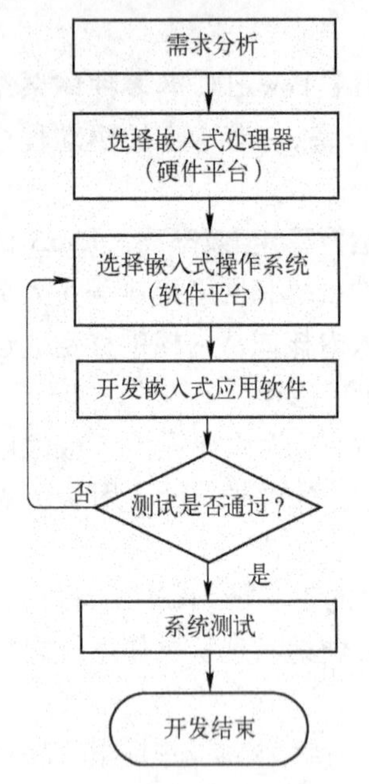

图 10.8　嵌入式系统开发流程

(2) 技术指标:功耗、软件支持工具、是否内置调试工具等。

2. 软件平台的选择

嵌入式软件的开发过程,主要包括代码编程、交叉编译、交叉连接、下载到目标板和调试等几个步骤,因此软件平台的选择涉及操作系统、编程语言和集成开发环境 3 个方面。

1) 操作系统

可用于嵌入式系统软件开发的操作系统很多,但关键是如何选择一个适合开发项目的操作系统,可以从以下几点考虑:

(1) 操作系统提供的开发工具。

(2) 操作系统向硬件接口移植的难度。

(3) 操作系统的内存要求。

(4) 开发人员是否熟悉此操作系统及其提供的 API。

(5) 操作系统是否提供硬件的驱动程序,如 SD 卡、LCD 屏幕等 。

(6) 操作系统的可裁剪性。

(7) 操作系统的实时性能。

2) 编程语言

编程语言的选择主要考虑的因素有通用性、可移植程度、执行效率和可维护性。

3) 集成开发环境

集成开发环境(Integrated Development Environment, IDE)是进行开发时的重要平台,选择时应考虑以下因素:系统调试器的功能、是否支持库函数、编译器开发商是否持续升级编译器、连接程序是否支持所有的文件格式和符号格式。

10.4.2　嵌入式交叉开发环境

嵌入式系统通常是一个资源受限的系统,因此直接在嵌入式系统的硬件平台上编写软件比较困难,有时候甚至是不可能的。目前一般采用的解决办法是,首先在通用计算机上编写程序,然后通过交叉编译,生成目标平台上可以运行的二进制代码格式,最后再下载到目标平台上的特定位置上运行。这就需要建立一个交叉的开发环境。

交叉开发环境(Cross Development Environment)是嵌入式应用软件开发时的一个显著特点。交叉开发环境是指编译、链接和调试嵌入式应用软件的环境,它与运行嵌入式应用软件的环境有所不同,通常采用宿主机/目标机模式,如图 10.9 所示。

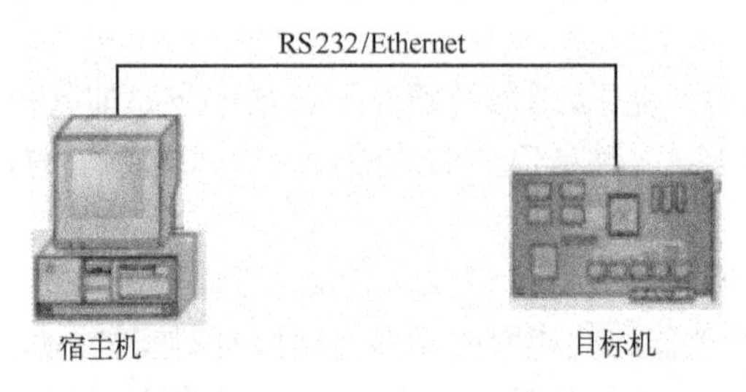

图 10.9　宿主机/目标机模式

宿主机(Host)是一台通用计算机,一般是PC。它通过串口或网络连接与目标机进行通信。宿主机上的软/硬件资源比较丰富,包括功能强大的操作系统(如Windows或Linux)以及各种各样的开发调试工具(如GNU、WindRiver的Tornado、Microsoft的Embedded Visual C++等),能够大大提高嵌入式系统的开发速度和效率。

目标机(Target)常用在嵌入式系统的开发和调试期间。目标机可以是嵌入式系统的实际运行环境,也可以是替代实际环境的仿真系统。通常目标机的体积较小、集成度高、外围设备较多(输入设备有键盘、触摸屏等;输出设备有LCD、LED等)。因为目标机的硬件资源有限,所以在目标机上运行的软件通常需要根据实际具体的要求进行裁剪和配置。目标机的应用软件常与实时操作系统绑定在一起运行。

嵌入式系统的交叉开发环境一般包括交叉编译器、交叉调试器和系统仿真器,其中交叉编译器和交叉链接器用于在宿主机上生成能在目标机上直接运行的二进制代码,而交叉调试器和系统仿真器则用于在宿主机与目标机间完成嵌入式软件的调试。

在采用宿主机/目标机模式开发嵌入式应用软件时,首先利用宿主机上丰富的资源及良好的开发环境开发和仿真调试目标机上的软件,然后通过串口或者以太网络将交叉编译生成的目标代码传输并下载到目标机上,在监控程序或者操作系统的支持下利用交叉调试器进行分析和调试,最后目标机在特定环境下脱离宿主机单独运行。

建立交叉开发环境是进行嵌入式软件开发的第一步,目前常用的交叉开发环境主要有开放和商业两种类型。开放的交叉开发环境的典型代表是GNU工具链,目前已经能够支持x86、ARM、MIPS、PowerPC等多种处理器。商业的交叉开发环境则主要有Metrowerks CodeWarrior、ARM Software Development Toolkit、SDS Cross compiler、WindRiver Tornado、Microsoft Embedded Visual C++等。

10.4.3 交叉调试

调试是嵌入式软件开发过程中一个最重要和复杂的阶段。嵌入式软件的调试方式与通用软件的调试方式有很大的区别。在通用软件开发中,调试器与被调试的程序往往运行在同一平台上,调试器是一个单独运行着的进程,它通过操作系统提供的调试接口来控制被调试的进程。而在嵌入式软件开发中,由于目标机资源有限,而且常常没有进行输入/输出处理的必要的人—机接口,这就需要在宿主机上运行调试程序。所以嵌入式软件开发的调试工作需要其他的模块或产品才能完成,调试工具可以用来分析代码的运行过程及变量和属性的修改。这种嵌入式独有的调试方式称为交叉调试。由于嵌入式领域软硬件平台的多样性,每种平台上的调试手段和工具也各不相同,但一般都具有以下特点:

(1) 调试器和被调试进程运行在不同的机器上,调试器运行在PC或者工作站上(宿主机),而被调试的进程则运行在各种专业调试板上(目标机)。

(2) 调试器通过某种通信方式与被调试进程建立联系,如串口、并口、网络、DBM、JTAG或者专用的通信方式。

(3) 在目标机上一般会具备某种形式的调试代理,它负责与调试器共同配合完成对目标机上运行着的进程的调试。这种调试代理可能是某些支持调试功能的硬件设备(如DBI 2000),也可能是某些专门的调试软件(如gdbserver)。

(4) 目标机可能是某种形式的系统仿真器,通过在宿主机上运行目标机的仿真软件,整个调试过程可以在一台计算机上运行。此时物理上虽然只有一台计算机,但逻辑上仍然存在着宿主机和目标机的区别。

嵌入式软件开发过程中的调试方式很多,应根据实际的开发要求和条件进行选择。

10.4.4 嵌入式系统在智能手机中的应用

随着计算机技术和通信技术的不断发展,计算机技术越来越多地应用于移动终端。而对于移动终端,基本上可以分成2种:一种是传统手机(feature phone);另一种是智能手机(smart phone)。

所谓智能手机,是“像个人计算机一样,具有独立的嵌入式操作系统,可以由用户自行安装软件、游戏等第三方服务商提供的程序,通过此类程序来不断对手机的功能进行扩充,并可以通过移动通信网络来实现无线网络接入的这样一类手机的总称”。

简单地说,智能手机就是一部像计算机一样可以通过下载安装软件来拓展手机出厂的基本功能的手机。

智能手机除具有传统手机的基本功能,并有以下特点:开放的操作系统、硬件和软件的可扩充性以及支持第三方的二次开发。相对于传统手机,智能手机以其强大的功能和便捷的操作等特点,越来越得到人们的青睐,已逐渐成为市场的一种潮流。

因此,智能手机是一个典型的嵌入式应用系统。

1. 智能手机硬件平台

个人计算机的主要部件包括CPU、内存、硬盘、显卡等。这些部件也是衡量一台计算机性能高低的主要因素。既然手机与个人计算机相似,自然也包括与计算机相似的部件。

智能手机硬件组成部分为

手机系统+CPU+GPU+ROM+RAM+外部存储器+手机屏幕+触摸屏+话筒+听筒+摄像头+重力感应+蓝牙+无线连接(wifi)= 智能手机

智能手机的性能取决于硬件和软件两个方面:软件方面主要是操作系统优化;硬件方面,CPU、GPU、ROM、RAM起到了最重要的作用,其中又以CPU最为重要,CPU有架构和主频2项关键参数。

(1) 架构。架构作为处理器的基础,对于处理器的整体性能起到了决定性的作用,不同架构的处理器同主频下,性能差距可以达到2~5倍。

(2) 主频。常见智能手机单核主频普遍在600MHz~1.2GHz范围内,双核在1GHz左右。主频越高,每秒处理指令条数就越多,速度也越快。但是高主频同时也带来了高发热量和高能耗。

智能手机CPU的主要生产厂商有高通(Qualcomm)、德州仪器(TI)、nVIDIA(英伟达)、三星(Samsung)、苹果(Apple)等。目前,主流的手机CPU架构90%以上采用的都是ARM架构。主流CPU多基于ARM Cortx-A8单核架构,高端多基于ARM Cortx-A9双核架构。

1) ARM Cortex-A8架构

ARM Cortex-A8处理器是第一款基于ARMv7架构的应用处理器,Cortex-A8处理器的速率可以在600MHz到超过1GHz的范围内调节,能够满足那些需要工作在300mW以下的功耗优化的移动设备的要求,以及满足那些需要2000 Dhrystone MIPS的性能优化的消费类应用的要求。

Cortex - A8 处理器是 ARM 的第一款超标量处理器,具有提高代码密度和性能的技术,用于多媒体和信号处理的 NEON™技术,以及用于高效地支持预编译和即时编译 Java 及其他字节码语言的 Jazelle®运行时间编译目标(RCT)技术。

2) ARM Cortex - A9 架构

Cortex - A9 是性能很高的 ARM 处理器,可实现受到广泛支持的 ARMv7 体系结构的丰富功能。Cortex - A9 处理器的设计旨在打造最先进的、高效率的、长度动态可变的、多指令执行超标量体系结构,提供采用乱序猜测方式执行的 8 阶段管道处理器,凭借范围广泛的消费类、网络、企业和移动应用中的前沿产品所需的功能,它可以提供史无前例的高性能和高能效。

Cortex - A9 微体系结构既可用于可伸缩的多核处理器(Cortex - A9 MPCore™多核处理器),也可用于更传统的处理器(Cortex - A9 单核处理器)。可伸缩的多核处理器和单核处理器支持 16、32 或 64KB 4 路关联的 L1 高速缓存配置,对于可选的 L2 高速缓存控制器,最多支持 8MB 的 L2 高速缓存配置,它们具有极高的灵活性,均适用于特定应用领域和市场。

2. 智能手机操作系统

手机操作系统主要应用在智能手机上。目前,主流的智能手机操作系统有 Google Android 和苹果的 iOS 等。智能手机与非智能手机都支持 JAVA,智能机与非智能机的区别就是基于系统平台的功能扩展、非 JAVA 应用平台、支持多任务。

1) Android(安卓)

Android 是一种基于 Linux 的自由及开放源代码的操作系统,主要使用于移动设备,如智能手机和平板电脑。Android 操作系统最初由 Andy Rubin 开发,主要支持手机,被谷歌收购后则由 Google 公司和开放手机联盟领导及开发,逐渐扩展到平板电脑及其他领域上,如电视、数码相机、游戏机等。

Android 的系统架构采用了分层架构,分为 4 个层,从高层到低层分别是应用程序层、应用程序框架层、系统运行库层和 Linux 内核层。

Android 系统的优势:

① 开放性:开放的平台允许任何移动终端厂商加入到 Android 联盟中来,使其拥有更多的开发者。

② 丰富的硬件:由于 Android 的开放性,众多的厂商会推出功能特色各具的多种产品。

③ 方便开发:Android 平台提供给第三方开发商一个十分宽泛、自由的环境,不会受到各种条条框框的阻扰。

④ Google 应用:Google 服务如地图、邮件、搜索等已成为连接用户和互联网的重要纽带,而 Android 平台手机将无缝结合这些优秀的 Google 服务。

2) iOS

iOS 是由苹果公司开发的手持设备操作系统。最初是设计给 iPhone 使用的,后来陆续套用到 iPod touch、iPad 以及 Apple TV 等苹果产品上。iOS 与苹果的 Mac OS X 操作系统一样,它也是以 Darwin 为基础的,因此同样属于类 Unix 的商业操作系统。

iOS 的系统架构分为 4 个层次:核心操作系统层(Core OS layer),核心服务层(Core Services layer),媒体层(Media layer),可轻触层(Cocoa Touch layer)。系统操作占用 240MB 的存储器空间。

iOS 的优势：

① 软件与硬件整合度高：iOS 系统的软件与硬件的整合度相当高，使其分化大大降低，增加了整个系统的稳定性。

② 界面美观、易操作：iOS 系统简洁、美观，操作简单。

③ 安全性强：苹果对 iOS 生态采取了封闭的措施，并建立了完整的开发者认证和应用审核机制。iOS 设备使用严格的安全技术和功能，并且使用起来十分方便。

④ 应用数量多、品质高：iOS 所拥有的应用程序是所有移动操作系统中最多的，iOS 平台拥有数量庞大的 APP 和第三方开发者。

习 题 10

10.1　什么是嵌入式系统？嵌入式系统与通用计算机系统的异同是什么？

10.2　嵌入式系统的特点是什么？

10.3　嵌入式硬件系统由哪些部分组成？

10.4　嵌入式微处理器的分类、特点是什么？主流的嵌入式微处理器有哪些？

10.5　说明嵌入式软件的体系结构。

10.6　嵌入式操作系统与通用计算机操作系统的区别是什么？其发展趋势是什么？

10.7　嵌入式系统的开发流程是什么？说明嵌入式系统开发与通用系统开发的区别。

附录 1

8086/8088 指令系统

（按字母顺序排列）

指令格式	指令功能	操作数	指令实例	时钟周期数	指令字节数	传送次数	标志位影响
AAA(无操作数)	ASCII 码加法调整	无操作数	AAA	4	1	–	O D I T S Z A P C * * * ↕ * ↕
AAD(无操作数)	ASCII 码除法调整	无操作数	AAD	60	2	–	O D I T S Z A P C * ↕ ↕ * ↕ *
AAM(无操作数)	ASCII 码乘法调整	无操作数	AAM	83	1	–	O D I T S Z A P C * ↕ ↕ * ↕ *
AAS(无操作数)	ASCII 码减法调整	无操作数	AAS	4	1	–	O D I T S Z A P C * * * ↕ * ↕
ADC 目标,源	带进位加	寄存器,寄存器 寄存器,存储器 存储器,寄存器 寄存器,立即数 存储器,立即数 累加器,立即数	ADC AX,BX ADC DX,BETA[BP] ADC ALPHA[BX][SI],DI ADC BX,1234 ADC GAMMA,30H ADC AL,23H	3 9 + EA 16 + EA 4 17 + EA 4	2 2 ~ 4 2 ~ 4 3 ~ 4 3 ~ 6 2 ~ 6	– 1 2 – 2 –	O D I T S Z A P C ↕ ↕ ↕ ↕ ↕ ↕

ADD 目标,源	加法	寄存器,寄存器
		寄存器,存储器
		存储器,寄存器
		寄存器,立即数
		存储器,立即数
		累加器,立即数
			ADD CX,DX
			ADD DI,[BX]ALPHA
			ADC TEMP,CL
			ADD CL,2
			ADD ALPHA,2
			ADD AX,200
				3
				9 + EA
				16 + EA
				4
				17 + EA
				4
					2
					2 ~ 4
					2 ~ 4
					3 ~ 4
					3 ~ 6
					2 ~ 6
						–
						1
						2
						–
						2
						–
							O D I T S Z A P C
							↕ ↕ ↕ ↕ ↕ ↕

（续）

指令格式	指令功能	操作数	指令实例	时钟周期数	指令字节数	传送次数	标志位影响
AND 目标,源	逻辑"与"	寄存器,寄存器 寄存器,存储器 存储器,寄存器 寄存器,立即数 存储器,立即数 累加器,立即数	AND AL,BL AND CX,FLAG_WORD AND ASCII[DI],AL AND CX,0F0H AND BETA,01H AND AX,01010000B	3 9 + EA 16 + EA 4 17 + EA 4	2 2 ~ 4 2 ~ 4 3 ~ 4 3 ~ 6 2 ~ 6	– 1 2 – 2 –	O D I T S Z A P C 0 ↕ ↕ * ↕ 0
CALL 目标地址	调用子程序	近过程 远过程 memprt16 regptr16 memptr32	CALL NEAR_PROC CALL FAR_PROC CALL PROC_TABLE[SI] CALL AX CALL [BX]	19 28 21 + EA 16 37 + EA	3 5 2–4 2 2–4	1 2 2 1 4	O D I T S Z A P C
CBW(无操作数)	字节扩展成字	无操作数	CBW	2	1	–	O D I T S Z A P C
CLC(无操作数)	进位标志清零	无操作数	CLC	2	1	–	O D I T S Z A P C 0
CLD(无操作数)	方向标志清零	无操作数	CLD	3	1	–	O D I T S Z A P C 0
CLI(无操作数)	中断标志清零	无操作数	CLI	2	1	–	O D I T S Z A P C 0
CMC(无操作数)	进位标志取反	无操作数	CMC	2	1	–	O D I T S Z A P C $\overline{C}$

CMP 目标,源	目标与源操作数比较	寄存器,寄存器
		寄存器,存储器
		存储器,寄存器
		寄存器,立即数
		存储器,立即数
		累加器,立即数
			CMP BX,CX
			CMP DH,ALPHA
			CMP [BP + 2],SI
			CMP BL,02H
			CMP RADAR[DI],3420H
			CMP AL,00010000H
				3
				9 + EA
				9 + EA
				4
				10 + EA
				4
					2
					2–4
					2–4
					3–4
					3–6
					2–3
						–
						1
						1
						–
						1
						–
							O D I T S Z A P C
							↕ ↕ ↕ ↕ ↕ ↕

CMPS 目标串,源串	串比较	目标串,源串 （重复前缀）目标串,源串	CMPS BUFF1,BUFF2 REPE CMPS ID,KEY	22 9 + 22/rep	1 1	2 2/rep	O D I T S Z A P C ↕ ↕ ↕ ↕ ↕ ↕
CWD(无操作数)	字转换成双字	无操作数	CWD	5	1	–	O D I T S Z A P C

（续）

指令格式	指令功能	操作数	指令实例	时钟周期数	指令字节数	传送次数	标志位影响
DAA（无操作数）	加法的十进制调整	无操作数	DAA	4	–	1	O D I T S Z A P C * ↕ ↕ ↕ ↕ ↕
DAS（无操作数）	减法的十进制调整	无操作数	DAS	4	–	1	O D I T S Z A P C * ↕ ↕ ↕ ↕ ↕
DEC 目标	减 1	reg16 reg8 存储器	DEC AX DEC AL DEC ARRAY[S]	2 3 15 + EA	1 2 2-4	– – 2	O D I T S Z A P C ↕ ↕ ↕ ↕ ↕ *
DIV 源	无符号除法	reg8 reg16 mem8 mem16	DIV CL DIV BX DIV ALPHA DIV TABLE[SI]	80-90 144-162 (86-96) + EA (150-168) + EA	2 2 2-4 2-4	– – 1 1	O D I T S Z A P C * * * * * *
ESC 外部操作码，源	交权	立即数，存储器 立即数，寄存器	ESC 6，ARRAY[SI] ESC 20，AL	8 + EA 2	2-4 2	1 –	O D I T S Z A P C
HLT（无操作数）	停机	无操作数	HLT	2	1	–	O D I T S Z A P C
IDIV 源	整数除法	reg8 reg16 mem8 mem16	IDIV BL IDIV CX IDIV DIVISOR_BUTE[SI] IDIV [BX]	101-112 165-184 (107-118) + EA (171-190) + EA	2 2 2-4 2-4	– – 1 1	O D I T S Z A P C * * * * * *
IMUL 源	整数乘法	reg8 reg16 mem8 mem16	IMUL CL IMUL BX IMUL RATE_BYTE IMUL RATE_WORD[BP][DI]	80 – 90 128 – 154 (86 – 104) + EA (136 – 160) + EA	2 2 2 – 4 2 – 4	– – 1 1	O D I T S Z A P C ↕ * * * * ↕
IN 累加器，口地址	输入字节或字	累加器，imm8 累加器，DX	IN AL，80H IN AX，DX	10 8	1 1	2 1	O D I T S Z A P C
INC 目标	加 1	reg16 reg8 寄存器	INC CX INC BL INC ALPHA[DI][BX]	2 3 15 + EA	1 2 2 – 4	– – 2	O D I T S Z A P C ↕ ↕ ↕ ↕ ↕ *
INT 中断类型	中断	imm8（类型码 = 3） imm8（类型码≠3）	INT 3 INT 67	52 51	1 2	5 5	

（续）

指令格式	指令功能	操作数	指令实例	时钟周期数	指令字节数	传送次数	标志位影响
INTO（无操作数）	溢出中断	无操作数	INTO	53 或 4	1	5	O D I T S Z A P C 0 0
IRET（无操作数）	中断返回	无操作数	IRET	24	1	3	O D I T S Z A P C
JA/JNBE 短标号	高于转移/不低于或等于转移	短标号	JA ABOVE	16 或 4	2	–	O D I T S Z A P C
JA/JNBE 短标号	高于转移/等于或不低于转移	短标号	JAE ABOVE_EQUAL	16 或 4	2	–	O D I T S Z A P C
JB/JNAE 短标号	低于转移/等于或不高于转移	短标号	JAEBELOW	16 或 4	2	–	O D I T S Z A P C
JBE/JNA 短标号	低于或等于转移/不高于转移	短标号	JAE NOT_ABOVE	16 或 4	2	–	O D I T S Z A P C
JC 短标号	进位位为 1 转移	短标号	JC CARRY_SET	16 或 4	2	–	O D I T S Z A P C
JCXZ 短标号	CX 为 0 转移	短标号	JCXZ COUNT_DONE	18 或 6	2	–	O D I T S Z A P C
JE/JZ 短标号	等于转移/为 0 转移	短标号	JZ ZERO	16 或 4	2	–	O D I T S Z A P C
JG/JNLE 短标号	大于转移/不小于等于转移	短标号	JG GREATER	16 或 4	2	–	O D I T S Z A P C
JGE/JNL 短标号	大于或等于转移/不小于转移	短标号	JGE GREATER_EQUAL	16 或 4	2	–	O D I T S Z A P C
JL/JNGE 短标号	小于转移/不大于等于转移	短标号	JL LESS	16 或 4	2	–	O D I T S Z A P C
JLE/JNG 短标号	小于或等于转移/不大于转移	短标号	JL LESSZERO	16 或 4	2	–	O D I T S Z A P C
JMP 目标	无条件转移	短标号 近标号 远标号 memptr16 memptr16 memptr32	JMP SHORT JMP WHITE_SEGMENT JMP FAR_LABEL JMP [BX] JMP CX JMP OTHER_SEG[SI]	15 15 15 18 + EA 11 24 + EA	2 3 5 2 – 4 2 2 – 4	– – – 1 – 3	O D I T S Z A P C

（续）

指令格式	指令功能	操作数	指令实例	时钟周期数	指令字节数	传送次数	标志位影响
JNC 短标号	进位位为0转移	短标号	JNC NOT_CARRY	16或4	2	–	O D I T S Z A P C
JNE/JNZ 短标号	不等于转移/不为0转移	短标号	JNE NOT_EQUAL	16或4	2	–	O D I T S Z A P C
JNO 短标号	无溢出转移	短标号	JNO NO_OVERFLOW	16或4	2	–	O D I T S Z A P C
JNP/JPO 短标号	P为0转移/奇状态转移	短标号	JPO ODD_PARITY	16或4	2	–	O D I T S Z A P C
JNS 短标号	S为0转移	短标号	JNS POSITIVE	16或4	2	–	O D I T S Z A P C
JO 短标号	溢出转移	短标号	JO SIGNED_OVERFLW	16或4	2	–	O D I T S Z A P C
JP/JPE 短标号	P为1转移/偶状态转移	短标号	JPE EVEN_PARITY	16或4	2	–	O D I T S Z A P C
JS 短标号	S为1转移	短标号	JS NEGATIVE	16或4	2	–	O D I T S Z A P C
LAHF（无操作数）	标志装入AH寄存器	无操作数	LAHF	4	1	–	O D I T S Z A P C
LDS 目标,源	装载数据段段址	reg16,mem32	LDS SI,DATA_SEG[DI]	16+EA	2–4	2	O D I T S Z A P C
LEA 目标,源	读取偏移地址	reg16,mem16	LEA BX,[BP][DI]	2+EA	2–4	–	O D I T S Z A P C
LES 目标,源	装载附加段段址	reg16,mem32	LES DI,[BX]TEXT_BUFF	16+EA	2–4	2	O D I T S Z A P C
LOCK(无操作数)	总线封锁	无操作数	LOCK XCHG ELAG,AL	2	1	–	O D I T S Z A P C
LODS 源字符串	装入字符串	源串 (重复前缀)源串	LODS CUSTOMER_NAME REP LODS NAME	12 9+13/rep	1 1	1 1/rep	O D I T S Z A P C
LOOP 短标号	循环	短标号	LOOP AGAIN	17/5	2	–	O D I T S Z A P C

（续）

指令格式	指令功能	操作数	指令实例	时钟周期数	指令字节数	传送次数	标志位影响
LOOPE/LOOPZ 短标号 等于循环/为 0 循环	等于/为 0 循环	短标号	LOOPE AGAIN	18/6	2	–	O D I T S Z A P C
LOOPNE/LOOPNZ 短距离标号	不等于循环/不为 0 循环	短标号	LOOPNE AGAIN	19 或 5	2	–	O D I T S Z A P C

MOV 目标,源	数据传送	存储器,累加器
		累加器,存储器
		寄存器,寄存器
		寄存器,存储器
		存储器,寄存器
		寄存器,立即数
		存储器,立即数
		SREG,reg16
		SREG,mem16
		REG16,SREG
		存储器,SREG
			MOV ARRAY[SI],AL
			MOV AX,TEMP_RESULT
			MOV AX,BX
			MOV BP,STACK_TOP
			MOV COUNT[DI],CX
			MOV CL,2
			MOV MASK[BX][SI],2CH
			MOV ES,CX
			MOV DS,SEGMENT_BASE
			MOV BP,SS
			MOV [BX]SEG_SAVE,CS
				10
				10
				2
				8 + EA
				9 + EA
				4
				10 + EA
				2
				8 + EA
				2
				9 + EA
					3
					3
					2
					2 – 4
					2 – 4
					2 – 3
					3 – 6
					2
					2 – 4
					2
					2 – 4
						1
						1
						–
						1
						1
						–
						1
						–
						1
						–
						1
							O D I T S Z A P C

MOVS 目标串,源串	字符串传送	目标串,源串 (重复前缀)目标串,源串	MOVS LINE,EDIT – DATA	18 9 + 17/rep	2 2/rep	1 1	O D I T S Z A P C
MOVSB/MOVSW	字节/字串传送	(无操作数) (重复前缀) 无操作数	MOVSB REP MOVSW	18 9 + 17/rep	2 2/rep	1 1	O D I T S Z A P C
MUL 源	无符号乘法	reg8 reg16 mem8 mem16	MUL BL MUL CX MUL MONTH[SI] MUL BAUD_RATE	70 – 77 118 – 133 (76 – 83) + EA (129 – 139) + EA	2 2 2 – 4 2 – 4	– – 1 1	O D I T S Z A P C ↕ * * * * ↕
NEG 目标	求补	寄存器 存储器	NEGAL NEG MULTIPLIER	3 16 + EA	2 2 – 4	– 2	O D I T S Z A P C ↕ ↕ ↕ ↕ ↕ 1
NOP(无操作数)	空操作	无操作数	NOP	3	1	–	O D I T S Z A P C
NOT 目标	逻辑“非”	寄存器 存储器	NOT AX NOT CHARACTER	3 16 + EA	2 2 – 4	– 2	O D I T S Z A P C
OUT 端口地址,累加器	输出字节或字	Imm8,累加器 DX,累加器	OUT 44,AX OUTCX,AL	10 8	2 1	1 1	O D I T S Z A P C

（续）

指令格式	指令功能	操作数	指令实例	时钟周期数	指令字节数	传送次数	标志位影响
OR 目标,源	逻辑“或”	寄存器,寄存器 寄存器,储存器 储存器,寄存器 累加器,立即数 寄存器,立即数 存储器,立即数	OR AL,BL OR DX,PORT - ID[DI] OR FLAG - BYYE,CL ORAL,01101100B OR CX,01H OR [BX]CMDOPRD,0CFH	3 9 + EA 16 + EA 4 4 17 + EA	2 2 - 4 2 - 4 2 - 3 3 - 4 3 - 6	- 1 2 - - 2	O D I T S Z A P C 0 ↕ ↕ * ↕ 0
POP 目标	将字从堆栈中弹出	寄存器 SREG(CS 非法) 存储器	POP DX POP DS POP PARAMETER	8 8 17 + EA	1 1 2 - 4	1 1 2	O D I T S Z A P C
POPF(无操作数)	从堆栈中弹出标志	无操作数	POPF	8	1	1	O D I T S Z A P C
PUSH 源	字数据入栈	寄存器 SREG(CS 合法) 储存器	PUSH SI PUSH ES PUSH RET_CODE[SI]	11 10 16 + EA	1 1 2 - 4	1 1 2	O D I T S Z A P C
PUSHF(无操作数)	标志压入堆栈	无操作数	PUSHF	10	1	1	O D I T S Z A P C
RCL 目标,计数值	通过进位循环左移	寄存器,1 寄存器,CL 存储器,1 寄存器,CL	RCL CX,1 RCL AL,CL RCL ALPHA,1 RCL [BP]PARM,CL	2 8 + 4/位 15 + EA 20 + EA + 4/位	2 2 - 4 2 - 4 2 - 4	- - 2 2	O D I T S Z A P C ↕ ↕
RCR 目标,计数值	通过进位循环右移	寄存器,1 寄存器,CL 存储器,1 寄存器,CL	RCR BX,1 RCR BL,CL RCR [BX]STATUS,1 RCR ARRAY[DI],CL	2 8 + 4/位 15 + EA 20 + EA + 4/位	2 2 - 4 2 - 4 2 - 4	- - 2 2	O D I T S Z A P C ↕ ↕
RET 任选弹出值	从过程返回	(段内,无弹出值) (段内,有弹出值) (段间,无弹出值) (段间,有弹出值)	RET RET 4 RET RET 2	8 12 18 17	1 3 1 3	1 1 2 2	O D I T S Z A P C
ROL 目标,计数值	循环左移	寄存器,1 寄存器,CL 存储器,1 存储器,CL	ROL BX,1 ROL DI,CL ROL FLAG_BYTE[DI],1 ROL ALPHA,CL	2 8 + 4/位 15 + EA 20 + EA + 4/位	2 2 - 4 2 - 4 2 - 4	- - 2 2	O D I T S Z A P C ↕ ↕

（续）

指令格式	指令功能	操作数	指令实例	时钟周期数	指令字节数	传送次数	标志位影响
ROR 目标,计数值	循环右移	寄存器,1 寄存器,CL 存储器,1 存储器,CL	ROR AL,1 ROR BX,CL ROR PORT_STAUS,1 ROR CMD_WORD,CL	2 8+4/位 15+EA 20+EA+4/位	2 2-4 2-4 2-4	- - 2 2	O D I T S Z A P C ↕ ↕
SAHF(无操作数)	AH 存入标志寄存器	无操作数	SAHF	4	1	-	O D I T S Z A P C
SAL 目标,计数值 SHL 目标,计数值	算术左移/逻辑左移	寄存器,1 寄存器,CL 存储器,1 存储器,CL	SAL AL,1 SHL DI,CL SHL [BX]OVERDRAW,1 SHL STORE_COUNT. CL	2 8+4/位 15+EA 20+EA+4/位	2 2-4 2-4 2-4	- - 2 2	O D I T S Z A P C ↕ ↕ ↕ * ↕ ↕
SAR 目标,计数值	算术右移	寄存器,1 寄存器,CL 存储器,1 存储器,CL	SAR DX,1 SAR DI,CL SAR N_BLOCKS,1 SAR N_BLOCKS,CL	2 8+4/位 15+EA 20+EA+4/位	2 2-4 2-4 2-4	- - 2 2	O D I T S Z A P C ↕ * ↕ ↕
SBB 目标,源	带借位减	寄存器,寄存器 寄存器,存储器 存储器,寄存器 累加器,立即数 寄存器,立即数 存储器,立即数	SBB BX,CX SBB DI,[BX]PAYMENT SBB BALANCE,AX SBB AX,2 SBB CL,1 SBB COUNT[SI],10	3 9+EA 16+EA 4 4 17+EA	2 2-4 2-4 2-3 3-4 3-5	- 1 2 - - 2	O D I T S Z A P C ↕ ↕ ↕ ↕ ↕ ↕
SCAS 目标串	字符串扫描	目标字符串 (重复前缀)目标字符串	SCAS INPUT_LINE REPNE SCAS BUFFER	15 9+15/rep	1 1	1 1/rep	O D I T S Z A P C ↕ ↕ ↕ ↕ ↕ ↕
SEGMENT 越界前缀	跨至规定的段	无操作数	MOV SS:PMETER,AX	2	1	-	O D I T S Z A P C
STC(无操作数)	进位标志置 1	无操作数	STC	2	1	-	O D I T S Z A P C ↕
SHR 目标,计数值	逻辑右移	寄存器,1 寄存器,CL 存储器,1 存储器,CL	SHR SI,1 SHR SI,CL SHR ID_BYTE[SI][BX],1 SHR INPUT_WORD,CL	2 8+4/位 15+EA 20+EA+4/位	2 2-4 2-4 2-4	- - 2 2	O D I T S Z A P C ↕ ↕ ↕ * ↕ ↕

（续）

指令格式	指令功能	操作数	指令实例	时钟周期数	指令字节数	传送次数	标志位影响
STD（无操作数）	方向标志置1	无操作数	STD	2	1	–	O D I T S Z A P C ↕ (D)
STI（无操作数）	中断开放标志置1	无操作数	STI	2	1	–	O D I T S Z A P C ↕ (I)
STOS 目标串	存储字节串或字串	目标字符串 （重复前缀）目标串	STOS PRINT_LINE REP STOS DISPLAY	11 9+10/rep	1 1	1 1/rep	O D I T S Z A P C
SUB 目标，源	减法	寄存器，寄存器 寄存器，储存器 存储器，寄存器 累加器，立即数 寄存器，立即数 存储器，立即数	SUB CX，BX SUB DX，MNUM[SI] SUB [BP+2]，CL SUB AL，10 SUB SI，5280 SUB [BP]BALANCE，1000	3 9+EA 16+EA 4 4 17+EA	2 2–4 2–4 2–3 3–4 3–6	– 1 2 – – 2	O D I T S Z A P C ↕ (O) ↕ ↕ ↕ ↕ ↕ (S Z A P C)
TEST 目标，源	逻辑"与"但不返回结果	寄存器，寄存器 寄存器，存储器 累加器，立即数 寄存器，立即数 存储器，立即数	TEST SI，DI TEST SI，END_COUNT TEST AL，00100000B TEST BX，0CC4H TEST RECODE，01H	3 9+EA 4 5 11+EA	2 2–4 2–3 3–4 3–6	– 1 – – –	O D I T S Z A P C 0 (O) ↕ ↕ * ↕ 0 (S Z A P C)
WAIT（无操作数）	等待至$\overline{TEST}$信号有效为止	无操作数	WAIT	3+5n	1	–	O D I T S Z A P C
XCHG 目标，源	交换	累加器，reg16 存储器，寄存器 寄存器，寄存器	XCHG AX，BX XCHG SEMAPHORE，AX XCHG AL，BL	3 17+EA 4	1 2–4 2	– 2 –	O D I T S Z A P C
XLAT 源转换表	转换	源转换表	XLAT DISP_TAB	11	1	1	O D I T S Z A P C
XOR 目标，源	逻辑异	寄存器，寄存器 寄存器，存储器 存储器，寄存器 累加器，立即数 寄存器，立即数 存储器，立即数	XOR CX，BX XOR CL，MASK_BYTE XOR ALPHA[SI]，DX XOR AL，01000010B XOR SI，00C2H XOR RETCODE，0D2H	3 9+EA 16+EA 4 4 17+EA	2 2–4 2–4 2–3 3–4 3–6	– 1 2 – – 2	O D I T S Z A P C 0 (O) ↕ ↕ * ↕ 0 (S Z A P C)

注:

传 送 次 数	执行过程需要访问存储器的次数	近　标　号	当前指令段内标号
寄存器	8 位或者 16 位通用寄存器	远标号	当前指令段外标号
rep	重复前缀	近过程	当前指令段内过程
reg8	8 位通用寄存器	远过程	当前指令段外过程
reg16	16 位通用寄存器	memptr16	段内转移目标的偏移地址
Sreg	段寄存器	memptr32	段外转移目标的段基址及偏移地址
累加器	AX 或 AL	regtr16	存放段内转移目标偏移地址的通用存储器
立即数	0 ~ FFFFH 范围内的常数	对标志位的影响:	
Imm8	0 ~ FFH 范围的常数	↕:有影响	*:不定值
存储器	8 位或 16 位存储单元	0:置‘0’	1:置 1
mem8	8 位存储单元	空白:不影响	
mem16	16 位存储单元	段距离标号	与当前指令末尾相距 - 128 ~ + 127 个字符的标号

附录2

系统中断

附2.1 中断向量地址一览表

类　　别	中断类型码	向量地址	中断功能
软中断、陷阱和NMI中断	0H	0-3	除法错中断
	1H	4-7	单步中断
	2H	8-B	不可屏蔽中断
	3H	C-F	断点中断
	4H	10-13	溢出中断
	5H	14-17	屏幕复制
	6H-7H	18-1F	保留
主8259管理的中断	8H	20-23	定时中断
	9H	24-27	键盘中断
	AH	28-2B	未使用
	BH	2C-2F	同步通信口2
	CH	30-33	同步通信口1
	DH	34-37	硬盘中断
	EH	38-3B	软盘中断
	FH	3C-3F	打印机中断
ROM - BIOS中断	10H	40-43	屏幕显示
	11H	44-47	检测系统配置
	12H	48-4B	检测存储器容量
	13H	4C-4F	磁盘I/O
	14H	50-53	串口通信I/O
	15H	54-57	盒带I/O
	16H	58-5B	键盘I/O
	17H	5C-5F	打印机I/O
	18H	60-63	ROM - BASIC入口代码
	19H	64-67	系统自举(冷启动)
	1AH	68-6B	日时钟参数
提供给用户的中断	1BH	6C-6F	键盘Ctrl-Break中断
	1CH	70-73	间隔时钟
数据表指针	1DH	74-77	显示器参数表
	1EH	78-7B	软盘参数表
	1FH	7C-7F	图形显示表

（续）

类　别	中断类型码	向量地址	中断功能
DOS 中断	20H 21H 22H 23H 24H 25H 26H 27H 28H-2EH 2FH 30H-3FH	80-83 84-87 88-8B 9C-8F 90-93 94-97 98-9B 9C-9F A0-BB BC-BF C0-FF	程序正常结束 系统功能调用 程序结束 Ctrl-Break 退出 严重错误处理 读盘（绝对） 写盘（绝对） 程序驻留退出 DOS 保留 假脱机打印 DOS 保留
其他	100-103 104-107 108-17F 180-1BF	40H 41H 42H-5FH 60H-6FH	软盘 I/O 硬盘参数 系统保留 用户保留
从 8259 管理的中断	70H 71H 72H-74H 75H 76H 77H	1C0-1C3 1C4-1C7 1C8-1D3 1D4-1D7 1D8-1DB 1DC-1DF	实时时钟 INT 0AH 重定向 保留 协处理器 硬盘中断 保留
BASIC 中断及保留中断	78H-7FH 80H-85H 86H-F0H F1H-FFH	1E0H-1FFH 200H-217H 218H-3C3H 3C4H-3FFH	系统保留 BASIC 保留 BASIC 占用 保留

附 2.2　屏幕显示（INT　10H）

功　能	AH	入口参数	出口参数
置显示模式	0	(AL)=模式编码 字符模式 0-40×25　黑白 1-40×25　彩色 2-80×25　黑白 3-80×25　彩色 图形模式 4-320×200　4 色 5-320×200　单色 6-640×200　单色 13-320×200　16 色 14-640×200　16 色 15-640×350　单色　EGA 16-640×350　16 色　EGA 17-640×480　单色　VGA 18-640×480　16 色　VGA 19-320×200　256 色　VGA	无

（续）

功　能	AH	入口参数	出口参数
设置光标大小	1	$(CH)_{4-0}$ = 光标起始行，$(CL)_{4-0}$ = 光标起始行	无
置光标位置	2	(BH) = 页号(图形模式为0) (DL) = 列号，(DH) = 行号	无
读当前光标位置	3	(BH) = 页号(图形模式为0)	(DH) = 行号，(DL) = 列号 (CX) = 当前光标大小
置当前显示页 (字符方式有效)	5	(AL) = 页号　　模式0,1 = 0–7 模式2,3 = 0–3	无
上滚当前页	6	(AL) = 上滚行数，0 为整个屏幕 (CH,CL) = 滚动区域左上角的行、列号 (DH,DL) = 滚动区域右下角的行、列号 (BL) = 空白行的属性	无
下滚当前页	7	(AL) = 下滚行数(从窗口顶部算起空白的行数) AL = 0 为整个窗口空白 其他参数同上滚	无
读当前光标位置处的字符及属性	8	(BH) = 页号(字符方式有效)	(AL) = 读出的字符 (AH) = 字符的属性
写字符及属性到当前光标位置处	9	(AL) = 要写的字符，(BL) = 字符属性 (CX) = 字符计数，(BH) = 页号(字符方式有效)	无
写字符到当前光标处(属性不变)	10	(AL) = 要写的字符，(CX) = 字符计数 (BH) = 页号(字符方式有效)	无
置彩色调色板	11	(BH) = 调色板色别值 (BL) = 色彩值	无
在屏幕上写点	12	(DX) = 行号，(CX) = 列号 (AL) = 点的颜色	无
读点	13	(AH) = 13 (DX) = 行号，(CX) = 列号	(AL) = 点的颜色
写字符到当前光标位置，且光标前进一格	14	(AL) = 要写的字符 (BL) = 字符颜色 (BH) = 页号	无
读当前显示状态	15	(AH) = 15	(AH) = 屏幕上字符列数 (AL) = 当前显示模式 (BH) = 当前显示页
保留	16–18		
写字符串	19	(ES:BP) = 指向字符串 (CX) = 字符串的长度 (DX) = 起始的光标位置 (BH) = 页号 (AL) = 0，(BL) = 属性 (字符，字符，…)，光标不移动 (AL) = 1，(BL) = 属性 (字符，字符，…)，光标移动 (AL) = 2，(字符，属性，…)，光标不移动 (AL) = 3，同上，光标移动	无

附 2.3 磁盘输入/输出(INT 13H)

功 能	AH	入口参数	出口参数
磁盘复位	0		(AH) = 磁盘状态
读磁盘状态	1		(AH) = 磁盘状态
读指定扇区	2	(DL) = 驱动器号(A:0,B:1,…) (DH) = 磁头号(0-1,或0-15) (CH) = 磁道号(1.2M 1-79) (CL) = 扇区号(1.2M 1-15) (AL) = 扇区数 (ES:BX) = 内存地址	(AH) = 磁盘状态 (CF) =0 成功 1 失败 (AL) = 读出的扇区数
写制定扇区	3	其他参数同上	(AH) = 磁盘状态 (CF) = 0 成功 1 失败
检查指定扇区	4	其他参数同上	同(AH) =2
格式化指定磁道	5	其他参数同上	同(AH) =3

附 2.4 异步通信口输入/输出(INT 14H)

功 能	AH	入口参数	出口参数
初始化	0	(DX) = 指定通信口号码 (AL) = 初始化参数 b_1,b_0 = 字符长度:10 =7 位,11 =8 位 b_2 = 停止位:0 =1 位,1 =2 位 b_3,b_4 = 奇偶校验:10 = 奇,11 = 偶 b_7,b_6,b_5 = 传输速率: 000 = 110BPS 001 = 150BPS 010 = 300BPS 011 = 600BPS 100 = 1200BPS 101 = 2400BPS 110 = 4800BPS 111 = 9600BPS	(AH) = 通信线状态(1) (AL) = 调制解调器状态(2)
发送字符	1	(AL) = 要发送字符 (DX) = 指定通信口号码	(AH) = 通信线状态 若$(AH)_7$ =1 表示传送失败 (AL)不变
接收字符	2	(DX) = 指定通信口号码	(AH) = 通信线状态 若$(AH)_7$ =1 表示传送失败 (AL)不变
读通信口状态	3	(DX) = 指定通信口号码	(AH) = 通信线状态 (AL) = 调制解调器状态

(1) 通信线状态(AH)各位的含义:

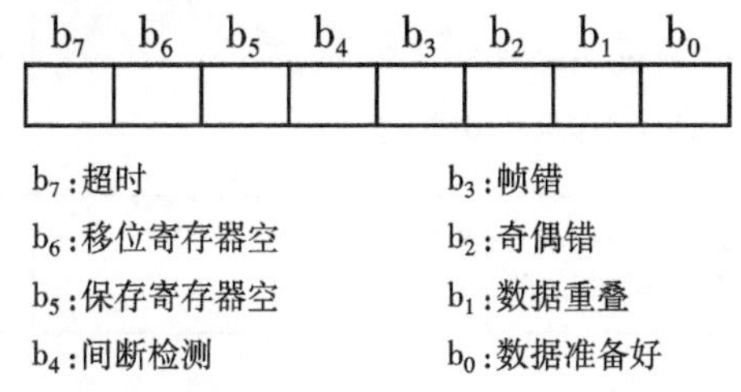

b_7:超时　　b_3:帧错

b_6:移位寄存器空　　b_2:奇偶错

b_5:保存寄存器空　　b_1:数据重叠

b_4:间断检测　　b_0:数据准备好

(2) 调制解调器状态(AL)各位的含义:

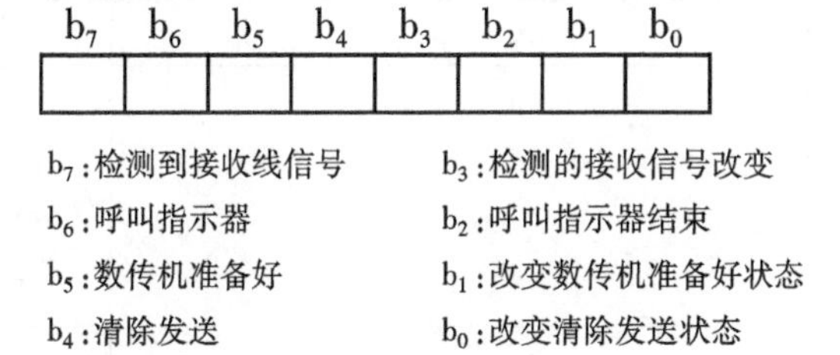

b_7:检测到接收线信号　　b_3:检测的接收信号改变

b_6:呼叫指示器　　b_2:呼叫指示器结束

b_5:数传机准备好　　b_1:改变数传机准备好状态

b_4:清除发送　　b_0:改变清除发送状态

附2.5　键盘输入(INT　16H)

功　能	AH	出口参数
读键盘	0	(AH) = 键入字符的扫描码 (AL) = 键入字符的 ASCII 码
判有无键入	1	(ZF) = 0,可以读 (ZF) = 1,不可读
读特殊键标志	2	(AL) = 特殊键标志 $(AL)_7$ = 1,Ins 键 $(AL)_6$ = 1,Caps lock 键 $(AL)_5$ = 1,Num lock 键 $(AL)_4$ = 1,Scroll lock 键 $(AL)_3$ = 1,Alt 键 $(AL)_2$ = 1,Ctrl 键 $(AL)_1$ = 1,左 Shift 键 $(AL)_0$ = 1,右 Shift 键

附2.6　打印机输出(INT　17H)

功　能	AH	入口参数	出口参数
读状态	2	(DX) = 打印机号(0–2)	(AH) = 打印机状态 $(AH)_7$ = 1—空闲 $(AH)_6$ = 1—响应 $(AH)_5$ = 1—无纸 $(AH)_4$ = 1—已联机 $(AH)_3$ = 1—出错 $(AH)_0$ = 1—超时 $(AH)_{2,1}$ = 1—未用

（续）

功　能	AH	入口参数	出口参数
初始化	1	(DX)=打印机号(0-2)	(AH)=打印机状态 说明同上
打印字符	0	(DX)=打印机号(0-2) (AL)=要打印的字符	无

附2.7　读写时钟参数(INT　1AH)

功　能	AH	入口参数	出口参数
读当前时钟	0		(CX)=时钟的高位部分 (DX)=时钟的低位部分 (AL)=0,表示从上次读时钟算起满24小时,否则(AL)≠0
设置时钟	1	(CX)=时钟的高位部分 (DX)=时钟的低位部分	无
读实时钟	2		(CH)=小时(BCD数) (CL)=分(BCD数) (DH)=秒(BCD数)
设置实时钟	3	(CH)=小时(BCD数) (CL)=分(BCD数) (DH)=秒(BCD数) (DH)=1-夏令时,(DH)=0-标准时	无
读日期	4		(CH)=世纪(BCD数) (CL)=年(BCD数) (DH)=月(BCD数) (DL)=日(BCD数)
设置日期	5	(CH)=世纪(BCD数) (CL)=年(BCD数) (DH)=月(BCD数) (DL)=日(BCD数)	无
设置闹钟	6	(CH)=小时(BCD数) (CL)=分(BCD数) (DH)=秒(BCD数)(可达23:59:59)	无
复位闹钟	7		无

附2.8　DOS系统功能调用(INT　21H)

功　能	AH	入口参数	出口参数
程序结束	00H	(CS)=程序前缀区(PSP)段地址	无
键盘输入	01H		(AL)=输入字符

（续）

功　能	AH	入口参数	出口参数
显示器输出	02H	(DL)=要输出的字符	无
异步通信口输入	03H		(AL)=输入字符
异步通信口输出	04H	(DL)=要输出的字符	无
打印机输出	05H	(DL)=要输出的字符	无
直接控制台 I/O(不检查 Break 键)	06H	若(DL)=0FFH 表示输入 若(DL)≠0FFH 表示输出,(DL)=要输出的字符	当(DL)=0FFH,若有输入,则(AL)=输入字符,负责(AL)=0
无回显直接控制台输入(不作字符检查)	07H		(AL)=输入字符
无回显键盘输入	08H		(AL)=输入字符
显示字符串	09H	(DS:DX)=指向字符串首址(字符串以"$"结尾)	无
输入字符串	0AH	(DS:DX)=输入缓冲区的首地址(其中第一字节为实际长度,第二字节为输入的字符数,第三字节为输入字符串的首地址)	(DS:DX)所指示的缓冲区中为输入的字符串
取键盘输入状态	0BH		若(AL)=00H 无键入 (AL)=0FFH 有键入
清键盘缓冲后输入	0CH	(AL)=功能号(01,06,07,08,或0AH)	同01,06,07,08,0AH 功能
刷新 DOS 磁盘缓冲区	0DH		无
选择当前盘(缺省)	0EH	(DL)=盘号	(AL)=系统中盘的数目
打开文件	0FH	(DS:DX)=FCB 首址	若(AL)=00H 成功 (AL)=0FFH 失败
关闭文件	10H	(DS:DX)=FCB 首址	若(AL)=00H 成功 (AL)=0FFH 失败
查找第一个匹配文件	11H	(DS:DX)=FCB 首址	若(AL)=00H 找到 (AL)=0FFH 未找到
查找下一个匹配文件	12H	(DS:DX)=FCB 首址	(AL)=00H 找到 (AL)=0FFH 未找到
删除文件	13H	(DS:DX)=FCB 首址	若(AL)=00H 成功 (AL)=0FFH 失败
顺序读一个记录	14H	(DS:DX)=FCB 首址	若(AL)=00H 成功 (AL)=01 文件结束 (AL)=02 缓冲区不足 (AL)=03 缓冲区不满
顺序写一个记录	15H	(DS:DX)=FCB 首址 (DTA)缓冲区已设置	若(AL)=00H 成功 (AL)=0FFH 盘满
建立文件(新的或旧的)	16H	(DS:DX)=FCB 首址	若(AL)=00H 成功 (AL)=0FFH 目录区满
更改文件名	17H	(DS:DX)=FCB 首址 (DS:DX+17)=新文件名首址	(AL)=00H 成功 (AL)=0FFH 失败
DOS 保留	18H		

（续）

功　能	AH	入口参数	出口参数
取当前盘号	19H		(AL) = 盘号
设置磁盘传送缓冲区(DTA)	1AH	(DS:DX) = DTA 首址	无
取文件分配表(FAT)信息(当前盘)	1BH		(DS:BX) = 盘类型字节地址 (DX) = FAT 表项数 (AL) = 每簇扇区数 (CX) = 每扇区字节数
取指定盘的文件分配表(FAT 的信息)	1CH	(DL) = 盘号	(DS:BX) = 盘类型字节地址 (DX) = FAT 表项数 (AL) = 每簇扇区数 (CX) = 每扇区字节数
DOS 保留	1DH		
DOS 保留	1EH		
DOS 保留	1FH		
DOS 保留	20H		
随机读一个记录	21H	(DS:DX) = FCB 首址 (DTA 已设置)	若(AL) = 00H 成功 (AL) = 01 文件结束 (AL) = 02 缓冲区不足 (AL) = 03 缓冲区不满
随机写一个记录	22H	(DS:DX) = FCB 首址 (DTA 已设置)	若(AL) = 00H 成功 (AL) = 0FFH 盘满
取文件长度	23H	(DS:DX) = FCB 首址	若(AL) = 00H 成功，长度在 FCBRR 中 (AL) = 0FFH 失败
置随机记录号	24H	(DS:DX) = FCB 首址	无
置中断向量	25H	(DS:DX) = 中断子程序入口地址 (AL) = 中断类型码	无
建立一个程序段	26H	(DX) = 段号	无
随机读若干记录	27H	(DS:DX) = FCB 首址 (CX) = 记录数(DTA 已设置)	若(AL) = 00H 成功 (AL) = 01 文件结束 (AL) = 02 缓冲区不足 (AL) = 03 缓冲区不满
随机写若干记录	28H	(DS:DX) = FCB 首址 (CX) = 记录数(DTA 已设置)	若(AL) = 00H 成功 (AL) = 0FFH 盘满
建立 FCB	29H	(DS:SI) = 字符串首址(文件名) (ES:DI) = FCB 首址 (AL) = 0EH 非法字符检查	(ES:DI) = 格式化后的 FCB 首址 (AL) = 00H 标准文件 (AL) = 01H 多义文件 (AL) = 0FFH 非法盘符
取日期	2AH		(CX:DX) = 日期 (CX) = 年(1980 ~ 2099) (DH) = 月(1 ~ 12) (DL) = 日(1 ~ 31) (AL) = 星期几

（续）

功　能	AH	入口参数	出口参数
置日期	2BH	(CX:DX)=日期 (同2AH出口参数)	若(AL)=00H成功 (AL)=0FFH失败
取时间	2CH		(CX:DX)=时间 (CH)=小时(0~23) (CL)=分(0~59) (DH)=秒(0~59) (DL)=百分秒(0~99)
置时间	2DH	(CX:DX)=时间 (同2CH出口参数)	若(AL)=00H成功 (AL)=0FFH失败
置写校验状态	2EH	(AL)=状态;(DL)=0	若(AL)=00H成功 (AL)=0FFH失败
取磁盘传送缓冲区首址(DTA)	2FH		(ES:BX)=缓冲区(DTA)首址
读DOS版本号	30H		(AL)=版本号 (AH)=发行号
程序常驻退出	31H	(AL)=退出码;(DL)=程序长度	无
DOS保留	32H		
置/取 Break 检查状态	33H	(AL)=0取状态 (AL)=1置状态 (DL)=状态: 00-表示关 01-表示开	(DL)=状态(当(AL)=0)
DOS保留	34H		
取中断向量	35H	(AL)=中断类型码	(ES:BX)=中断子程序入口地址
取盘自由空间数	36H	(DL)=盘号	若(AX)=0FFFFH为无效驱动器号,否则 (BX)=可用簇数 (DX)=总簇数 (CX)=每扇区字节数 (AX)=每簇扇区数
DOS保留	37H		
取国别信息	38H	(DS:DX)=信息区(32B)首址 (AL)=0	若(CF)=0正常,则(DS:DX)=信息区首址 否则(CF)=1出错
建立一个子目录	39H	(DS:DX)=字符串首址 (以ASCII 0结束)	若(CF)=0成功 (CF)=1失败
删除一个子目录	3AH	(DS:DX)=字符串首址 (同39H)	若(CF)=0成功 (CF)=1失败
改变当前目录	3BH	(DS:DX)=字符串首址(同39H)	若(CF)=0成功 (CF)=1失败

（续）

功　能	AH	入口参数	出口参数
建立文件(建立新的,修改老的文件)	3CH	(DS:DX)=字符串首址(同39H) (CX)=文件属性	若(CF)=0成功 (AX)=文件号 否则失败 (AX)=错误代码
打开文件	3DH	(DS:DX)=字符串首址(同39H) (AL)=0—读 (AL)=1—写 (AL)=2—读/写	若(CF)=0成功 (AX)=文件号 否则失败 (AX)=错误代码
关闭文件	3EH	(BX)=文件号	若(CF)=0成功,否则失败
读文件	3FH	(BX)=文件号 (CX)=读入字节数 (DS:DX)=缓冲区首址	若(CF)=0成功 (AX)=实际读的字节数 否则失败 (AX)=错误代码
写文件	40H	(BX)=文件号 (CX)=写盘字节数 (DS:DX)=缓冲区首址	若(CF)=0成功 (AX)=实际写入的字节数,一般与(CX)相同 否则失败 (AX)=错误代码
删除文件	41H	(DS:DX)=缓冲区首址(同39H)	若(CF)=0成功,否则失败 (AX)=错误代码
移动文件读写指针	42H	(BX)=文件号 (CX:DX)=偏移量 (AL)=0从文件头移动 (AL)=1从当前位置移动 (AL)=2从文件尾部移动	若(CF)=0成功 否则失败,此时: (AX)=1无效的(AL) (AX)=6无效的文件号
置/取文件属性	43H	(DS:DX)=缓冲区首址(同39H) (AL)=0取文件属性 (AL)=1置文件属性 (CX)=文件属性((AL)=1时)	若(CF)=0成功 (CX)=文件属性((AL)=0时) 否则失败 (AX)=错误代码
设备文件I/O控制	44H	(BX)=文件号 (AL)=0取状态 (AL)=1置状态(DX) (AL)=2读数据 (AL)=3写数据 (AL)=6取输入状态 (AL)=7取输出状态 在读/写数据时, (DS:DX)=缓冲区首址 (CX)=读/写的字节数	(DX)=状态
复制文件号	45H	(BX)=文件号1	若(CF)=0成功 则(AX)=文件号2 否则失败 (AX)=错误代码

（续）

功　能	AH	入口参数	出口参数
强迫复制文件号	46H	(BX)=文件号1 (CX)=文件号2	若(CF)=0成功 则(CX)=文件号1 否则失败 (AX)=错误代码
取当前目录路径名	47H	(DL)=盘号 (DS:SI)=字符串首址(64个字节长)	若(CF)=0成功 (DS:SI)=目录路径全名首址 否则失败 (AX)=错误代码
分配内存空间	48H	(BX)=申请内存块的节数(1节为16个字节)	若(CF)=0成功 则(AX:0)=分配内存首址 否则失败 (BX)=最大可用内存块的节数 (AX)=错误代码
释放内存空间	49H	(ES:0)=释放内存的首地址	若(CF)=0成功 否则失败 (AX)=错误代码
修改已分配的内存空间	4AH	(ES)指向已分配的段地址 (BX)=新申请的数量(节数)	若(CF)=0成功 否则失败 (BX)=最大可用内存块的节数 (AX)=错误代码
装入一个程序	4BH	(DS:DX)=字符串(驱动器D:路径名及文件名类型名)首址 (ES:BX)=参数区首址 (AL)=0装入并执行 (AL)=3仅装入	若(CF)=0成功 (CF)=1失败
终止当前进程,返回调用进程	4CH	(AH)=4CH (AL)=00H	无
取退出码	4DH		若(CF)=0成功 则(AX)=退出码 否则(CF)=1失败 (AX)=错误代码
查找第一个匹配文件	4EH	(DS:DX)=字符串首址(同4BH) (CX)=属性	若(CF)=0成功 则DTA中记录匹配文件目录项中大部分信息 否则失败 (AX)=错误代码
查找下一个匹配文件	4FH	其他同4EH	若(CF)=0成功 则DTA中记录匹配文件目录项中大部分信息 否则失败 (AX)=错误代码
DOS保留	50H		
DOS保留	51H		

（续）

功　　能	AH	入 口 参 数	出 口 参 数
DOS 保留	52H		
DOS 保留	53H		
取校验开关状态	54H		若(AL)=00 为关 (AL)=01 为开
DOS 保留	55H		
更改文件名	56H	(DS:DX)=老字符串地址(4BH) (ES:DI)=新字符串地址(4BH)	若(CF)=0 成功 否则失败 (AX)=错误代码
置/取文件日期与时间	57H	(BX)=文件号 (AL)=00 读日期与时间 (AL)=01 置日期与时间 (DX:CX)=日期与时间	若(CF)=0 成功 则(DX:CX)=日期与时间 否则失败 (AX)=错误代码
置/取内存分配策略	58H	(AL)=00 读内存分配策略 (AL)=01 置内存分配策略 (BX)=策略码 00—最先符合 01—最佳符合 02—最后符合	若(CF)=0 成功 则(AX)=策略码 否则失败 (AX)=错误代码
取扩展错误信息	59H	(BX)=00	(AX)=扩展错误码 (BH)=错误类型 (CH)=错误位置 (BL)=建议行动
建立临时文件	5AH	(DS:DX)=字符串首址(以 ASCII 0 节尾) (CX)=文件属性 00—普通文件 01—只读文件 02—隐含文件 04—系统文件	若(CF)=0 成功 则(AX)=文件号 否则失败 (AX)=错误代码
建立新文件	5BH	(DS:DX)=字符串首址(以 ASCII 0 节尾) (CX)=文件属性(同 5AH)	若(CF)=0 成功 则(AX)=文件号 否则失败 (AX)=错误代码
记录共享与锁定	5CH	(AL)=功能码 00—锁定 01—开锁 (BX)=文件号 (CX:DX)=锁定区头指针(相对文件头) (SI:DI)=锁定区尾指针(相对文件头)	若(CF)=0 成功 否则失败 (AX)=错误代码
DOS 保留	5DH		

（续）

功　能	AH	入口参数	出口参数
取网络名/置/取打印机功能串	5EH	(AL)=00 取网络名 (DS:DX)=存放网络名的缓冲区	计算机名字填入缓冲区 (CH)=00H-没有名字 (CH)≠00H-定义了名字 (CL)=名字的 NETBIOS 名字号
		(AL)=02 设置打印机配置 (BX)=重定向列表索引 (CX)=功能串长度 (DS:SI)=功能串地址	若(CF)=0 成功 否则失败 (AX)=错误代码
		(AL)=03 取打印机功能串 (BX)=重定向列表索引 (ES:DI)=存放功能串的地址	若(CF)=0 成功 则(CX)=功能串长度 (ES:DI)=功能串的地址 否则(CF)=1 失败 (AX)=错误代码
网络设置重定向	5FH	(AL)=02 取设备重定向表 (BX)=重定向列表索引 (DS:SI)=设备名串地址(16 个字节) (ES:DI)=网络名串地址(128 个字节)	若(CF)=0 成功 则(BH)=设备状态标志(0—有效;1—无效) (BL)=设备类型(3—打印机;4—驱动器) (CX)=调用参数 否则(CF)=1 失败,(AX)=错误代码
		(AL)=03 置设备重定向表 (BL)=设备类型 (3-打印机,4-驱动器) (CX)=调用参数 (DS:SI)=同(AL)=02 (ES:DI)=同(AL)=02 (含口令串)	若(CF)=0 成功 否则失败 (AX)=错误代码
		(AL)=04 取消设备重定向表 (DS:SI)=设备名串地址	
DOS 保留	60H		
DOS 保留	61H		
取程序段前缀	62H		(DX)=当前 PSP 段址
取扩展字符集表地址	63H	(AL)=00 取扩展字符集表地址	(SI:DI)=扩展字符集表地址
		(AL)=01 置/清临时控制台标志 (DL)=00-置标志 (DL)=01-清标志	无
		(AL)=02 取临时控制台标志	(DL)=标志值

参 考 文 献

[1] 马春燕．微型计算机原理与接口技术．北京:电子工业出版社,2007.

[2] 邹逢兴,等．计算机硬件技术基础．北京:高等教育出版社,2005.

[3] 杨立．微型计算机原理与接口技术．北京:中国水利水电出版社,2005.

[4] 耿恒山．微型计算机原理与接口．北京:中国水利水电出版社,2005.

[5] 潘名莲,等．微型计算原理及应用.3 版．北京: 电子工业出版社,2013.

[6] 吴宁,等.80X86/Pentium 微型计算原理及应用(第 3 版). 北京: 电子工业出版社,2011.

[7] 洪永强．微型计算机原理与接口技术.2 版．北京: 科学出版社,2009.

[8] 马义德．微型计算原理与接口技术．北京:机械工业出版社,2005.

[9] 赵雁南,等．微型计算机系统与接口．北京:清华大学出版社,2005.

[10] 杨文显．现代微型计算机原理与接口技术教程．北京:清华大学出版社,2006.

[11] 戴梅萼,等．微型机原理与技术.2 版．北京:清华大学出版社,2009.

[12] 朱庆保,等．微型计算机系统原理与接口．南京:南京大学出版社,2003.

[13] 刘永华,等．微型计算机原理与接口技术．北京:清华大学出版社,2006.

[14] 肖洪兵．微型计算机原理及接口技术．北京:北京大学出版社,2010.

[15] 雷晓平,等．微型计算机原理与接口技术．北京:人民邮电出版社,2006.

[16] 李相伟．微型计算机系统原理与接口技术.2 版．北京:国防工业出版社,2007.

[17] 高晓兴．计算机硬件技术基础．北京:清华大学出版社,2008.

[18] 马维华．微型计算机原理与接口技术——从 80X86 到 Pentium X. 北京:科学出版社,2005.

[19] 杨厚俊,张公敬．奔腾计算机体系结构．北京:清华大学出版社,2006.

[20] 洪志全,洪学海．现代计算机接口技术．北京:电子工业出版社,2005.

[21] 李亚锋,欧文盛.RAM 嵌入式 LINUX 系统开发从入门到精通．北京:清华大学出版社,2007.

[22] 罗蕾．嵌入式实时操作系统及应用开发．北京:北京航空航天大学出版社,2005.

[23] 陈文智,等．嵌入式系统开发原理与实践．北京:清华大学出版社,2005.

[24] 晨风．嵌入式实时多任务软件开发基础．北京:清华大学出版社,2004.

[25] 杨全胜,等．现代微型计算机原理与接口技术．北京:电子工业出版社,2012.